中央财政支持提升专业服务产业发展能力项目
水利工程专业课程建设成果

设施农业工程技术

主　编　赵　央
副主编　杨振超　宁翠萍
主　审　邹志荣

中国水利水电出版社
www.waterpub.com.cn
·北京·

内 容 提 要

  本书是水利工程专业提升专业服务能力项目专业课程建设教材系列之一。本书分为设施农业园区规划、塑料大棚建设、日光温室建设、连栋温室建设、设施农业环境调控共五个项目。本书以工作过程为导向，主要介绍了完成各项目的程序、方法和技术，其中设施农业园区规划部分按照进行园区规划的程序、常用原则和方法的顺序编写；塑料大棚、日光温室和连栋温室的建设部分分别按照了解设施的结构类型和编号方法、选择确定设施的规格尺寸、设计建造设施的顺序编写；设施农业环境调控部分按照了解设施中的环境特点、作物生长发育对环境的要求、应用具体方法进行环境调控的顺序编写，使学生通过学习掌握设施园区规划的基本原则和方法，掌握不同设施的结构类型、设计建造原理及技术，掌握设施农业环境调控的方法和技术。

  本书内容全面、实用性强，可作为高职高专院校、成人教育水利工程类专业教学用书，也可供相关行业生产、技术人员参考。

图书在版编目（CIP）数据

设施农业工程技术 / 赵英主编. -- 北京：中国水
利水电出版社，2018.6（2023.1重印）
中央财政支持提升专业服务产业发展能力项目水利工
程专业课程建设成果
 ISBN 978-7-5170-6587-6

Ⅰ. ①设… Ⅱ. ①赵… Ⅲ. ①温室栽培－农业技术
Ⅳ. ①S62

中国版本图书馆CIP数据核字(2018)第138027号

书　　名	中央财政支持提升专业服务产业发展能力项目水利工程专业课程建设成果 **设施农业工程技术** SHESHI NONGYE GONGCHENG JISHU 主　编　赵　英
作　　者	副主编　杨振超　宁翠萍 主　审　邹志荣
出版发行	中国水利水电出版社 （北京市海淀区玉渊潭南路1号D座　100038） 网址：www.waterpub.com.cn E-mail：sales@mwr.gov.cn 电话：(010) 68545888（营销中心）
经　　售	北京科水图书销售有限公司 电话：(010) 68545874、63202643 全国各地新华书店和相关出版物销售网点
排　　版	中国水利水电出版社微机排版中心
印　　刷	清淞永业（天津）印刷有限公司
规　　格	184mm×260mm　16开本　21.25印张　504千字
版　　次	2018年6月第1版　2023年1月第2次印刷
印　　数	2001—4000册
定　　价	**65.00元**

中央财政支持提升专业服务产业发展能力项目
水利工程专业建设成果出版编审委员会

本书编写人员名单

主　　编　赵　英

副 主 编　杨振超　宁翠萍

参编人员　郭旭新（杨凌职业技术学院）

　　　　　高志永（杨凌职业技术学院）

　　　　　朱显鸽（杨凌职业技术学院）

　　　　　霍海霞（杨凌职业技术学院）

　　　　　郭　伟（陕西杨凌恒沣设施农业工程有限公司）

　　　　　杜军剑（陕西杨凌恒沣设施农业工程有限公司）

　　　　　同套文（陕西省交口抽渭灌溉管理局）

主　　审　邹志荣（西北农林科技大学）

前　言

按照《教育部 财政部关于支持高等职业学校提升专业服务产业发展能力的通知》（教职成〔2011〕11 号）要求，以提升专业服务产业发展能力（以下简称"专业服务能力"）为出发点，整体提高高等职业学校办学水平和人才培养质量，提高高等职业教育服务国家经济发展方式转变和现代产业体系建设的能力，教育部、财政部决定 2011—2012 年在全国独立设置公办高等职业学校中，支持一批紧贴产业发展需求、校企深度融合、社会认可度高、就业好的专业进行重点建设，以推动高等职业学校加快人才培养模式改革，创新体制机制，提高人才培养质量和办学水平，整体提高专业服务国家经济社会发展的能力，为国家现代产业体系建设输送大批高端技能型专门人才。项目建设期为 2 年。

在我院 2009 年顺利通过国家示范院校项目验收和全国水利示范院校建设的基础上，学院决定把水利工程专业列入"高等职业学校提升专业服务产业发展能力"计划项目，并根据陕西省水利发展需求制定了专业建设方案，计划使用中央财政 425 万元用于水利工程专业人才培养方案制定与实施、课程与教学资源建设、实习实训条件改善、师资队伍与服务能力建设 4 个二级项目建设，该项目于 2013 年 12 月顺利通过省级验收。

按照子项目建设方案，通过广泛调研，与行业企业专家共同研讨，在国家示范院校建设成果的基础上引入水利水电建筑工程专业"合格＋特长"的人才培养模式，以水利工程建设一线的主要技术岗位职业能力培养为主线，兼顾学生职业迁移和可持续发展需要，构建工学结合的课程体系，优化课程内容，实现"五个对接"，进行专业平台课与优质专业核心课的建设。同时，为了提升专业服务能力，在项目实施过程中积极承担地方基层水利职工的培训任务，通过校内、校外办班，长期和短期结合等方式先后为基层企事业单位培训职工 2000 多人次，经过三年的探索实践取得了一系列的成果，2013 年 12 月顺利通过省级验收。为了固化项目建设成果，进一步为水利行业职工服务，经学院专门会议审核，决定正式出版课程改革成果系列教材，共计 7 部。

本书遵循项目化教学理念，以工程过程为导向进行编写。全书共分设施农业园区规划、塑料大棚建设、日光温室建设、连栋温室建设和设施农业环境调控五个项目，每个项目下分多个任务，主要介绍了设施农业园区规划的程序、常用原则和方法；塑料大棚、日光温室和连栋温室的结构类型和编号方法、不同设施规格尺寸的选择确定、不同设施的设计建造；设施农业环境的特点和调控方法与技术等内容。每个项目都编写了项目介绍、案例导入和项目分析，并在书后设置了课后实训和信息链接内容。全书图文并茂、内容全面、适用面广。

本书由赵英担任主编，杨振超和宁翠萍担任副主编。编写分工为：项目一由赵英编写；项目二任务一中"完成任务书"由郭伟、杜军剑编写，其余由宁翠萍编写；项目三任务一～三、六由赵英编写，任务四、五由郭旭新编写，任务八由郭伟、杜军剑编写，任务七、九由朱显鸽编写；项目四任务一～三由赵英编写，任务四、五由霍海霞编写；项目五任务一、二由杨振超编写，任务三、四由同套文编写，任务五、六由高志永编写；五个项目的课后实训和信息链接由赵英编写。全书由赵英统稿，邹志荣教授担任主审。另外，在编写过程中，参考了不少同行的研究成果，在此一并表示感谢。

由于编者的水平所限，书中错误和不当之处，恳请读者和同行专家不吝指正，以便今后修改完善。

编者

2018 年 1 月

目 录

Contents

项目一 设施农业园区规划

项目介绍

本项目主要介绍发展设施农业园区的条件、进行设施农业园区规划的基本原则和方法。学生学习后，能够针对特定地区的具体情况，判断是否适合发展设施农业，并能初步进行园区规划。

案例导入

在陕北榆林（或其他地区）有一大块地，想发展设施农业，是否可行？若可行，如何进行园区的规划？

项目分析

判断在一个地方或一片土地上是否适合发展设施农业，首先要收集相关资料（所在地的气候、地形、水源、交通、水电、经济条件等）并进行实地勘察，结合拟建温室大棚的功能需求，综合判断是否可行。若可行，则要按照一定的原则和方法进行园区规划，也就是确定所建温室大棚的类型、数量和整个园区的总体布局，包括建筑、道路、工程管线系统、绿化等。

任务一　设施农业园区的筹备工作

建设具有一定规模的设施农业园区，一定要事先做好规划。对于一个国家或一个地区来说，建设一个规模较大的种植基地，不管谁投资，都要经过充分的论证，进行详细的技术经济分析比较后才能确定。在实施之前，要根据所在地的气候条件（如气温、光照强度和光照时数、常年主导风向及冬季主导风向、风速、冻深、冰雹、雪、降雨量、无霜期等）、地理状况（纬度、经度、海拔高度、地形地势等）、土壤状况、地下水位及水质、水量、环境状况（大气透明度、有无污染源）、交通电力能源情况、市场需求及市场前景、资金来源及筹措方式、社会经济状况、预期的经济、社会、环境效益以及投资回收年限等方面做出可行性研究，经专家论证并报请有关部门批准后才能实施。

在设施农业生产发展过程中，由于规划不够合理造成资金浪费的现象时有发生，因此对于设施农业园区的规划要给以充分的重视。

一、资料收集

由于各地气候条件不同，适宜发展的农业设施类型也不同，采用的棚面类型、采光、保温防风措施和种植模式都不同，因此在确定是否发展设施农业园区前，应综合考虑地区特点、功能要求、管理模式、投资力度等多方面因素，确定发展设施农业园区是否可行以及如何规划。

（一）自然环境

1. 自然地理概况

自然地理概况主要包括规划区总面积、地形特点、地质条件、土壤性质等资料。

不同的地形区，适宜发展不同类型的设施农业。平原地区地势平坦，土层深厚，有利于各种设施的布局。山地只要采光良好，也可以发展山地日光温室，可节约用地，利于雨水采集，但山坡地在平整时费工会增加费用，且在整地时使挖方处的土层遭到破坏，使填方处土层容易被雨水冲刷而下沉。向南或东南有小于10°的缓坡地（坡降走向北高南低），有利于冬季的光照和阻挡北风及灌排系统的设置。

地质条件对温室的安全稳定、沉降变形等具有重要意义。地基地质坚实，所建的温室基础坚固；地基地质软，即新填土或沙丘地带，基础容易动摇下沉，必须加大基础或加固地基而增加费用。大型温室建造需要地质条件良好的场地，避免因地基不好而造成温室不均匀沉降等。

土质肥沃、土层深厚、地下水位较低、排水顺利的土壤是适合温室建造的土壤，特别是对于自然土壤栽培的温室，土壤特性尤为重要。地下水位高、排水不良，土壤容易次生盐碱化，不仅影响作物发育，还易造成高湿环境，易使作物发病，也不利于建造锅炉。对于采用无土栽培的温室，土壤条件不受限制。

2. 气候条件

气候条件主要包括光照、温度、风、雪、雨等资料。

外界气候条件对温室内部环境、温室结构均会产生一定的影响。其中，光照、温度的地域差异是对设施农业生产起关键作用的因子，而大风、积雪对设施的设计荷载有影响。因此，应重点收集园区的局部光照、温度状况、局部风向、风压和雪压状况、雨量状况等资料。

（1）光照。光照强度、光照时数和太阳高度角对温室室内植物的光合作用和采暖热负荷有很大影响，因此保证良好的采光是温室生产的重要条件。

光照度随地理位置、海拔高度和坡向的不同而不同。光照度随纬度的增加而减弱，纬度越低，太阳高度角越大，光照度越强；反之，纬度越高，光照度越弱。坡向对光照度也有影响，在北半球的温带地区，太阳位置偏南，故南坡向太阳入射角大，光照度强；反之，北坡向太阳入射角小，光照度弱。

南面开阔、无高大建筑物和树木遮阴的地块采光条件良好。在农村宜将温室建在村南或村东，不宜与住宅区混建。

（2）气温。气温影响着温室的选型，气温变化过程则是进行温室冬季加温和夏季降温能耗估算的依据。良好的局部温度条件可降低温室的采暖费用和采暖、保温设施的投资。气温应重点考虑冬季的低温和夏季的高温。

冬季平均气温高的地区可考虑发展不加温的日光温室，或在出现极端低温时临时加温；否则必须采取加温措施。

（3）风。风能促进通风换气和作物的光合作用，但风速太大且迎面时会对温室大棚结构造成破坏，因此应调查风向、风速和风带的分布。

迎风面有山、防风林或高大建筑物，可以有很好的挡风效果，但这些地方往往能变成风口或积雪大的地方，必须事先调查研究清楚。应避免在风口地带建造温室，四周设置防风用风障为好。

（4）降水。包括雨、雪、雹等。降水量的多少会影响温室储水设备的建造和灌溉方式，雪压直接影响着温室这种轻型结构的主要荷载，冰雹影响温室的安全。在多冰雹的地区不宜建造温室，尤其是普通玻璃温室。

3. 水源条件

水源条件包括水源位置、水质、水量、水位等资料。

灌溉是设施农业高产稳产的重要保证。地表水、地下水以及集雨设施采集的降水，均可成为农业园区的灌溉水源。水源位置最好靠近农业园区，方便取水用水。灌溉水源的水质必须符合我国的《农田灌溉水质标准》（GB 5084—2005），不符合标准的应设立沉淀池或氧化池等，经过沉淀、氧化和消毒处理后，才能用来灌溉。尤其是采用滴灌、微喷灌等微灌系统时，对水质要求更高，甚至需要进行多级过滤，以防灌水器堵塞。水源的水量、水位（或水压）应满足整个园区的灌溉要求，因此应提前进行水量平衡分析，确定现有的水量可以灌溉的面积或者准备发展的农业园区需要的灌溉用水量。水量不足时，必须改变传统灌水方式，采用节水灌溉技术；水压不够时，则需采用加压泵等设备，或者改变灌溉工作制度，改续灌为轮灌。地下水位低、排水良好的地方，有利于地温回升。

4. 周围生态环境

周围生态环境包括附近有无工厂、矿区及其排放物情况。

化工厂、金属制造厂、制药厂、造纸厂、水泥厂、电镀厂等工厂会排放许多粉尘、有害气体等污染物，会直接影响温室采光面的透光率和影响作物的产量、品质。若农业园区的土壤、水源、空气被污染，会给农业生产带来很大危害，影响人民群众的健康，因此在有污染的大工厂附近最好不要建造温室大棚，特别是这些工厂的下风或河道下游处。如果这些工厂对污水和排出的有害气体进行了处理，并达到排放标准，则可以建造温室大棚。

（二）社会经济

1. 国家政策

建造温室大棚，需要较多的一次性投资，建成后得不到充分利用，将造成极大的资源浪费，因此建造前必须考察市场需求，了解国家和当地政府在未来5～10年内对于设施农业的相关优惠政策，包括土地优惠政策、税收优惠政策、法律、经济政策、奖励措施等。同时，还应考虑当地气候适合哪种作物的设施生产，以做到"人无我有，人有我优，人优我特"。

2. 交通用电

距交通干线和电源较近的地方，可保证运输畅通无阻和电力供应。但应尽量避免在公路两旁，以防汽车排气污染。宜靠近居住区附近，在建造和生产过程中，便于物料运进和产品运出。这样不仅便于管理和运输，而且方便组织人员对各种灾害性天气采取措施。温室主要用电设备是灌溉和照明设备，其常用220V电压；但机械卷膜机构和自动控制系统的电机需380V电压。此外，大型温室加温壁炉、强行通风系统、喷淋系统等都需要电力供应，与生产区配套的附属用房电力供应也需有保证。大型温室基地，一般要求有双路供电系统，一旦出现电力故障，基地要启动独立发电设备，保证不中断供电。因此，必须调查电力总负荷是否充足，以明确温室用电的可靠性和安全性。

3. 经济发展现状

经济发展现状是进行设施农业园区规划的重要依据。包括当地农业生产技术水平和经济发展水平、人们的消费水平、对外的贸易交流、旅游资源等现状的调查，这些都影响着温室生产的产品定位、生产形式和经济效益。

4. 设备供应

能充分利用当地资源，就地取材建造温室大棚，可以大大地降低建造成本，因此要充分调查当地现有资源，充分挖掘其利用价值。要充分比较各种不同材料的骨架、透明覆盖材料、保温被、草苫等外覆盖材料、卷帘设备、灌溉施肥系统等设备供应情况和成本。

二、实地勘察

（一）场地调查

主要对场地的地形、大小和有无障碍物等进行调查，特别要注意与邻地和道路的关系。首先看场地是否能满足需要，其次要看场地需要平整的程度，以及有无地下管道等障碍物。此外，还要调查供水、供电和交通等情况。

（二）地基调查

任何建筑物的建造对基础的要求都是很严格的，而建筑物的基础又对地质条件有着严格的要求，温室作为农业建筑也不例外。在进行温室的设计和建造时，必须调查建设地点冻土层的厚度、地基土性质、地下水埋深、受力层位置以及承载强度等基本参数。

地基调查一般在场地的某点，挖深为基础宽的 2 倍，用场地挖出的土壤样本，分析地基土壤构成和下沉情况以及承载力等。一般园艺设施地基的承载力在 $50t/m^2$ 以上，黏质土地基较软，约为 $20t/m^2$，但园艺设施是轻体结构，对勘测精度要求不像工业及民用建筑那么严格。

对于建造玻璃温室的地点，有必要进行地质调查和勘探，避免因局部软弱带、不同承载能力等原因导致地基不均匀沉降。就目前常见的温室坍塌和变形案例来看，绝大多数遭毁坏的温室，在建设前都忽略了地质条件对温室的影响，尤其是冻土层对温室基础的影响。在建造温室时，如果温室基础没有到达冻土层以下，一旦土层受到地下水的冲刷，就会发生不均匀沉降，直接导致温室坍塌或变形。另外，如果地下水埋深过浅，开挖深度不大时就会有地下水渗出，从而影响地基承载力，因此需要进行特殊加固处理，以提高地基承载力。

三、可行性分析

可行性分析，也称为可行性研究，是通过对项目的主要内容和配套条件，如市场需求、资源供应、建设规模、设备选型、环境影响、资金筹措、盈利能力等，从技术、经济、工程等方面进行调查研究和分析比较，并对项目建成以后可能取得的财务、经济效益及社会环境影响进行预测，从而提出该项目是否值得投资和如何进行建设的咨询意见，是为项目决策提供依据的一种综合性的系统分析方法。可行性分析应具有预见性、公正性、可靠性、科学性的特点。

（一）可行性分析的依据和内容

1. 可行性分析的依据

一个拟建项目的可行性分析，必须在国家有关的规划、政策、法规的指导下完成，同时，还必须要有相应的各种技术资料。进行温室大棚基地建设可行性分析的主要依据包括：

（1）国家经济和社会发展的长期规划，部门与地区规划，经济建设的指导方针、任务、产业政策、投资政策和技术经济政策以及国家和地方法规等。

（2）经过批准的项目建议书和在项目建议书批准后签订的意向性协议等。

（3）拟建温室大棚地址的自然、经济、社会等基础资料。

（4）有关国家、地区和行业的工程技术、经济方面的法令、法规、标准定额资料等。

（5）包含各种市场信息的市场调研报告等。

2. 可行性分析的内容

可行性分析，一般应包括以下内容：

（1）投资必要性。主要根据前期调查及预测的结果，以及有关的产业政策等因素，论证项目投资建设的必要性。

（2）技术可行性。主要从项目实施的技术角度，合理设计技术方案，并进行比选和评价。

（3）组织可行性。制订合理的项目实施进度计划、设计合理的组织机构、选择经验丰富的管理人员、建立良好的协作关系、制订合适的培训计划等，保证项目顺利执行。

（4）风险因素及对策。主要对项目的市场风险、技术风险、财务风险、组织风险、法律风险、经济及社会风险等风险因素进行评价，制定规避风险的对策，为项目全过程的风险管理提供依据。

在可行性分析的基础上，整理形成可行性研究报告。

（二）可行性分析报告的撰写

可行性分析报告要求以全面、系统的分析为主要方法，以经济效益为核心，围绕影响项目的各种因素，运用大量的数据资料论证拟建项目是否可行，对整个可行性研究提出综合分析评价，指出优缺点和建议。为了论证的需要，往往还需要加上一些附件，如试验数据、论证材料、计算图表、附图等，以增强可行性分析报告的说服力。温室大棚基地建设的可行性分析报告，即可行性研究报告，一般从以下方面撰写。

1. 项目总论

总论作为可行性研究报告的首要部分，要综合叙述研究报告中各部分的主要问题和研究结论，并对项目的可行与否提出最终建议，为可行性研究的审批提供方便。

（1）项目概况。包括项目名称、项目建设性质、项目投资方、项目可行性研究工作承担单位介绍、主管部门介绍、项目建设内容、规模、目标、建设地点等。

（2）项目可行性研究主要结论。在可行性研究中，对项目的产品销售、原料供应、政策保障、技术方案、资金总额及筹措、项目的财务效益和国民经济、社会效益等重大问题，都应得出明确的结论。主要包括：产品市场前景、原料供应问题、政策保障问题、资金保障问题、组织保障问题、技术保障问题、人力保障问题、风险控制问题、财务和经济效益结论、社会效益结论、综合评价。

（3）主要技术经济指标表。在总论部分中，可将研究报告中各部分的主要技术经济指标汇总，列出主要技术经济指标表，使审批和决策者对项目作全面了解。

（4）存在问题及建议。对可行性研究中提出的项目的主要问题进行说明并提出解决的建议。

2. 项目建设背景、必要性、可行性

这一部分主要应说明项目建设的背景、建设的必要性、建设理由及项目开展的支撑性条件等。

3. 项目建设条件分析

建设条件分析在可行性研究中的重要地位在于，任何一个项目，其建设规模的确定、技术的选择、投资估算甚至地址的选择，都必须在对现有的自然、社会、经济等各种条件有了充分了解以后才能决定。而且建设条件分析的结果，还可以决定产品的价格、销售收入，最终影响到项目的盈利性和可行性。在可行性研究报告中，要详细研究当前各种条件现状，以此作为后期决策的依据。

该部分应包括建设区域概况（建设地点、地理位置、地质地貌、气候条件、社会经济概况等）、项目关联产业发展现状、建设条件优劣势分析等。

4. 项目建设规模和生产设计方案

此部分应对项目的整体建设规划和布局、单栋温室大棚的建设方案以及配套工程，包括供水工程、供电工程、供暖工程、通信工程等予以介绍。

5. 项目环保、节能、劳动安全方案

在项目建设中，必须贯彻执行国家有关环境保护、能源节约和职业安全卫生方面的法规、法律，对项目可能对环境造成的影响，对影响劳动者健康和安全的因素，都要在可行性研究阶段进行分析，提出防治措施，并对其进行评价，推荐技术可行、经济，且布局合理，对环境的有害影响较小的最佳方案。按照国家现行规定，凡从事对环境有影响的建设项目都必须执行环境影响报告书的审批制度，同时，在可行性研究报告中，对环境保护和劳动安全要有专门论述。

6. 项目组织计划和人员安排

在可行性研究报告中，根据项目规模、项目组成和工艺流程，研究提出相应的项目组织管理机构、劳动定员总数、劳动力来源及相应的人员培训计划。

7. 项目实施进度安排

项目实施时期的进度安排也是可行性研究报告中的一个重要组成部分。所谓项目实施时期亦可称为投资时间，是指从正式确定建设项目到项目达到正常生产这段时间。这一时期包括项目实施准备、资金筹集安排、勘察设计和设备订货、施工准备、施工和生产准备、试运转直到竣工验收和交付使用等各工作阶段。这些阶段的各项投资活动和各个工作环节，有些是相互影响，前后紧密衔接的，也有些是同时开展，相互交叉进行的。因此，在可行性研究阶段，需将项目实施时期各个阶段的各个工作环节进行统一规划，综合平衡，做出合理又切实可行的安排。

8. 投资估算与资金筹措

投资估算与资金筹措包括投资估算的依据和初步估算、资金来源、工程招标方案等。

9. 项目不确定性分析

在对建设项目进行评价时，所采用的数据多数来自预测和估算。由于资料和信息的有限性，将来的实际情况可能与此有出入，这对项目投资决策会带来风险。为避免或尽可能减少风险，就要分析不确定性因素对项目经济评价指标的影响，以确定项目的可靠性，这就是不确定性分析。

根据分析内容和侧重面不同，不确定性分析可分为盈亏平衡分析、敏感性分析和概率分析。在可行性研究中，一般要进行的盈亏平衡分析、敏感性分配和概率分析，可视项目情况而定。

10. 项目财务、经济、社会和生态效益

在建设项目的技术路线确定以后，必须对不同的方案进行财务、经济效益评价，判断项目在经济上是否可行，并比选出优秀方案。本部分的评价结论是建议方案取舍的主要依据之一，也是对建设项目进行投资决策的重要依据。另外，还应对项目的社会效益和生态影响进行分析，也就是对不能定量的效益影响进行定性描述。

11. 项目风险分析及风险防控

项目风险分析及风险防控包括建设风险、法律政策风险、市场风险、筹资风险和其他相关风险的分析及防控措施。

12. 项目可行性研究结论与建议

根据前面各部分的研究分析结果，对项目在技术上、经济上进行全面的评价，对建设方案进行总结，提出结论性意见和建议。主要内容如下：

(1) 对推荐的拟建方案建设条件、产品方案、工艺技术、经济效益、社会效益、环境影响的结论性意见。

(2) 对主要的对比方案进行说明。

(3) 对可行性研究中尚未解决的主要问题提出解决办法和建议。

(4) 对应修改的主要问题进行说明，提出修改意见。

(5) 对不可行的项目，提出不可行的主要问题及处理意见。

(6) 可行性研究中主要争议问题的结论。

另外，凡属于项目可行性研究范围，但在研究报告以外单独成册的文件，均需列为可行性研究报告的附件，所列附件应注明名称、日期、编号，例如：

(1) 项目建议书（初步可行性报告）。

(2) 项目立项批文。

(3) 建设地址选择报告书。

(4) 资源勘探报告。

(5) 贷款意向书。

(6) 环境影响报告。

(7) 需单独进行可行性研究的单项或配套工程的可行性研究报告。

(8) 需要的市场预测报告。

（9）引进技术项目的考察报告。

（10）引进外资的各类协议文件。

（11）其他主要对比方案说明。

（12）其他。

如有其他用于支撑可行性分析的附图等资料，均应附在可行性分析报告的最后，包括：

（1）建设地址地形或位置图（设有等高线）。

（2）总平面规划图（设有标高）。

（3）温室大棚设计图等。

（三）温室大棚基地建设可行性分析报告案例

【案例】 花古村 200 栋蔬菜大棚项目建设可行性报告

1. 项目背景

蔬菜是人类生存必不可少的特殊商品，是人们保持膳食平衡的重要食物。蔬菜生产属劳动密集型产业，丰产高效农业项目之一，也是农民增收的主渠道。今年，我市将设施农业确定为全市的重点建设项目，天山镇地处阿鲁科尔沁旗政治、经济、商贸、交通中心，具有发展设施农业的特殊优势。为促进菜篮子工程的健康发展，改变现有蔬菜大棚结构不合理、设施陈旧老化、经营粗放等面貌，确保四季蔬菜的均衡供应，2013 年，我镇计划新建高标准日光温室蔬菜大棚示范小区 8 个，新建高标准温室大棚 200 栋。

2. 项目概况

（1）建设地点：花古村。

（2）建设规模：建设日光温室蔬菜大棚 200 栋，蔬菜育苗基地 1000m²。

（3）建设条件：省级通道、集通铁路穿境而过，可谓"四通八达"。地理环境优越，四季分明，光照充足，热量丰富，气候温暖，雨量充沛，无霜期长，对蔬菜生产非常适应。

3. 市场分析

由于地处县城附近，常住人口达 10 万人之多，年蔬菜消耗量在 2000 万 kg 以上，而目前，我镇仅拥有各类蔬菜大棚近 2500 栋，面积 350 亩，年产蔬菜量在 600 万 kg 左右，缺口 1400 万 kg。特别是在冬春季节蔬菜供应淡季，大部分蔬菜靠外调供应，急需生产 1400 万 kg 自产"反季节"蔬菜才能满足淡季居民消费需要。新建 200 栋蔬菜大棚预计年产蔬菜 400 万 kg，仍然远远不能满足城乡居民的需求，市场前景广阔。

4. 项目建设的有利条件

（1）自然条件。项目区交通十分方便，公路四通八达，产品运输便利。土质肥沃，无污染，地势平坦、开阔。

（2）劳动力条件。我镇劳动力资源丰富，特别是随着农业产业结构调整，劳动力资源更加充沛。

（3）基础条件。计划建设大棚的几个村，有着多年的种植蔬菜的经验，但由于受气候、资金、技术等方面的限制，多年来始终处于简单粗放型发展状态，所建大棚多在农户庭院，生产能力低、经济效益差。近两年，我镇在继贤村建立了高标准蔬菜大棚示范小区，取得了较好的经济效益，并得到了群众的认可，群众对建设高标准日光温室大棚的积极性显著提高。

5.建设规模

新建高标准蔬菜大棚 200 栋，占地 340 亩。

6.投资概算

经测算建设 1 栋蔬菜大棚需投资 3 万元，其中，棚架及覆膜 13000 元，保温被 8000元、墙体 4000 元，灌溉设施 5000 元。

200 栋蔬菜大棚共需投资 600 万元。

7.项目期限

6 个月，即从 2013 年 3 月 1 日起至 2013 年 8 月 31 日止。

8.资金筹措

采取国家投资与个人自筹相结合的办法筹措项目资金。总投资 600 万元中，国家投资300 万元，其中补贴资金 200 万元，灌溉设备配套资金 100 万元；贷款及自筹 300 万元，其中争取项目贷款 200 万元。

9.效益分析

建设 1 栋面积 560m^2 的高标准温室大棚，年产蔬菜 2 万 kg，按 1kg 平均 2 元计算，年产值为 4 万元，去除成本年纯收入可达 2.5 万元。200 栋蔬菜大棚年纯收入 500 万元，1.2 年即可收回全部投资，经济效益十分可观。

通过蔬菜大棚建设，可加快种植业结构调整，促进城郊型和城镇园区特色农业的又快又好发展，为指导和引导全镇乃至全旗设施农业的建设和发展发挥良好的示范和带动效应，社会效益十分显著。

10.保障措施

（1）成立由镇村有关领导组成的大棚蔬菜建设项目领导小组，明确工作目标，落实工作责任，实行专项推进。

（2）组建大棚蔬菜生产技术服务小组，负责对项目区大棚设计和蔬菜生产的全程技术服务。

（3）新建工厂化蔬菜育苗基地 1000m^2，保证蔬菜种植种苗供应。

11.项目进展情况

目前，已经落实项目建设地块 8 处，共 340 亩，大棚建设图纸已由有关设计单位完成，各项目地块的规划工作正在进行中。

蔬菜大棚设备估算表见表 1-1，水、电相关设施配套及其他费用表见表 1-2。

表 1-1　　　　　　　　　　蔬菜大棚设备估算表

名　称	规　格	造价/元
下卧	下卧 1m，回填 0.4m	1200
基础（石头）	48m^3×60 元	3850
钢架	直径为 DN20 的钢管，每米重 1.63kg	5600
塑料布	50kg×30 元/kg	1500

名　称	规　格	造价/元
工作间	檩、椽、门窗等	1800
节水灌溉设备及安装		6800
节水灌溉管材、管件		11000
其他材料费		11450
人工费（农民折劳）		44800

表 1-2　　　　　　水、电相关设施配套及其他费用表

序　号	工程名称	规格型号	数量	单位	单价/元	合价/元
一、水源建设						36000
1	打井配套	80m	1	眼	30000	30000
2	泵房、管理房		2	间	3000	6000
二、电力建设						38000
1	变压器	S9/30kVA	1	台	20000	20000
2	计量		1	套	3000	3000
3	线路	低压	500	m	30	15000
三、其他费用						16000
合计						80000

任务二　设施农业园区的初步规划

由于农业设施的建设是一次性投资较大的工程，特别是温室和塑料大棚不能盲目滥建，应该本着节约能源、经济耐用、降低成本、使用高效的原则。所以设计前必须根据农业设施的用途做好总体规划。

一、规划内容

这里的规划主要是指温室大棚在设计与建造之前，要思考并确定的整个园区的布局和温室大棚的选型。

温室大棚的规划应因地制宜，结合当地气候特点、设施用途、方便生产与运行、经费情况等综合考虑，确定整体园区的布局和温室大棚的形式等内容。主要包括：

（1）确定温室大棚的主要功能，即用来做什么。

（2）确定温室大棚的生产与运行管理方式。

（3）确定温室大棚的类型。

（4）确定整个园区内需要的建筑、设施及其布局。

二、温室大棚选型

（一）温室大棚选型内容

1. 温室大棚的类型

根据当地气候条件、温室大棚的主要功能、投资力度、管理方式等方面综合考虑，确

定选用何种类型，如塑料大棚、日光温室、现代化连栋温室等。

2. 温室大棚的基本尺寸

塑料大棚的基本尺寸有跨度、长度、脊高等；日光温室的基本尺寸有跨度、长度、脊高、后墙高度、前屋面采光角、后屋面仰角等；现代化连栋温室的基本尺寸有单间跨度、开间、檐高、脊高、屋面角度、连栋数、开间数、总体长宽等。

3. 温室大棚的主体材料

主体材料即温室大棚主要承力构件所采用的材料，不同材料的承载力、使用寿命等不同，应根据当地气候条件、投资力度合理选择。常用的主体材料有木材、竹材、钢架、热浸镀锌钢管、钢筋混凝土、铝合金镶嵌或镀锌板卡槽镶嵌等。

4. 温室大棚的覆盖材料

温室大棚的覆盖材料包括透明覆盖材料、外保温覆盖材料和其他覆盖材料。透明覆盖材料有玻璃、塑料薄膜和 PC 板等；外保温覆盖材料有保温被、草苫等；其他覆盖材料有遮阳网、防虫网等。

5. 温室大棚的内部配套设备

根据当地气候条件、功能用途、投资力度、技术水平等方面合理选用温室大棚的内部配套设备，主要包括灌溉、施肥、加温、降温、补光、CO_2 补充、自动控制系统等设备。

（二）温室大棚选型原则

温室大棚结构形式多样，在用途、材料、控制内部环境等方面都有很大差别，没有哪种温室大棚结构形式是"万能的"和"最佳的"。同一型号的温室大棚可能适合于多个不同的地区和不同的用途；同一项目或同一用途也会有几种不同的温室大棚形式可供选择。因此，温室大棚结构的选择必须综合考虑温室大棚的主要用途、计划寿命、建设地点自然条件、经济投资、运行管理模式等因素具体选择确定。在选择过程中，一般遵循以下原则：

1. 功能性原则

温室必须满足功能的要求，这是最基本的原则。温室是为生产、观赏、科研等目的或功能创造条件，其内部环境应该满足这些基本功能。

如同样是用于冬季喜温性园艺植物反季节生产的设施，在北方寒冷地区可能需要节能日光温室甚至配套加温设备才能满足要求，而在南方地区只需要建造塑料大棚即可。用于观赏、科研的温室一般均需配套内部环境控制系统。温室结构形式应与温室内部环境要求特点相适应，例如，以降温为主的温室应使结构形式利于通风，而以保温为主的温室应使温室的密封性更好等。

2. 经济性原则

温室类型的选择尽量体现经济的原则，在满足基本功能要求的基础上尽可能地降低造价。因此，温室结构形式在设计时，要最大限度地适应当地气候条件，以达到受力合理、用材经济的目的。如热带地区与寒带地区温室结构形式的选择应有区别，多风地区与多雪地区温室的形式亦应不同。

3. 简洁性原则

温室的结构形式应力求简洁、实用，方便以后的管理和维护。

4. 美观性原则

用于观赏、休闲的农业园区，温室在满足内部生产需求的基础上外形尽可能美观大方，甚至在关键部位可以采用异形温室。

5. 适应管理和运行模式原则

温室结构形式选取的过程中，也应力图使其适应温室的管理和运行模式。例如，大型连栋温室适用于生产品种较单一、管理集中的情况；而单栋温室和单坡面温室适用于品种较多、管理较为分散的情况。

（三）温室大棚选型方法

1. 充分分析当地的气候特点，选择满足当地条件的温室大棚类型

由于温室是一种创造人工气候的设施，因此内部环境的控制就不可避免地受到外界气候特点的影响，另外，建设地点的气候特点也直接影响到温室结构的力学反应，在保温节能、通风降温、抗风、防雨等方面都会因采用不同的结构形式而产生不同的效果。因此，应充分分析当地气候条件，包括温度、光照、风、雪、雨以及小气候等，从而选择合理的温室结构。

例如，在北方寒冷地区，由于保温节能和防止雪害是温室解决的主要问题，因此采用单坡面温室和对称双坡面连栋温室（山形屋面或拱形屋面）较为适宜，温室覆盖材料可选择保温性能良好的双层充气膜、双层玻璃或硬质中空板等。单坡面温室可在北侧设置挡风墙或其他土建结构以减少冬季西北寒流造成的热量损失，也可较方便地采用外覆盖方式以提高温室保温性能，减少能耗；同时单坡面温室清理积雪相对容易。对称双坡面连栋温室有利于保持温室内温度的稳定性，同时这种结构形式可较好地减少雪载的大面积堆积，即使天沟处产生积雪也便于集中融化。

在沿海等多风地区，温室尽量选用那些抗风能力强的温室形式（如圆弧形屋面温室等），而那些诸如锯齿形、哥特式尖顶形等温室形式应尽量避免采用。

2. 综合考虑温室功能要求、管理条件与经营模式，选择适应的温室大棚类型

温室功能往往决定温室的结构和类型。如果是以温室果树促成生产为主的温室应该选择高度较高、有一定保温能力的温室；北方用于冬季生产蔬菜的温室应该选择保温性能好、采光好的温室，如日光温室等。

在土地及劳动力缺乏的地区，宜选择节约土地、便于管理的温室结构，如选择覆盖材料好的连栋温室较为适合，这样既节约土地又方便机械操作，可节约劳动力，提高管理效率；在土地资源相对充足、劳动力过剩而资金不足的地区，可尽量采用一次性投资小、劳动力密集而运行费用较低的温室形式，如塑料大棚和日光温室等。

对于市场效益高、以高价值产品或出口型产品为主的种植者或经营者，应尽量采用环境调控能力强的温室形式，以保证产品质量的稳定性和产量的持续性；对于市场效益低、对产品品质要求不高的产品为主（如一般蔬菜、普通花卉等）的种植者，可选用投资小、运行费用低的温室形式。

对于以观赏、展示功能为主的温室，往往不重点考虑生产功能，更多的是从温室的外形、温室的内部空间等方面考虑温室的选型，其投资成本往往较大，多选用环境调控能力强的温室形式，如现代化连栋温室。

对于以科学实验功能为主的试验温室，一般都有充足的资金保障，且要满足不同试验条件，因此一般也都选用环境调控能力强的温室形式。

3. 考虑建造和运营过程的经济性，选择合适的温室大棚类型

投资成本和运营成本直接影响温室生产、观光的经济效益，一般首选投资小、运营费用低的温室结构形式。但实际生产中也应根据具体情况，从下列三种方式中选择合适的温室类型。

（1）投资小、运营费用也低。如果既考虑减少投资，也要降低运营成本，这样可选的温室类型就比较少，而且这些低成本、低投资的温室环境控制能力也较差，生产效益不高。如北方的竹木结构日光温室、钢骨架和水泥骨架温室，它们的建设费用很低、运营也很经济，但其土地利用率低、操作不方便，且使用寿命短。南方的简易拱形单层塑料温室也是一种经济的温室形式，冬季覆盖塑料薄膜保温，夏季变成具有一定防雨能力的遮阳棚，但温室内部环境控制能力差，管理繁琐，比较费劳力。

（2）投资小、运营费用较高。这种温室往往在初期投资较小，但后期运营费用较高。如北方采用的塑料大棚就属于此类，其建设投资小，但其保温性能较差，使得加温费用大大提高；而某些温室采用无侧窗或无天窗的形式可以降低建设费用，但在使用过程中却加大了降温的费用。这种温室适用于某些具有特殊优势的地区，例如附近工业园区有热能排放或地热资源丰富的地区、燃料费用或电力费用（煤炭或燃油等）很低的地区，如煤矿、油田、地热区、余热排放区、电力过剩区等，可以充分利用工业或其他生产的过剩热能或成本较低的热源来运行。

（3）投资大、运营费用较低。这种形式在建设初期投资充足的情况下被广泛采用。如双层充气膜温室、多层中空 PC 板温室、双层中空玻璃温室及配备了良好的采暖、降温、通风、控制设备的温室，它们的保温性能、降温性能、通风能力和人工控制能力都比较好，从而减少了运营过程中的燃料、电力消耗及管理成本，劳力使用也相对节约，运营费用大大降低。

三、温室区布局

对温室区进行规划时，事先要把场地的地形图测绘好，比例尺 1/500～1/1000（面积较大时比例尺也可再小些），画出等高线，标明方位（用指北针表示），场区附近的主干道路、主要地物、光缆电缆高压线网等也要在图上绘出，然后根据温室区的规模及要求在图上进行规划并给出图例。

温室区的总体布局涉及整区的各个组建要素，要合理组合，精密搭配，使整区形成一个有机整体。

（一）整体布局原则

1. 集中管理，连片配置

设施农业园区的生产一般采取集中管理、各种类型相结合的经营方式。即使规模再小，也要考虑设施之间，以及它们与其外部之间的联系进行布局。规模大的还要考虑锅炉房、堆煤场（包括煤渣堆放）、变电所、作业场地、水源、仓库、农机具库等附属建筑物和办公室、休息室等非生产用房的布局。

一般要将整个园区按照功能分区，尽量将同一功能的小区集中在一起管理，并连片配置相应的辅助设施，以满足不同功能和降低投资，如图 1-1 所示。

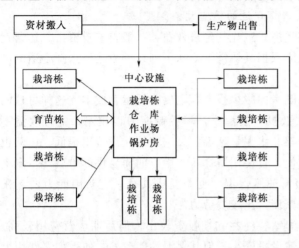

图 1-1 设施园艺用地安排

温室区的主要功能是生产各类农产品，因此温室就是场区的主要建筑物，构成栽培区。以有土栽培为主的温室应布置在土质最好的地块，集中布置于道路的两侧，温室相对集中布置对统一安排供水、供热（减少管网长度）、供电及运输、管理等均有利。单坡温室（尤其是日光温室）要注意朝向和间距。温室的工作间或外门要设在距主要道路近的一侧。

栽培区的温室又分育苗栋和栽培栋，有时育苗栋内又设催芽室。育苗栋与栽培栋的比例视作物品种及栽培方式而定，一般为 1:10～1:20，果菜苗、果树苗较大，可取较大的比例，叶菜苗则反之。穴盘无土育苗技术的日益普及使所需的育苗面积减小，因此该比值还要根据具体情况而定，并在实践中不断调整。

2. 因时因地，选择方位

在进行连片的温室大棚的布局中，主要是考虑光照和通风。这就要涉及方位的问题。

所谓温室大棚的建筑方位是指温室大棚屋脊的延长方向（走向），大体上分为南北延长和东西延长两种方位。

在温室群总体布置中，合理选择温室的建筑方位是很重要的。温室的建筑方位通常与温室的造价没有关系，但它与温室形成的光照环境的优劣，以及总的经济效益有非常密切的关系。尤其是主要依靠太阳光照辐射为能源的日光温室，方位的选择至关重要。合适的方位，可以使更多的太阳光照进温室中，从而获得更好的光照环境和温度条件。

3. 邻栋间隔，合理设计

温室和温室的间隔叫作邻栋间隔。为减少占地、提高土地利用率，前后栋温室相邻的间距越小越好，但从通风采光的角度考虑，温室间隔则不宜过窄。一般以前栋温室不影响后栋温室采光为前提。

（二）总体布局

温室区的平面布局要功能分区明确、操作管理方便、线路畅通、流程简洁、布局合理，避免各设施之间、各线路之间的互相干扰和交叉。场区内道路最好封闭成环，主干道路两侧要设排水沟。

场区应有围墙，以便于管理并保证安全；大门宜位于场区以外的主干道路边；场内靠近大门宜布置值班室、办公室、接待室、展销室等建筑物；栽培区设于内部；锅炉房应位于冬季主导风向的下方，以防止烟尘污染薄膜；有毒物品库、易燃品库应远离主要建筑物。

温室区的绿化应结合道路统筹考虑，栽培区不种植较高的树木，以免影响温室采光，应以花卉、草坪和小灌木为主，辅助建筑区可以种树。可在办公区及其他边角地适当修建小型园林景点、喷泉等以美化环境。

1. 划分功能区

分区规划，就是要确定整个园区按照功能划分为几个区，各个区的面积划分与布局等。

功能分区，一般应根据园区所在地的自然条件尽可能因地、因时、因物制宜，结合各功能分区本身的特殊要求，以及各区之间的相互关系，农业园区与周围环境之间的关系来进行分区规划。

生产、零售兼具的小型温室生产基地一般包括生产区和销售区，如图1-2所示。

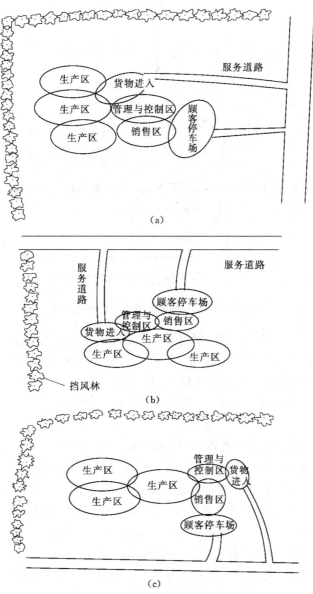

图1-2　小型温室基地平面布置示意图
(a) 公共道路在东侧；(b) 公共道路在北侧；(c) 公共道路在南侧

大型设施农业基地一般分为生产区、辅助生产区和销售与管理区。生产区的主要生产建筑设施有各类育苗温室、生产温室和产品加工厂房，有的设有专门的催芽室；育苗温室与栽培温室的面积比例要根据种植的植物种类、育苗方式、栽培方式和基地生产模式的不同而通过工艺设计来确定。辅助生产区建筑设施包括锅炉房、水塔、水泵房、配电室等基础设施和产品储藏保鲜库、种子库、生产资料库、待运产品库、运输车辆与农机库等仓储库房及生产停车场。销售管理区包括顾客停车场、产品展示区、销售厅、办公室、试验检测室等，如图 1-3 所示。

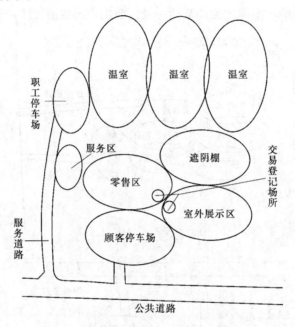

图 1-3 大型设施园艺中心平面布置示意

在总体布局时，首先要考虑方向问题；其次考虑道路的设置、设施入门的位置和每栋间隔距离等。应优先考虑生产区的温室，使其处于场地的采光、通风等的最佳位置。同时，还应尽量把和每个农业设施都发生联系的作业室、库房、变电所等共用附属建筑物放在中心部位，将生产温室分布在周围，还应靠近道路，便于运输。

2. 确定温室方位

根据测定计算，随着温室所在地理位置的不同，纬度越高，则东西延长的温室平均透光率比南北延长的温室平均透光率越大，如中纬度地区温室冬季的透光率，东西延长的比南北延长的光照多 12%。因此，在我国北方地区，单屋面温室以东西延长较好，即坐北朝南，这样在一天太阳光较充足的情况下，温室里可以得到较强的光照。但对于高纬度（北纬 40°以北）和晨雾大、气温低的地区，冬季日光温室不能日出即揭帘受光，因此要尽量多利用下午的光照，建议生产中将朝向略向西偏转 5°~10°，偏离角根据当地纬度和揭帘时间确定。同时要考虑当地冬季的主导风向，避免强风吹袭前屋面。

对塑料大棚而言，南北延长的大棚光照分布是上午东部受光好，下午西部受光好，但就日平均来说，受光基本相同，且棚内不产生"死阴影"；而东西延长的大棚，南北受光不均匀，南部受光强，北部受光弱，在骨架粗大时，还容易产生"死阴影"造成作物长势不匀的现象。因此，根据大棚使用季节（3—11月）多采用南北延长的方式。

对于现代化连栋温室来讲，南北延长和东西延长的光照强度没有什么明显的差异。但在实际生产中，对于以冬季生产为主的玻璃温室（直射光为主），以北纬40°为界，大于40°地区以东西延长建造为佳；在小于40°地区，则采用南北延长的较好。

3. 确定温室间距

合理确定温室间距是减少占地、提高土地利用率而又能保证温室冬季光照环境的重要手段。间距的确定，一般以冬至日中午12时前排温室的阴影不影响后排采光为计算标准。但"不影响采光"，是针对作物需要的基本光照要求而言的。不同作物对光照的要求不同，强光照作物必须保证有6h以上的光照时间和平均2×10^4lx以上的光照度；弱光照作物只需保证4h以上的光照时间和平均1×10^4lx以上的光照度即可。日光温室最好以能够满足强光作物的需求设计。

一般东西延长的温室前后排距离为温室高度的2～3倍以上，即6～7m；南北延长的温室前后排距离为温室高度的0.8～1.3倍以上。

塑料大棚前后排之间的距离应在5m左右，即棚高的1.5～2倍，这样在早春和晚秋，前排大棚不会挡住后排大棚的太阳光线。当然，各地纬度不同，其距离应有所变化，纬度高的地区距离要大一些，纬度低的地区则小一些。大棚左右的距离，最好是等于大棚的宽度，并且前后排位置错开，保证通风良好。

4. 规划园区道路

一般来讲，设施群内的道路应该便于产品的运输和机械通行，主干道路宽度为6m，允许两辆汽车并行或对开，设施间道路宽最好能在3m左右。主路面根据具体条件选用沥青或水泥路面，保证雨雪季节畅通。

大型连栋温室或日光温室群应规划为若干个小区，每个小区之间的交通道路应有机结合，雨水较多的地区应设置排水渠。

在大型的观光农业园区，园路联系着不同的分区、建筑、活动设施，有组织交通、引导游览的功能。园路按其功能、宽度可分为主干道、次干道、小道、专用道等。

（1）主干道：一级道路，连接主出入口，通往园区各个功能区、主要活动建筑设施。设计时要求方便生产和参观，能快速到达各大功能区，并且尽可能形成环道，避免走回头路。道路宽6～8m，纵坡在8%以下，横坡为1%～4%。

（2）次干道：二级道路，是各个功能区的主要道路。要求与主干道合理交接，过渡自然。道路宽3～4m，最大纵坡为15%。

（3）小道：三级道路，是方便生产和为游人提供的散步道，宽1.2～2m。

（4）专用道：特殊道路，如通往管理区、农用场地、仓库等区的道路，一般根据作为车辆通行还是不通行来设计路面铺装材料和宽度。

在实际规划中应在保证合理的交通路线的前提下，最大限度地提高土地利用率。

四、实际案例

图1-4是某生产队的一大片保护地。中间有一条交通干线。按照小区功能分别设置

果树、花卉与蔬菜区域。

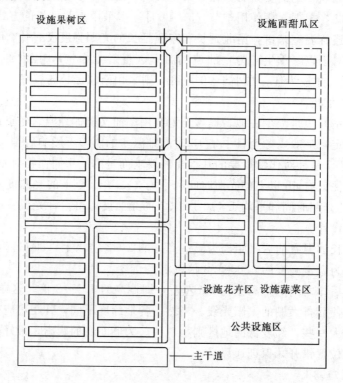

图 1-4 连片保护地示意图

一、设施类型的调查

（一）目的要求

通过对校内实训基地和杨凌示范区内多种设施的实地调查和观看录像、幻灯片，了解设施的类型及其结构特点、性能和在生产中的应用。

（二）材料与用具

学校实训基地的设施，多媒体图片和录像片、幻灯片；杨凌示范区内多种设施。

（三）实训步骤与方法

1. 实地调查

到学校的实训基地或附近的生产单位进行实地调查，主要调查内容如下：

（1）调查、识别当地温室、大棚、中棚（小棚）、温床（风障、阳畦）等几种农业设施结构的特点，观察各种设施的场地选择、设施方位和整体规划情况。分析各种类型不同形式设施结构的异同、性能的优劣和节能措施的设置状况。

（2）调查各种设施调控环境的手段，包括防寒保温、充分利用太阳能和人工加温、遮阳降温、通风换气等环境调控措施在生产中的应用情况。

（3）调查记载各种类型设施在本地区的主要利用季节、栽培作物种类、周年利用状况等。

2. 观看录像、幻灯片、多媒体等影像资料

观看地面简易设施（简易覆盖、近地面覆盖）、地膜覆盖、小型设施（小棚、中棚）、大型设施（大棚、温室）等各种设施的影像资料，了解各种设施的结构特点、性能及使用情况。

[作业与思考]

（1）根据当地农业设施的类型、结构、性能及其应用的状况，写出实训报告。

（2）绘制出日光温室、塑料大棚等设施纵断面示意图，并注明各部位名称和尺寸。

（3）对当地农业设施的发展趋势作出评价。

二、设施农业园区的简单规划

给定一个具体地方，介绍其气候、地形等特征后，让学生按照设施农业园区的总体规划原则和方法进行园区规划。

规划中应注意不同功能区的划分、设施布置方位、间距、道路等。

信 息 链 接

一、设施农业及农业设施的发展概况与发展趋势

设施农业以先进工程技术、装备、工艺的综合运用，实现能源的减量化和资源的高效利用，从而达到节能、节地、节水、节肥、节药和节约饲养成本的目的，是农业发展方式从资源依赖型向创新驱动型和生态环保型转变的一条重要途径。

农业设施是指人为创造的适宜动植物生长发育的结构或建筑，包括各类温室大棚等，可用于园艺植物（蔬菜、果树、花卉）栽培、畜禽和水产养殖。世界农业设施的发展大致经历了3个阶段：

原始阶段：约2000多年前，我国使用透明度高的桐油纸作覆盖物，建造温室。古代的罗马是在地中挖成长壕或坑，上面覆盖透光性好的云母板，并使用铜的烟管进行加温，可以说是温室的原始阶段。

发展阶段：主要是第二次世界大战后，玻璃温室和塑料大棚等真正发展起来，尤其以荷兰、日本为首的国家发展迅速，而且附加设备增多起来。

飞跃阶段：20世纪70年代后，大型钢架温室出现，自动控制室内环境条件已成现实，世界各国覆盖面积迅速增加，室内加温、灌溉、换气等附加设备广泛运用，甚至出现了植物工厂，完全由人类控制作物生产。今后将向着节能、高效率、自动管理的方向发展。

（一）国外农业设施的发展概况

1. 荷兰

荷兰温室已有100多年历史，目前全国有13000多 hm^2 玻璃温室，温室结构及生产管理水平都处于世界领先地位。

荷兰大力发展设施养殖和畜产品深加工，依靠设施园艺高新技术和畜产品，使农业迅

猛发展，农产品出口值高达450亿美元，成为仅次于美、法的世界第三大农产品出口国。设施园艺已成为国民经济的支柱产业，花卉产业尤其发达，主要靠设施栽培，是世界第一大花卉出口国，是世界花卉贸易中心，从荷兰拍卖市场出口的鲜花占世界贸易出口额的70%，其中荷兰自身生产的占60%（我国仅占1%），因此荷兰市场花卉的成交价被作为国际价格动向的指标。

荷兰的现代温室，无论从面积、规模、水平都居世界前列。但却没有一家专门生产制造温室的企业，虽然也有一些配件专业生产厂家，但温室及配套设施的生产完全靠一种高度社会化、国际化的市场体系。荷兰温室的覆盖、保温材料等均从比利时、瑞典等国进口；温室建造的运作主要是靠温室工程公司，具有国际输出能力的温室工程公司有7~8家，其主要作用是"集成组装"而不是"制造"，通过市场调查获得需求信息，按用户要求进行温室设计、工程预算、材料购买、工程发包等，完全体现了温室工程建造的特点。荷兰的温室工程公司已从为荷兰、欧洲地区提供工程服务，转而面向世界各国，特别是发展中国家拓展合作业务。

2. 日本

日本是个岛国，人均耕地资源低于我国，从20世纪60年代以来，高速发展蔬菜、花卉的设施生产，实现了产品的高品质、多样化和周年均衡上市。20世纪70年代为日本温室高速发展期，政府向农户提供大型现代化温室的资助，其中国家资助占50%，其他资助占30%~40%，农户自付资金仅占10%~20%，大大推动了温室的发展，使日本温室很快进入世界先进行列。

日本的栽培设施主要是塑料大棚和临时采暖的塑料温室，也有一些玻璃温室，高度比较低，夏季通风降温有一定的问题。日本的设施中栽培的主要是蔬菜和花卉，也有一些瓜果类，如网纹甜瓜、草莓、葡萄、柑橘等，在国际市场上很有竞争力，并获得了很高的经济效益。近年来，日本研究应用的植物工厂，在世界上处于领先地位。

3. 美国

美国是个大国，其总的指导思想是搞适地栽培。由于国土横跨几个气候带，有条件搞适地栽培，通过公路和空运解决均衡上市问题，原来对设施栽培不十分重视。但近几年来，随着人们生活质量的提高，对蔬菜、花卉等产品的品质和新鲜度提出了更高的要求，因此设施栽培有较快发展的趋势。另外，美国对设施栽培的尖端技术的研究非常重视，比如在太空中的设施生产问题，已有成套的、全部机械手操作的全自动设施栽培技术。

美国温室多数是玻璃温室，少数是塑料温室，主要用于种植花卉，约占温室总面积的2/3。美国现代温室的建造也是在高度社会化、专业化、国际化的市场体系下运作，亚利桑那州的Willcox温室可能是世界最大的温室，面积达106hm²，种植番茄和黄瓜。近年来，人们日益关注食品安全和健康，庭院温室应运而生。

20世纪出现的网络半球形天穹结构温室具有更大的表面采光面积，可以吸纳更多的光照与太阳能源，均匀地反射到植物上的阳光使它们得以良好地生长；温室内部无支柱，具有更大的温室表面积与内部空间；使用的覆盖材料少，具有热效率高、抗风雪能力强等优点，可用于学校的生态实验室种植蔬菜、药材，繁育鱼类，做植物杂交实验等，还可用作教堂、热浴室、按摩和理疗室、社区活动中心、儿童学习的教室以及餐厅等。

4. 英国

英国农业部对温室的设计和建造是很重视的，在一些农业工程研究所里进行温室相关课题的研究。但英国主要是与荷兰温室公司合作推广荷兰的温室设备，自己只生产一些非标准的特殊要求的温室设施。英国温室加热的主要方式原来用燃油锅炉，后改为燃煤，部分地区也采用燃气锅炉和利用工厂余热。英国温室全部采用计算机管理，控制温度、湿度、光照、通风、CO_2 施肥、营养液供给及 pH 值等。在温室种植中，无土栽培占温室面积的 30%，主要以岩棉基质栽培为主，约占 90%。

5. 加拿大

加拿大温室蔬菜生产主要集中在安大略省、不列颠哥伦比亚省，两地产量占全国蔬菜总产量的 90%。不列颠哥伦比亚省温室在低陆平原地区主要使用现代荷兰文洛型玻璃温室，主要用于种植蔬菜，以番茄、彩色甜椒、长条形黄瓜和生菜为主。在北部、内陆和岛屿则使用屋脊天沟式温室，大型温室都有电脑气候综合监控系统，最常用的加热方法是天然气加热锅炉，从锅炉燃烧废气冷凝器收集的液态和气态 CO_2，用于补充植物需要的 CO_2。有许多温室用机械，如电脑控制滴灌施肥和精量灌溉设备、鲜花收获机、扎捆机、喷雾机器人等。温室还设有自动门、轨道车或自动运输系统以及温室一体化病虫害管理体系、培育抗病虫害品种系统、病虫害监控系统、温室卫生管理系统、生物技术消灭虫害设施等。

6. 其他国家

以色列由于光热资源丰富，水资源紧缺，主要采用大型连栋塑料薄膜温室，充分利用其光热资源的优势和先进的节水灌溉技术，主要生产花卉和高档蔬菜。意大利、法国、西班牙、葡萄牙等国，由于气候条件较好，冬天不太冷、夏天不太热，因此主要采用大型连栋塑料薄膜温室。东欧一些国家，如匈牙利、捷克、罗马尼亚主要采用玻璃温室，多为文洛型结构，主体骨架、配套设备、控制技术等总体水平低于荷兰。北欧国家主要采用玻璃温室。韩国在 20 世纪 80 年代后，设施园艺业高速发展，主要采用塑料薄膜温室，总体水平略低。

（二）我国农业设施的发展概况

我国现代化温室和塑料大棚业起步于 20 世纪 80 年代，随着改革开放的逐步深入，我国在引进国外现代化温室和装配式塑料大棚的基础上，逐步消化吸收国外技术，并研究开发了自己的技术产品，到 20 世纪 80 年代中后期，初步形成了自己的技术体系，以热镀锌钢管装配式塑料大棚和日光温室为主，形成了工厂化生产的系列产品。

1995 年以后，随着我国第二次引进温室的高潮，引进的国家和地区有荷兰、法国、以色列、西班牙、美国、日本、韩国以及我国的台湾地区，基本涵盖了现代温室发达的国家和地区，明显带动了我国温室业的快速发展，全国以日光温室、塑料大棚为主体的设施园艺栽培面积已达 $1.396×10^{10}\ m^2$，成为世界上设施栽培面积最大的国家，全国人均占有设施面积 16m²，每年人均消费蔬菜量的 20% 由设施栽培提供。

引进的同时，我国还进行了开发研究，侧重于消化吸收国外先进技术，并逐渐重视对我国气候的适应性和国产化问题。特别是"九五"期间，我国研制开发了华北型、东北型、西北型、华东型、华南型以及东南沿海等不同生态类型区和气候条件的新型、适用的温室及配套设施，其设计制作、建造和现代温室的整体性能，总体上基本达到发达国家同类产品的水平，并有一大批温室企业相继成立。据不完全统计，我国的大型温室面积已超过 $7×10^6 m^2$；$1000m^2$ 以上的连栋温室，全国各个省（自治区、直辖市）无一空白，其中引进国外的产品有 $2×10^6 m^2$ 左右。

（三）世界设施农业的发展趋势

根据有关方面（科技部、农业部）的调查研究资料及有关专家的分析，近期及未来全球设施农业发展的趋势可归为以下 6 个方向：

1. 无土栽培发展迅速

在发达国家的设施农业中，无土栽培与温室面积的比例，荷兰超过 70%，加拿大超过 50%，比利时达 50%。美国、日本、英国、法国等国的无土栽培面积分别达到 250～400hm²。

2. 覆盖材料的多样化

北欧国家多用玻璃，法国等南欧国家多用塑料，日本应用聚氯乙烯膜，美国多用聚乙烯膜双层覆盖。覆盖材料的保温、透光、遮阳、光谱选择性能渐趋完善。

3. 温室生物防治技术得到进一步发展

为防治温室内部的化学物质污染，发达国家已重视在温室内减少农药使用量，大力发展生物防治技术。如荷兰温室的甜椒生物防治的商品率已经达到 80%～90%。

4. 广泛建立和应用喷灌、滴灌系统

以往发达国家灌溉是以土壤含水量或水位为依据进行喷灌管理，现在世界上正在研究以作物需水信息为依据的自动化灌溉系统。

5. 向大型化方向发展

有关资料显示，目前农业技术先进的国家，每栋温室的面积基本上都在 0.5hm² 以上。连栋温室得到普遍推广，温室的栋高在 4.5m 以上，玻璃面积增大。温室空间扩大后，可进行立体栽培并便于机械化作业。

6. 向机械化、自动化方向发展

设施内部环境因素（如温度、湿度、光照度、CO_2 浓度等）的调控由过去单因子控制向利用环境、计算机多因子动态控制系统发展。发达国家的温室作物栽培，已普遍实现了播种、育苗、定植、管理、收获、包装、运输等作业的机械化、自动化。

二、温室结构类型发展的地域特征

（一）我国的气候分区

我国幅员辽阔，气候多样，根据中国各地温度和湿度的分布特点可把全国划分为若干个气候带。在各气候带范围内由于干燥度的不同再分为若干个气候区。气候带和气候区划分的指标如表 1-3 和表 1-4 所列，从北到南，中国可分为 9 个气候带，分别为寒温带、中温带、暖温带、北亚热带、中亚热带、南亚热带、北热带、中热带和南热带，青藏高原因其特殊地貌从低海拔到高原具有不同的气候带。从东到西，在不同气候带内根据区域的干燥度分为湿润区、亚湿润区、亚干旱区、干旱区和极干旱区 5 个气候区。最北的漠河位于北纬53°以北，属寒温带，最南的南沙群岛位于北纬3°，属赤道气候。

表 1-3　　　　　　　　　　　　气 候 带 划 分 指 标

气候带	≥10℃天数/d	≥10℃积温/℃	最冷月平均气温/℃	备　注
寒温带	<100	<1600	<-30	
中温带	100～171	1600 至（3200～3400）	-30 至（-12～-6）	
暖温带	171～218	（3200～3400）至（4500～4800）	-12 至（-6～0）	
北亚热带	218～239	4500～4800	0～4	
		3500～4000	3 至（5～6）	
中亚热带	239～285	（5100～5300）至（6400～6500）	4～10	
		4000～5000	（5～6）至（9～10）	云南地区
南亚热带	285～365	（6400～6500）至 8000	10～15	
		5000～7500	（9～10）至（13～15）	
北热带	365	8000～9000	15～20	
		7500～8000	>13～15	
中热带	365	9000～10000	20～26	
南热带	365	>10000	>26	
高原区	<100	<2000		

表 1-4　　　　　　　　　　　　气 候 区 划 分 指 标

气候区	年干燥度系数	自然植被	气候区	年干燥度系数	自然植被
湿润区	<1.0	森林	干旱区	3.6～16.0	半荒漠
亚湿润区	1.0～1.6	森林、草原	极干旱区	>16.0	荒漠
亚干旱区	1.6～3.5	草原			

　　我国是一个大陆性、季风性气候极强的国家，冬季严寒夏季酷热。大陆温差比海洋大，这种特性称为大陆性。我国大陆性气候表现在：与同纬度其他地区相比，冬季我国是世界上同纬度最冷的国家，1月平均气温东北地区比同纬度平均要偏低15～20℃，黄淮流域偏低10～15℃，长江以南偏低6～10℃，华南沿海也偏低5℃；夏季则是世界上同纬度平均最热的国家（沙漠除外）。7月平均气温东北比同纬度平均偏高4℃，华北偏高2.5℃，长江中下游偏高1.5～2℃。我国夏季盛行从海洋向大陆的东南风或西南风。由于大陆来的风带来干燥气流，海洋来的风带来湿润空气，所以我国的降水多发生在偏南风盛行的5～9月。由此形成我国季风气候特点为：冬冷夏热，冬干夏雨，雨、热同季。因此要维持作物生长适宜的温度等环境条件，与同纬度国家相比，温室冬季加温和夏季降温都要消耗更多的能量。

　　（二）温室结构类型的地域性特征

　　温室的结构类型有很强的地域性，在很大程度上受到本地区气候条件的制约。世界上设施农业比较发达的国家如荷兰、美国和以色列等，温室类型各具特色。

1. 荷兰温室

荷兰位于北纬 51°~54°之间，属海洋性温带阔叶林气候，冬温夏凉，月平均气温 1 月 2~3℃，7 月 18~19℃。由于临近海洋，以及受北大西洋湾流的影响，荷兰属温带海洋性气候，因此其日温差和年温差都不大。沿海的平均温度在夏天约为 16℃，冬天约为 3℃；内陆夏季和冬季的平均温度分别约为 17℃和 2℃。尽管春季降雨通常比秋季少，但一年四季的降雨量分配相当均匀，每年的降雨量约为 760mm。

荷兰地势平坦，降雨充足，但光照不足，冬季日照百分率低，日照总量不及北京的一半，全年光照时间也只有 1600h 左右。在这样的气候条件下，荷兰开发的文洛型温室，结构设计中注重承载和采光，围护材料为玻璃，冬季采暖费仅是温室生产运行成本的 10%，夏季一般不设降温设施，通风窗比相对较小，仅 20%~23%。文洛型温室适合于气候温和，四季温差较小的地区使用。我国各地建设了一大批文洛型温室，使用后的普遍感觉是通风面积不够，夏季降温困难，在我国北方应用冬季耗热量较大。

以上海为例（表 1-5），上海位于东经 121°、北纬 32°，气候温和，冬季最低气温变化在 -5~-8℃，而夏季的最高温度超过 38℃，年日照时数为 2100h 左右，夏秋季光照较充足，冬春季光照较弱，且空气湿度较大。

表 1-5　　　　　　　　　　　上海的月平均气温和降水量

时　间	1月	2月	3月	4月	5月	6月	7月	8月	9月	10月	11月	12月	全年
平均最高气温 /℃	7.6	8.7	12.6	18.5	23.2	27.8	31.8	31.6	27.4	22.4	16.8	10.7	19.9
平均最低气温 /℃	0.3	1.1	4.9	10.4	15.3	20.1	24.7	24.7	20.5	14.3	8.6	2.7	12.3
平均降水量 /mm	44	62.6	78.1	106	123	159	134	126	151	50	49	41	1124

从上海地区市场特点来看，由于蔬菜的价格在冬季和早春远高于其他季节，因此冬季和早春的产量对于全年的效益影响很大，一般冬季产量只占全年产量的 1/3，但冬季销售收入要占到全年销售收入的 2/3 以上。因此，如何在冬季和早春给作物创造最佳的生长条件、获得较高产量是现代温室取得较高经济效益的关键。

20 世纪 90 年代后期，上海引进了 15hm² 荷兰文洛型连栋温室。从上海 5 个基地的运行成本看，平均每亩为 3.48 万元，其中 30%~40% 是燃料成本，在上海的荷兰温室中要保证果菜的生长温度，每天 1hm² 需燃煤 3t（每亩 0.2t）。另一方面，引进温室（也包括部分国内设计的温室）的通风设计没有针对当地的气候条件，在高温高湿同季的情况下，降温依靠湿帘风机系统，不但降温效果差，能源消耗也相当可观。

2. 以色列温室

以色列地处北纬 32°亚热带荒漠气候区，国土沿着地中海沿岸分布，因此气候以地中海型气候为主。例如特拉维夫处于地中海沿岸（表 1-6），有海洋调节，夏季白天高温 30℃ 左右，夜间低温则低于 25℃。在冬季每年 1~3 月，日最高温度为 16~18℃，特拉维夫夜间低温则接近 8~10℃。

以色列常年温暖、干燥，最低气温在 0℃ 左右，年降水量不足 300mm，日照充足，光照强。在这种气候条件下，采光和采暖均不是温室设计的最主要问题，以色列温室的主体结构体相对高大，主要考虑通风降温问题，一般采用机械通风，对结构雪荷载考虑较少，采暖设备相对简单。引入我国后，存在冬季加热能耗大、光照不足等问题，遇到大雪甚至有造成垮塌的记录。

表 1-6　　　　　　　　　　　以色列特拉维夫气温及降雨量

月　　份	平均温度/℃		平均降水总量 /mm	平均降水日数 /d
	日最低	日最高		
1	9.6	17.5	126.9	12.8
2	9.8	17.7	90.1	10.0
3	11.5	19.2	60.6	8.5
4	14.4	22.8	18.0	3.1
5	17.3	24.9	2.3	0.8
6	20.6	27.5	0.0	0.0
7	23.0	29.4	0.0	0.0
8	23.7	30.2	0.0	0.0
9	22.5	29.4	0.4	0.3
10	19.1	27.3	26.3	3.2
11	14.6	23.4	79.3	7.5
12	11.2	19.2	126.4	10.9

3. 美国温室

双层充气温室起源于 20 世纪 60 年代的美国。这种温室比单层塑料温室可节能 34% 左右，但同时透光率要下降 10% 以上；温室建造完成后，使用期内随着塑料薄膜的不断老化，透光率下降更大，这种类型温室引入我国后，最大的问题就是透光率不足。

（三）我国温室区域发展的特征

塑料大棚、中棚及日光温室为我国目前应用的主要设施结构类型，其中能充分利用太阳光热资源、节约能源、减少环境污染的日光温室为我国所特有。采用单层薄膜或双层充气薄膜、PC 板、玻璃为覆盖材料的大型现代化连栋温室，具有土地利用率高、环境控制自动化程度高和便于机械化操作等优点。

适合我国北方地区应用的是节能型日光温室。这种温室是在我国传统的单屋面温室基础上发展起来的，通过改进采光屋面的角度和形状以及保温墙体的结构和做法，白天尽可能多地吸收、积蓄太阳能，夜间通过保温被等严密保温措施，减少室内热量的散失以维持室内作物生长适宜的温度。节能型日光温室最突出的特点就是利用我国北方地区冬季晴天多、光热资源丰富的气候特点，实现基本上不需要辅助加热，进行反季节果蔬生产的目标。节能型日光温室具有透光率高、保温性好、节约能源、造价低、取材方便、经济效益高的优点，所以在我国北方地区得到了广泛的推广应用，近十几年来发展很快，至今仍势头不减。

目前我国南方地区也已形成以塑料棚、遮阳网为主体的设施园艺体系，伴随国家科技示范园区建设而推广的大型连栋温室逐渐增多。与北方相比，我国南方冬季具有相对优越的热量资源，使得大型温室生产冬季运行成本较低。因此，夏季降温和除湿是实现南方大型温室全年生产利用的关键问题。另外，沿海地区的连阴、台风、暴雨和冬季局部地区的降雪等恶劣天气也会对园艺设施生产的安全性产生十分不利的影响。

随着设施栽培技术的不断提高和发展，新品种、新技术不断出现，提高了设施园艺的科技含量。目前我国已培育出一批适于温室栽培的耐低温弱光和抗逆性强的设施园艺专用品种。工厂化育苗、嫁接育苗、喷滴灌技术、无土栽培技术、小型温室机械、自动控制及管理技术的应用，提高了温室劳动生产率，使作物栽培的产量和质量不断提高。

我国气候类型的多样性，为发展设施园艺产业提供了多样化的光、热等气候资源的组合。目前，我国设施农业存在着诸如土地利用率低、劳动生产率低、单位面积产量低、设施结构不合理、能源浪费严重、管理水平不高等诸多问题。不同地区的不同气候条件，应有与气候条件相匹配的温室结构。例如，在我国的北方地区，应继续加强对温室保温性能研究，以减少冬季的热能消耗；而在南方地区，则应继续加强对夏季通风装置的研究，以减少夏季的温室过热。

随着社会发展和科学技术的进步，我国温室的发展将不断向着地域化、节能化、专业化方向发展，形成高科技、自动化、机械化、规模化的工厂化农业生产格局，园艺产业将会为社会提供更加丰富、安全、优质的绿色农产品。

三、日光温室在北方地区气候适宜性区划方法

张明洁等采用冬季总辐射、生产季（一般指 10 月至次年 4 月）阴天日数（每日日照时数不大于 3h）、冬季平均气温、年极端最低气温、生产季月最大风速平均值、年最大积雪深度平均值等指标进行了北方地区日光温室气候适宜性分析（表 1-7）。研究发现，不同地区的气候条件不同，发展日光温室的适宜程度也不同。

表 1-7　　　　北方地区日光温室气候适宜性区划指标界限值

区 划 指 标	最适宜	适 宜	次适宜	不适宜
冬季总辐射 $C_1/(MJ \cdot m^{-2})$	$C_1 \geqslant 920$	$920 > C_1 \geqslant 850$	$850 > C_1 \geqslant 700$	$C_1 < 700$
生产季阴天日数 C_2/d	$C_2 \leqslant 30$	$30 < C_2 \leqslant 52$	$52 < C_2 \leqslant 80$	$C_2 > 80$
冬季平均气温 $C_3/℃$	$C_3 \geqslant 0$	$0 > C_3 \geqslant -5$	$-5 > C_3 \geqslant -8$	$C_3 < -8$
年极端最低气温 $C_4/℃$	$C_4 \geqslant -10$	$-10 > C_4 \geqslant -15$	$-15 > C_4 \geqslant -20$	$C_4 < -20$
生产季月最大风速平均值 $B_3/(m \cdot s^{-1})$	$B_3 \leqslant 8$	$8 < B_3 \leqslant 11$	$11 < B_3 \leqslant 14$	$B_3 > 14$
年最大积雪深度平均值 B_4/cm	$B_4 \leqslant 5$	$5 < B_4 \leqslant 7$	$7 < B_4 \leqslant 10$	$B_4 > 10$

将表 1-7 的指标界限值代入式（1-1），可得到综合气候指标值 Y 的不同等级的界限值：当 $Y \geqslant 0.463$ 时，为最适宜区；当 $0.463 > Y \geqslant -0.089$ 时，为适宜区；当 $-0.089 > Y \geqslant -0.582$ 时，为次适宜区；当 $Y < -0.582$ 时，为不适宜区。

$$Y = 0.081 \times C_1 + 0.163 \times (1-C_2) + 0.115 \times (1-C_3) + 0.230 \times (1-C_4)$$
$$+ 0.205 \times (1-B_3) + 0.205 \times (1-B_4) \tag{1-1}$$

综合考虑光、温、风、雪 4 个气候要素对日光温室发展的影响时，我国北方绝大部分地区气候条件优越，适宜发展日光温室。

最适宜发展区：主要集中于陕南盆地，此区域热量充足、风雪压小，冬季温室生产的保温要求低，因此温室生产的成本低，但光照资源相对比较匮乏，阴雨雪天气引起的寡照及低温是主要的不利气候条件，温室设计和建造时要尽可能考虑增加光照。

适宜发展区：分布在内蒙古阿拉善高原南部、黄土高原西部和南部（包括宁夏、陇东、关中、陕北的延安、山西的临汾运城盆地、豫西）以及华北平原地区，此区域光照条件优于最适宜发展区，太阳辐射总量大、日照时间长、光热资源配置良好，纬度高的地区温度略低，冬季温室生产需注意保温。其中，关中平原、河南、冀中、冀南、鲁西南地区冬春季节时有寡照灾害，在温室设计和生产中应注意采光；河南、冀中等地区雪压较大，温室建造还应注意雪荷载，发生强降雪天气要及时清扫，防止积雪过重压垮棚室；宁夏、天津、山东半岛沿海温室建造要注意风荷载，阿拉善高原因常年大风频繁，日光温室发展不多，目前多为牧区。

次适宜发展区：内蒙古中部、陕北、晋北、冀北高原光照条件较好，但寒冷季节需加温才能保证温室内作物安全越冬，可发展日光温室进行春提前、秋延后的作物栽培，因此，综合评定为次适宜发展区。

不适宜发展区：分布在晋北的右玉、五寨、河北坝上的部分地区，此区域纬度高、海拔高，冬季温室生产受低温威胁大，另外，部分地区风速很大，也是不适宜日光温室发展的重要原因。

上述区划结果总体上与实际情况相吻合，但也有局部地区与实际生产情况不同，如陕西南部。从区划结果看，陕南是最适宜区，但实际上，陕南地区的气候条件较好，露天的蔬菜生产较多，日光温室农业需求不是很大；另外，陕南地区冬季日光温室生产中低温寡照灾害还是比较严重的，为了防治灾害，导致生产成本较高，产品品质下降，产业整体效益不能令人满意。因此，日光温室在陕南实际发展的并不是很多。

可见，采用上述方法计算的结果对宏观决策有较好的参考价值，但不能很好地反映出具体差别。

考虑到各地实际生产中更为细致的差别，对于某些典型区域，根据其气候条件特点，将式（1-1）做适当调整，可得到更加精细的区划结果。

宁夏和陇东地区：
$$Y=0.117\times C_1+0.117\times(1-C_2)+0.122\times(1-C_3)+0.243\times(1-C_4)$$
$$+0.277\times(1-B_3)+0.125\times(1-B_4) \tag{1-2}$$

陕西地区：
$$Y=0.129\times C_1+0.386\times(1-C_2)+0.063\times(1-C_3)+0.127\times(1-C_4)$$
$$+0.190\times(1-B_3)+0.105\times(1-B_4) \tag{1-3}$$

河南地区：
$$Y=0.184\times C_1+0.367\times(1-C_2)+0.055\times(1-C_3)+0.111\times(1-C_4)$$
$$+0.085\times(1-B_3)+0.198\times(1-B_4) \tag{1-4}$$

根据计算：

（1）宁夏的同心、中宁、中卫，甘肃除华家岭以外的地区，为适宜发展区，此区域太阳辐射强、日照时间长，冬季气温在北方地区相对较高，有利于降低保温增温成本。宁夏北部的银川、南部的海源、西吉以及甘肃的华家岭，丰富的光照资源为日光温室发展提供了优越的条件，但冬季气温较低，加温能耗大，风速和积雪深度也大，为次适宜发展区。而银川由于年极端低温较低、风速较大，温室生产保温增温及抗风雪荷载能力要求高，由适宜区划归为次适宜区，陇东北部则由次适宜区划归为适宜区。

（2）秦岭以北的绝大部分地区（除关中平原的西安外）均为适宜发展区，此区域光照十分充足，有利于设施内部吸收太阳辐射能，进而增温，一定程度上减弱了低温对设施蔬菜的威胁；秦岭及其以南地区为次适宜发展区，雨水和云雾多，光照匮乏，温室生产低温寡照灾害比较严重，且空气湿度大，使得病害较多，产量效益较低。

（3）黄河以北地区（除东北部的安阳外）、豫西、豫东的北部为适宜发展区，其他地区由于连阴雨雪雾天气多，日光温室生产低温寡照灾害严重，积雪深度大（豫中、豫南和豫东北的安阳 5 年一遇最大积雪深度超过 15cm），风速相对较大，为次适宜发展区。

四、园艺作物的生长发育特性

建造温室大棚等设施主要用于农业生产，因此这类建筑必须满足其内部种植的园艺植物、养殖的畜禽和水产类动物的生长发育需求。此处简要介绍园艺作物的生长发育特性。

（一）蔬菜作物的生物学特性

设施农业中，以园艺植物的生产最为广泛，通常称为设施园艺。园艺植物主要包括蔬菜、花卉和果树，每种园艺植物的生物学特性大致包括植物学特征、生活环境和生育周期。

植物学特征：主要是指园艺植物自身的根、茎、叶、花、果实和种子的特点。植物学特征是园艺植物对环境条件要求的基础，也是采取何种栽培技术的重要依据。例如，黄瓜叶片宽大，蒸腾耗水量就大，因此表现出不耐旱的特点，栽培中就要相应地多灌水；番茄根系发达，再生能力强，主根上易生侧根，移植容易成活，因此生产上多采用育苗移栽。

生活环境：主要指园艺植物生长发育良好时所需要的环境条件，包括温度、光照、水分、气体、土壤、养分等。

生育周期：主要是指园艺植物要由种子播种到新种子采收的整个生长与发育的过程。

1. 蔬菜的生育周期

蔬菜由种子播种到新种子采收的整个生长与发育的过程，称为生育周期。无论是一年生蔬菜、二年生蔬菜及多年生蔬菜，其生育周期基本都可以分为种子时期、营养生长期和生殖生长期 3 个时期。

严格地讲，蔬菜的生长与发育是个体生命周期中两种不同的现象，两者既有紧密关系，又有本质不同。

生长的结果是引起量的变化，如长度、面积、体积、重量、个数等的变化。植物体各部分、各器官的生长不是孤立的，而是存在着相互制约、相互协调的关系，各部分、各器官具有密切的生长相关性，例如：地下部分与地上部分生长的相关，营养生长与生殖生长的相关，同化器官与储藏器官生长的相关，主茎与侧枝生长的相关等。

发育则是指植物个体生长达到一定阶段后发生的质的变化。显然，从狭义理解，发育并不是从植物个体生长一开始就有的现象。一些蔬菜如大白菜、萝卜、甘蓝、洋葱等的发育要求特定的条件，若所需条件不满足，则不能发育。植物体发育以后，要见之于形还要通过生长即生殖生长，生长的结果，产生新的器官：花、果实和种子。

（1）种子时期，包括胚胎发育期、种子休眠期和发芽期。种子的发育程度直接影响其寿命和播种后的生产质量，因此生产中要选择饱满的种子，创造适宜条件促其良好生长与发育。

（2）营养生长时期，包括幼苗期、营养生长旺盛期、休眠期（某些二年生蔬菜）。幼苗质量直接影响到植株以后的生长发育，因此生产中一定要注意培育健壮幼苗，为获得优质高产的产品奠定基础。

（3）生殖生长时期，包括花芽分化期、开花期（二年生蔬菜为抽薹开花期）和结果期。这一时期蔬菜植株由以营养生长为主逐渐过渡到以生殖生长为主，因此生产上一定要协调好二者的关系，防止壮秧不壮果和秧果都不壮的现象。

2. 蔬菜生长发育的环境条件

蔬菜的生长发育受到周围各种环境因子的制约，受起源地环境的影响，每种蔬菜在长期的物种进化中形成各自不同的生长环境条件，生产中应提供适宜的环境条件，才能获得高产优质。

（1）温度，温度是对蔬菜生长发育影响最大的因素。按照蔬菜对温度的要求，通常将蔬菜分为两大类。

1）耐寒性蔬菜。此类蔬菜耐寒性强而耐热性弱，生长发育最适宜温度为（20±5）℃，种子发芽的起始温度为 2～4℃，植株能忍耐的低温为 −2～−3℃，不利的高温为 28～30℃。主要包括根菜类、茎菜类、叶菜类和少数花菜类。根据不同蔬菜对温度要求的差异，还可细分为以下三小类。

a. 强耐寒性蔬菜：常见的有菠菜、韭菜、大葱、洋葱、韭葱、大蒜等，这些蔬菜一定大小的幼苗或成株具有较强的耐寒能力，可长期适应 −1～−3℃，并短期忍耐 −5～−10℃的低温，且可耐重霜冻。除此之外，韭菜、大葱可适应夏季的高温。

b. 弱耐寒性蔬菜：包括萝卜、胡萝卜、芜菁、根芥菜等根菜；芹菜、莴笋、油菜、生菜、芫荽、小茴香、水萝卜等绿叶菜；大白菜、甘蓝、莴苣、苤蓝等结球叶菜和茎菜等。这些蔬菜通常只能适应 −2～−3℃的低温，可耐轻霜冻，−5℃以下的低温和重霜冻可造成冻害。

c. 半耐寒性蔬菜：主要有花椰菜、青花菜、马铃薯、豌豆、蚕豆等。此类蔬菜幼苗期可以忍耐 0℃左右的低温和轻霜冻，相对耐寒力较差。

2）喜温性蔬菜。此类蔬菜喜欢温暖、耐热性强而不耐寒，生长发育最适宜温度为（25±5）℃。种子发芽的起始温度是 10～12℃，植株对温暖炎热有一定的适应能力，不利的高温为 35～40℃以上。但耐寒能力极差，13～15℃以下开花结实不良，10℃以下停止生长，仅能短时忍耐 1～2℃低温，长时间 5～8℃以下的温度会发生寒害。0℃以下低温会发生冻害，绝对忌讳霜冻。主要包括果菜类和极少数叶菜类。根据温度的要求可细分为两小类。

a. 一般喜温性蔬菜：包括番茄、茄子、辣椒、甜椒、黄瓜、西葫芦、菜豆、芋头、长山药、甘薯和水生蔬菜等。这些蔬菜虽喜温暖，但耐热性欠佳，30～35℃以上的高温对正常的生长发育和开花结果不利。

b. 喜温耐热性蔬菜：主要包括西瓜、甜瓜、冬瓜、丝瓜、南瓜、笋瓜、苦瓜、佛手瓜、瓠子等瓜类和豇豆、刀豆、扁豆等豆类。它们不仅喜欢温暖，而且具有较强的耐热能力，在 30～35℃ 条件下仍然能正常生长，可适应 40℃ 的高温。

（2）光照，光照是植物生长发育所必要的环境条件之一，也是植物进行光合作用不可缺少的条件。在我国各地的植物生长季节，露地光照度完全能满足各种蔬菜的生长要求，但冬季保护地生产中，光照不足是限制高产的重要因素。

蔬菜作物一生中对光的要求，随不同生育期而改变。发芽期，除个别蔬菜外，大部分蔬菜不需要光照，幼苗比成株耐阴，开花结果期比营养生长期需要较强的光照。

根据蔬菜作物对光照度的要求，可将其分为以下四类。

1）要求强光照的：西瓜、甜瓜、南瓜、番茄、茄子等，还有些耐热的薯蓣类，如芋头、豆薯等。

2）需光适中的：白菜类、根菜类、葱蒜类，如白菜、萝卜、大蒜等。

3）对光照要求较弱而耐阴的：一些绿叶菜类，如菠菜、茼蒿、芹菜以及薯蓣类的生姜等。

4）弱光性蔬菜：主要是食用菌类，生长要求弱光环境。

在生产中，尤其在保护地栽培上，光照强弱必须与温度的高低相配合，才有利于蔬菜的生长发育及产品器官的形成。光照弱，温度也要适当降低；光照增加，温度也要相应提高，才有利于光合产物的积累。

另外，蔬菜植物对不同光质也有不同的生理反应。露地栽培蔬菜，处于完全光谱条件下，植株生长比较协调；设施栽培蔬菜，由于中短光波透过量较少，容易缺乏维生素 C 和发生徒长现象。

（3）水分，水分是植物进行光合作用的重要原料之一，水分的多少直接影响光合速率。蔬菜生长发育对土壤湿度和空气湿度均有要求。

1）土壤湿度。蔬菜对土壤湿度的需求，主要取决于植株地下部根系的吸水能力和地上部叶面积的水分蒸腾量。根据蔬菜对土壤湿度的要求程度不同，通常分为以下五类：

a. 水生蔬菜：包括茭白、慈姑、藕、菱等。植株的蒸腾作用旺盛，耗水很多，但根系不发达，根毛退化，吸收能力很弱，只能生活在水中或沼泽地带。

b. 湿润性蔬菜：包括黄瓜、大白菜和大多数绿叶菜类等。植株叶面积大，组织柔软，蒸腾消耗水分多，但根系入土不深，吸收能力弱，要求较高的土壤湿度。主要生长阶段需要勤灌溉，保持土壤湿润。

c. 半湿润性蔬菜：主要是葱蒜类蔬菜。植株的叶面积小，且叶面有蜡粉，蒸腾耗水量小，但根系不发达，入土浅并且根毛少，吸水能力较弱。该类蔬菜不耐干旱，也怕涝。对土壤湿度的要求比较严格，主要生长阶段要求经常保持地面湿润。

d. 半耐旱性蔬菜：包括茄果类、根菜类、豆类等。植株的叶面积相对较小，并且组织较硬，叶面常有茸毛保护，耗水量不大；根系发达，入土浅，吸收能力强，对土壤的透气性要求也较高。该类蔬菜在半干半湿的地块上生长较好，不耐高湿，主要栽培期间应定期灌水，经常保持土壤半湿润状态。

e. 耐旱性蔬菜：包括西瓜、甜瓜、南瓜、胡萝卜等。叶上有裂刻及茸毛，能减少水分的蒸腾，耗水较少；有强大的根系，能吸收土壤深层的水分，抗旱能力强，对土壤的透气性要求比较严格，耐湿性差。主要栽培期间应适量灌水，防止水涝。

2）空气湿度。蔬菜对空气湿度要求也不相同，大体上分为以下四类。

a. 耐湿性蔬菜：包括水生蔬菜、绿叶菜类、黄瓜、食用菌等，适宜的空气相对湿度为85%～95%。

b. 喜湿性蔬菜：包括白菜类、茎菜类、根菜类（胡萝卜除外）、蚕豆、豌豆等，适宜的空气相对湿度为70%～84%。

c. 喜干燥性蔬菜：包括茄果类、豆类（蚕豆、豌豆除外）等，适宜的空气相对湿度为55%～69%。

d. 耐干燥性蔬菜：包括甜瓜、西瓜、南瓜、胡萝卜、葱蒜类等，适宜的空气相对湿度为45%～54%。

另外，蔬菜不同生育期对湿度的要求不同。

发芽期：要求较高的土壤湿度，湿度不足会影响出苗。播前应充分灌水或在墒情好时播种。

幼苗期：植株叶面积小，蒸腾量少，需水量并不多，但根群小，分布浅，吸水能力弱，不耐干旱，需要保持一定的土壤湿度，防止湿度过高。

营养生长旺盛期和养分积累期：此期是根、茎、叶菜类蔬菜一生中需水最多的时期，但在养分储藏器官形成初期应适当控水，以便蔬菜由茎叶生长转向养分积累。进入产品器官生长盛期以后，应勤灌多灌，促进产品器官迅速生长。

开花结果期：对水分要求严格，水分过多过少均会引起落花落果。果菜类在开花初期应适当控制灌水，当果实坐住，进入结果盛期后需水量加大，为果菜类一生中需水最多的时期。

（4）土壤与营养。

1）不同土壤类型对蔬菜生产的影响。

a. 砂壤土：土质疏松不易板结，但有效营养元素含量少，后期易早衰。春季升温快，适宜茄果类、瓜类、芦笋等蔬菜的早熟性栽培，也适于根菜类、薯蓣类等地下产品器官的肥大生长。生产上应增施基肥，重视后期补肥。

b. 壤土：质地松细适中，保水保肥力好且含有较多的有机质和矿质营养，是一般蔬菜生产最适宜的土壤。

c. 黏壤土：土壤易板结，春季升温慢但营养元素含量丰富，具有丰产潜力，适宜大型叶菜类、水生蔬菜的晚熟丰产栽培。

2）对土壤营养的要求。

a. 不同种类蔬菜对营养的要求：叶菜类对氮素营养的需求量比较大，根菜类、茎菜类、叶球类等有营养储藏器官形成的蔬菜对钾的需求量相对较大，而果菜类需磷较多一些。除氮、磷、钾外，一些蔬菜对其他营养元素也有特殊的要求，如大白菜、芹菜、莴苣、番茄等对钙的需求量较大；嫁接蔬菜对缺镁反应比较敏感，镁供应不足容易发生叶枯病；芹菜、菜豆等对缺硼比较敏感，需硼较多。

b. 蔬菜不同生育时期对土壤营养的要求：发芽期，主要依靠自身营养生长，一般不需要土壤营养。幼苗期，对土壤营养要求严格，单株需肥量虽少，但在苗床育苗时，由于植株密集，相对生长量大，需要充足的营养，要求较多的氮、磷。产品器官形成期是蔬菜一生中需肥量最大的时期，应注意钾肥的使用。

果菜类进入结果期后，是产量形成的主要时期，需要充足的肥料，要氮、磷、钾配合使用。在种子形成期或储藏器官形成后期，茎叶中的养分要进行转移，需肥量减少。

3. 设施栽培蔬菜的主要种类

设施栽培的蔬菜种类很丰富，其中，栽培最多的是番茄、黄瓜、茄子、甜椒等果菜类和西瓜、甜瓜等瓜类以及绿叶菜类。

（二）花卉的生物学特性

1. 花卉的分类

花卉的种类繁多，范围广泛，不但包括有花的植物，还有苔藓和蕨类植物。依据生物学特性，即依据花卉的生态习性、生物学特性、栽培方式、应用类型等方面进行的综合分类法，可将花卉分为以下几类。

（1）草本花卉。此类花卉茎木质部成分少、茎多汁，柔软脆弱。根据其完成整个生活史所需年限，又可分为以下几种。

1）一年生花卉：在当年内完成其生活史，通常春播，夏秋开花结果，生产上又称其为春播花卉。如千日红、福禄考、半枝莲、凤仙花、万寿菊等。

2）二年生花卉：跨年度完成生活史的花卉，通常秋播，当年仅停留于营养生长，接受冬季低温过程中的春化作用，次年春、夏季可开花结实、死亡，故又称其为秋播花卉。如金盏菊、雏菊、紫罗兰、三色堇等。

3）多年生草本花卉：通常多次开花结实，寿命均在两年以上，依地下部分的形态可分为两种。

a. 宿根花卉：根部宿存过冬，翌春继续萌发生长，根部形态正常，不发生变态。如菊花、萱草、芍药、玉簪、四季秋海棠、荷苞牡丹、香石竹等。

b. 球根花卉：地下部具有肥大而富含营养的变态茎或变态根，主要有球茎类、鳞茎类、根茎类、块茎类和块根类等。

（a）球茎类：地下茎短缩肥大，为数层膜质外皮包裹，球茎下部形成环状痕迹即短缩的节，顶部有肥大顶芽，抽芽形成地上部，春或秋以肥大的球茎或子球繁殖。如唐菖蒲、小苍兰、番红花等。

（b）鳞茎类：地下茎缩短或呈盘状的鳞茎盘。如水仙、百合、风信子、郁金香、朱顶红等。

（c）根茎类：外形似根的地下茎，多肉质肥大，有分枝，有明显的节和很短的节间，每节有侧芽，位于节上退化的鳞片叶叶腋处。如美人蕉、姜花、铃兰等。

（d）块茎类：短而肥大的不规则块根状地下茎节很短，节上有芽眼，可抽枝发叶，通常用块茎繁殖。如马蹄莲、大岩桐、彩叶芋、仙客来等。

（e）块根类：根膨大成块根，块根顶端有发芽点，由此萌发新梢。如大丽花、花毛茛等。

4）水生花卉：终年生长在水中，多为多年生具根茎和宿根的草本花卉。根据它们在水中生长的姿态，可分为4种：

a. 挺水型：茎、叶、花挺立于水面以上，根系扎于泥中。如荷花、水菖蒲等。

b. 浮水型：茎、叶、花飘浮于水面，根系扎于泥中。如睡莲、王莲等。

c. 沉水型：植株茎、叶均沉于水中，根系扎于泥中。如金鱼藻、鱼草、苦草等。

d. 漂浮型：根系不入土，全株漂浮移动于水面。

5）仙人掌及多浆多肉植物类：茎叶具多种变态，有发达的储水组织，呈肥厚状，肉质而多浆，部分种类叶退化成针刺状，刺座着生于变态茎。刺座、仔球、茎节、花朵体态奇特，花色艳丽，颇具趣味性。常见的有仙人掌、仙人球、令箭荷花、蟹爪兰、昙花、石莲花、玉树等。

6）草坪及地被植物。

a. 草坪：指园林中覆盖地面的低矮禾草类，多为多年生草本。如禾本科、莎草科、豆科等，常见有结缕草、黑麦草、野牛草、狗牙根、早熟禾、剪股颖、地毯草、羊茅等。

b. 地被植物：低矮的植物群体总称，可覆盖地面，宿根草本为主，包括观叶类、小灌木及藤木。

（2）花木类（木本花卉）。此类花卉茎干坚硬，茎干大部分组织木质化，寿命较长，通称"花木类"。依据高度、分枝不同可分四类。

1）花灌木：无明显主干，自地面分枝丛生的花灌木，有落叶、常绿两种，是木本花卉中最多的一类，有木槿、月季、榆叶梅、茉莉、栀子、腊梅、夹竹桃、丁香、黄刺玫等。可进一步分出亚灌木或半灌木（介于草、藤之间），寿命较短，茎半木质化，有天竺葵、香石竹、富贵竹等。

2）小乔木：高度、分枝位置、主干明显程度均介于灌、乔木之间的木本，数量仅次于花灌木。落叶的有金缕梅、紫荆、花石榴等。常绿的有含笑、火棘、构骨、山茶等。

3）乔木：植株高大，主干明显，分枝位置较高的木本花卉，如梅花、碧桃、白玉兰、二乔木兰、银杏等均为落叶乔木花卉。广玉兰、白兰等为常绿乔木花卉。

4）藤木类：茎不能直立的木本植物。茎呈螺旋状缠绕其他物体向上生长，借卷须、吸盘、气生根等特殊攀缘器官向上，或茎、节部生出不定根茎匍匐于地面等。如紫藤、洋常春藤、凌霄、金银花等。

2. 花卉的生活条件

以上这些花卉对光照、温度、水分等环境条件的要求也不同，习惯上常根据这些不同，把花卉分为以下 4 种类型。

（1）喜阳性和耐阴性花卉。

1）喜阳性花卉：如月季、茉莉、石榴等大多数花卉，它们需要充足的阳光照射，这种花卉叫作喜阳花卉。如果光照不足，就会生长发育不良，开花晚或不能开花，且花色不鲜，香气不浓。

2）耐阴性花卉：如玉簪花、绣球花、杜鹃花等，只需要软弱的散射光即能良好地生长，叫作耐阴性花卉。如果把它们放在阳光下经常暴晒，反而不能正常地生长发育。

（2）耐寒性和喜温性花卉。

1）耐寒性花卉：如月季花、金盏花、石竹花、石榴等花卉，一般能耐 $-3\sim5℃$ 的短时间低温影响，冬季它们能在室外越冬。

2) 喜温性花卉：如大丽花、美人蕉、茉莉花、秋海棠等花卉，一般要在15～30℃的温度条件下才能正常生长发育，不耐低温，冬季需要在温度较高的室内越冬。

（3）长日照、短日照和中性花卉。

1) 长日照花卉：如瓜叶菊等，每天需要日照时间在12h以上，叫作长日照花卉。如果不能满足这一特定条件的要求，就不会现蕾开花。

2) 短日照花卉：如菊花、一串红等，每天需要12h以内的日照，经过一段时间后，就能现蕾开花。如果日照时间过长，就不会现蕾开花。

3) 中性花卉：如天竺葵、石竹花、四季海棠、月季花等，对每天日照的时间长短并不敏感，不论是长日照或短日照情况下，都会正常现蕾开花，叫作中性花卉。

（4）水生、旱生和润土类花卉。

1) 水生花卉：如睡莲，一定要生活在水中才能正常生长发育，叫作水生花卉。但随着科技的发展，水培花卉出现在中国市场并正在快速发展，水培花卉是采用现代生物工程技术，运用物理、化学、生物工程手段，对普通的植物、花卉进行驯化，使其能在水中长期生长而形成的新一代高科技农业项目。水培花卉，上面花香满室，下面鱼儿畅游，卫生、环保、省事，所以水培花卉又被称为懒人花卉。

2) 旱生花卉：如仙人掌类、景天类等，只需要很少的水分就能正常生长发育，叫作旱生花卉。

3) 润土花卉：如月季花、栀子花、桂花、大丽花、石竹花等大多数花卉，要求生长在湿度较大、排水良好的土壤里，叫作润土花卉。润土花卉在生长季节里，每天消耗水分较多，必须注意及时向土壤里补充水分，保持温润状态。

（三）果树的生物学特性

与蔬菜、花卉相比，果树表现为体型大、寿命长，大多属多年生。目前全世界果树约有60科，659属，2800多种，另有变种110多个。我国果树栽培历史悠久，种类、品种繁多，世界绝大部分果树在我国均有分布。

根据果树对环境条件的适应能力不同，常将果树分为温带果树、亚热带果树和热带果树三类。

1. 温带果树

（1）耐寒果树：如山葡萄、山定子、秋子梨、蒙古杏、榛、醋栗、穗醋栗、树莓、越橘等。

（2）温带果树：如苹果、沙果、梨、桃、李、杏、梅、樱桃、山楂、板栗、核桃、枣、葡萄等。

2. 亚热带果树

（1）常绿果树：如柑橘类、荔枝、龙眼、杨梅、枇杷、橄榄、杨桃等。

（2）落叶果树：如扁桃、柿、葡萄、核桃、桃、无花果、石榴等。

3. 热带果树

（1）一般热带果树：如香蕉类、菠萝、芒果、树菠萝、番木瓜、椰子、番荔枝、人心果、番石榴、蒲桃、澳洲坚果等。

（2）真正热带果树：如面包树、榴莲、腰果、巴西坚果、槟榔果等。

项目二　塑料大棚建设

项目介绍

　　本项目主要介绍建设塑料大棚的程序、方法和技术。学生学习后，能够根据实际需求，完成塑料大棚建设的选型；能够进行塑料大棚的结构计算、结构设计；能够初步造价计算、完成整套设计书；能够知道塑料大棚施工建造的程序和简单工艺。

案例导入

　　延安某一地区经前期可行性分析，确定在当地大面积发展"春提早、秋延后"蔬菜生产，因此需要建设一个塑料大棚群，现向社会公开招标。

项目分析

　　作为一个公司，要承接一项塑料大棚群的建设任务，需要撰写标书投标。充分掌握塑料大棚的选型、结构设计、施工图的绘制方法，是获得科学合理的设计方案的基础，也是实地施工建造塑料大棚群的基础。

任务一　塑料大棚设计

　　在我国，塑料棚是以竹、木、钢材等材料做骨架（一般为拱形），以塑料薄膜为透光覆盖材料，内部无环境调控设备的单跨结构设施。根据棚的高度和跨度不同，塑料棚可分为塑料大棚、塑料中棚和小拱棚三种类型。其中，塑料中棚和小拱棚的结构简单，取材方便，建造容易，造价低廉，在生产中可根据需要灵活应用。

　　塑料大棚是完全用塑料薄膜作为覆盖材料的大型拱棚，若不特别指明，塑料大棚一般简称大棚。与日光温室相比，大棚具有结构简单、造价低、有效栽培面积大、土地利用率高、作业方便等优点，在我国从东北到华南都广为应用；但是，大棚没有外保温设备，受外界影响较大，在我国北方多用于"春提前、秋延后"栽培，在南方则用于越冬或防雨栽培。

一、了解设计依据

　　塑料大棚的设计应根据当地气候条件和客户要求进行，同时要符合国家或地方出台的相关规范要求。

　　我国塑料大棚的类型较多，但仅对装配式热浸镀锌钢架结构的塑料大棚在设计、施工、验收和运行维护等方面进行了相应规范。在设计塑料大棚过程中常用的相关规范有如下几个。

　　《种植塑料大棚工程技术规范》（GB/T 51057—2015）。

　　《日光温室和塑料大棚结构与性能要求》（JB/T 10594—2006）。

　　《温室结构设计荷载》（GB/T 18622—2002）。

《钢结构设计规范》（GB 50017—2003）。

《建筑结构荷载规范》（GB 50009—2012）。

二、设计大棚棚型

塑料大棚设计，主要是选择确定拟建大棚的棚顶形式、骨架材料、结构、规格和覆盖材料等。

（一）选择棚顶形式

塑料大棚的棚顶形式，主要有落地式和侧墙式两种，在我国相关规范中，分别又称作全拱型和带肩型。如图2-1（落地式）、图2-2（侧墙式）所示。

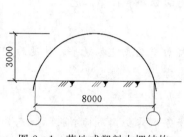

图2-1　落地式塑料大棚结构
（单位：mm）

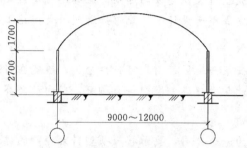

图2-2　直立侧墙式塑料大棚
结构（单位：mm）

落地式大棚，即全拱型大棚，没有明显的侧墙，从屋顶到地面采用单调的圆拱结构。这种棚两侧存在低效死角，但整体结构稳定，利于雨雪下滑，具有较强的抗风和承载能力，且对建造材料要求较低，目前运用较广。

侧墙式大棚，即带肩型大棚，两侧有明显的侧墙，这种侧墙可以是直立的，也可以是倾斜的，这种大棚低效死角明显减少，但肩部棚膜易磨损。直立侧墙大棚因侧墙所受风荷载较大，易被吹坏，对建造材料的抗载能力要求较高，一般还应有专门的基础固定；斜立侧墙大棚则可将骨架直接插入土壤用专用螺旋锚固与地面固定。

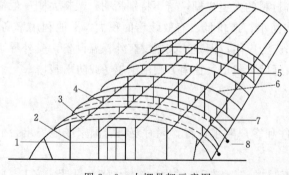

图2-3　大棚骨架示意图
1—门；2—立柱；3—拉杆（纵梁）；4—吊柱；5—棚膜；
6—拱杆；7—压杆（压膜线）；8—地锚

（二）选择骨架材料和结构

1. 了解大棚骨架的基本结构

大棚的骨架是由立柱、拱杆（架）、拉杆、压杆（压膜线）等部件构成，俗称"三杆一柱"，如图2-3所示。这是塑料薄膜大棚最基本的骨架构成，其他形式都是在此基础上演化而来。大棚骨架使用的材料比较简单，容易建造，但大棚结构是由各部件构成的一个整体，因此材料选择要适当，施工要严格。

（1）立柱：立柱是大棚的主要支柱，承受棚架、棚膜的重量及雨雪荷载和风压。由于棚顶重量较轻，因此立柱不必太粗，如使用直径 6～7cm 的杂木杆即可，但其基部要以砖、石等作柱脚石，或用"横木"，以防大棚下沉或被拔起。立柱埋置深度在 50cm 左右，钢铁骨架的大棚可取消立柱，而采用拱架负担棚顶的全部重量。

（2）拱杆（架）：拱杆是支撑棚膜的骨架，横向固定在立柱上，呈自然拱形。两端插入地下，必要时拱杆两端加"横木"，两个拱杆的间距一般为 1m。一般有单杆拱、平面拱和三角形拱架三种类型。

1）单杆拱：用竹竿、钢筋、钢管作拱杆。

2）平面拱：由上弦、下弦和腹杆（拉花）组成，一般采用钢筋或钢管焊接形成。

3）三角形拱架：由三根钢筋及腹杆焊接成立桁架结构。

（3）拉杆（纵梁）：拉杆从纵向连接立柱，固定拱杆，使整个大棚拱架连成一体。拉杆长度与棚体长度一致。竹木结构大棚拉于立柱，钢架结构拉于下弦。竹木大棚可在拉杆上设小立柱支撑拱架，以减少立柱数量。

（4）压杆（压膜线）：棚架覆盖薄膜之后，在两根拱杆中间加上一根压杆或压膜线，可以压平、压实绷紧棚膜，压成瓦垄状，利于抗风排水。压杆两端用铁丝与地锚相连，固定后埋入大棚两侧的土壤中。压杆可用光滑顺直的细竹竿或专用的塑料压膜线，压膜线既柔韧又坚固，且不损坏棚膜，易于压平绷紧。

（5）门窗：门设在大棚两端作为出入口。门的大小既要出入方便，又要利于保温。门下部在早春时节设底脚围裙，以防扫地风。通风窗即为扒缝放风的风口。

2. 选择大棚骨架材料和结构

按照骨架材料分，目前常用的塑料大棚主要有竹木结构、钢筋焊接桁架结构、装配式镀锌钢管结构等。不同材料的大棚在基本骨架结构"三杆一柱"的基础上均有不同程度的演化，总体趋势为：减轻拱架重量而增强拱杆强度，减少立柱甚至不设立柱，以减少棚内遮光，又便于作业；材料工厂化生产、结构组装式连接。

（1）竹木结构大棚。竹木结构大棚一般以木杆或水泥预制柱作立柱，竹竿作拱杆，覆盖透明塑料薄膜。具有取材方便、造价低、易建造的特点，在小城镇及农村有大量应用。但这种棚内柱子多，遮光率高，作业不方便，使用寿命短，抗风载、雪载性能差，设计中也很少作结构强度计算。

1）多柱大棚（图 2-4），一般跨度 6～14m、长度 30～60m、肩高 1～1.5m、脊高 1.8～2.5m。通常以直径 6～7cm 的杂木杆作立柱，以竹片或直径 3～6cm 的竹竿作拱杆。沿大棚跨度方向每相隔 2m 设一立柱，立柱和拱杆相连，拱杆固定在立柱顶端，每根拱杆由 6 根立柱支撑，棚面呈拱圆形，两边立柱向外倾斜 60°～70°，以增加支撑力；立柱下边 20cm 处用纵向拉杆连接，形成整体；拱杆间距 1.0m，拱杆上覆盖薄膜，拉紧后膜的端头埋在四周的土里，拱杆间用压膜线压紧

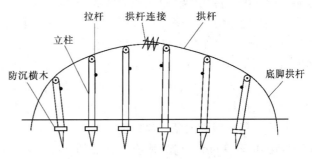

图 2-4 竹木结构多柱大棚示意图

薄膜。这种大棚立柱太多，遮光太严重，作业很不便，应用越来越少。

2）悬梁吊柱大棚。为减少立柱，可改每排拱杆设 6 根立柱为每 3～5 排拱杆设 6 根立柱，不设立柱的拱杆在拱杆与拉杆之间设小吊柱支撑。悬梁吊柱大棚与多柱大棚的棚面形状、结构基本相同，不同之处是减少了 3/5～2/3 的立柱，减少了遮光部分，也便于作业。这种类型的大棚应用较为普遍，如图 2-5 所示。

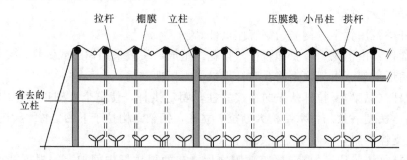

图 2-5　悬梁吊柱结构大棚纵切面示意图

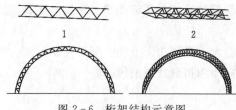

图 2-6　桁架结构示意图
1—平面拱架；2—三角拱架

（2）钢筋焊接桁架结构大棚。钢筋焊接桁架结构大棚是我国最早的钢结构大棚。其拱架用钢筋、钢管或两种结合焊接而成，一般上弦用 ϕ16mm 钢筋或 6 分管，下弦用 ϕ12mm 或 ϕ14mm 钢筋，纵拉杆用 ϕ9～16mm 钢筋。根据大棚跨度的大小，桁架结构有平面桁架和空间桁架之分，如图 2-6 所示。

这种大棚拱架结构坚固，跨度设计可达 20m 以上；不设立柱，棚内空间大，透光性好，作业方便；使用寿命长，可达 6～7 年。这种形式的拱架基本为现场焊接，结构表面防腐处理技术基本为刷银粉或刷油漆，防腐能力较差，在我国没有形成定型产品，工厂化水平较低。但因其能适应各种场合，因此使用也较多。

一般跨度为 10～12m，矢高 2.5～2.7m，长度 50～60m，单栋面积多为 667m²。每隔 1m 设一拱形桁架，桁架上弦用 ϕ16mm、下弦用 ϕ14mm 的钢筋，拉花用 ϕ10mm 钢筋焊接而成，桁架下弦处用 5 道 ϕ16mm 钢筋做纵向拉杆，拉杆上用 ϕ14mm 钢筋焊接两个斜向小立柱支撑在拱架上，以防拱架扭曲。为了提高保温性能，可在棚内设置小拱棚及多重保温幕设施等。拱棚塑料膜用压膜线固定。

（3）装配式镀锌钢管结构大棚。图 2-7 所示的装配式镀锌钢管大棚骨架采用管壁厚 1.2～1.5mm 的内外壁热浸镀锌薄壁钢管制成，骨架重量轻、强度好、抗腐蚀能力强，使用寿命 10～15 年，抗风荷载 31～35kg/m²，抗雪荷载 20～24kg/m²，作业方便，还可根据需要自由拆装，移动位置，改善土壤环境。这种结构大棚属于国家定型产品，结构规范标准，可大批量工厂化生产，在我国的应用越来越多。

装配式镀锌钢管大棚一般跨度为 6.0～12.0m，矢高 2.5～3.2m，长度 20.0～60.0m，拱架间距 0.5～1.0m。骨架所有连接处都是用特制卡具、套管固定连接、覆盖薄膜用卡膜槽固定（图 2-8）。纵向用纵拉杆（管）连接固定成整体。可采用手动式卷膜器卷膜通风、

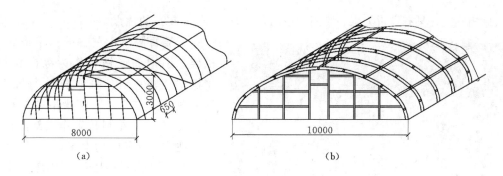

图 2-7　装配式镀锌钢管大棚结构

（a）单管装配式塑料大棚结构；（b）双管装配式塑料大棚结构

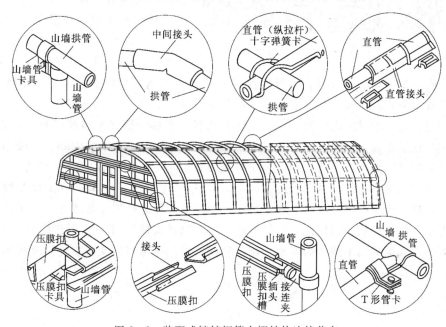

图 2-8　装配式镀锌钢管大棚结构连接节点

保温幕保温、遮阳幕遮阳和降温。

（4）混合结构大棚。

1）钢竹混合结构大棚是竹木结构大棚和钢架结构大棚的中间类型，一般以毛竹为主，钢材为辅。所用毛竹要经特殊的蒸煮、烘烤、脱水、防腐、防蛀等一系列工艺精制处理，其坚韧度等性能可达到与钢质相当的程度而作为大棚骨架的主体架构材料；对大棚内部的接合点、弯曲处则采用钢片和钢钉连接铆合，由此将钢材的牢固、坚韧与竹质的柔韧、价廉等优点互补结合，用钢量少，棚内无

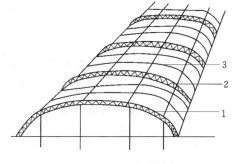

图 2-9　钢竹混合结构大棚
1—钢拱架；2—拉杆；3—竹竿拱架

柱，既可降低建造成本，避免支柱遮光，又可改善作业条件，是一种较为实用的结构，如图2-9所示。这种大棚设计可靠、抗风载、抗雪载、采光率及保温等性能均可与全钢架、塑钢

架大棚相媲美，具有承重力强、牢固和使用寿命长（8～10年）的优点。

图2-10　水泥柱钢丝绳拉筋悬梁吊柱大棚

一般每隔3m左右设一平面钢筋拱架，用钢筋或钢管作为纵向拉杆，将拱架连成一体。在拉杆上每隔1m焊一短的立柱，采取悬梁吊柱结构形式，安装1～2根粗竹竿作拱架，建成无立柱或少立柱结构大棚。

2）拉筋吊柱大棚一般跨度12m左右，长40～60m，矢高2.2m，肩高1.5m。水泥柱间距2.5～3m，水泥柱用6号钢筋或钢丝绳纵向连接成一个整体，在拉筋上穿设2.0cm长吊柱支撑拱杆，拱杆用直径3cm左右的竹竿或竹片，间距1m（图2-10）。这种大棚建造简单，用钢量少，支柱少，作业也比较方便。由于骨架坚固，夜间可在棚上面盖草帘覆盖保温。

（5）玻璃纤维增强水泥骨架结构（GRC）大棚。拱架由钢筋、玻璃纤维、增强水泥、石子等材料预制而成。一般跨度为6～8m，矢高2.4～2.6m，长30～60m。一般先按同一模具预制成多个拱架构件，每一构件为完整拱架长度的一半，构件的上方有两个固定孔。安装时，两根预制的构件下端埋入地中，上端对齐、对正后，用两块带孔的厚铁板从两侧夹住接头，将4枚螺丝穿过固定孔固定紧后，构成一完整的拱架，如图2-11所示。拱架间纵向用粗铁丝、钢筋、角钢或钢管等连成一体。这种大棚坚固耐用，使用寿命长，成本较低，但拱架搬运移动不便，需就地预制，装配或使用不当时拱架连接处较易损坏。

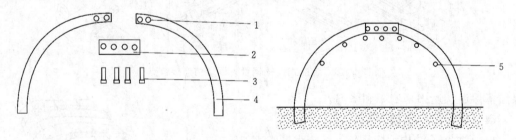

图2-11　玻璃纤维增强水泥骨架结构大棚
1—固定孔；2—连接板；3—螺栓；4—拱架构件；5—拉杆

（三）设定大棚规格和棚型

1. 型号编制规则

我国标准《日光温室和塑料大棚结构与性能要求》（JB/T 10594—2006）中，规定了钢架结构大棚的型号编制规则（图2-12）。

例如，型号为SP G-9-3的大棚，其棚顶形式为全拱型（落地式），跨度为9m，高度为3m。型号为SP J-12-3.5的大棚，其棚顶形式为带肩型（侧墙式），跨度为12m，高度为3.5m。

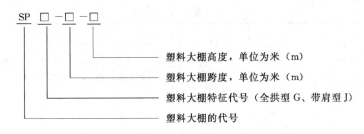

图 2-12　钢架结构大棚的型号编制规则

2. 大棚方位

大棚多为南北延长，也有东西延长的。东西延长大棚采光量大，增温快，并且保温性也比较好，春季提早栽培的温光条件优于南北延长的大棚，但容易遭受风害，大棚较宽时，南北两侧的光照差异也比较大。南北延长的大棚，早春升温稍慢，早熟性差一些，但大棚的防风性能好，棚内地面的光照分布也比较均匀，有利于保持整个大棚内的蔬菜整齐生长。大棚应尽量避免斜向建造，以便于运输和灌溉。

3. 大棚规格及其他尺寸

一般以大棚的跨度和高度构成大棚的规格。

(1) 跨度：大棚的跨度多为 8~14m。跨度太大通风换气不良，并增加了设计和建棚的难度。大棚内两侧土壤与棚外只隔一层薄膜，热量的地中横向传导，使两侧各有 1m 宽左右的低温带。大棚跨度越小，低温面积比例越大，所以北方冻土层较厚的地区，棚的边缘受外界影响大，大棚跨度较大；南方因为温度不是很低，跨度较小，棚面弧度较大，有利于排水。一般黄淮地区大多为 6~8m，北京地区 8~10m，东北地区 10~12m。

(2) 高度：大棚两侧肩高以 1.2~1.5m 为宜，矢高以 2.2~2.8m 为宜，最好不超过 3m，但有些地区有特殊需求的大棚棚高达到 3.5m。棚越高，承受的风荷载越大，越容易损坏。

(3) 高跨比：大棚高跨比即大棚的矢高与跨度的比值（f/l），落地拱和侧墙式大棚的高跨比计算方法如图 2-13 所示。高跨比的大小影响拱架强度。相同的跨度，高度增加则棚面弧度大，高度降低则棚面平坦。大棚的高跨比以 0.25~0.3 为宜。低于 0.25 则棚面平坦，薄膜绷不紧，压不牢，易被风吹坏；同时，积雪也不能下滑，降雨易在棚顶形成"水兜"，造成超载塌棚，且易压坏薄膜。超过 0.3，棚体高大，需建材较多，相对提高造价。

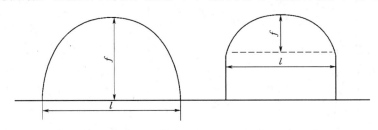

图 2-13　大棚的高跨比计算方法

f—矢高；l—跨度

我国标准《日光温室和塑料大棚结构与性能要求》（JB/T 10594—2006）中，推荐大棚的跨度宜在 6~14m 之间，高度宜在 2.3~3.5m 之间。大棚的规格见表 2-1。

表 2-1		大　棚　规　格					单位：m
高度 跨度	2.3	2.5	2.6	2.8	3.0	3.2	3.5
6	*	*	*	*			
8			*	*			
9				*	*		
10					*	*	
11						*	*
12							*
14							

注　1. "*"表示推荐选用的规格参数。
　　2. 特殊气象条件的地区或特殊用途的大棚，其规格可以不受此限。

（4）大棚长度：大棚的长度可在 20～80m 之间选择，其中以 30～60m 为宜，太长运输管理不便。大棚的长宽与稳定性关系密切。大棚的面积相同，周边越大（即薄膜埋入土中的长度越大），大棚的稳定性就越好。通常认为长宽比等于或大于 5 比较适宜。

（5）大棚面积：单栋大棚的面积以 333.3～666.7m² 为宜，不超过 1000m²。面积太小不利于操作、保温性差；太大不利于放风、灌溉及其他操作管理。

（6）大棚拱架间距：两排拱架间距越小，棚膜越易压紧，抗风能力越强。但间距过小，会造成竹木大棚内立柱过多，增加了遮阴面积，不利于作业；钢架大棚浪费钢材。骨架间距过宽，会降低抗风雪能力。薄膜有一定的延展性，一般为 10% 左右，拉得过紧或过松，都会缩短棚膜的使用期，因此要有适当的间距。一般为 1～1.2m 为宜，竹木结构 1m 为宜，钢架结构 1.2m。这样的间距不仅有利于保证拱架强度，还有利于在棚内相应做成 1～1.2m 宽的畦，充分利用土地。管架大棚由于没有下弦，强度小，所以拱架间距多在 50～60cm 之间。

4. 大棚棚型设计

（1）流线型棚型设计。大棚的棚型以流线型落地拱为好，压膜线容易压紧，抗风能力强。但是棚面不应呈半圆形，因为半圆形弧度过大，抗风能力反而下降，特别是钢拱架无柱大棚，其稳固性取决于材质，也与棚面弧度有关。棚面构型越接近合理轴线，抗压能力越强。所以设计钢架无柱大棚时，可参照合理轴线公式（2-1）。

$$Y = \frac{4fx}{L^2}(L-x) \qquad (2-1)$$

式中　Y——弧线点高；

　　　f——矢高；

　　　L——跨度；

　　　x——水平距离。

例如，设计一栋跨度 10m，矢高 2.5m 的钢架无柱大棚，首先画一条 10m 长的直线，从 0～10m，每米设一点，利用公式求出 0～9m 各点的高度，把各点的高度连接起来即为棚面弧度。代入公式，得

$$Y_1 = \frac{4 \times 2.5 \times 1}{10^2} \times (10-1) = 0.9 \text{(m)}$$

$$Y_2=\frac{4\times2.5\times2}{10^2}\times(10-2)=1.6\text{(m)}$$

$$Y_3=\frac{4\times2.5\times3}{10^2}\times(10-3)=2.1\text{(m)}$$

$$Y_4=\frac{4\times2.5\times4}{10^2}\times(10-4)=2.4\text{(m)}$$

$$Y_5=\frac{4\times2.5\times5}{10^2}\times(10-5)=2.5\text{(m)}$$

依据以上公式可依次求出 Y_6 为 2.4m，Y_7 为 2.1m，Y_8 为 1.6m，Y_9 为 0.9m。这样棚面弧度稳固性好，但是两侧比较低矮，不利于高棵作物的栽培和人工作业，因此需要在计算结果的基础上进行调整。调整的方法是取 Y_1 处和 Y_9 处的高度进行调整，取 Y_1 和 Y_2 的平均值 1.25m 为其高度，同样，取 Y_2 和 Y_3 的平均值，将 Y_2 和 Y_8 处提高到 1.85m。其他各位点保持不变，调整后的大棚棚型如图 2-14 所示。

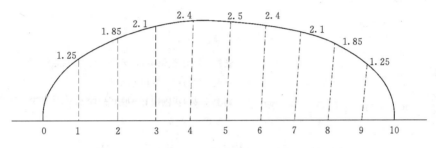

图 2-14　调整后的流线型大棚棚型示意图

（2）三圆复合拱形棚型设计。该棚型是由一个大圆弧和两侧各一个半径相等的小圆弧连接而成。与流线型棚型相比，它给棚两侧创造了更为宽敞的作业空间。这种棚型稳定性好，造价低，空间利用率高，所用的骨架材料最好使用钢管。

由于这种棚型应用较广，所以简要介绍其放大样的步骤和方法。图 2-15 所示为按照跨度 10m，矢高 2.5m 做出的棚面基础弧线。其步骤如下：

1）先画出一条线段作为基线，根据跨度在基线上截出 AB 线段；

2）取中心点 C，通过 C 点作 AB 的垂线，根据设计的高度在这条垂线上截取 CD 线段；

3）以 C 点为圆心，AC 为半径作弧，圆弧与 CD 的延长线相交于 E 点；

4）通过 A 点、D 点、B 点作两条辅助线 AD、BD；以 D 为圆心，以 DE 为半径画圆弧，圆弧分别交 AD、BD 于点 F、G；

5）从 AF 和 BG 的中点分别作垂线，垂线和 CD 的延长线相交于 O_1，与 CA、BC 分别相交于 O_2、O_3；

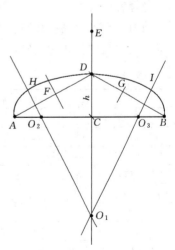

图 2-15　三圆复合拱形大棚棚型设计示意图

6）以 O_1 为圆心，O_1D 为半径作弧线，分别与 O_1O_2、O_1O_3 的延长线相交于 H、I，

得大棚上段的基础弧线；

7）再分别以 O_2、O_3 为圆心，O_2A、O_3B 为半径作弧，弧线分别终止于 H、I 点，又分别获得了下段的基础弧线，如此形成的 $AHDIB$ 即为大棚棚面的基础弧线。

5. 门与窗

棚头两端中部设门，单开或双开。

6. 装配式镀锌薄壁钢管塑料大棚常见规格

装配式镀锌薄壁钢管大棚（GP 系列）是工厂化生产的工业产品，1984 年钢管大棚在各地推广时，国家发布了一项标准，即《农用塑料棚装配式钢管骨架》（GB 4176—1984）（该标准目前变更为农业行业标准，编号为 NY/T 7－1984，于 2004 年 3 月 1 日开始施行）。其中对装配式钢管塑料大棚规定了产品型号编制方法（图 2－16）。其中，"GP"表示钢管塑料大棚，棚型代号中用"C"代表拱圆顶，"D"代表单屋面，后者主要用在如日光温室类的大棚骨架中。

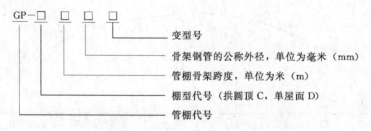

图 2－16　装配式钢管塑料大棚产品型号编制规则

如 GP－C625，"C"表示拱圆顶，"6"表示跨度 6m，"25"表示拱杆外径为 25mm。按标准规定，这种大棚骨架的风压承载力为 $0.31\sim0.35\mathrm{kN/m^2}$，雪压承载力为 $0.23\sim0.25\mathrm{kN/m^2}$，作物吊重为 $0.15\mathrm{kN/m^2}$，故在命名中不再列出荷载分级标识，只以"6－25"隐含表征。

国内生产各种热浸镀锌装配式塑料大棚的规格见表 2－2，表 2－3 给出一种钢塑复合材料装配式大棚骨架的规格，其中代号"GSP"是钢塑棚的汉语拼音缩写。

表 2－2　　　　　　　　　　　装配式镀锌钢管塑料大棚规格　　　　　　　　　　单位：m

型　号	跨度	脊高	肩高	拱距	长度	备　注
GP－C2.525	2.5	2.0	1.0	0.66	10	
GP－C425	4.0	2.1	1.2	0.65	20	
GP－C525	5.0	2.1	1.0	0.65	32.5	
GP－C625	6.0	2.5	1.2	0.65	30	单拱，三道纵梁，二道纵向卡槽
GP－C7.525	7.5	2.6	1.0	0.60	44.4	
GP－C825	8.0	3.0	1.0	0.50	42	单拱，五道纵梁，二道纵向卡槽
GP－C832	8.0	3.0	1.2	0.80	42	单个，五道纵梁，二道纵向卡槽
GP－C1025	10.0	3.0	0.7	0.50	51	
GP－C1025S	10.0	3.0	1.2	1.00	66	双拱，上圆下方，七道纵梁
GP－C10H	10.0	3.0	1.2	1.00	66	上弦 6 分管，下弦 4 分管，腹杆 φ8 圆钢，七道纵梁
GP－C1225S	12.0	3.0	1.0	1.00	55	双拱，上圆下方，七道纵梁，一排中间立柱

型　号	跨度	脊高	肩高	拱距	长度	备　　注
GP - C12H	12.0	3.0	1.2	1.00	50	上弦6分管，下弦4分管，腹杆φ8圆钢，七道纵梁
GP - D425	4.0	2.3	0.8	0.65	36	
GP - D525	5.0	2.3	0.8	0.65	36	
GP - D625	6.0	2.3	0.8	0.65	50	

注　大棚的长度可按拱距的倍数任意增减。表中大棚的生产厂家有河北沧州温室制造厂、上海长征温室公司等。

表 2 - 3　　　　　　　　　　装配式钢塑复合大棚骨架规格　　　　　　　　　单位：m

型　号	跨度	脊高	肩高	拱距	备　　注
GSP - D728	7	2.8	0.8	1.0	单拱，四道纵梁
GSP - D830	8	3.0	0.8	1.0	单拱，四道纵梁
GSP - D923	9	3.2	0.8	1.0	单拱，五道纵梁
GSP - C825	8	2.5	—	1.5	单拱，六道纵梁
GSP - C828	8	2.8	—	1.5	单拱，六道纵梁
GSP - C1025	10	2.5	1.0	1.5	单拱，七道纵梁
GSP - C1028	10	2.8	1.0	1.5	单拱，七道纵梁
GSP - C1228	12	2.8	1.0	1.5	单拱，七道纵梁
GSP - C1230	12	3.0	1.2	1.5	单拱，七道纵梁
GSP - C828H	8	2.8	—	1.5	
GSP - C927H	9	2.75	1.2	1.5	
GSP - C1028H	10	2.8	1.2	1.5	

注　表中的大棚生产厂家为青鸟蓝天环保设备有限公司。

目前，我国已形成标准、规范的装配式镀锌薄壁钢管大棚有20多种系列，下面简单介绍应用较多的几种类型。

（1）GP - C622标准大棚是以直径22mm，厚1.2mm的镀锌薄壁钢管为骨架材料的装配式塑料大棚。该大棚跨度6m，矢高2.2～2.5m，肩高1.2m，土地利用率80%，使用寿命一般为15～20年，主要用来种植各种矮秆蔬菜、花卉。缺点是通风效果不好，高温季节棚内温度太高；抗风载、雪载能力有限（只能抵御厚5cm的积雪）。

（2）提高型塑料大棚GP - C728、GP - C732是针对GP - C622标准大棚存在的缺点，增加了棚体的高度、跨度，提高了风窗的高度、宽度，从而改善了高温季节的通风状况并增强了抗风、雪荷载的能力。分别采用直径28mm、32mm，厚1.5mm的镀锌管，矢高3.2～3.5m，肩高1.8m，土地利用率为85%，且结构牢固，装拆方便，使用寿命长，冬季密封性能好，抗风雪能力强，棚体空间大，不仅适宜矮秆蔬菜还适用种植高大花木果树。

（四）确定大棚覆盖材料

塑料大棚完全采用塑料薄膜作为覆盖材料，通称为棚膜。棚膜从树脂原料上分，有聚乙烯（PE）膜、聚氯乙烯（PVC）膜和乙烯—醋酸乙烯（EVA）膜。从结构性能上分，有普通膜、防老化膜、长寿膜、双防膜、多功能膜、多功能复合膜等。

1. 聚乙烯（PE）棚膜

聚乙烯棚膜是聚乙烯树脂经挤出吹塑成膜，其质地轻、柔软、易造型、透光性好、无毒，适于作各种棚膜、地膜，是我国当前主要的农膜品种。其缺点是：耐候性差，保温性差，不易黏接。如果作生产大棚的薄膜则必须加入耐老化剂、无滴剂、保温剂等添加剂改性，才能适合生产的要求。目前 PE 的主要原料是低密度聚乙烯（LDPE）和线性低密度聚乙烯（L‐LDPE）等。主要产品有以下几种。

（1）普通 PE 棚膜：它是不加耐老化助剂等功能性助剂所生产的"白膜"，一般在春秋季扣棚，使用期 4～6 个月。普通 PE 棚膜仅可种植 1 茬作物，目前已逐步被淘汰。

（2）PE 防老化膜：在 PE 树脂中加入防老化助剂，如 GW‐540，经吹塑成膜。厚度 0.08～0.12mm。使用期 12～18 个月，可用于 2～3 茬作物栽培。不仅可延长使用期，降低成本，节省能源，而且使产量、产值大幅度增加，是目前设施栽培中重点推广的农膜品种。

（3）PE 耐老化无滴膜（双防农膜）：是在 PE 树脂中加入防老化剂和无滴剂等功能助剂加工生产的农膜，同时具有无滴性、耐候性、透光性、增温性。防雾滴效果可保持 2～4 个月，耐老化寿命达 12～18 个月，是目前性能安全、适应性较广的农膜品种，不仅对大中小棚，而且对节能型日光温室早春茬栽培也较为适应。

（4）PE 保温膜：在 PE 树脂中加入无机保温剂经吹塑成膜。这种覆盖材料能阻止远红外线向大气中的长波辐射，可提高保温效果 1～2℃，在寒冷地区应用效果好。

（5）PE 多功能复合膜：是在 PE 树脂中加入耐老化剂、保温剂、无滴剂等多种功能性助剂，通过加工生产的多功能复合膜，具有无滴、保温、耐候等多种功能，有的可阻隔紫外光，抑制菌核病子囊盘和灰霉菌分生孢子的形成，对于防治茄子和黄瓜的菌核病、黄瓜灰霉病都有明显效果，使用期可达 12～18 个月。

2. 聚氯乙烯（PVC）棚膜

PVC 棚膜是在聚氯乙烯树脂中加入适量的增塑剂（增加其柔性）经高温压延而成，许多产品还同时添加光稳定剂、紫外线吸收剂，以增加耐候性和耐热性，添加表面活性剂以提高防雾效果。其特点是透光性好，阻隔远红外线，保温性强，柔软易造型，好黏接，耐候性好。其缺点是单幅、较厚即密度大（约为 $1.3g/cm^3$），一定重量棚膜覆盖面积较聚乙烯膜（PE）减少 1/3，成本高，低温下变硬脆化，高温下又易软化松弛，助剂析出后膜面易粘尘土，影响透光，残膜不能燃烧处理，因为会有有毒氯气产生。因其原材料中使用不同种类添加剂，所以聚氯乙烯薄膜种类繁多，功能丰富，日本在设施栽培中 80% 左右覆盖 PVC 棚膜，我国目前也普遍使用这类薄膜，如在东北用于覆盖大棚进行早熟栽培，在华北、辽东半岛、黄淮平原主要用于高效节能型日光温室冬春茬果菜类覆盖栽培。

（1）普通 PVC 棚膜：普通膜不加耐老化助剂，连续覆盖使用期仅 4～6 个月，可生产 1 季作物。膜面易结露滴，影响透光；主要用于中小棚覆盖栽培和塑料大棚的保温覆盖，厚度范围在 0.03～0.05mm。

（2）PVC 防老化膜：防老化膜在原料中加入耐老化助剂经压延成膜。连续覆盖使用期在 10～18 个月，有良好的透光性、保温性和耐老化性。主要用于塑料大棚覆盖，长江以南及江淮地区厚度多在 0.05～0.08mm，华北、东北和西北地区厚度多在

0.1～0.12mm。

（3）PVC 防老化无滴膜（PVC 双防棚膜）：该膜同时具有防老化和防雾滴的特性，透光、保温性好，无滴性可持续 4～6 个月，耐老化寿命 12～18 个月，应用较为广泛。主要用于塑料大棚和普通温室覆盖，长江以南及江淮地区厚度多在 0.05～0.08mm，华北、东北和西北地区厚度多在 0.1～0.12mm。

（4）PVC 耐候无滴防尘膜（PVC 长寿膜）：除具有耐老化、无滴性外，经处理的薄膜外表面，助剂析出减少，吸尘较轻，提高了透光率，对日光温室冬春茬生产更为有利。连续覆盖使用期比防老化膜长，在 24 个月以上；主要用于塑料大棚覆盖上，长江以南及江淮地区厚度多在 0.05～0.08mm，华北、东北和西北地区厚度多在 0.1～0.12mm。

（5）多功能复合膜：除具有防雾滴、防老化性能外，还具有保温、散射光透过率高等功能，有的还有一定的防病功能。主要用于塑料大棚和日光温室覆盖，华北、东北、西北和江淮地区使用较多，厚度多在 0.08～0.12mm。

3. 乙烯-醋酸乙烯聚物（EVA）农膜

在 EVA 中，由于醋酸乙烯单体（VA）的引入，使 EVA 具有独特的特性：

（1）对红外线的阻隔性介于 PVC 和 PE 之间，如厚度相同，均为 0.1mm 厚，对 $7～14\mu$ 红外线的阻隔率 PVC 为 80%，PE 为 20%，EVA 为 50%。保温性 PVC＞EVA＞PE。

（2）EVA 有弱极性，可与多种耐候剂、保温剂、防雾剂混合吹制薄膜，相容性好，色容性强，可延长无滴与防雾期。

（3）EVA 的耐候性、耐冲击性、耐应力开裂性、黏接性、焊接性、透光性、爽滑性等都明显强于 PE。

所以，用 EVA 生产的农膜保温性强于 PE 膜；PE/EVA/PE 三层共挤复合农膜的保温性接近 PVC，明显高于 PE，透光性、耐候性、保温性、流滴持续期等综合指标在我国华北及南方超过 PVC。用 EVA 农膜覆盖较其他农膜覆盖可增产 10% 左右，可连续使用 2～3 年，老化前不变形，用后回收减少污染，目前欧美国家及日本多使用 EVA 树脂生产的农膜、地膜。

EVA 中 VA 的含量多少对农膜质量有很大影响，一般 VA 含量高，透光性、折射率和"温室效应"强，用于农膜的 VA 含量为 12%～14% 最好。

不同材质具有不同的特性（见表 2-4），它们对温度也有不同的反应。EVA 有特别优异的耐低温性，其次是 PE，耐低温性较强；含有 30% 增塑剂的 PVC 农膜在 0℃ 时硬化，抗拉力及耐冲击性极差；当温度升至 20℃ 以上，EVA 农膜的强度会明显下降；温度升高到 40℃ 以上时，PE（LDPE）薄膜强度缓慢下降，PVC 膜直线下降，所以 EVA 膜及 PVC 农膜不适于高温炎热的夏天应用，用 PE/EVA/PE 或用 PE/EVA＋PE/EVA 等三层共挤、PEGN 与 EVA 组配生产复合棚膜更具有合理性与科学性。日本用 PE 与 EVA 生产了三层共挤 PO 系特殊农膜，韩国、法国、荷兰等也用同样方法生产复合膜用于生产。

另外，聚氯乙烯膜与聚乙烯膜初始透光率均可达到 90%。但随时间推移，因聚氯乙烯膜增塑剂析出大量黏尘，影响了透光，使透光率很快下降，而聚乙烯膜下降速度较为缓慢。

表 2 - 4   PE、PVC、EVA 作为农膜用材的特性比较

比较项目	聚乙烯（PE）		PVC	EVA
	低密度聚乙烯（LDPE）	线性低密度聚乙烯（L-LDPE）		
密度/(g/cm³)	0.910～0.925	0.910～0.925	1.16～1.35	0.94
拉伸强度	良	优	优	良
断裂伸长率	良	优	差	优
透明性		中	良	优
初始透光性		良	优	优
后期透光性	中	中	优	优
保温性	中	中	优	良
耐候性（未加工剂）	良	中上	极差	良
成膜性	良	优	差	良
加工性	优	良	差	优
薄型化加工性	良	优	差	—
宽幅加工性	优	优	差	良
耐低温性	良	优	差	优
耐穿刺性	良	优	优	优
低温抗冲性	良	优	差	优
防尘性	良	良	差	良
防流滴性	中	中	良	良
黏接性	中	中	优	优

注 按优、良、中、差 4 级区分。

4.调光性农膜

调光性农膜是在 PE 树脂中加入稀土及其他功能性助剂制成的农膜。这种调光性农膜能对光线进行选择性透过，更能充分利用太阳光能。与其他棚膜相比，棚内增温保温效果好，作物生化效应强，对不同作物具有早熟、高产、提高营养成分等功能，稀土还能吸收紫外线，延长农膜的使用寿命。

（1）漫反射农膜：添加多种无机填料作光的散射剂，增加散射光，强化光合作用，增强早晚光照强度，减弱中午强光，使作物避免因强光高温带来的不利影响。

（2）光转换膜（转光膜）：添加稀土元素制膜，覆盖后可将紫外光转变成可见光，透光率增加，增温效果好，增强作物生化效应，作物生长快、早熟、高产，同时改进和提高产品品质。

（3）叶类菜专用紫光膜（韭菜膜）：薄膜内加入紫色母料及耐候、保温、无滴母料，经吹塑成膜。薄膜呈微蓝紫色，减少强光，提高温度，生长期提早，优质高产。适用于韭菜及多种绿叶菜的栽培。

5.新型覆盖材料

（1）PO 系特殊农膜。PO 系农膜是以 PE、EVA 优良树脂为基础原料，加入保温强

化剂、防雾剂、光稳定剂、抗老化剂、爽滑剂等助剂，通过先进工艺生产的多层复合功能膜。

该膜综合了 PE 及 EVA 的优点，主要特性为：①PO 系特殊农膜是多层复合结构，有较高的保温性和耐候性；②具有高透光性，能达到 PVC 初始透光率水平，紫外光透过率高；③由于对红外线透过率改性，可达到 PVC 膜的保温效果；④质轻，不沾尘，作业性好；⑤抗风和雪压，有破洞不易扩大；不要压膜线，只在肩部用卡槽压膜固定即可，省力，且提高透光性，低温下农膜硬化程度低；⑥燃烧不生成有害气体，安全性好。

由于 PO 农膜的厚度分布均匀，有更长的持久性，而且机械性好，横向、纵向断裂强度、收缩拉力、伸长率、抗冲击强度等性能都优于其他薄膜，因此近几年得到了迅速推广应用。日本、西班牙及法国的菲勒克莱公司、韩国等都在生产销售，这是当今世界新型覆盖材料发展的趋势。

（2）氟素农膜。氟素农膜是由乙烯与氟素乙烯聚合物为基质制成。1988 年面市，与聚乙烯膜相比可谓是超耐候、超透光、超防尘、不变色，使用期可达 10 年以上的新型覆盖材料。主要产品有透明膜、梨纹麻面膜、紫外光阻隔性膜及防滴性处理膜等，厚度有 0.06mm、0.10mm 和 0.13mm 3 种，幅宽 1.1～1.6m，通常有 4 种不同特性的氟素农膜。

1）氟素农膜种类及其特性。

a. 自然光透讨型氟素农膜：能进行正常光合作用，作物不徒长，通过棚（室）内蜜蜂正常活动完成传粉，湿度低可抑制病害。

b. 紫外光阻隔型氟素农膜：紫外光被阻隔，红色产品变鲜艳，用于棚（室）内部覆盖时寿命可延长，使用期达 10～15 年。

c. 散射光型氟素农膜：光线透过量与自然光透过型相同，但散射光量增加，对棚（室）内作物无影响，且实现生产均衡化。

d. 管架棚专用氟素农膜：加工品使用期为 10～15 年，经宽幅化加工，方便用于管架棚覆盖，用特殊的固定方法固定。

2）氟素农膜的基本特点。

a. 全光透过：紫外光至红外光的各波段透光率均高，可见光透过率达 90%～93%，长期保持。多年覆盖膜不变色，不污染，透光率变化小。

b. 强度高：氟素农膜强度高，具有超耐久性，厚度为 0.06～0.13mm，使用期为 10～15 年。

c. 耐高低温性好：可在 -100～+180℃ 范围内安全使用，高温强日照下与金属部件接触部位不变形。

d. 耐寒、耐药性强：该农膜在严寒冬季不硬化、不脆裂，耐药性强。

e. 遮阳防日灼病：氟素农膜因其透光性好，强光高温期要根据作物需求遮阴，以防因强光、高温发生日灼病。

f. 薄膜喷涂处理：为增加其流滴性和防雾性，对薄膜应进行喷涂处理。

g. 回收利用：氟素农膜不能燃烧处理，用后专人收回，再生利用。

（3）LS 反光遮阳保温材料。LS 反光遮阳保温材料是经特殊设计制造的一种缀铝反光遮阳保温膜，它具有反光、遮阳、降温功能，保温节能与控制湿度功能，以及防雨、防强光、调控光照时间等多种功能。

6. 标准规定使用棚膜

我国标准《日光温室和塑料大棚结构与性能要求》（JB/T 10594—2006）中规定大棚棚膜应使用保温无滴长寿塑料薄膜，厚度 0.08mm 以上，使用寿命 1 年以上。

三、计算结构设计荷载

结构计算是进行结构设计的重要环节。在我国，大棚和温室的结构计算主要根据规范《温室结构设计荷载》（GB/T 18622—2002）进行。

首先计算自重、风、雪等荷载，再用其中最不利的条件进行荷载组合。

由于温室和大棚是薄壁围护轻体结构，使用年限短，在荷载计算和组合上与民用和工业建筑有所不同。

（一）了解温室大棚结构设计要求

1. 基本要求

（1）安全性：温室（含塑料大棚）结构及其所有构件的设计必须能安全承受包括恒载在内的可能的全部荷载组合，任何构件危险断面的设计应力不得超过温室结构材料的许用应力。温室结构及其构件必须有足够的刚度，以抵抗纵、横方向的挠曲、振动和变形。

（2）耐久性：温室的金属结构零部件要采取必要的防腐及防锈措施，覆盖材料要有足够的使用寿命。

（3）稳定性：温室结构及其构件必须具有足够的稳定性，在允许荷载作用下不得发生失稳现象。

2. 特殊要求

（1）总体结构的完整性：温室必须具有总体完整性。因外力作用局部损坏时，温室结构作为一个整体应能保持稳定，不至于发生多米诺骨牌效应。

（2）温室结构的经济性：温室结构设计，允许忽略某些出现频率很低的灾害性荷载。例如，非地震高发区的地震力，非台风高发区的台风荷载，大多数地区的龙卷风等，这样可使温室制造成本大幅度降低。

（二）了解温室大棚结构设计荷载计算方法

荷载是作用在温室结构上的所有外力，是温室结构强度和稳定性计算的前提。荷载包括永久荷载、可变荷载和偶然荷载。与民用建筑不同，温室建筑基本不考虑楼面活荷载和屋面积灰荷载，但存在作物吊重等特殊荷载，而且温室建筑对风、雪荷载比较敏感，局部的阵风作用将有可能造成温室结构的破坏。由于温室的围护材料为透光覆盖材料，材料的热阻小，导热能力强，因此，温室屋面一般不会堆积陈雪，一次性降雪也可能由于温室的温度而部分融化，事实上减轻了温室的雪荷载。由于温室建筑的破坏对人身安全和财产损失造成的影响较小，所以，温室建筑设计中基本不考虑爆炸、地震等偶然荷载。充分理解和掌握温室荷载的特点，对合理选取和确定温室设计荷载具有重要意义。

我国规范《温室结构设计荷载》（GB/T 18622—2002）中规定了温室结构和构件的设计荷载、定义和要求。

规范要求，温室结构通常采用框架结构，其荷载效应组合的设计值应按式（2-2）

确定。

$$S = \gamma_G C_G G_k + \Psi \sum_{i=1}^{n} \gamma_{Qi} C_{Qi} Q_{ik} \qquad (2-2)$$

式中 S——荷载效应组合的设计值，kN/m^2；

　　γ_G——永久荷载的分项系数，当其效应对结构不利时取 1.2，有利时取 1.0；

　　γ_{Qi}——第 i 项可变荷载的分项系数，一般情况下取 1.4；

　　G_k——永久荷载的标准值，kN/m^2，对结构自重可按结构构件的设计尺寸与材料单位体积的自重计算确定，常用材料构件的自重参照表 2-5 采用；

　　Q_{ik}——第 i 项可变荷载的标准值，kN/m^2；

　　C_G——永久荷载的荷载效应系数，荷载效应系数为结构或构件中的效应（如内力、应力等）与产生该效应的荷载的比值，可按结构力学方法确定；

　　C_{Qi}——第 i 项可变荷载的荷载效应系数，按结构力学方法确定；

　　Ψ——可变荷载的组合系数。对于框架结构，当有两个或两个以上的可变荷载参与组合且其中包括风荷载时，荷载组合系数值取 0.85；在其他情况下，荷载组合系数取 1.0。

荷载分项系数与荷载代表值的乘积称为荷载设计值。其中，永久荷载、可变荷载、偶然荷载的定义和计算方法如下。

1. 永久荷载（恒荷载）

永久荷载是在结构使用期间，其值不随时间变化，或其变化与平均值相比可以忽略不计的荷载。温室结构永久荷载主要指永久性结构自重，包括墙体、骨架、透光覆盖材料及所有固定设备的重量。任何作用于结构上超过 30d 的荷载视为永久荷载。

（1）温室结构重量：在确定设计永久荷载时，应使用主要建筑物的实际重量。

在缺少实际数据时，可以从表 2-5 常用建筑材料比重、单位面积质量（板材和膜）等和尺寸进行计算。建筑结构的自重＝重度（单位体积物质的重量）×体积；透光覆盖材料的自重＝单位面积的重度×面积。

结构重量一般为垂直分布荷载。

表 2-5　　　　　　　　　　　常用建筑材料的质量

材料名称	规　　格	单位质量	单位
钢		7.85	t/m³
铝		2.7	t/m³
铝合金		2.8	t/m³
干细砂		1.4	t/m³
干细砂		1.7	t/m³
卵石		1.6～1.8	t/m³
碎石		1.4～1.5	t/m³
普通砖	240×115×53	1.8	t/m³
机砖	240×115×53	1.9	t/m³

续表

材料名称	规　　　格	单位质量	单位
焦渣空心砖	290×290×140	1.0	t/m³
水泥空心砖	290×290×140	0.98	t/m³
水泥空心砖	300×250×110	1.03	t/m³
水泥空心砖	300×250×160	0.96	t/m³
灰土	灰土比＝3∶7，夯实	1.75	t/m³
素混凝土		2.2～2.4	t/m³
钢筋混凝土		2.4～2.5	t/m³
普通玻璃		2.56	t/m³
钢化玻璃		2.6	t/m³
玻璃	3mm 厚	7.8	kg/m²
玻璃	6mm 厚	15.6	kg/m²
聚乙烯膜	0.2mm 厚	0.2	kg/m²
聚碳酸酯板	PC 板 6mm 中空	1.27	kg/m²
聚碳酸酯板	PC 板 8mm 中空	1.47	kg/m²
聚碳酸酯板	PC 板 10mm 中空	1.67	kg/m²
木框玻璃窗		20～30	kg/m²
钢框玻璃窗		40～45	kg/m²
木门		10～20	kg/m²
石棉板瓦		18	kg/m²
波形石棉瓦		20	kg/m²

（2）固定设备重量：设计永久荷载应计入所有受温室结构支撑的固定设备的重量，包括加热设备、通风降温设备、电器与照明设备、灌溉与除湿设备、遮阳与保温幕帘设备等。这些设备的质量，一般可视为集中的垂直荷载，作用于设备的重心。

1）压力水管：采暖系统和灌溉系统中供回水主管如果悬挂于结构上时，其荷载标准值取水管装满水和不装满水时的自重分别按不利荷载组合计算。

2）遮阳保温系统：材料的自重应按供货商提供的数据，一般室外遮阳网的重量为 $0.25N/m^2$，室内遮阳幕的重量为 $0.1N/m^2$，托幕线的重量为 0.1N/m，如果室外采用无纺布作保温材料，其相应规格有 $1.00N/m^2$、$1.65N/m^2$、$1.80N/m^2$、$2.00N/m^2$ 和 $3.50N/m^2$。

在计算条件不充分的条件下，托/压幕线水平方向最小作用力按如下考虑：托/压幕线：500N/根；驱动线：1000N/根。

荷载计算中要考虑遮阳保温幕展开和收拢两种状态下的荷载组合。

3）喷灌系统：在资料不充分时，水平方向最小作用力按 2500N 计算。当采用自行走式喷灌车灌溉时要考虑将荷载的作用点运动到结构承载最不利的位置。喷灌车的自重咨询供货商，资料不足时每台车按 2kN 的竖向荷载计算。

4）人工补光系统：补光系统设备的自重由供货商提供。400W 农用钠灯（含镇流器和灯罩）的重量按 0.1kN 计。

5）通风降温系统：通风及降温系统设备自重由供货商提供。湿帘安装在温室骨架上时，按全部湿帘打湿考虑；风机安装在屋顶或由墙面构件承载时，除考虑静态荷载外，还要考虑风机启动时的振动荷载。

温室内永久设备荷载难以确定时，可以按照 $70N/m^2$ 的竖向均布荷载采用。

（3）其他：任何长期受结构支撑的荷载，如吊篮、种植器、高架喷灌设备和一切悬挂在温室结构上，连续超过 30d 的重物，均计入永久荷载。作物荷载是温室的特有荷载。若悬挂在温室结构上的作物荷载持续时间超过 30d，则作物荷载应按照永久荷载考虑，表 2-6 列出了不同品种作物的吊挂荷载。结构计算中应明确作物荷载的吊挂位置和荷载作用的杆件。

表 2-6　　　　　　　　　　　　　作物荷载标准值

作物种类	番茄、黄瓜	轻质容器中的作物	重质容器中的作物
荷载标准值/(kN/m²)	0.15	0.30	1.00

2. 可变荷载

可变荷载是在结构使用期间，其值随时间变化，且其变化与平均值相比不可忽略的荷载。温室可变荷载包括屋面均布活载、施工检修集中荷载、风荷载和雪荷载等。

（1）屋面均布活载和集中活载：在温室的使用过程中产生的临时荷载称为活载。活载不包括风荷载、雪荷载和永久荷载。温室外部活载包括在屋面上工作的维修人员和放置的临时设备（如维修梯子等）；内部活载指结构上的临时悬挂物。连续作用超过 30d 的荷载视作永久荷载。

1）屋面均布活载。对于面积为 A 的温室单元（$A=$ 跨距×开间，m^2），屋面均布活载按式（2-3）计算。

$$L=0.96R_1R_2 \qquad (2-3)$$

式中　L——屋面均布活载，kN/m^2；

R_1——温室单元屋面水平投影面积折减系数，见表 2-7；

R_2——屋面坡度折减系数，见表 2-8。

表 2-7　　　　　　　　　　　水平投影面积折减系数 R_1

水平投影面积 A/m^2	R_1	水平投影面积 A/m^2	R_1
≤20	1.0	≥60	0.6
20～60	1.2-0.01A		

表 2-8　　　　　　　　　　　　屋面坡度折减系数 R_2

屋面坡度 F	R_2	屋面坡度 F	R_2
≤1/3	1.0	≥1	0.6
1/3～1	1.2-0.6F		

对于双坡屋面，$F=(H-h)/0.5B$；

对于拱形屋面，$F=4(H-h)/3B$；

式中　H——屋脊高度，m；

　　　h——屋檐高度，即肩高，m；

　　　B——温室跨度，m。

设计屋面均布活载的计算结果应在 $0.5 \sim 7 \mathrm{kN/m^2}$ 之间取值。此值与计算的雪荷载进行比较，取其中较大值。二者不重复计算。

2）集中活载。所有温室骨架构件，如檩条、椽条、桁架上弦杆、拱杆，应能安全承受不少于 $0.45 \mathrm{kN}$ 的作用于构件中部的垂直向下的集中活载。桁架下弦杆、横杆的任意节点，也应能承受不少于 $0.45 \mathrm{kN}$ 的垂直向下集中活载。

3）活载限制。温室制造者应将设计活载向温室拥有者说明，温室拥有者应设法在使用过程中，避免将超过设计活载的重物（包括维修安装人员）作用到骨架或支撑构件上。

（2）风荷载：风是一种无规律的突发和平息交替的气流，它与地面的摩擦及由于气流绕许多障碍物（树木、结构物等）流动而形成巨大的漩涡，因而风具有旋转性。对于建筑物，风并不是经常作用的，因而从统计学意义来讲，风荷载是偶然性的气象荷载，是随机变量。

对于建筑物的承载结构，是根据风压稳定情况下的静压作用这一假设来计算风荷载的。通常情况下，摩擦力影响很小，因此可以说空气静力主要是由于气流中的流线绕越温室建筑而必须改变其速度和方向而引起的。风荷载计算中，没有附加考虑空气动力作用的影响，因为在大多数情况下其值很小，在温室结构设计中可忽略不计。

风荷载的大小还与温室周围地面的粗糙程度，包括自然地形、植被以及现有建筑物有关。气流掠过粗糙的地面时，地面的粗糙度越大，气流的动能消耗越大，风压与风速的削弱亦越明显。在温室周围空旷地面进行绿化后，不论种植乔木或灌木，对温室都有不同程度的避风作用，使得气流在地面的摩擦力以及树冠的摇动上消耗一部分动能，削弱了气流对温室的冲击力，降低了风压。在建筑物比较密集地区建造温室时，应该考虑周围建筑物的避风作用。

山区中由于地形的影响，风荷载的大小也有变化。山间盆地、谷底由于四面高山对大风有屏障作用，因此风荷载都有所减少。而谷口、山口由于两岸山比较高，气流由敞开区流入峡谷，流区产生压缩，因此风荷载会增大，这种情况在高大建筑群中设计温室时也会出现。

垂直于温室大棚等建筑物表面、单位面积上作用的风压力称为风荷载。风荷载与风速的平方成正比，与作用高度、建筑物的形状、尺寸有关。

垂直作用在温室结构表面的风荷载标准值 ω_k 应按式（2-4）计算。

$$\omega_k = \beta_z \mu_s \mu_z \omega_0 \qquad\qquad (2-4)$$

式中 ω_k ——风荷载标准值，$\mathrm{kN/m^2}$；

β_z ——高度 z 处的风振系数，温室一般为非高层建筑，取值 1.0；

μ_s ——风荷载体型系数，参见表 2-11；

μ_z ——风压高度变化系数，参见表 2-10；

ω_0 ——基本风压，$\mathrm{kN/m^2}$。

1）基本风压 ω_0。

a. 基本风压以当地比较空旷平坦地面上，离地 10m 高，统计所得的 30 年一遇 10min 平均最大风速 $\upsilon_0 \mathrm{(m/s)}$ 为标准，按 $\omega_0 = \upsilon_0^2 / 1600$ 确定风压值。

基本风压应按 GB 50009—2012《建筑结构荷载规范》中的"全国基本风压分布图"的规定采用。

当城市或建设地点的基本风压在全国基本风压分布图上没有给出时，按下列方法确定：

当地有 10 年以上的年最大风速资料时，可通过对资料的统计分析确定。

当地的年最大风速资料不足 10 年时，可通过与有长期资料或有规定基本风压的附近地区进行对比分析后确定。

当地没有风速资料时，可通过对气象和地形条件的分析，并参照 GB 50009—2012《建筑结构荷载规范》中"全国基本风压分布图"上的等值线用插入法确定。

b. 山区的基本风压应通过实际调查和对比观测，经分析后确定。在一般情况下，可按相邻地区的基本风压乘以下列调整系数采用：

山间盆地、谷地等闭塞地形：0.75～0.85。

与大风方向一致的谷口、山口：1.2～1.5。

c. 如果用户提出温室设计的抗风级别要求，查表 2-9 可得到对应的风速和设计基本风压。

表 2-9 根据风力级别计算风速和基本风压

风级	风名	相当风速/(m/s)	相当基本风压/(kN/m²)	地面上物体的象征
0	无风	0～0.2	0 (0.00)	炊烟直上，树叶不动
1	软风	0.3～1.5	0 (0.00)	风信不动，烟能表示方向
2	轻风	1.6～3.3	0 (0.01)	脸能感觉有微风，树叶微响，风信开始转动
3	微风	3.4～5.4	0 (0.02)	树叶及微枝摇动不息，旌旗飘展
4	和风	5.5～7.9	0.05 (0.04)	地面尘土及纸片飞扬，树的小枝摇动
5	清风	8.0～10.7	0.10 (0.07)	小树摇动，水面起波
6	强风	10.8～13.8	0.15 (0.12)	大树枝摇动，电线"呼呼"作响，举伞困难
7	疾风	13.9～17.1	0.20 (0.18)	大树摇动，迎风步行感到阻力
8	大风	17.2～20.7	0.30 (0.27)	可折断树枝，迎风步行感到阻力很大
9	烈风	20.8～24.4	0.40 (0.37)	屋瓦吹落，稍有破坏
10	狂风	24.5～28.4	0.50 (0.50)	树枝连根拔起或摧毁建筑物，陆上少见
11	暴风	28.5～32.6	0.65 (0.65)	有严重破坏力，陆上很少见
12	飓风	32.7～36.9	0.85 (0.85)	摧毁力极大，陆上极少见
13	台风	37.0～41.4	1.10 (1.07)	
14	强台风	41.5～46.0	1.35 (1.33)	
15	强台风	46.1～50.9	1.65 (1.62)	
16	超强台风	51.0 以上	1.65	

注 基本风压根据公式 $\omega_0 = \upsilon_0^2/1600$ 计算，并按照 0.05 的级差进行调整后的数据，括号内数据为按照公式 $\omega_0 = \upsilon_0^2/1600$ 计算的实际结果。

2) 风压高度变化系数 μ_z。风压高度变化系数根据温室建设地区的地形条件和距离地面或海平面位置确定。

风压高度变化系数 μ_z 应根据表 2-10 确定。地面粗糙度是风在到达建筑物以前吹越过 2km 范围内的地面时，描述该地面上不规则障碍物分布状况的等级，分为 A、B、C 三类：A 类指近海海面、海岛、海岸、湖岸及沙漠地区；B 类指田野、乡村、丛林、丘陵以及房屋比较稀疏的中、小城镇和大城市郊区；C 类指有密集建筑群的大城市市区。

表 2-10　　　　　　　　　　　　风压高度变化系数 μ_z

地面粗糙度类别	离地面高度/m	μ_z
A	5	1.17
	10	1.38
	15	1.52
	20	1.63
B	5	0.80
	10	1.00
	15	1.14
	20	1.25
C	5	0.54
	10	0.71
	15	0.84
	20	0.94

　注　1. 对于节能型日光温室，一般高度在 3m 左右。μ_z 推荐取值 0.60 左右；对于大型温室，高度多在 4.5～6.5m，μ_z 推荐取值 0.8 左右。
　　　2. 对于特大型和特殊温室可参考本表所列 μ_z 值，其中间数值可按插入法计算。

　　3）风荷载体型系数 μ_s。风荷载体型系数 μ_s 是风吹到温室表面引起的实际压力（吸力）与原始风速所得的理论风压之比值，风荷载体型系数主要与温室的体型、尺寸、风向有关。风荷载体型系数的极值一般出现在迎风面的山墙顶部屋檐和屋脊处，这些部位也是风压变化激烈的区域，一般前缘处出现最大值，屋面的其他部分则风压变化平缓。此处"→"表示风向，μ_s 值符号为正表示压力，负表示吸力。

　　a. 封闭式落地双坡屋面温室风荷载体型系数 μ_s，如图 2-17 所示。

　　迎风面 μ_s 的中间值按插入法计算，背风面的 μ_s 值取为 -0.5。

　　b. 封闭式双坡屋面温室风荷载体型系数 μ_s，如图 2-18 所示。

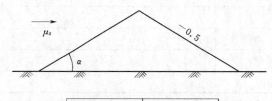

坡度角 α	μ_s
0	0
30°	+0.2
≥60°	+0.8

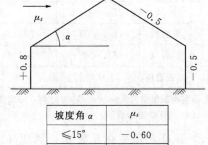

坡度角 α	μ_s
≤15°	-0.60
30°	0
≥60°	+0.8

图 2-17　封闭式落地双坡屋面温室　　　　图 2-18　封闭式双坡屋面温室

迎风面 μ_s 的中间值按插入法计算，背风面的 μ_s 值取为 -0.5，山墙 $\mu_s = -0.7$。

c. 封闭式拱形屋面温室风荷载体型系数 μ_s 如图 2 - 19 所示，风荷载体型系数 μ_s，见表2 - 11。

设屋面高跨比为 r，则

$$r = \frac{H - h}{B} \qquad (2-5)$$

式中　H——屋面距地面最大高度，m；

　　　h——屋檐（或侧墙）高度，m；

　　　B——温室跨度，m。

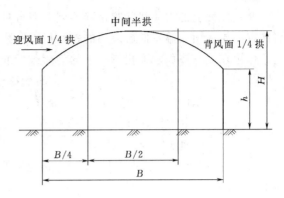

图 2 - 19　封闭式拱形屋面温室

表 2 - 11　　　　　　　　　　封闭式拱形屋面温室风荷载体型系数 μ_s

屋面型式	高跨比 r	迎风面 1/4 拱	中间半拱 μ_s	背风面 1/4 拱 μ_s
竖墙支撑拱屋面 （$h > 0$）	0.1	-0.8		
	0.2	0		
	0.5	0.6	-0.8	-0.5
落地拱面 （$h > 0$）	0.1	0.1		
	0.2	0.2		
	0.3	0.6		

注　迎风面 1/4 拱风荷载体型系数中间值按插入法计算。

4）最小设计风荷载。温室抗风主体结构的设计风荷载（风荷载标准值）不得小于 0.25kN/m^2。如果按公式 $\omega_k = \beta_z \mu_s \mu_z \omega_0$ 计算出来的风荷载标准值结果不足 0.25kN/m^2，垂直于受力表面的总的设计压力取为 0.25kN/m^2。

（3）雪荷载的大小，主要取决于依据气象资料而得的各地区降雪量、屋面的几个尺寸等因素。我国大部分地区处在温带，一般地区降雪期不到 4 个月。积雪比较严重的包括东北、内蒙古、新疆，这些地区温度低，但水汽不足，降雪量并不大；长江中下游及淮海流域，冬季严寒时间不长，有时一冬无雪，但有时遇到寒流南下，温度低，水汽充足时可降很大的雪；华南、东南两地区冬季很短，降雪很少，其中一大部分为无雪区。因此，雪荷载的确定，应从各地区实际的气象条件出发，合理取值。

在确定温室的雪荷载时，应考虑已建成温室的设计与使用实践经验，查明与分析其他温室因积雪过多而坍塌或发生永久性变形过大的原因，实测各种情况下积雪量大小与积雪量分布的情况，为确定基本雪荷载提供比较完整的资料。

温室建筑结构设计所需的是屋面雪荷载，从气象部门得到的是地面雪压的资料，但如何将地面雪压转换成屋面积雪是一个比较复杂的问题，因为屋面雪荷载受温室朝向、屋面形状、采暖条件、周围环境、地形地势、风速、风向、人工清雪等因素影响。建议在取得实际资料之前，屋面雪荷载暂按地面雪压减少 10% 处理。

温室屋面上的雪荷载除直接降落到温室自身屋面的积雪形成的屋面基本雪荷载外，还可能有高层屋面向温室低层屋面的飘移积雪和滑落积雪形成的局部附加雪荷载。

作用在温室屋面水平投影面上的雪荷载标准值 S_k 应按式（2-6）计算。

$$S_k = \mu_r S_0 \tag{2-6}$$

式中　S_k——屋面雪荷载标准值，kN/m^2；

　　　S_0——基本雪压，kN/m^2；

　　　μ_r——屋面积雪分布系数。

1）基本雪压 S_0。基本雪压 S_0 以一般空旷平坦地面上统计得出的 30 年一遇最大积雪量的自重确定。

基本雪压应按 GB 50009—2012《建筑结构荷载规范》中的"全国基本雪压分布图"的规定采用。

在有雪地区，当城市或建设地点的基本雪压值在"全国基本雪压分布图"上没有给出时，其基本雪压值可按下列方法确定：

当地有 10 年以上的年最大雪压资料时，可通过对资料的统计分析确定。

当地的年最大雪压资料不足 10 年时，可通过与有长期资料或有规定基本雪压的附近地区进行对比分析确定。

当地没有雪压资料时，可通过对气象和地形条件的分析，并参照 GB 50009—2012《建筑结构荷载规范》中的"全国基本雪压分布图"上的等压线用插入法确定。

2）屋面积雪分布系数 μ_r。屋面积雪分布系数 μ_r 应根据温室结构的屋面形状选取。

a. 坡屋面：单坡面、双坡面均视为均布雪荷载，μ_r 为常数，与屋面坡度角有关，见表 2-12。对于单坡屋面，规定屋面坡度大于 50°时，屋面积雪分布系数为 0，表示全部积雪都将自由滑落脱离屋面；当屋面坡度小于 25°时，自由滑落停止，屋面积雪分布系数为 1.0；屋面坡度为 20°～50°时，采用线性内插的方法确定屋面积雪分布系数。

表 2-12　　　　　　　　　　　坡屋面积雪分布系数 μ_r

坡度角 α	≤25°	30°	35°	40°	45°	≥50°
μ_r	1.0	0.8	0.6	0.4	0.2	0

对于双坡面单跨温室，屋面积雪分布系数除考虑均布荷载外，还应考虑迎风面积雪会被吹到背风面而形成非均布荷载，这种雪荷载的迁移按总积雪荷载的 25% 计算。单跨双坡屋面坡度角在 20°～30°之间时，可考虑为不均匀分布情况，迎风屋面 $\mu_r = 0.75$，背风屋面 $\mu_r = 1.25$。

b. 单跨拱形屋面：单跨拱形屋面雪荷载，视作均布荷载，μ_r 是积雪分布系数，为常数，坡度角 > 50°处，$\mu_r = 0$；坡度角 < 50°屋面，视为均匀分布情况，$\mu_r = 1/8r$。但 μ_r 的取值应为 0.4～1.0。μ_r 与屋面高跨比 r 有关。

$$r = \frac{H - h}{B} \tag{2-7}$$

式中　H——屋面离地面最大高度，m；

　　　h——屋檐高度，m；

B——跨度，m。

可见，对于圆拱形屋顶，积雪自由滑落的起始点也规定为屋面切线的坡度为 $50°$ 处，与单坡屋面一致，屋面积雪分布系数按圆拱面的总跨度和总矢高之比的 1/8 取值，在整个作用范围内为单一值，同时规定该值不得大于 1.0 或小于 0.4，如果超出该范围，则按照上限或下限取值。

c. 双坡多跨屋面：对连栋温室，除屋面均布荷载外，还要考虑屋面凹处范围内会出现局部滑落积雪而产生的非均布荷载。

当屋面坡度角 $\leqslant 25°$ 时，视作均布雪荷载，$\mu_r = 1.0$。

当屋面坡度角 $> 25°$ 时，两跨之间的半跨（天沟两侧各 1/4 跨）视为均布雪荷载，$\mu_r = 1.4$；其余部分 μ_r 值按坡屋面采用，视为均匀分布情况。

d. 拱形多跨屋面：当屋面高跨比 $\leqslant 0.1$ 时，视作均布雪荷载，$\mu_r = 1.0$。当屋面高跨比 > 0.1 时，两跨之间的半跨，视为均布雪荷载，$\mu_r = 1.4$；其余部分 μ_r 值按单跨拱形屋面采用。

3. 偶然荷载

偶然荷载是在结构使用期不一定出现，一旦出现，其值很大且持续时间较短的荷载，例如爆炸力、地震力和撞击力等。

地震对建筑物的破坏，通常表现为水平方向的作用力，见式（2-8）。

$$E = \mu_{震} G_k \qquad (2-8)$$

式中　E——地震荷载，kN/m^2；

G_k——永久荷载标准值，kN/m^2；

$\mu_{震}$——水平震度，设计温室时，通常可取 $\mu_{震} = 0.2$。

地震力属于偶然荷载，由于温室结构高度一般不超过 6m，塑料板材和薄膜覆盖温室结构重量较轻，设计时可不考虑地震力的影响。但在地震多发地区，修建永久性高大钢架玻璃温室时，应该考虑地震力的影响。

（三）计算塑料大棚结构设计荷载

塑料大棚骨架一般为拱形结构。作用在拱架上荷载主要有永久荷载和可变荷载两类。

（1）永久荷载：主要包括结构的自重、透光覆盖材料的自重等。拱架的永久荷载标准值按实际构造情况通过计算来确定。

（2）可变荷载：主要包括风荷载、雪荷载、作物荷载等。可变荷载标准值按《温室结构设计荷载》确定。

其中，风荷载对结构的作用主要是在结构表面产生吸力和压力。风荷载首先作用在结构的围护结构上，围护结构是抵抗风荷载作用的第一道防线，当围护结构的密封性受到破坏时，将导致结构风压分布的变化和次生的破坏。塑料大棚的主体骨架多为装配式镀锌钢管，间距 0.80~1.00m，跨度 6~12m，单榀骨架承受风荷载的面积在 5~12m²，钢管、膜和压膜线共同组成塑料大棚的主体及围护结构，主体结构构件和围护结构构件不能完全严格区分。塑料大棚在风荷载作用下，迎风面的膜承受压力，背风面的膜承受吸力，膜向上的吸力一部分传给了压膜线，一部分传给了骨架，不同厚度的膜和不同截面的压膜线可以承受不同的荷载。温室薄膜属于柔性材料，不具备平面外刚度，只能承受拉力，薄膜破坏一般以拉坏为主。薄膜柔性好，强度较高，没有尖、硬的东西刺入一般不会破坏。所以塑料大棚结构计算主要是骨架的计算，风荷载的计算可按公式 $\omega_k = \beta_z\mu_s\mu_z\omega_0$ 进行。同时抗风主体结构的设计风荷载应不小于 $0.25kN/m^2$。

计算出的雪荷载要与均布活载（通常取 $0.5\sim0.7kN/m^2$）相比较，取其中较大值作为均布活载值。缺乏具体数据时，作物吊重荷载可按 $0.15kN/m^2$ 考虑。

上述荷载通常按均布荷载考虑。计算拱架承受的均布荷载时，通常取 1 个拱架的间距来计算。

四、设计大棚结构

塑料大棚通常采用拱形结构。大棚结构的设计通常按照结构设计荷载标准值、内力计算、结构强度计算等步骤来进行。

首先计算自重、风、雪等荷载，用其中最不利的条件进行荷载组合，再用此荷载计算拱架等构件的内力。再根据构件内力和假定截面积计算其最大应力。若计算结果在其材料的容许应力内，说明构件的强度安全够用。如果不在容许应力范围内，就要改变截面尺寸重新计算，达到容许应力以内时再计算变形量。如在容许变形量以内，就可确定构件尺寸。

（一）确定大棚结构计算简图

塑料大棚一般可按两铰拱建立力学模型。

拱架上荷载按照前面第三部分方法计算。

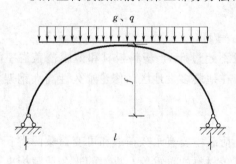

图 2-20　塑料大棚力学计算简图

拱架两端的支承条件根据实际的构造情况确定。当拱架采用焊接、四对以上螺栓连接、连接插入深度 4d 以上或采用现浇钢筋混凝土支座时应简化为固结。当拱架采用两对以下螺栓连接、预制混凝土支座时应简化为铰结形式。塑料大棚的力学计算简图如图 2-20 所示。

（二）计算结构内力

塑料大棚的力学计算简图是两铰拱，属于超静定结构，可用力法求解。为便于掌握，可借助力学求解器来求解结构的内力。

1. 认识结构力学求解器

结构力学求解器（SM Solver for Windows）是一个面向教师、学生以及工程技术人员的计算机辅助分析计算软（课）件，其求解内容包括了二维平面结构（体系）的几何组成、静定、超静定、位移、内力、影响线、自由振动、弹性稳定、极限荷载等经典结构力学课程中所涉及的一系列问题，全部采用精确算法给出精确解答。本软件界面方便友好、内容体系完整、功能完备通用，可供教师拟题、改题、演练，供学生做题、解题、研习，供工程技术人员设计、计算、验算使用。结构力学求解器的工作界面如图 2-21 所示。

结构力学求解器求解功能分为自动求解和智能求解两种模式。每种模式下设多个功能菜单。

(a)

(b)

(c)

图2-21 结构力学求解器的工作界面

(a) 桌面图标；(b) 编辑器；(c) 观览器

（1）自动求解模式可以解决以下几个方面的问题。

1）平面体系的几何组成分析，对于可变体系，可静态或动画显示机构模态。

2）平面静定结构和超静定结构的内力计算和位移计算，并绘制内力图和位移图。

3）平面结构的自由振动和弹性稳定分析，计算前若干阶频率和屈曲荷载，并静态或动画显示各阶振型和失稳模态。

4）平面结构的极限分析，求解极限荷载，并可静态或动画显示单向机构运动模态。

5）平面结构的影响线分析，并绘制影响线图。

（2）智能求解模式可以解决以下几个方面的问题。

1）平面体系的几何构造分析，按两刚片或三刚片法则求解，给出求解步骤。

2）平面桁架的截面法，找出使指定杆成为截面单杆的所有截面。

3）平面静定组合结构的求解，按三种模式以文字形式或图文形式给出求解步骤。

2. 应用结构力学求解器求解结构内力

利用求解器求解结构的内力时，通常需要按下列步骤进行。

（1）输入结构体系。输入一个结构体系，首先在"编辑器"中打开一个新文件，然后输入命令。在求解器中输入命令有两种方法：利用"命令"菜单中的子菜单，打开相应的对话框，在对话框中根据提示和选项输入命令，另外一种在文件中直接键入命令行。此处只介绍利用对话框输入命令。

输入结构体系需要三个步骤完成：结点定义→单元定义→结点支承定义。

1）结点定义。用对话框输入该命令的步骤如下：

a. 在"命令"菜单下选择"结点"子菜单，打开结点对话框；此时，默认的命令选择是结点定义。

b. 在"结点码"下拉框中输入（或从下拉选项中选）1，在坐标"x"和"y"下拉框中分别输入0，0。

c. 单击"预览"按钮，可以在观览器中看到结点1的显示，若不满意，可以修改以上输入。

d. 单击"应用"按钮，将命令写到文档上，按照此法依次输入所有结点。

e. 完成输入后，单击"关闭"按钮，关闭结点对话框。

此时，可以在文档上看到已输入的命令行，同时观览器中会同步显示出该结点，如图 2-22 所示。

图 2-22　结点定义

2）单元定义。用对话框输入该命令步骤如下：

a. 在"命令"菜单下选择"单元"子菜单，打开单元对话框；此时，默认的命令选择是单元定义，如图 2-23 所示。

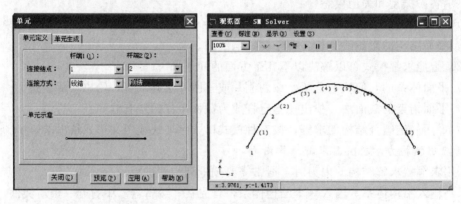

图 2-23　单元定义

b. 单元编码按照输入顺序自动排列，因此没有单元码输入选项。

c. 在"杆端 1"的"连接结点"处输入 1，"连接方式"选"铰结"。

d. 在"杆端 2"的"连接结点"处输入 2，"连接方式"选"刚结"。

e. 若要预览，可以单击"预览"。

f. 单击"应用"按钮，将命令写到文档上，而后可以继续下一个命令。

g. 单击"关闭"按钮，关闭对话框。

3）结点支承定义。用对话框输入该命令步骤如图 2-24 所示。

a. 在"命令"菜单下选择"位移约束"子菜单，打开支座约束对话框。

b. 默认的约束类型是"结点支座"，在"结点码"下拉框中输入 1。

c. 在"支座类型"处选 4，"支座性质"保留默认的"刚性"，其余的均为 0。

d. 其余的同单元定义的 e～g。

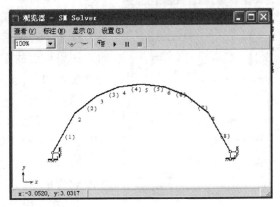

图 2-24 结点支承定义

（2）输入荷载。在"编辑器"中依次选择菜单"命令""荷载条件"可打开"荷载"对话框，从中可见，求解器允许输入 6 种类型荷载，见图 2-25。荷载可以加在结点上或单元上，分别对应"结点"和"单元"选项。

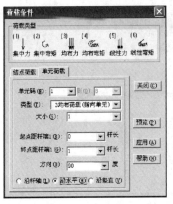
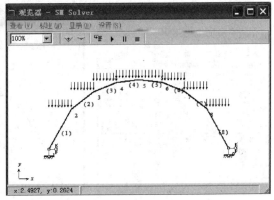

图 2-25 输入荷载

1）结点荷载。结点荷载需要输入作用的结点码、类型、大小和方向，其中方向与整体坐标 x 轴同向为初始方向，"方向"中输入角度后，荷载将按逆时针绕结点旋转输入的角度。

2）单元荷载。单元荷载除了需要输入单元码、类型、大小外，对于集中荷载还需要输入荷载作用位置，而对于分布荷载还需要输入荷载的起始位置和终止位置。位置统一用局部坐标与杆长 l 的比值来表示，也即为（0，1）之间的一个数值。此外，单元荷载的方向与局部坐标 x 轴同向为初始方向，因此转 90° 后得横向荷载，而"指向单元"和"背离单元"都是按横向荷载来考虑的，输入荷载后，若是没有把握，可以单击"预览"按钮预览，满意后单击"应用"按钮。

（3）输入材料性质。在"编辑器"中依次选择菜单"命令""材料性质"便可打开材料性质对话框，见图 2-26。选择相同材料性质的单元范围，再选择或输入所需的杆件刚度性质（质量和极限弯矩可以空缺），然后单击"应用"按钮，将命令写到命令文档中去。

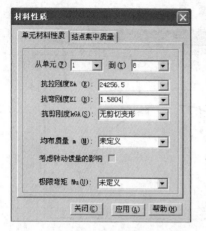

图 2-26 输入材料性质

若还有单元刚度未定义，可在对话框中继续输入新的数据，再"应用"，直至定义完毕，单击"关闭"退出。

注意，若前后两个命令行中的定义有重复和冲突时，则以后面的定义为准，亦即前面的定义被后面的定义覆盖和取代。

（4）求解。输入结构后，继续进行如下操作：

1）选择菜单"求解""内力计算"，求解器打开"内力计算"对话框，在"内力显示"组中选"结构"。

2）在"内力类型"组中选"弯矩"，可在观览器中看到弯矩图。

3）在"内力类型"组中选"剪力"，可在观览器中看到剪力图。

4）在"内力类型"组中选"轴力"，可在观览器中看到轴力图。

5）可单击观览器中的"加大幅值"或"减小幅值"按钮调节图形幅值；或者选"设置菜单"中的"显示幅度设置"，然后在对话框中给定具体的显示幅度值，见图 2-27。

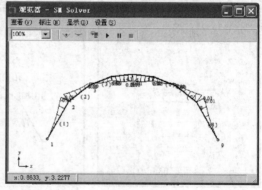

图 2-27 求解

（三）计算结构强度

装配式镀锌薄壁钢管塑料大棚、装配式涂塑钢管塑料大棚等拱架结构主要采用钢结构制作，其强度计算也主要采用《钢结构设计规范》（GB 50017—2014）中相应的方法。

1. 了解大棚常用钢材的强度取值

塑料大棚常用钢材的强度取值见表 2-13。

表 2-13　　　　　　　　　　　　　钢材的强度设计值

应 力 种 类	钢 材			
	薄壁型钢结构		普通钢结构	
	Q235	16Mn	Q235	16Mn
抗拉、抗压和抗弯 $f(\text{N/mm}^2)$	205	300	215	315
抗剪 $f_v(\text{N/mm}^2)$	120	175	125	185
端面承压 $f_{ce}(\text{N/mm}^2)$	310	425	325	445

2. 计算轴心受拉构件的强度

规范对轴心受力构件的强度计算，规定净截面的平均应力不应超过钢材的强度设计值，从构件的受力性能来看，一般是偏于安全的。受拉构件的强度计算公式为

$$\sigma=\frac{N}{A_n}\leqslant f \tag{2-9}$$

式中　N——轴心拉力的设计值；

A_n——构件的净截面面积。

3. 计算轴心受压构件的强度

轴心受压构件的强度计算原则上与受拉构件没有区别，不过一般情况下，轴心受压构件的承载力是由稳定条件所决定的。轴心受压构件的整体稳定的计算公式为

$$\frac{N}{\varphi A}\leqslant f \tag{2-10}$$

式中　N——轴心受压构件的压力设计值；

A——构件的毛截面面积；

φ——受压构件的稳定系数，与构件的长细比相关。

4. 计算压弯、拉弯构件的强度

计算拉弯构件和压弯构件的强度时，采用部分发展塑性准则，其强度计算公式为

单向压弯（拉弯）构件的强度计算公式：

$$\frac{N}{A_n}\pm\frac{M_x}{\gamma_x W_{nx}}\leqslant f \tag{2-11}$$

双压弯（拉弯）构件的强度计算公式：

$$\frac{N}{A_n}\pm\frac{M_x}{\gamma_x W_{nx}}\pm\frac{M_y}{\gamma_y W_{ny}}\leqslant f \tag{2-12}$$

式中　A_n、W_n——分别为构件的净截面面积和净截面抵抗矩；

γ_x、γ_y——截面塑性发展系数，按《钢结构设计规范》规定采用。

在轴线压力 N 和弯矩 M 的共同作用下，构件可能在弯矩作用的平面内和平面外发生整体的弯曲失稳，因此对压弯构件还应进行弯矩作用平面内和平面外的整体稳定性验算。

压弯构件在弯矩作用平面内的整体稳定性验算，实用计算公式为

$$\frac{N}{\varphi_x A}\pm\frac{\beta_{mx} M_x}{\gamma_x W_{1x}(1-0.8N/N'_{Ex})}\leqslant f \tag{2-13}$$

$$N'_{Ex}=\frac{\pi^2 EA}{1.1\lambda_x^2}$$

式中　N——压弯构件的轴线压力；

φ_x——在弯矩作用平面内，不计弯矩作用时轴心受压构件的稳定系数；

M_x——所计算构件段范围内的最大弯矩；

N'_{Ex}——参数，大于相当于欧拉力除以分项系数；

W_{1x}——弯矩作用平面内受压最大纤维的毛截面抵抗矩；

β_{mx}——等效弯矩系数，当构件兼有横向荷载和端弯矩时，如果二者使构件产生同向曲率，$\beta_m=1.0$；产生反向曲率，则 $\beta_m=0.85$。

压弯构件在弯矩作用平面外的整体稳定性验算，实用计算公式为

$$\frac{N}{\varphi_y A} \pm \frac{\beta_{tx} M_x}{\varphi_b W_{1x}} \leqslant f \tag{2-14}$$

除拱架外，钢筋混凝土立柱按《混凝土结构规范》（GB 50010—2010）中的轴心受压构件，或偏心受压构件进行计算。

(四) 参考实际案例

装配式镀锌薄壁钢管大棚，大棚跨度8m，矢高3m。均匀布置三根纵向拉杆。拱杆长10.77m，拱间距0.5m，拱杆截面采用Φ25mm×1.5mm镀锌钢管，塑料薄膜采用0.2mm厚。试对该塑料大棚进行校核。

资料：Φ25mm×1.5mm镀锌钢管的单位重度为0.703kg/m，0.2mm厚塑料薄膜重度为0.002kN/m²，当地的基本雪压为$s_0 = 0.3 \text{kN/m}^2$，基本风压为$w_0 = 0.35 \text{kN/m}^2$。

一、荷载计算

1. 恒荷载

Φ25mm×1.5mm镀锌钢管：$\dfrac{0.703 \times 10.77 \times 10}{8 \times 10^3} = 0.01 (\text{kN/m})$

0.2mm厚塑料薄膜：$\dfrac{0.002 \times 10.77 \times 0.5}{8} = 0.002 (\text{kN/m})$

恒荷载标准值：　　　$g_k = 0.012 (\text{kN/m})$

恒荷载设计值：　　　$g = \gamma_G g_k = 1.2 \times 0.012 = 0.0144 (\text{kN/m})$

2. 雪荷载

雪荷载标准值：$s_k = \mu_r s_0 = 0.30 \times \dfrac{l}{8f} = 0.30 \times \dfrac{8}{8 \times 3} = 0.1 (\text{kN/m}^2)$

$$q_{1k} = 0.1 \times 0.5 = 0.05 (\text{kN/m})$$

雪荷载设计值：　　　$q_1 = \gamma_Q q_{1k} = 1.4 \times 0.05 = 0.07 (\text{kN/m})$

3. 风荷载

封闭式落地拱形屋面，风荷载体型系数分别为0.43、−0.8、−0.5。风荷载的标准值分别为

$$w_k = \beta_z \mu_s \mu_z w_0 = 1.0 \times 0.43 \times 1.0 \times 0.35 = 0.15 (\text{kN/m}^2)$$

$$w_k = \beta_z \mu_s \mu_z w_0 = 1.0 \times (-0.8) \times 1.0 \times 0.35 = -0.28 (\text{kN/m}^2)$$

$$w_k = \beta_z \mu_s \mu_z w_0 = 1.0 \times (-0.5) \times 1.0 \times 0.35 = -0.175 (\text{kN/m}^2)$$

$$q_{2k} = 0.15 \times 0.5 = 0.075 (\text{kN/m})$$

第二段、第三段塑料薄膜上承担的为风吸力，偏于安全计算可不考虑。

风荷载的设计值：　　　$q_2 = \gamma_Q q_{2k} = 1.4 \times 0.075 = 0.105 (\text{kN/m})$

二、内力计算

通过结构力学求解器求解结构最不利内力。结构的最不利内力组合按两种情况考虑，组合一是恒荷载与雪荷载的组合，组合二考虑恒荷载和风荷载的组合。

组合一即恒荷载和雪荷载的组合，通过结构力学求解器得到结构弯矩图和轴力图，如图2−28所示。

组合二即恒荷载和风荷载的组合，通过结构力学求解器得到结构的弯矩图和轴力图，如图2−29所示。

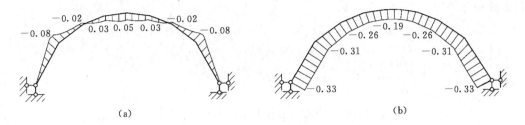

图 2 - 28　组合一内力图（单位：kN·m）

(a) 弯矩图；(b) 轴力图

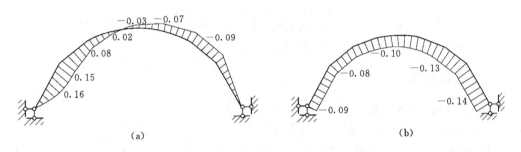

图 2 - 29　组合二内力图（单位：kN·m）

(a) 弯矩图；(b) 轴力图

三、强度计算

通过两种不同的内力组合，塑料大棚结构主要为压弯构件，可分别对两种组合进行强度计算。

组合一截面的最大负弯矩为 0.08kN·m，最大轴力为 -0.33kN（压力），对截面进行强度计算。

结构的最危险截面在距离支座水平距离为 $\dfrac{l}{8}$ 处，弯矩为 -0.08kN·m，轴力为 -0.31kN（压力），对此截面进行强度计算。

$$A_n = \pi R^2 - \pi r^2 = 3.14 \times 12.5^2 - 3.14 \times 11^2 = 110.7 (\text{mm}^2)$$

$$\gamma_x = 1.15$$

$$\alpha = \frac{r}{R} = 0.88$$

$$W_{nx} = \frac{\pi R^3}{4}(1 - \alpha^4) = \frac{3.14 \times 12.5^3}{4} \times (1 - 0.88^4) = 613.7 (\text{mm}^3)$$

最大压应力：$\dfrac{N}{A_n} + \dfrac{M_x}{\gamma_x W_{nx}} = \dfrac{0.31 \times 10^3}{110.7} + \dfrac{0.08 \times 10^6}{1.15 \times 613.7} = 116.1 (\text{MPa}) < f$

最大拉应力：$\dfrac{M_x}{\gamma_x W_{nx}} - \dfrac{N}{A_n} = \dfrac{0.08 \times 10^6}{1.15 \times 613.7} - \dfrac{0.31 \times 10^3}{110.7} = 110.5 (\text{MPa}) < f$

组合二截面的最大正弯矩为 0.16kN·m，最大轴力为 -0.14kN（压力），对截面进行强度计算。

结构的最危险截面在正弯矩为 0.16kN·m，轴力为 -0.09kN 的截面处，对此截面进行强度计算。

$$A_n = \pi R^2 - \pi r^2 = 3.14 \times 12.5^2 - 3.14 \times 11^2 = 110.7(\text{mm}^2)$$

$$\gamma_x = 1.15$$

$$\alpha = \frac{r}{R} = 0.88$$

$$W_{nx} = \frac{\pi R^3}{4}(1 - \alpha^4) = \frac{3.14 \times 12.5^3}{4} \times (1 - 0.88^4) = 613.7(\text{mm}^3)$$

最大压应力：$\dfrac{N}{A_n} + \dfrac{M_x}{\gamma_x W_{nx}} = \dfrac{0.09 \times 10^3}{110.7} + \dfrac{0.16 \times 10^6}{1.15 \times 613.7} = 227.5(\text{MPa}) > f$

最大拉应力：$\dfrac{M_x}{\gamma_x W_{nx}} - \dfrac{N}{A_n} = \dfrac{0.16 \times 10^6}{1.15 \times 613.7} - \dfrac{0.09 \times 10^3}{110.7} = 225.9(\text{MPa}) > f$

此处截面不安全，需要加大截面的尺寸。

五、绘制施工图

（一）了解温室施工图

1. 温室建筑图的表示方法

温室建筑图同房屋建筑图一样，是表示温室内部、外部结构形状及大小的图样，有平面图、立面图、剖面图等，这些图样都是按照正投影原理绘制的。

（1）平面图。平面图就是一栋温室的水平剖视图，即假想用一水平面将温室的通风窗以上的部分剖掉，以下部分的水平投影图就叫平面图。平面图表示温室的平面布局，反映温室各部分的分隔及门窗位置等。

（2）立面图。立面图就是一栋温室的立面投影。从温室的正面由前向后投影得到的是正立面图；从房屋的侧面由左向右（或由右向左）投影得到的是侧立面图；从房屋的背后由后向前投影得到的是背立面图。如果按照房屋的朝向，可分为东立面图、西立面图、南立面图、北立面图。立面图表示温室的外貌，反映温室的高度、门窗位置、屋面形式及墙面做法等内容。

（3）剖面图。剖面图是假想用一正平面（或侧平面）将温室沿垂直方向剖开，切平面后面部分的投影图就叫剖面图。剖面图主要反映温室沿高度方向的情况，如屋面坡度、门窗高度及位置等，同时还可以表达温室的结构形式。

平面图、立面图和剖面图是温室建筑图中最基本的图样，它们之间既有区别，又紧密联系。平面图可以反映温室在水平方向的大小和位置，却无法反映其高度；立面图可以反映温室的外部形状和长、宽、高大小，却无法反映内部构造；而剖面图则仅能反映温室内部高度方向的布置情况。因此，只有通过它们之间的互相配合，才能完整地表达一栋温室从内到外、从水平到垂直方向的全貌。

2. 温室施工图

温室是按照施工图建造的，施工图按工种分类，由温室建筑、结构、给排水、采暖通风、电气等工种的图样组成。一套温室建筑施工图与房屋建筑施工图一样，通常分三大类。

（1）建筑施工图（简称"建施"）。反映温室建筑的内外形状、大小、布局、建筑节点的构造和所用材料等情况。包括总平面图、建筑平面图、建筑立面图、建筑剖面图及构造详图等。

（2）结构施工图（简称"结施"）。反映温室的承重构件（如墙体、梁、柱等）的布置、形状、大小、材料及其构造等情况。包括基础平面图、基础剖面图、结构布置平面图及构件的结构详图等。

（3）设备施工图（简称"设施"）。反映各种设备、管道和线路的布置、走向、安装要求等情况。包括给水、排水、采暖通风、电器照明等设备的平面布置图、系统图及各种详图等。

（二）绘制温室建筑施工图

1. 总平面图

总平面图是用来表示整个建筑基地的总体布局、具体表达新建温室的位置、朝向以及周围环境（如原有建筑物、交通道路、绿化、地形等）的情况。总平面图是新建温室定位、放线以及布置施工现场的依据。

由于总平面图包括地区较大，《国家制图标准》（以下简称《国标》）规定；总平面图的比例应用1：500、1：1000、1：2000来绘制。在实际工程中，由于国土局以及有关单位提供的地形图常为1：500的比例，故总平面图常用1：500的比例绘制。

由于比例较小，故总平面图上的温室、道路、绿化等都用图例表示。

在画有等高线或加上坐标方格网的地形图上，画上原有建筑物和拟建建筑物的外轮廓的水平投影图，即为总平面图。总平面图反映原有和拟建建筑物的平面形状、朝向、相互位置与周围地形、地物的关系。如果再画上围墙、道路及绿化等的水平投影即可成为总规划平面图。

新建温室的朝向与风向，可在图纸的适当位置绘制指北针或风向频率玫瑰图（简称"风玫瑰"）来表示。指北针应按《国标》规定绘制，如图2-30所示，指针方向为北向，用细实线，直径为24mm，指针尾部宽度为3mm。如需用较大直径绘制指北针时，指针尾部宽度宜为直径的1/8。

风向频率玫瑰图在8个或16个方位线上用端点与中心的距离代表当地这一风向在一年中发生次数的多少，粗实线表示全年风向，细虚线范围表示夏季风向。风向由各方位吹向中心，风向线最长者为主导风向，如图2-31所示。

图2-30　指北针

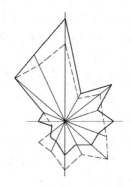

图2-31　风向频率玫瑰

总平面图上的尺寸应标注新建温室的总长、总宽及与周围道路的间距。尺寸以米为单位。图 2-32 为某科技园区总平面图。

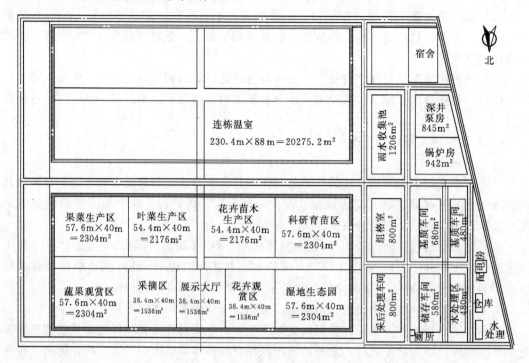

图 2-32 科技园总平面图

2. 建筑平面图

建筑平面图是以表达温室建筑的平面形状与布置，内外交通联系，以及墙、柱、门窗等构配件的位置、尺寸、材料和做法等内容的图样，建筑平面图简称"平面图"。平面图是建筑施工图的主要图纸之一，是施工过程中温室的定位放线、砌墙、设备安装以及编制概预算、备料等的重要依据。

建筑平面图标注的尺寸有外部尺寸和内部尺寸。

（1）外部尺寸。在水平方向和竖直方向各标注三道。最外一道尺寸标注温室水平方向的总长、总宽，称为总尺寸；中间一道尺寸标注温室的开间、进深（跨度），称为轴线尺寸（一般情况下两横墙之间的距离称为"开间"，两纵墙之间的距离称为"进深"）；最里边一道尺寸标注温室外墙的墙段及门窗洞口尺寸，或在局部不对称的部分标注尺寸。

（2）内部尺寸。应标出各温室长、宽方向的净空尺寸、墙厚及与轴线的关系、柱子截面、温室内部门窗等细部尺寸。

（3）标高、门窗编号。平面图中应标注地面标高、温室内及室外地坪等标高。

平面图中，Ⓐ、Ⓑ表示沿宽度方向的轴线编号；①、②、③、…、⑰表示沿长度方向的轴线编号。字母 C 为窗的代号，字母 M 为门的代号。由图 2-33 中所注尺寸可以看出，该温室的跨度为 7.2m，屋面梁间距为 0.91m。

3. 建筑立面图

建筑立面图主要用来表达建筑物的外部造型、门窗位置及形式等部分的材料和做

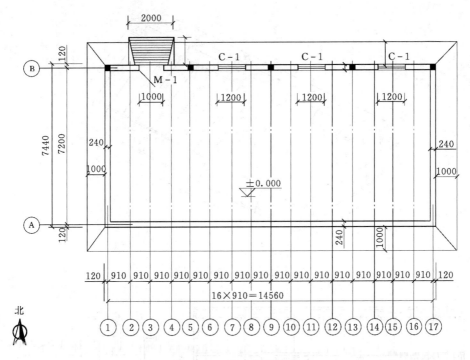

图 2-33　温室的平面图

法等。

建筑立面图的比例与平面图一致，常用 1∶50、1∶100、1∶200 的比例绘制。

建筑立面图的图名，常用以下三种方式命名。

(1) 以建筑墙面的特征命名。常把建筑主要出入口所在墙面的立面图称为正立面图，其余几个立面相应的称为背立面图、侧立面图。

(2) 以建筑各墙面的朝向来命名。如东立面图、西立面图、南立面图、北立面图。

(3) 以建筑两端定位轴线编号命名：如①～⑩立面图，《国标》规定有定位轴线的建筑物，宜根据两端轴线号编注立面图的名称。

建筑立面图的尺寸标注：

(1) 竖直方向。应标注温室的室内外地坪、门窗洞口上下口、台阶顶面等处的标高，并应在竖直方向标注三道尺寸。里边一道尺寸标注房屋的室内外高差、门窗洞口高度等尺寸；中间一道尺寸标注层高尺寸；外边一道尺寸为总高尺寸。

(2) 水平方向。立面图水平方向一般不注尺寸。但需要标出立面图最外两端墙的定位轴线及编号，并在图的下方注写图名、比例。

(3) 其他标注。立面图上可在适当位置用文字标注其装修，也可以不标注在立面图中，以保证立面图的完整美观，而在建筑设计总说明中列出外墙面的装修。

图 2-35 所示为玻璃温室（图 2-34）的南、北、西立面图。由立面图可以看出，温室屋面形式为南北不等边的斜坡屋面，山墙为玻璃山墙，北墙为砖墙，门 M-1 和窗 C-1（图 2-35）安装在北墙上。图中还用标高表示了温室的总高度为 3.700m，室外地坪为-0.300m。还用文字说明了勒脚的装修方法。

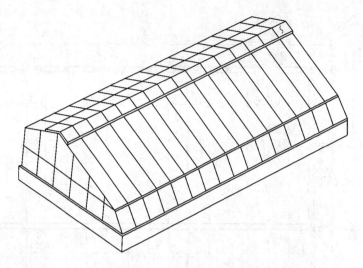

图 2-34　玻璃温室立体图

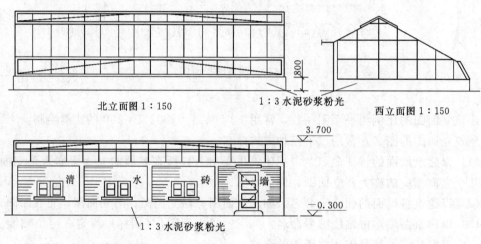

北立面图 1：150

1：3 水泥砂浆粉光

西立面图 1：150

3.700

清　水　砖　墙

1：3 水泥砂浆粉光

-0.300

南立面图 1：150

图 2-35　玻璃温室立面图

4. 建筑剖面图

温室剖面图主要用来表达温室内部的结构形式、门窗高、温室总高等。

剖面图的剖切位置标注在温室平面图上。剖面图的剖切位置应根据图纸的用途或设计深度，在平面图上选择能反映温室建筑的全貌、构造特征以及有代表性的部位剖切。如图 2-33 平面图中的剖切位置表示。

剖面图的剖视方向：平面图上剖切符号的剖视方向宜向左、向上。看剖面图应与平面图结合并对照立面图一起看。

剖面图的比例常与同一建筑物的平面图、立面图的比例一致，即采用 1：50、1：100 和 1：200 绘制。

剖面图的线型按《国标》规定，凡是剖到的墙、板、梁等构件的剖切线用粗实线表示，而没剖到的其他构件的投影线，则常用细实线表示。

剖面图的标注：

（1）竖直方向。图形外部标注室内外地坪、门窗等部位的标高。

（2）水平方向。常标注剖到的墙、柱及剖面图两端的轴线编号及轴线间距，并在图的下方注写图名和比例。

（3）其他标注。由于剖面图比例较小，某些部位不能详细表达，可在剖面图上的该部位处，画上详图索引标志，另用详图来表示其细部构造尺寸。

如图 2-36 所示为温室的 1-1 剖面图。图中清楚地反映了从地面到屋面的内部构造和结构形式，如屋面结构形式、各部分之间的位置和高度等。

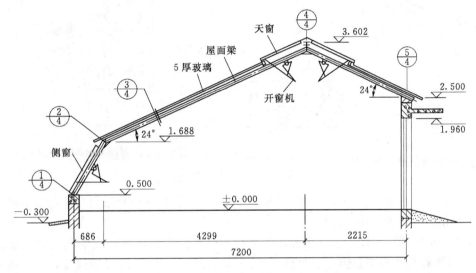

1-1 剖面图 1:50

图 2-36 温室的 1-1 剖面图

以上温室的总平面图及平面图、立面图和剖面图，都是建筑物全局性的图纸。这些图中，图示的准确性是很重要的，应力求贯彻国家制图标准，严格按制图标准规定绘制图样。尺寸标注也是非常重要的，应力求准确、完整、清楚，并弄清各种尺寸的含义。

5. 建筑详图

温室建筑物的平、立、剖面图都是用较小的比例绘制的，主要表达建筑全局性的内容，但对于温室细部或构、配件的形状、构造关系等无法表达清楚。因此，在实际工作中，为详细表达温室建筑节点及建筑构、配件的形状、材料、尺寸及做法，而用较大的比例画出的图形称为建筑详图或大样图，见图 2-37 所示。

（1）详图的比例。国家制图标准规定：详图的比例宜用 1:1、1:2、1:5、1:10、1:20、1:50 绘制，必要时也可选用 1:3、1:4、1:25、1:30、1:40 等。

（2）详图的数量。一套温室施工图中，详图的数量视工程的大小及难易程度来决定。

（3）详图标志及详图索引标志。为了便于看图，常采用详图标志和详图索引标志。详图标志（又称详图符号）画在详图的下方，详图索引标志（又称索引符号）则表示建筑平

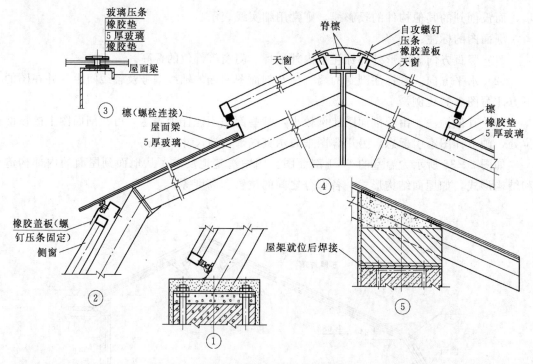

图 2-37 建筑详图

面图、立面图、剖面图中某个部位需另画详图表示，故详图索引标志是标注在需要画出详图的位置附近，并用引出线引出。

图 2-38 为详图索引标志，其水平直径线及符号圆圈均以细实线绘制，圆的直径为 10mm，水平直径线将圆分为上下两半［图 2-38（a）］，上方注写详图编号，下方注写详图所在图纸编号［图 2-38（c）］，如详图绘在本张图纸上，则仅用细实线在索引标志的下半圆内画一段水平细实线即可［图 2-38（b）］，如索引的详图是采用标准图，应在索引标志水平直径的延长线上加注标准图集的编号［图 2-38（d）］。索引标志的引出线宜采用水平方向的直线与水平方向成 30°、45°、60°、90°角的直线，或经上述角度再折为水平的折线。文字说明宜注写在引出线横线的上方，引出线应对准索引符号的圆心。

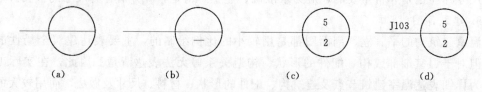

图 2-38 详图索引标志

图 2-39 为用于索引剖面详图的索引标志。应在被剖切的部位绘制剖切位置线，并以引出线引出索引标志，引出线所在的一侧应视为剖视方向，如图 2-39（a）～（d）所示。图中的粗实线为剖切位置线，表示该图为剖面图，如详图为断面图，则应在图形两侧加画剖切位置线。

详图的位置和编号，应以详图符号（详图标志）表示。详图标志应以粗实线绘制，直

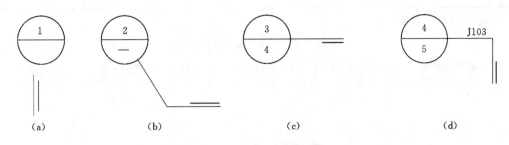

图 2-39　用于索引剖面详图的索引标志

径为 14mm。详图与被索引的图样同在一张图纸内时，应在详图标志内用阿拉伯数字注明详图的编号。详图与被索引的图样，如不在同一张图纸内时，也可以用细实线在详图标志内画一水平直径，上半圆中注明详图编号，下半圆内注明被索引图纸的图纸编号。

建筑详图（简称详图）主要用以表达建筑物的细部构造、节点连接形式以及构件、配件的形状大小、材料、做法等。详图要用较大比例绘制，尺寸标注要准确齐全，文字说明要详细。

为方便施工时查阅详图，在平面图、立面图、剖面图中，常常用索引标志符号注明已画出详图的位置、详图的编号以及详图所在的图纸编号，这种表示方法称为详图索引标志。

六、完成设计书

撰写塑料大棚设计方案，通常应包括封面、目录、正文三部分。

封面和目录应分页撰写，其中封面中应写清设计单位和设计时间。正文中应写清该塑料大棚的设计依据、工程概况、采用的性能指标和规格尺寸、采用的骨架结构、覆盖材料、配套的各种系统等。

下面是某设施工程公司关于某一塑料大棚的设计方案，供参考。

第一部分：封面

拱形育苗塑料大棚设计方案

设计单位：×××
设计时间：××××年××月

第二部分：目录

目　　录

第三部分：正文

本方案设计依据：根据业主的具体要求，依照中华人民共和国行业标准《温室建设标准》而设计。

一、设计依据

1. 业主要求

2. 《工程测量规范》（GB 50026—93）

3. 《建筑地面工程施工质量验收统一标准》（GB 50209—2002）

4. 《建筑工程施工质量验收统一标准》（GB 5030—2001）

5. 《日光温室建设标准》（QB/WB 01—2008）

6. 《钢筋焊接及验收标准》（JGJ 18—96）

7. 本单位资源状况及类似工程项目的施工与管理经验

二、工程概况

工程名称：拱形育苗塑料大棚建设工程

结构类型：热镀锌钢管组装式（见后附图纸）

规　　格：跨度 8m，肩高 2.0m，脊高 3.8m。

本大棚设计 8m 跨度，长度根据地形布置，温室主体采用热镀锌钢材，用连接件紧密连接，抗风压、抗雪压，并具有较高的吊挂载荷。热镀锌钢材耐腐蚀、抗锈蚀，使用寿命长，该大棚覆盖材料选用国产农用华盾三防塑料膜，抗 UV、防雾滴、隔热保温性能良好。两侧面加装手动卷膜通风系统，通风口加装防虫网。外观设计高档美观，使用方便，如图 2-40 所示。

图 2-40　拱形育苗塑料大棚

三、性能指标

1. 风载：0.15kN/m²

2. 雪载：0.15kN/m²

3. 吊挂载荷：6kg/m²

四、钢结构系统

本方案拱形育苗大棚钢拱架设计全为热镀锌钢管组装式拱架。

1. 底座：底座为 40cm×60cm 矩形管，在宽面焊接 6 分热镀锌钢管，长度 25cm，作为拱架连接件，底座每隔 10m 左右固定一个地锚。

2. 钢拱架材料规格：

（1）钢拱架为单拱架，规格为 1 寸×2.0mm 的热镀锌钢管；

（2）端面立柱、端面横杆全为 1 寸×2.0mm 的热镀锌钢管；

（3）檩条（纵拉杆）为 5 道 4 分×2.0mm 的热镀锌钢管；

（4）纵向固定 6 道热镀锌卡槽，端面卡槽如图 2-41 所示；

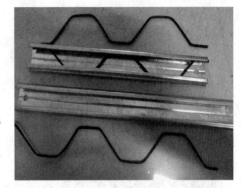

图 2-41　卡槽示意

（5）底座为 40cm×60cm 矩管安装。

3. 安装方式：每 1.2m 一副热镀锌单管钢拱架，5 道 4 分檩条，用专用连接件配自攻钉安装，两侧面加拉斜支撑，将所有钢拱架连为一体，形成一个整体网架结构，结构牢固，承载力强。

五、覆盖材料

本方案覆盖材料设计采用国产聚乙烯长寿无滴塑料薄膜＋尼龙防虫网，用卡槽、卡簧安装。

材料及规格如下：

（1）塑料薄膜厚度：0.1mm；

（2）卡槽：热镀锌，0.65mm 厚，纵向 6 道，两端面按图纸线条计算；

（3）卡簧：$\phi2.0$mm 钢丝，浸塑；

（4）副配材料有：压膜线（间距 1.2m）、固膜卡箍。

卷膜器

防虫网

图 2-42　卷膜通风系统

六、卷膜通风系统

本方案设计在两侧面处采用手动卷膜通风，底部设 20cm 高防风带；两侧面通风窗规格为：长度 50m、宽度 1.5m，安装防虫网；可达到空气对流畅通，从而调节室内温度及湿度，并能有效地保证棚内种植物不被虫害，如图 2-42 所示。

七、外遮阳系统

为高效方便使用大棚，设计在大棚的顶部固定安装国产优质黑色遮阳网，遮阳网通过手摇卷膜器移动，在冬季时将遮阳网通过手摇卷膜器卷起停放在大棚顶部，以便采光。夏季高温时将遮阳网放下来,以便大棚遮阳降温,由于遮阳网是网状,遮阳网的下面有侧通风系统,这样在夏季大棚又能遮阳又能通风降温,达到空气对流畅通,从而调节室内温度及湿度,并能有效地保证棚内种植物不被虫害,达到大棚内花卉的生长要求和环境,见图2-43。

图2-43 外遮阳系统

图2-44 上喷灌系统

八、上喷灌系统

由于大棚用作育苗,所以采用了上喷灌(雾喷系统),见图2-44。每个喷头的喷射直径为2.5m左右,由于高压及折射的原理把水流雾化,既可用做灌溉,又可在夏季起到降温加湿作用;喷头采用上海华维优质雾化喷头。

九、平开门设计

本方案设计在北端面安装平开门一套,材料及规格如下:

(1)材料:平开门采用30mm×30mm的热镀锌矩管制作。

(2)规格:高度2.0m,宽度2.0m。

以上设计采纳了各地大棚改进中的优点,并结合我公司多年来的设计经验,完全能够从美观、实用、保温、质量等方面达到业主的使用要求。

设计单位:×××

××××年××月

附：塑料大棚设计图

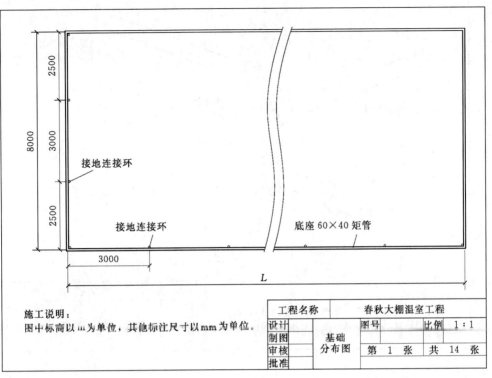

施工说明：
图中标高以 m 为单位，其他标注尺寸以 mm 为单位。

工程名称		春秋大棚温室工程		
设计	基础 分布图	图号	比例	1：1
制图				
审核		第 1 张	共 14	张
批准				

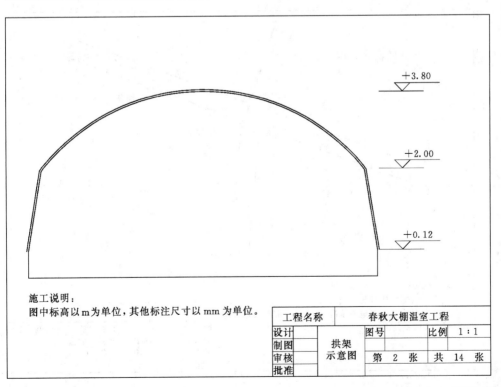

施工说明：
图中标高以 m 为单位，其他标注尺寸以 mm 为单位。

工程名称		春秋大棚温室工程		
设计	拱架 示意图	图号	比例	1：1
制图				
审核		第 2 张	共 14	张
批准				

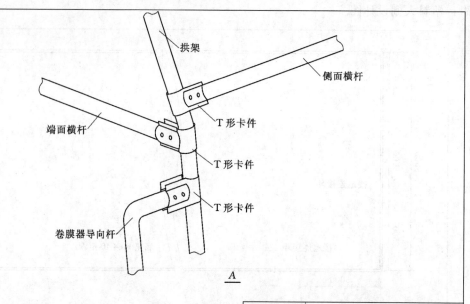

A

施工说明:
1. 图中为南端面，横管、侧面横管与拱架连接图。
2. 安装时注意，与地面基准±0.00的水平误差不超过5mm。

工程名称		春秋大棚温室工程			
设计		局部视图	图号	结-8	比例	1:1
制图			图别	结施	
审核			第 3 张		共 14 张
批准					

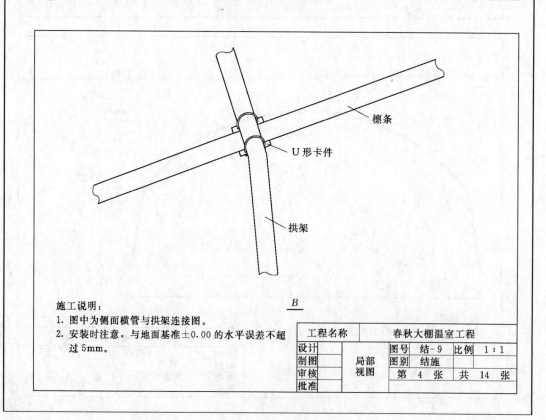

B

施工说明:
1. 图中为侧面横管与拱架连接图。
2. 安装时注意，与地面基准±0.00的水平误差不超过5mm。

工程名称		春秋大棚温室工程			
设计		局部视图	图号	结-9	比例	1:1
制图			图别	结施	
审核			第 4 张		共 14 张
批准					

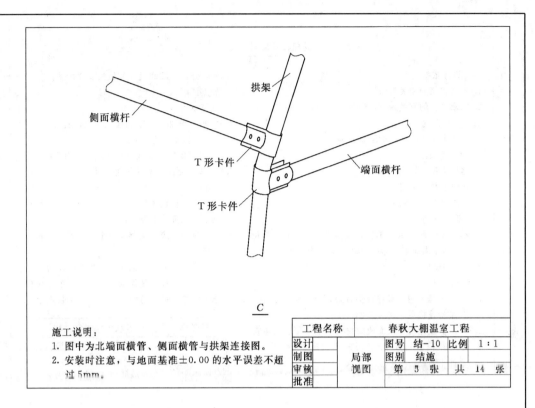

C

施工说明：
1. 图中为北端面横管、侧面横管与拱架连接图。
2. 安装时注意，与地面基准±0.00 的水平误差不超过 5mm。

工程名称		春秋大棚温室工程			
设计			图号	结-10	比例　1:1
制图		局部	图别	结施	
审核		视图	第　5　张		共　14　张
批准					

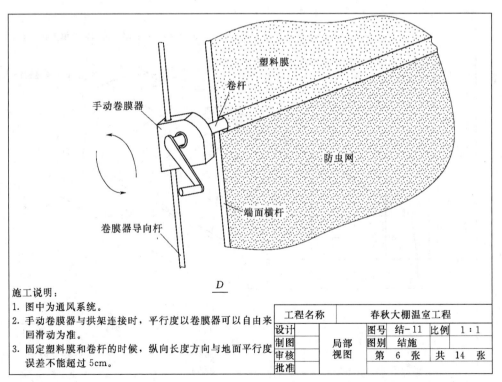

D

施工说明：
1. 图中为通风系统。
2. 手动卷膜器与拱架连接时，平行度以卷膜器可以自由来回滑动为准。
3. 固定塑料膜和卷杆的时候，纵向长度方向与地面平行度误差不能超过 5cm。

工程名称		春秋大棚温室工程			
设计			图号	结-11	比例　1:1
制图		局部	图别	结施	
审核		视图	第　6　张		共　14　张
批准					

建筑设计说明

一、设计依据

1. 甲方提供的相关资料。
2. 国家现行的有关建筑设计规范、规程和规定。

二、工程概况

1. 工程名称：春秋大棚温室工程
2. 轴线面积：8Lm²
3. 结构类型：车L钢结构
4. 建筑层数：单层
5. 建筑高度：3.80m

三、设计标高

1. 本工程标高以 m 为单位，其他尺寸以 mm 为单位。
2. 本工程室内地面标高为±0.00m，室内外高差 0.0m。

四、工程做法

1. 骨架及覆盖
   1.1 本工程采用热镀锌轻钢骨架，±0.00 以上钢结构连接见结构施工图。
   1.2 屋面及侧面、端面覆盖材料为国产华盾三防膜。
2. 门：平开门一套，由 30×30 热镀锌方管加工而成。

3. 外装修：外装修设计和做法见立面图及节点详图。

4. 建筑设备
   4.1 温室侧部设手动侧通风系统，通风口加装 32 目防虫网。
   4.2 温室配置有滴灌节水系统、遮阳系统。
   4.3 其他设备详见设备施工图。

五、其他

1. 施工应严格按图施工，预埋件及洞口应及时预留并保证位置及标高的准确性。
2. 施工过程中应尽量避免对钢结构镀锌层的破坏。
3. 施工过程中还应时刻注意现场的防火问题。
4. 施工过程中如有疑问请及时与设计单位联系。
5. 施工中应严格执行国家施工质量验收规范。

工程名称		春秋大棚温室工程		
设计			图号 结-1	比例 1:1
制图	建筑	图别 结施	
审核	设计说明	第 7 张	共 14 张	
批准				

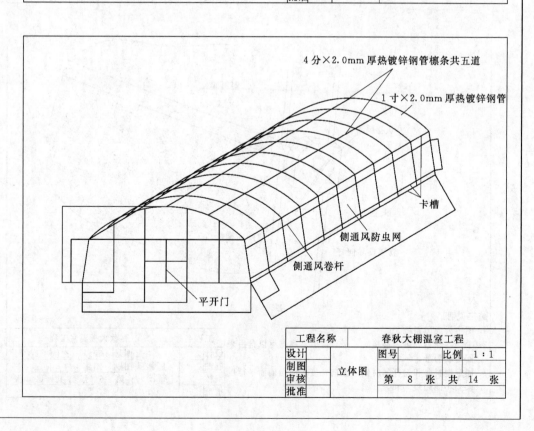

4分×2.0mm厚热镀锌钢管檩条共五道

1寸×2.0mm厚热镀锌钢管

卡槽

侧通风防虫网

侧通风卷杆

平开门

工程名称		春秋大棚温室工程		
设计		图号	比例 1:1	
制图	立体图			
审核		第 8 张	共 14 张	
批准				

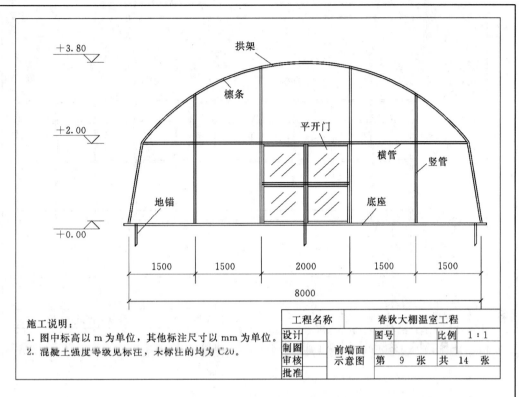

拱架

檩条

+2.00

平开门

横管

竖管

地锚

底座

+0.00

| 1500 | 1500 | 2000 | 1500 | 1500 |

8000

施工说明：
1. 图中标高以 m 为单位，其他标注尺寸以 mm 为单位。
2. 混凝土强度等级见标注，未标注的均为 C20。

工程名称		春秋大棚温室工程		
设计		前端面示意图	图号		比例 1:1
制图					
审核			第 9 张		共 14 张
批准					

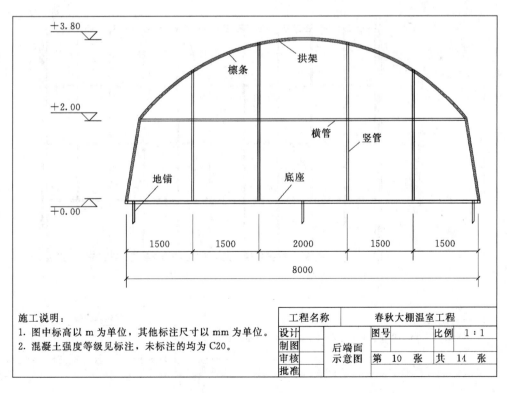

+3.80

檩条

拱架

+2.00

横管

竖管

地锚

底座

+0.00

| 1500 | 1500 | 2000 | 1500 | 1500 |

8000

施工说明：
1. 图中标高以 m 为单位，其他标注尺寸以 mm 为单位。
2. 混凝土强度等级见标注，未标注的均为 C20。

工程名称		春秋大棚温室工程		
设计		后端面示意图	图号		比例 1:1
制图					
审核			第 10 张		共 14 张
批准					

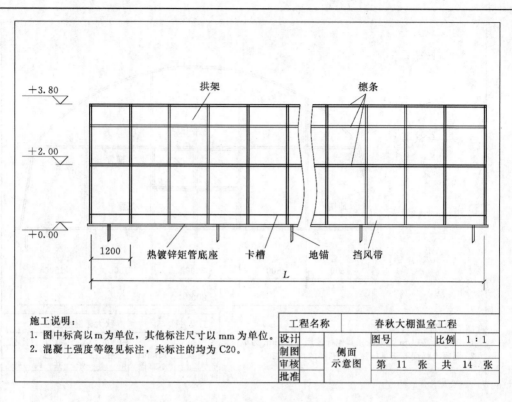

施工说明:
1. 图中标高以 m 为单位,其他标注尺寸以 mm 为单位。
2. 混凝土强度等级见标注,未标注的均为 C20。

工程名称		春秋大棚温室工程		
设计	侧面 示意图	图号		比例　1:1
制图				
审核		第　11　张		共　14　张
批准				

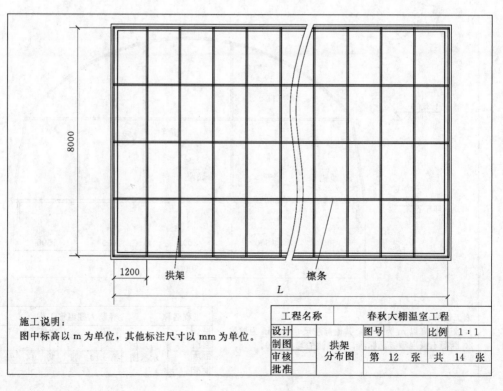

施工说明:
图中标高以 m 为单位,其他标注尺寸以 mm 为单位。

工程名称		春秋大棚温室工程		
设计	拱架 分布图	图号		比例　1:1
制图				
审核		第　12　张		共　14　张
批准				

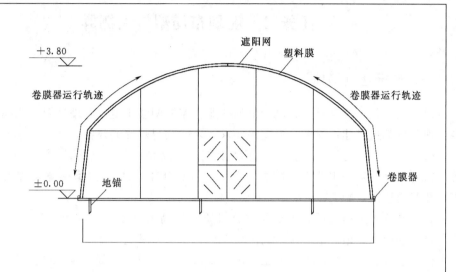

施工说明：
图中标高以 m 为单位，其他标注尺寸以 mm 为单位。

工程名称	春秋大棚温室工程			
设计	顶部安装示意图	图号		比例 1:1
制图				
审核		第 13 张		共 14 张
批准				

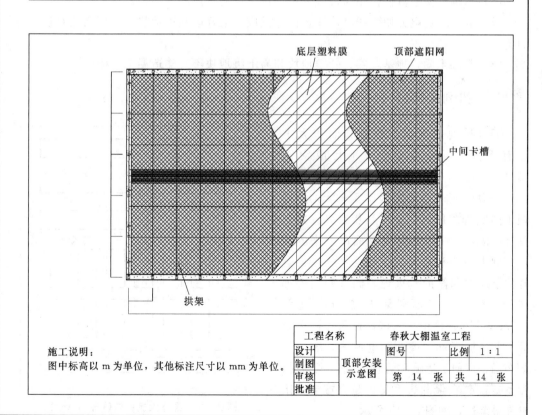

施工说明：
图中标高以 m 为单位，其他标注尺寸以 mm 为单位。

工程名称	春秋大棚温室工程			
设计	顶部安装示意图	图号		比例 1:1
制图				
审核		第 14 张		共 14 张
批准				

任务二 规划布局塑料大棚群

一、选择适宜场地

设施生产是一项高投入、高产出的事业，需要调整土地，合理规划，选择的地方必须各方面条件都适合建造大棚、温室的要求，才能获得较好的效益。

(1) 光照：设施生产主要靠太阳辐射能，其既是光源，又是热源，因此必须阳光充足。需要选择开阔平坦的矩形块地，或坡度小于 10°的阳坡。温室南侧没有山峰、树林或高大建筑物遮阴。

(2) 土壤：土质肥沃、土层厚，有机质含量高的壤土、沙壤土，且地下水位低的地块。地下水位高，地温上不来，高温易发病，土壤易发生次生盐渍化。

(3) 水源：设施生产需要人工灌溉，要求靠近水源，水量丰富，水质好。

(4) 风：园艺设施属轻型结构，不抗强风，避免在风口地带建造，四周设置防风用风障，主要考虑当地季风风向。

(5) 污染：上风头或水源上游避免有污染源，如水泥厂、造纸厂、制砖厂等，并且近期也不会出现较大的污染源。

(6) 运输：交通方便，距居民区、市场近，以便于产品的销售。

(7) 能源：进电方便，线路简捷，保障供应。最好能利用地热、工厂余热对设施进行加温。

(8) 基础牢固，地基坚实：新填地块和易下沉地块不宜建造温室大棚。

二、排列大棚群

棚群排列因地形、地势和面积大小而有不同。可采取对称、平行或交错排列。

一般两棚东西侧距为 1.5～2m，这样便于揭底脚膜放风，避免互相遮光。并挖好排水沟，以便及时排除棚面流下来的雨水。棚头与棚头之间的距离为 3～4m，这样便于运输和修灌水渠道。棚群四周要加风障，东南西三面风障距棚 2m、北侧1.5m。进风面要稍高一些，背风方向可以矮一些。棚群和温室、阳畦配套，统一规划布局，以便于运输和管理。统一规划时，温室要配置在最北边，其次是大棚群，阳畦在最南边，如图 2-45 所示。

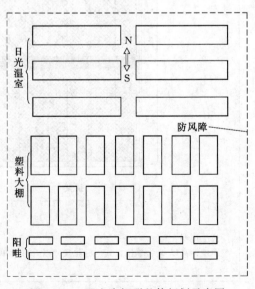

图 2-45 温室大棚群整体规划示意图

任务三　施工建造塑料大棚

一、施工程序及工艺

塑料大棚施工的主要程序有：选址→施工放线→基础准备→棚体施工→薄膜覆盖。

（一）选址

塑料大棚选址应满足以下条件。

（1）地势平坦，土层深厚、地下水位低。

（2）东、南、西三面30m内无高大遮阴物，且避开风口处。

（3）灌水、排水方便。

（4）交通与电力便捷。

（二）施工放线

在选好的场址上平整地面，按规划位置进行平面放线，按照设计好的大棚长、宽尺寸确定大棚的4个角，利用勾股定理使4个角均成直角后打下定位桩，在定位桩之间拉好定位线，并沿线确定拱架的插入地点，用石灰表示。同一拱架两侧的插入地点应对称，以保持拱架的整齐度。

（三）基础准备

两边开侧沟，沟底应夯实，沟底平面应与地面平行，沟的侧面也应调直。钢结构大棚地面基础垫墩宜用水泥制的独立基础，垫墩在安装前预制，宜用梯形垫墩。梯形墩高度为50cm，上端15cm×15cm，下端30cm×30cm。在垫墩中间设预埋件，用螺丝固定或直接焊接。装配式镀锌钢管大棚在沟底和外侧垫砖，垫砖后仍要保持平直，亦可在拱架的根部浇灌混凝土，待干后填土夯实。

（四）棚体施工

1. 装配式镀锌钢管大棚骨架施工

（1）安装棚头时将拱管与立柱埋入预设位置，按设计图纸调整高度和弧度后紧固。

（2）安装拱管时在棚纵向定位线上按确定的拱间距标出安装孔，两侧的安装孔的位置应对称，用同拱管管径相同的钢钎在安装孔位置打出所需深度的安装孔，地质硬的地方要稍微向内倾斜。标出每根钢管的入土深度，使安装记号与地表水平线相平。把拱管插入安装孔内，再用顶接管将相对的两根拱管连接好。

（3）安装纵向拉杆及卡槽时，用钢丝夹将纵向拉杆与拱管在接管处连接好，再进行拱管调整，使拱管肩部处于同一直线上，纵向拉杆依次连接好后，把其调直，安装卡槽及其他卡件。

（4）安装棚门时，在棚头把规定规格的门安装在门框内。安装完成后，门框应平整，开关应方便，关闭应严密。

2. 竹木结构大棚骨架施工

（1）定位放样。按照大棚宽度和长度确定大棚4个角，使4个角均成直角后打下定位桩，在定位桩之间拉好定位线，把地基铲平夯实，最好用水平仪矫正，使地基在一个平面上，以保持拱架的整齐度。

（2）搭拱架。按拱杆间距（圆竹结构 50cm，竹木结构 60～80cm）将作拱架的竹竿或竹片依次垂直插入土中（竹竿粗头朝下），入土深度 40cm。入土部分要涂沥青防腐，另一侧按同样方法对应插好，然后弯成弧形，对接用绳绑结实成拱架。

（3）插立柱。圆竹结构大棚一般不设立柱。竹木结构大棚多用木杆做立柱。立柱小头直径为 5～6cm，在立柱顶端向下 30cm 处打孔，以备固定拉杆用。8m 宽的棚通常设 3 道立柱，两边立柱距棚边 1m。先插中央立柱，后插边柱，每道立柱高度要一致，立柱入土深度 40～50cm，入土部分同样涂上沥青。大棚的两端，将立柱和拱架固定在一起。门设立在中间，宽约 0.8m，高约 1.8m。立柱时应预先留出门的位置。

（4）联结拉杆。取作为拉杆的木杆或竹竿，沿棚长方向联结拱杆，并与立柱牢固结合，对称安装了 3～5 道纵向拉杆。

（5）埋地锚。地锚是用来固定压膜线的，可用木杆或竹扞，埋入地下 50cm 并夯实，位置设在大棚两侧每两条拱杆中间。

（五）覆膜施工

1. 一整块覆膜

用一整块黏接好的薄膜盖在大棚上。这种覆盖方法比较省膜、省事，但以后通风时只能采用在薄膜上挖洞的方法。这样做不仅麻烦，而且通风量较小，不方便，同时薄膜还容易坏。

2. 三大块覆膜

即将棚膜预先黏接成 3 块，棚两侧一边一小块，宽度 1～1.5m，棚顶部为一大块。两侧的叫围裙膜，顶部的称为顶膜。

顶膜与围裙膜相交处要顶膜边缘在上、围裙膜边缘在下，相互搭叠约 30cm，顶膜两侧和围裙膜的上侧要烙出一条宽 3～4cm 的筒缝，顺筒缝穿入一条 0.5～1.0cm 粗的麻绳，将麻绳拉紧，固在大棚两端。顶膜及围裙膜固定好之后，再用压膜线压紧，以后就可以在两侧的搭缝处扒缝通风。

3. "四大块"覆膜

"四大块"扣棚盖膜法与"三大块"盖膜法相似，不同之处是顶膜由一块改为两块，这两块顶膜也相互搭叠 30～40cm，扣在棚顶部。这样，将来除了可在围裙处扒缝通风外，还可以在棚顶部扒一条缝通风。"四大块"扣棚法较"三大块"扣棚法的好处是增加了顶风通风道，可增强通风效果，排湿降温效果良好。

（六）其他

压膜线：扣上塑料薄膜后，在两根拱杆之间放一根压膜线，压在薄膜上，使塑料薄膜绷平压紧，不能松动。位置可稍低于拱杆，使棚面成互垄状，以利排水和抗风，压膜线用专门用来压膜的塑料带。压膜线两端应绑好横木埋实在土中，也可固定在大棚两侧的地锚上。

二、验收

温室（含塑料大棚）在交付使用之前须进行质量验收，先进行各分项系统验收，再进行总体验收。验收完毕，形成验收报告。

（一）温室工程质量验收使用标准

温室工程验收时参照《温室工程质量验收通则》（NY/T 1420—2007）。该标准中引用了以下规范：

《建筑给水排水及采暖工程施工质量验收规范》（GB 50242—2002）；

《建筑工程施工质量验收统一标准》（GB 50300—2013）；

《建筑电气工程施工质量验收规范》（GB 50303—2015）；

《温室地基基础设计、施工与验收技术规范》（NY/T 1145—2006）；

《日光温室和塑料大棚结构与性能要求》（JB/T 10594—2006）；

《日光温室使用技术条件》（NY/T 610—2002）。

（二）温室工程质量验收的内容与组织

1. 质量验收的内容

温室工程质量验收包括施工（安装）质量验收和运行性能验收两部分。

温室工程施工（安装）质量验收先按分部、分项工程进行，各分部、分项工程验收合格后，再组织施工（安装）质量整体竣工验收。工程竣工验收的内容包括审查各分部质量验收文件、竣工验收文件、现场抽检主要分部工程质量、工程整体观感质量检验、主要设备和传动机构与电气控制的联合试运转等。竣工验收合格后，施工单位方可将温室交付建设单位进行试运行，试运行期限为一年。运行性能验收应在温室试运行期间完成，包括采光性能、保温（密闭）性能、通风降温性能、加温性能、防水性能等。

2. 施工（安装）质量验收组织

（1）分项工程验收应由监理工程师（或建设单位项目技术负责人）组织，施工单位项目专业质量（技术）负责人、质量检查员、专业工长参加。

（2）分部工程验收应由总监理师（或建设单位项目负责人）组织，施工单位项目负责人和技术、质量负责人等参加；地基与基础、主体结构分部工程的勘察、设计单位工程项目专业负责人和施工单位技术、质量部门负责人也应参加相关分部工程验收。

（3）分部（分项）工程施工（安装）完成后，施工单位应自行组织有关人员进行评定，并向建设单位提交工程竣工验收申请报告。

（4）建设单位收到工程竣工验收申请报告后，应由建设单位（项目）负责人组织工程竣工验收，施工单位（含分包单位）、设计、监理等单位（项目）负责人参加。

3. 运行性能验收组织

温室大棚的运行性能应满足《日光温室和塑料大棚结构与性能要求》（GB/T 19165—2003）和《温室地基基础设计、施工与验收规范》（NY/T 610—2002）的要求。

（1）温室工程运行性能验收应由建设单位负责组织，并应委托有资质的相关质量检测单位进行检测和质量评定。

（2）温室运行性能检测可以是规定的一定时期，也可以是现场实时检测，一般温室的加温和保温性能检测应在温室运行的最冷月进行，降温性能检测应在温室运行的最热月进行，但检测的具体时间应事先约定。

（3）温室运行性能检测不合格时，建设单位应组织检测单位、施工单位、设计单位和

设备供应商共同分析不合格的原因，提出修改和弥补方案，对温室工程进行整改，并提出性能质量检测分析和整改报告。

（4）与温室运行性能相关的任何单位如对检测结果有异议时，建设单位可要求质量检测单位进行复检，检测结果如果维持先期检测结论，则为最终检测结果，否则，建设单位可另行委托其他检测单位检测或请更具有权威的检测机构进行检测和仲裁。

（5）温室运行性能检测完成后，检测单位应向建设单位提交检测报告。

（6）在规定时间内温室运行性能验收合格，温室工程方视为合格。

课 后 实 训

一、设计塑料大棚

（一）目的要求

能正确选择棚址，合理确定大棚的面积、长度、跨度、高度、高跨比等参数；掌握棚型设计方法，能粗略计算出建材用量和成本。

（二）材料用具

铅笔、直尺、计算器、设计图纸等。

（三）训练内容

1. 布置任务

请设计1栋适合当地园艺植物（果树、蔬菜、花卉均可）生产使用的钢架结构塑料大棚，并编制用料表，计算原材料成本。

2. 方法步骤

（1）考察棚址：在教师组织下到实训基地或周边农村，考察适合建棚的场地，拟选定一块场地，并说明理由。

（2）大棚设计参数的确定：根据所学知识和当地生产的实际情况，确定大棚的占地面积、高度、跨度、长度、高跨比等参数，设计出合理的大棚棚形，并绘制设计图纸（包括立面图、剖面图和平面图）。

（3）编制材料表，计算材料成本：根据所设计的大棚，编制用量表，力求详尽、准确。并调查材料市场价格，估算材料成本。

（4）点评设计成果：选5～10名学生展示自己的设计图纸和用料表，由教师和其他同学进行提问和点评。

（四）课后作业

根据课堂点评结果，修改设计图纸和材料表。

（五）考核标准

（1）选址合理，理由充分。（10分）

（2）各项设计参数均合理。（20分）

（3）材料准备细致，用量和估价准确。（20分）

（4）讲解流畅，答辩得当。（20分）

（5）完成设计图纸和用料表的修改。（30分）

二、设计安装电热温床

（一）目的要求

熟悉电热温床的设计方法和工作原理；能够独立设计制作和安装电热温床；熟练掌握自动控温仪和电热线的连接方法，会使用和连接交流接触器。

（二）材料用具

电热线、自动控温仪、交流接触器、电源、配电盘、电工工具；营养土、细沙、常用农具等。

（三）训练内容

1. 布置工作任务

现需要 $20m^2$ 的育苗温床，于早春季节培育黄瓜苗，请根据所学知识和提供的电加热设备设计安装电热温床。

2. 实施步骤

（1）设计苗床选定功率密度，计算总功率：熟悉各种电加热设备的功能，参照说明书进一步了解各种电加热设备的技术参数和正确使用方法；选择所需电加热线型号和数量；进行布线计算，确定 1 根电热线铺设的苗床面积、布线行数和布线间距。

（2）做苗床：温室或大棚中设置电热温床，应选择光照、温度最佳部位。根据计算所得苗床面积，温室在中柱前做东西延长的床，大棚在中间部位做苗床，延长方向与大棚延长方向一致。苗床不要做得太宽，以便于扣小拱棚。床面低于畦埂 10cm，要求床面平整，无坚硬的土块或碎石。

（3）布线：布线前，先在温床两头按计算好的距离钉上长 25cm 左右的小木棍，地面上留 5cm 左右挂线。布线一般由 3 人共同操作，一人持线往返于温床的两端放线，其余两人各在温床的一端将电热线绕在木棍上，注意拉紧调整距离，防止电热线松动、交叉或打结（图 2 - 46）。为使苗床内温度均匀，苗床两侧布线距离应略小于中间。电热线要紧贴地面，线的两端最后在同一侧，以便于连接其他电加热设备，还应将电热线与外接导线的接头埋入土中。

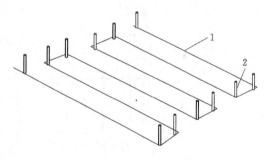

图 2 - 46　电热线绕线示意图
1—电热线；2—小木棍

（4）连接自动控温仪、交流接触器等：连接顺序为：电源→控温仪→交流接触器→电热线。

1）功率<2000W（10A 以下）可采用单相接法，直接接入电源或加控温仪，如图 2 - 47 （a）所示。

2）功率>2000W（10A 以上）采用单相加接触器和控温仪的接法，并装置配电盘（箱），如图 2 - 47 （b）所示。

3）功率电压较大时可用 380V 电源，并选用与负载电压相符的交流接触器。为了保持电压宜采用三相四线法。连接时应注意 3 根火线与电热线均匀匹配，如图 2 - 47 （c）所示。

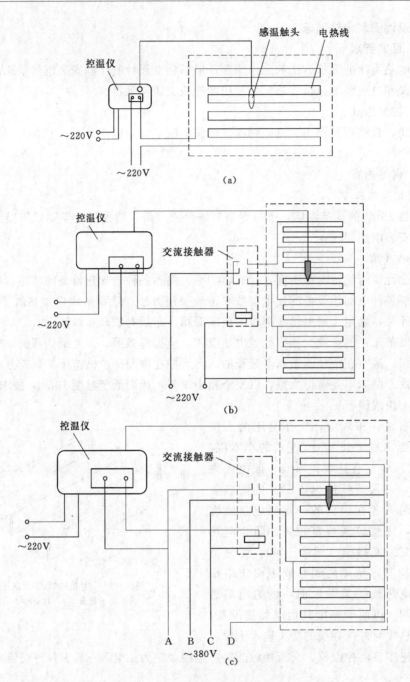

图 2-47 电热温床布线示意图

(a) 单相加控温仪接线；(b) 单相加控温仪和交流接触器接线；

(c) 三相四线接线法

(5) 通电测试整床电热线布设完毕，通电后各设备正常工作后再断电，准备铺床土。

(6) 铺床土：电热线铺好后，根据用途不同，上面铺床土的厚度也不同。如用作播种床，铺 5cm 厚的床土；移植床，铺 10cm 厚床土；育苗盘或营养钵直接摆在电热线上。上面扣小拱棚，夜间可加盖草苫、纸被保温，保温效果更好。

（四）课后作业

现有一根长 100m，额定功率为 1000W 的电热线，设定功率为 100W/m²，计算其可铺设的苗床面积，设苗床宽度为 1.0m，计算出布线行数及布线间距，并绘出线路连接图。

（五）考核标准

（1）正确选定功率密度，并计算出相关数据。（20分）

（2）苗床的长度、宽度、深度和隔热层厚度符合要求。（20分）

（3）布线动作迅速，且符合要求。（20分）

（4）正确连接控温仪、交流接触器等电加热设备。（20分）

（5）按时完成作业，且答案正确。（20分）

项目三　日　光　温　室　建　设

项目介绍

  该项目是本课程学习的重点内容。这一项目主要介绍建设日光温室的程序、方法和技术。学生学习后，能够根据实际需求，选择合适的日光温室类型；能够进行日光温室的采光设计、保温设计、结构计算和结构设计、基础设计；能够初步完成造价计算和整套设计书；能够简单进行日光温室群的规划设计；能够知道施工建造日光温室的程序和工艺。

案例导入

  榆林某一地区经前期可行性分析，确定在当地大面积发展冬季反季节绿色蔬菜生产，因此需要建设一个日光温室群，现向社会公开招标。

项目分析

  作为一个公司，要承接一项日光温室群的建设任务，首先要根据实际情况，进行日光温室群的规划、日光温室的选型，再进行日光温室的设计，绘制施工图，然后实地施工建造，最终建成日光温室群，验收。

任务一　选择日光温室的结构与类型

  日光温室是以太阳能为主要能源，特殊情况可适当补充能量，南（前）面为采（透）光屋面，东、西、北（后）三面为保温围护墙体，并有保温后屋面和活动保温被的单坡面塑料薄膜温室。日光温室具有结构简单、造价较低、节省能源等特点，是我国特有的园艺作物栽培设施，应用很广泛，主要在冬春寒冷季节不需人工加温或极少量人工加温的条件下进行园艺作物生产。

一、了解日光温室的结构组成

  日光温室主要由围护墙体、后屋面和前屋面三部分组成。前屋面采用透明覆盖材料覆盖，太阳辐射能由前屋面进入温室中，成为温室主要的热源。东、西、北（后）三面墙体，起保温蓄热作用。后屋面也是不透光面，主要起保温作用。

  另外，有的日光温室内部还设有立柱，但无柱式温室是未来日光温室发展的方向。日光温室各部位名称及主要参数名称如图 3-1 所示。

（一）各组成部位

  （1）山墙：垂直于温室屋脊的外墙，日光温室中多为东墙和西墙。

  （2）后墙：即日光温室的北墙，主要起蓄热保温作用。

  （3）前屋面：日光温室南屋面，为主要采光面。

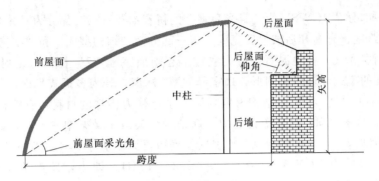

图 3-1　日光温室结构示意图

（4）后屋面：日光温室后墙与前屋面连接部分，不透光，主要起保温作用。

（5）中柱：支撑在后屋面前面的柱子。

（二）主要参数

（1）温室方位角：指温室屋脊线相对温室建设地点子午线走向的夹角。

（2）前屋面角：指温室横剖面上采光屋面弧形曲线上某点切线与地平面的夹角。

（3）后屋面仰角：指温室后屋面内表面与地平面之间的夹角。

（4）温室长度：指温室沿屋脊方向的长度，以日光温室东、西山墙内侧之间的距离来表示。

（5）温室跨度：指温室后墙内侧至前墙基础的上表面与骨架外侧相交处的水平距离。

（6）脊高：指温室屋脊至地面设计标高的高度。

（7）作业最低高度：指温室内距前墙基础的上表面与前屋面骨架内侧交点连线0.5m处，骨架最低点至室内地面的高度。

（8）后墙高度：指温室后墙顶部至地面设计标高的高度。

二、编制日光温室型号

描述日光温室特征的参数主要有几何参数、结构形式、主体结构材料和围护结构热阻等。对于土建结构日光温室，围护结构热阻主要是土建的内容，作为统一规范工厂化生产的温室主体结构受力构件，土建的内容可不包含在其中。故此，标识日光温室的特征参数将主要集中在几何参数、结构型式和结构用材上。周长吉等人提出日光温室的规格编号由三部分组成，如图3-2所示。

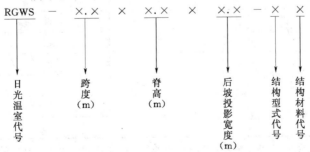

图 3-2　日光温室规格标识方法

其中第一部分"RGWS"为"日光温室"的拼音缩写；第二部分为日光温室的"几何尺寸"，包括跨度、脊高和后坡投影宽度；第三部分为"结构型式"和"结构材料"，其中结构型式含两层含义，一是温室内有无立柱，有则加字母"Z"标识，无则什么也不加；二是指前屋面的型式，若为拱圆形，用字母"Y"标识，若为多折式平面，如"瓦房店琴弦式"，则用字母"P"标识；结构材料指温室主体受力构件的材料，有钢材（G）、钢筋混凝土（H）、竹木（M）材料等，其中钢筋结构骨架由于骨架型式不同，如钢筋焊接桁架、钢管组装结构等，为区别起见，在材料符号后再加变型号1，2，3，…。

例如给出编号为 RGWS - 7.0×3.0×1.2 - YZG1，即表示跨度为7.0m，脊高为3.0m，后坡投影宽度1.2m的拱圆形有立柱钢结构日光温室。

《日光温室和塑料大棚结构与性能要求》专门对骨架为钢结构的日光温室提出了型号编制方法，具体如图3-3所示。

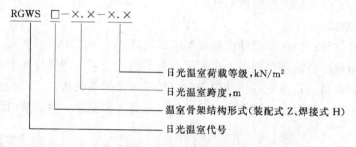

图3-3　钢结构日光温室型号编制方法

例如，给出编号为 RGWS Z - 8.0 - 2.1 的温室，它表示跨度为8.0m的装配式骨架的日光温室，荷载等级为2.1，即风荷载为0.55kN/m²、雪荷载为0.50kN/m²。有关设计荷载的等级划分，可采用周长吉在分析全国民用建筑风雪设计荷载的基础上提出的温室设计荷载的划分等级。根据其划分，2.1级即表示设计风荷载0.55kN/m²，设计雪荷载0.50kN/m²，见表3-1。

表3-1　　　　　　按风、雪荷载组合进行的温室承载能力分级

级别	名　称	设计风荷载 /(kN/m²)	设计雪荷载 /(kN/m²)	适合地区*
1.1	普通型温室	0.40	0.30	华北、华南地区
1.2			0.50	华中地区
2.1	北方型温室	0.55	0.50	东北大部
2.2			0.80	东北和西北局部
3.1	抗台风温室	0.70	0.30	东南沿海地区
3.2			0.75	新疆北部
4.1	超强级别温室	0.80	0.30	沿海地区
4.2			0.75	新疆乌市和石河子一带

注　本表中准确的"适合地区"应参照《建筑结构荷载规范》（GB 50009—2012）中的"全国基本风压分布图"和"全国基本雪压分布图"确定。

三、选择日光温室类型

从 20 世纪初至今，我国推广和使用的节能日光温室种类很多，目前还没有科学、系统的分类方法。日光温室在我国发展历史悠久，近年来，在原有传统温室类型的基础上，又出现了一些新型日光温室。

目前我国生产上应用的日光温室类型多样，即普通日光温室、第一代节能型日光温室、第二代节能型日光温室、第三代节能型日光温室同时存在。但仍以竹木结构普通型日光温室居多，第一代和第二代节能型日光温室大约占 35%~40%，第三代节能型日光温室甚少，不加温温室类型占总量的 95% 以上。

（一）普通日光温室

主要是竹木结构日光温室。

1. 长后坡矮后墙半拱形日光温室

这类温室的特点是后坡长、后墙矮，以河北省永年县的日光温室为代表，因此又称为"永年式日光温室"。多为竹木结构，跨度 5~6m，矢高 2.6~2.8m，后屋面投影 2.0~2.2m，由桁和檩构成，檩上铺秫秸箔，铺旧薄膜，抹草泥防寒保温。后墙高 0.6~0.8m，厚 0.6~0.7m，后墙外培土。前屋面为半拱形，由支柱（中柱、腰柱、前柱）、横梁、拱杆构成，如图 3-4 所示。这类温室的优点是取材方便，造价低；后坡仰角大，冬季室内光照好，后坡长，保温能力强。缺点是采光面短，长后坡下面光照弱，特别是春秋两季由于太阳高度角比较大，后坡下形成的弱光带较宽，土地利用率低，后墙较矮，作业不方便。

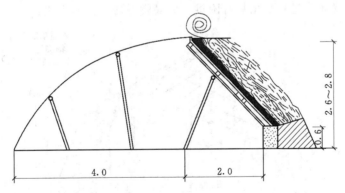

图 3-4　长后坡矮后墙半拱形日光温室结构示意图（单位：m）

2. 短后坡高后墙半拱形日光温室

这种温室是在总结长后坡矮后墙日光温室优缺点基础上加以改进的。跨度 6m，矢高 2.8m，后墙高 1.8m 以上，后屋面水平投影 1.2~1.5m，仰角 30°以上，如图 3-5 所示。这种温室由于加长了前屋面，缩短了后坡，提高了中脊的高度，采光面加大，透光率显著提高，有利于温室白天的增温蓄热，可在一定程度上弥补夜间保温能力的不足，再加上提高了土地利用率和方便室内作业，冬季也能进行果菜类生产等原因，推广面积较大。

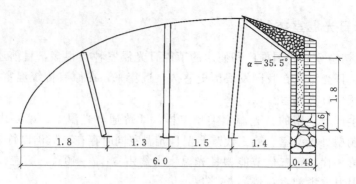

图3-5　短后坡高后墙半拱形日光温室结构示意图（单位：m）

3. 一立一坡式日光温室

具有代表性的一立一坡式日光温室是瓦房店琴弦式日光温室，20世纪80年代初期由辽宁省瓦房店地区菜农创造。一般跨度7m，矢高3～3.3m，前立窗高0.8m，屋面与地面夹角21°～23°，后坡长1.5～1.7m，水平投影1.0m，后墙高2.0～2.2m，水泥预制中柱，后坡高粱秸箔抹草泥。前屋面每隔3m设一道加强桁架，加强桁架用木杆或3寸钢管做成。在桁架上按30～40cm间距横拉8号线，两端固定在山墙外的地锚上，在每个桁架上固定，使前屋面呈琴弦状。在8号线上按75cm间距，用直径2.5cm的竹竿做拱杆，用细铁丝把竹竿拧在8号线上，用细竹竿作压杆压膜，如图3-6所示。这种温室的特点是空间大，后坡短，土地利用率高。更由于国内冬春茬黄瓜首先在这种温室取得成功并获得持续高产高效益，故使这一构型温室在较短时间内得以推广。缺点是采光性能不如半拱圆形温室，前屋面采光角度进一步增加有困难，前底脚低矮，作业不便。

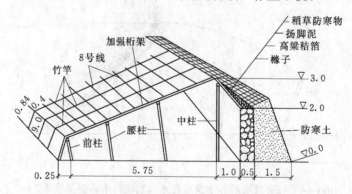

图3-6　一立一坡式日光温室结构示意图（单位：m）

（二）第一代节能型日光温室

第一代节能型日光温室脊高2.8～3m，跨度约6～7m，采光、增温和保温性能都比普通日光温室有显著提高，内外温差可达20～25℃。

该类温室以鞍Ⅱ型日光温室为代表。它是在吸收各地日光温室优点的基础上，由鞍山市园艺研究所设计的一种无柱结构日光温室（图3-7）。跨度6m，矢高2.7～2.8m，后墙高1.8m，后屋面水平投影为1.4m，仰角35°。墙体为砖砌空心墙，内填12cm厚的珍珠岩或炉渣。前屋面为钢结构一体化半圆拱形桁架，无立柱，后墙为砖与珍珠岩组成的异质复合墙体，后屋面用木板、草泥、稻草、旧薄膜等复合材料构成，采光、增温和保温性能良好，便于作物生长和人工作业。

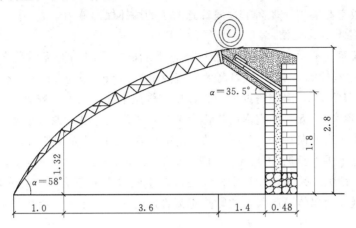

图 3-7　鞍Ⅱ型日光温室结构示意图（单位：m）

（三）第二代节能型日光温室

第二代节能型日光温室脊高 3.3～3.5m，跨度 6.5～8m，在北纬 42°及其以南地区，正常年份冬季基本不加温（连阴天和极冷天少量加温），可越冬生产蔬菜。最冷日室内外温差达到 30～35℃，平均温度比普通温室高 3～5℃，节能特别显著。

该类温室以辽沈Ⅰ型为代表。该温室由沈阳农业大学设计，为无柱式第二代节能型日光温室。跨度 7.5m，脊高 3.5m，后屋面仰角 30.5°，后墙高度 2.5m，后坡水平投影长度 1.5m，墙体内外侧为 37cm 砖墙，中间夹 9～12cm 厚聚苯板，后屋面钢骨架上依次为喷塑纺织布一层、2cm 厚松木板、9cm 聚苯板，再用细炉渣内掺 1/5 白灰找平拍实，最上层用 C20 细石混凝土做防水层，内配 Φ3@150 双向钢筋网，以防出现裂缝。拱架采用镀锌钢管，配套有卷帘机、卷膜器、地下热交换等设备。由于前屋面角度和保温材料等优于鞍Ⅱ型日光温室，因此其性能较鞍Ⅱ型日光温室有较大提高，在北纬 42°以南地区，冬季基本不加温即可进行育苗和生产喜温性园艺植物（图 3-8）。

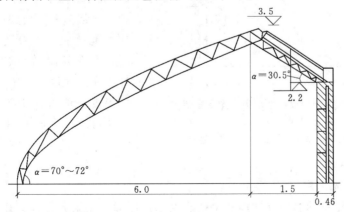

图 3-8　辽沈Ⅰ型日光温室结构示意图（单位：m）

（四）第三代节能型日光温室

温室脊高可达 5.5m，跨度可达 12m，大幅度增加了温室空间，并首次设计制造了缀铝箔夹心聚苯板空心墙体，提高了大型日光温室的墙体保温能力。

1. 寿光示范冬暖式大棚

这是寿光蔬菜科技示范园内的标准温室，当地群众称之为寿光示范冬暖大棚。矢高 4m，室内地面比室外低 0.4m，后墙高度从室内量为 2.8m，从室外量为 2.4m，后屋面水平投影 0.8m，仰角 45°，温室跨度为 10m，用钢管做中柱，长度一般为 60.5～77.5m。后墙底宽 3.0m，顶宽 1.4m，用室内的生土层夯成，外面用砖和砂浆砌墙皮，外侧用水泥板封护。在后墙中部东西向每 3m 设一通风管，由内径 40cm 的两根制井管连接而成，管中心距棚内田面上下垂直距离 160cm，距棚外地面 120cm，如图 3-9 所示。这种温室的特点是前屋面采光面大，采光性能特别好，在温室空间较大的情况下，受光后升温也很快。加之棚内地面低，后墙体厚度大，故贮热保温性能特别好。由于后墙内设通风管，便于春夏秋冬通风调温。

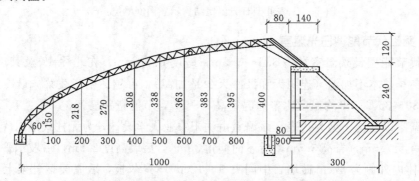

图 3-9　寿光示范冬暖式大棚结构示意图（单位：m）

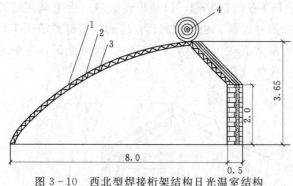

图 3-10　西北型焊接桁架结构日光温室结构
示意图（单位：m）

1—上骨架；2—拉筋；3—下骨架；4—卷帘

2. 西北型焊接桁架结构日光温室

这种温室跨度 8m，脊高 3.65m，后坡水平投影长度 1.5m；后墙为 37cm 厚砖墙，内填 8～10cm 厚聚苯板；骨架为钢筋桁架结构。该温室结构性能优良，在严寒季节最低温度时，室内外温差可达 25℃以上，这样，在西北地区正常年份，温室内最低温度一般可在 10℃以上，10cm 深地温可维持在 11℃以上，基本满足喜温果菜冬季生产（图 3-10）。

（五）新型温室

1. 阴阳型日光温室

在常规日光温室的北墙外增加一个朝北的采光屋面，两采光屋面共用一道支撑墙体，形成阴阳型日光温室（图 3-11），朝南的采光屋面为阳面温室（俗称"阳棚"），朝北的采光屋面为阴面温室（俗称"阴棚"）。这种阴阳型结构的日光温室，不仅可以将日光温室群内闲置的间距空地利用起来，而且还能显著提升日光温室的整体蓄热保温性能。其阳面温室与常规日光温室一样种植喜温蔬菜，阴面温室最佳的利用方式是栽培食用菌，也可种植喜凉的蔬菜，可以使日光温室群的土地

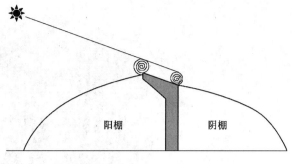

图 3-11　阴阳型日光温室结构示意图

有效利用率提高到 60%～70%。阴阳型日光温室在设计与建造上，要特别注意预防屋顶聚集雨雪。

2. 可变采光屋面角日光温室

这种日光温室设计的精巧之处在于，日光温室的主体结构按照合理采光原理设计，但将主采光屋面倾角设计为可变的，当天气晴好时将其主采光屋面顶部抬升，使其达到合理采光时段原理所要求的屋面倾角；而夜间和阴雨雪雾霾天气，则将其恢复到合理采光屋面倾角状态（图 3-12）。这样，晴好天气可以实现最佳采光蓄热，夜间和阴雨雪雾霾天气可以缩小散热面积，减少热量损失。

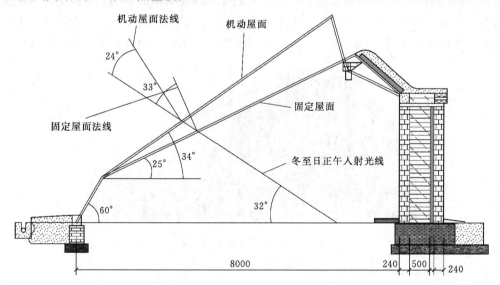

图 3-12　可变采光屋面角日光温室结构示意图（单位：mm）

3. 可移动生态型日光温室

这种日光温室为全钢架构，全部采用热镀锌钢构件组装而成，北侧和两端装配 15～20cm 厚的三层四膜复合防水保温被隔热保温；采光屋面的保温覆盖物为 4cm 厚的二层三膜复合防水保温被，保温被所用保温材料的导热系数为 0.07W/(m·K)，室内还增设镀铝反光幕防止远红外线辐射散热（图 3-13）。突出特点是温光性能优良，建造施工快，坚固耐用，造价（260 元/m²）显著低于砖混结构墙体日光温室。

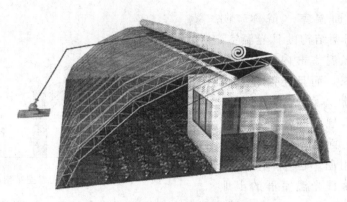

图 3-13 可移动生态型日光温室

4. 圆拱式现代节能日光温室

这种日光温室为圆拱式隧道构型（图 3-14）。圆拱屋面的隔热保温体为两块可滑动的圆弧形彩钢石棉板，其中北屋面的彩钢石棉板固定不动，南屋面的彩钢石棉板，在需要采光时滑动叠放到北屋面彩钢石棉板的顶部，需要保温覆盖时滑动覆盖住整个南屋面。东西两侧除了用塑料薄膜封闭外，各用两块扇形彩钢石棉板密闭保温，南侧的扇形彩钢石棉板白天可滑动到北侧，防止遮光。为了弥补缺少蓄热放热功能结构的不足，室内增加了北侧水循环和土壤中空气循环蓄放热系统，在辽宁省凌源县室内外最低温差可达 40℃ 左右，且蓄热保温装置均可实现自动监控。由于采用了滑动式彩钢石棉板保温装置，解除了常规日光温室外保温覆盖物易遭受雨雪、风、火灾害等后顾之忧。当然，造价相对较高。

图 3-14 现代节能日光温室

5. 内置保温型日光温室

这种日光温室也是圆拱式隧道构型，所不同的是采用内置收卷式保温被覆盖保温（图3-15）。优点是内置保温被解决了常规日光温室外保温覆盖物易遭受雨雪、风灾问题，且造价低廉。但是，由于缺少蓄热放热功能结构，且未增设太阳能热交换系统，其蓄热保温性能略低于常规日光温室，仅适用于五年一遇极端低温在 -20℃ 以上的农业生态区。

四、确定日光温室规格

日光温室一般不加温，但个别寒冷地区需临时加温。多采用简单加温设备进行生产，加温力有限，室内设备简单，不能有效地调节室内气候，所以规模不宜过大。

图 3 - 15　内置保温型日光温室

（一）长度

日光温室的长度是指温室东西山墙间的距离，以 50～60m 为宜。

确定日光温室的长度时，应综合考虑栽培面积、栽培效果以及可操作性。从温室的性能考虑，东西山墙内侧有 2m 左右温光条件较差，所以温室越长，温光效果越好；从造价考虑，每栋温室都要筑两个山墙，温室越短，不仅单位面积造价提高，而且东西两山墙遮阳面积与温室面积的比例增大，影响产量，一般不能小于 30m 长。但温室过长，往往温度不易控制一致，一般不宜超过 100m。目前，日光温室普遍利用卷帘机卷放草苫或保温被，不论机械卷帘机或电动卷帘机，都以 50～60m 长的温室安装和操作较为方便，所以日光温室的长度以 50～60m 比较适宜。

（二）跨度

日光温室的跨度是指温室后墙内侧到前屋面南底脚的距离。包括两部分，即前屋面水平投影和后屋面水平投影。一般宜为 6.0～10.0m。

确定温室的跨度必须考虑温室的矢高与跨度所形成的采光角度，合理高跨比的值在 0.4～0.5 之间最为理想。此外，还要考虑地理纬度和气候条件，在使用传统建筑材料、透光材料并采用草苫保温的条件下，在中温带地区建日光温室，其跨度以 8m 左右为宜；在中温带与寒温带的过渡地带，跨度以 6m 左右为宜；在寒温带地区，如黑龙江和内蒙古北部地区，跨度宜取 6m 以下。但近年来，不同地区在日光温室的跨度上有所加大。需要注意的是，跨度增大后，应适当增加矢高和后墙高度。

后屋面水平投影的长短影响采光与保温效果，同样的温室高度，水平投影越短，保温效果越不好；水平投影越长，保温性能也随之提高，但有效利用面积缩小。后屋面水平投影与跨度之比在 0.17～0.25 为宜，按大跨度选小值，小跨度选大值；温暖地区选小值，寒冷地区选大值的原则选取。

（三）脊高

脊高，也称矢高，是指温室最高透光点到水平地面的距离。由于矢高与跨度有一定的关系，在跨度确定的情况下，高度增加，屋面角度也增加，从而提高了采光效果。6m 跨度温室，其矢高以 2.5～2.8m 为宜；7m 跨度的温室，其矢高以 3～3.2m 为宜。

《日光温室和塑料大棚结构与性能要求》（JB/T 10594—2006）中提出骨架为钢结构的日光温室的规格见表 3 - 2。

表 3 - 2 　　　　　　　　　　　　温 室 规 格 　　　　　　　　　　单位：m

跨度 B ＼ 脊高 H	2.6	2.8	3.0	3.2	3.5	3.8
6.0	*	*	*			
6.5	*	*	*	*		
7.0		*	*	*	*	
8.0			*	*	*	*
9.0				*	*	*
10.0					*	*

注　1. * 表示推荐选用的规格参数。

　　2. 特殊气象条件的地区或特殊用途的温室，其规格可以不受此限制。

（四）后墙高度

后墙的高度要保证作业方便，过低影响作业，过高时后坡缩短，保温效果下降。日光温室的后墙高度与温室脊高和后屋面水平投影及后屋面仰角有关，脊高 2.8m，后屋面水平投影 1.4m，后屋面仰角 35.5°，后墙高 1.8m；脊高 3.3m，后屋面水平投影 1.5m，后屋面仰角 35°，后墙高 2.25m。

（五）作业最低高度

一般情况下，日光温室作业最低高度不宜小于 0.8m。

根据不同地区的太阳高度角和优型日光温室应具备的特点，陈杏禹等将不同纬度地区优型日光温室断面尺寸规格归纳于表 3 - 3，供参考。

表 3 - 3 　　　　　　不同纬度地区优型日光温室断面尺寸规格

地理纬度	温室型式	跨度 /m	脊高 /m	后墙高 /m	后屋面水平投影长 /m
43°	Ⅰ	7.5	3.7～4.0	2.2～2.5	1.6～1.7
	Ⅱ	7.0	3.5～3.8	2.2～2.5	1.5～1.6
	Ⅲ	6.5	3.3～3.6	2.0～2.3	1.4～1.5
	Ⅳ	6.0	3.0～3.4	1.8～2.1	1.3～1.4
41°～42°	Ⅰ	7.5	3.6～3.9	2.3～2.6	1.5～1.6
	Ⅱ	7.0	3.4～3.7	2.1～2.4	1.4～1.5
	Ⅲ	6.5	3.2～3.5	2.0～2.3	1.3～1.4
	Ⅳ	6.0	3.0～3.3	2.0～2.3	1.2～1.3
38°～40°	Ⅰ	8.0	3.7～4.0	2.5～2.8	1.4～1.5
	Ⅱ	7.5	3.5～3.7	2.4～2.7	1.3～1.4
	Ⅲ	7.0	3.3～3.5	2.3～2.5	1.2～1.3
	Ⅳ	6.5	3.1～3.3	2.2～2.3	1.1～1.2
	Ⅴ	6.0	3.0～3.2	2.0～2.2	1.0～1.1

任务二　日光温室采光设计

日光温室的热能来自太阳辐射，太阳光投入温室内，由短波光转为长波光，产生热量，提高温度。透入的太阳光越多，升温效果越好。采光设计就是确定日光温室的方位、前屋面采光角、后屋面仰角等参数，使前屋面在白天最大限度地透入太阳光，满足作物光合作用的需要，提高室内的气温和地温。

一、确定日光温室方位角

方位是指日光温室透光面的朝向。冬季太阳高度角低，为了争取太阳辐射多进入室内，建造日光温室大体上应采取东西延长，前屋面朝南的方位。

方位正南，正午时太阳光线与温室前屋面垂直，透入室内的太阳光最多，强度最高，温度上升最快，对作物光合作用最有利。但根据具体情况，有时候前屋面应适当偏东或偏西。作物上午的光合作用强度较高，日光温室前屋面采取南偏东 $5°\sim10°$，可提早 $20\sim40min$ 接受到太阳的直射光，对作物光合作用是有利的。但是高纬度地区冬季早晨外界气温很低，提早揭开草苫或保温被，室内温度下降较大，所以，北纬 $40°$ 以北地区，如辽宁、吉林、黑龙江和内蒙古地区，为保温而揭苫时间晚，日光温室前屋面应采用南偏西朝向，以利于延长午后的光照蓄热时间，为夜间储备更多的热量。北纬 $40°$ 以南，早晨外界气温不很低的地区，采用南偏东朝向是可以的，但若沿海或离水面近的地区，虽然温度不很低，但清晨多雾，光照不好，也可采取南偏西朝向。但是不论南偏东还是偏西，偏角均不宜超过 $10°$，以 $5°\sim10°$ 为宜。

但要注意的是，建造日光温室的方位角是正南、正北，而不是磁南、磁北。各地有不同的磁偏角（表 3-4），施工建造日光温室时，若使用指南针确定方位，则首先必须进行校正。

表 3-4　　　　　　　　　　　　主 要 地 区 磁 偏 角

地　名	磁 偏 角	地　名	磁 偏 角
漠河	$11°00'$（西）	长春	$8°53'$（西）
齐齐哈尔	$9°54'$（西）	满洲里	$8°40'$（西）
哈尔滨	$9°54'$（西）	沈阳	$7°44'$（西）
大连	$6°35'$（西）	赣州	$2°01'$（西）
北京	$5°50'$（西）	兰州	$1°44'$（西）
天津	$5°30'$（西）	遵义	$1°25'$（西）
济南	$5°01'$（西）	西宁	$1°22'$（西）
呼和浩特	$4°36'$（西）	许昌	$3°40'$（西）
徐州	$4°27'$（西）	武汉	$2°54'$（西）
西安	$2°29'$（西）	南昌	$2°48'$（西）
太原	$4°11'$（西）	银川	$2°35'$（西）
包头	$4°03'$（西）	杭州	$3°50'$（西）
南京	$4°00'$（西）	拉萨	$0°21'$（西）
合肥	$3°52'$（西）	乌鲁木齐	$2°44'$（东）
郑州	$3°50'$（西）		

二、设计日光温室前屋面采光角和形状

（一）设计前屋面采光角

1. 了解前屋面采光角

前屋面采光角，即前屋面角，是温室横剖面上采光屋面弧形曲线上某点切线与地平面的夹角 β（图 3-16）。

一立一坡式温室的前屋面采光角是唯一的，即从前立窗上端引一平行线与斜线的交角。

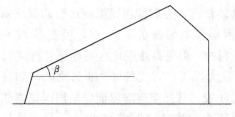

图 3-16　一立一坡式日光温室前屋面采光角

半拱形温室的前屋面采光角，在距前屋面底脚的不同水平距离处的角度不同，如在《日光温室和塑料大棚结构与性能要求》（JB/T 10594—2006）中，要求钢结构的日光温室前屋面底脚处屋面角宜为 $60°\sim70°$，距前屋面底脚水平距离 1m 处屋面角宜为 $40°$ 左右，距前屋面底脚水平距离 2m 处屋面角宜为 $25°$ 左右（图 3-17）。

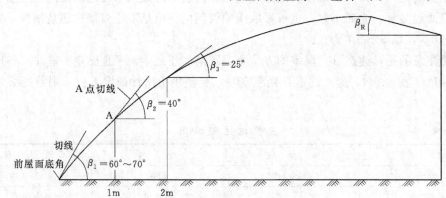

图 3-17　半拱形日光温室前屋面采光角

2. 了解前屋面采光角的设计原理和思路

（1）了解入射角和透光率之间的关系。阳光照射到薄膜屋面上以后，一部分被薄膜吸收，一部分反射，大部分透入室内。我们把吸收、反射和透过的光线强度与入射光线强度的比分别叫作吸收率、反射率和透过率。它们三者的关系是：

$$吸收率＋反射率＋透过率＝100\%$$

对于某种塑料薄膜、平板玻璃等透明覆盖材料来说，它对入射光线的吸收率是一定的。因此，光线的透过率就决定于反射率的大小。只有反射率小，透过率才高。反射率的大小与光线的入射角大小有直接关系。由图 3-18 可见，太阳光线入射角越小，覆盖物的透光率越高，进光量就越多，设施内温度就越高。

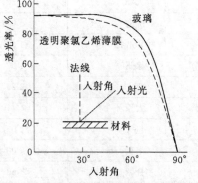

图 3-18　透光率与入射角关系

当入射角为 0°时，即太阳光垂直射到薄膜或玻璃上时，覆盖物的透光率最大，设施进光量最多。此时透光率为 90%左右。因为不论入射角多小，干净玻璃或塑料薄膜吸光率总为 10%。

但入射角与透光率之间并不是简单的直线关系，当入射角小于 40°或 45°时，覆盖物的透光率变化不大，与入射角为 0°时只相差百分之几。当入射角大于 40°或 45°时，透光率明显下降；大于 60°时，透光率急剧减少；入射角为 85°时，透光率只有 50%左右；入射角为 90°时，透光率为 0。

上述规律仅适用于平板玻璃和塑料薄膜，对于毛玻璃、纤维、反光幕、散射光膜、红外线膜等特殊薄膜不完全适用，不可机械照搬。

（2）了解太阳高度角、入射角和前屋面采光角之间的关系。当太阳正对日光温室前屋面时，在太阳高度角、入射角和前屋面采光角之间存在以下关系，即

$$\alpha + \theta + \beta = 90° \tag{3-1}$$

因此

$$\theta = 90° - \beta - \alpha \tag{3-2}$$

式中　α——太阳高度角，（°）；

　　　β——前屋面倾角，即前屋面采光角（°）；

　　　θ——日温室前屋面的入射角，（°）。

太阳高度角 α 是太阳直射光线与其在地平面上水平投影间的交角。α 在一天中每时每刻都在变化着。日出时为 0°，以后逐渐增大，正午时最大，之后又逐渐减小，到日落时又变为 0°。在一天中，以地方时正午为准，上下午各对应时刻的 α 相等。α 在年中也在变化着。在北半球，冬季 α 小，冬至日最小，春秋季居中，夏季 α 大，夏至日最大。任意纬度、任意季节、任意时刻的太阳高度角可由下列公式计算：

$$\sin\alpha = \sin\phi\sin\delta + \cos\phi\cos\delta\cos t \tag{3-3}$$

式中　t——太阳位置与当地真午时的偏角，即时角，在正午时（地方时 12 点整）取 $t = 0$，上午取负值，下午取正值，每小时转 15°；

　　　ϕ——地理纬度，计算时北半球取正值，如北京为 39°54′，用 39°54′N 表示；

　　　δ——太阳赤纬（太阳所在纬度），在夏半年即太阳位于赤道以北时取正值（如夏至日 $\delta = 23.5°$），在冬半年太阳位于赤道以南时取负值（$\delta = -23.5°$）；位于赤道时 δ 取值为 0°（春分和秋分日）；δ 不同，温室所在位置的 α 不同，δ 是随季节变化的，不同季节，δ 不同（表 3-5）；

　　　α——任意时刻太阳高度角，$\alpha < 0$ 意味着太阳在地平线以下即夜间。

在任意地理纬度（ϕ）、任意节气（δ）正午时，即太阳正位于当地子午面时的太阳高度角 α 可用下列公式计算：

$$\alpha = 90° - \phi + \delta \tag{3-4}$$

（3）三种前屋面采光角的确定。

1）理想屋面角。理论上讲，日光温室前屋面与太阳光线垂直，即入射角为 0°时，这时透光率最高。因此，我们把冬至日正午时阳光入射角 $\alpha = 0°$时的前屋面采光角称为理想

表 3 - 5　　　　　　　　　　　　　　　季 节 与 赤 纬

节　气	日　期	δ
夏至	6 月 21 日	$+23°27'$
立夏	5 月 5 日	$+16°20'$
立秋	8 月 7 日	
春分	3 月 20 日	$0°$
秋分	9 月 23 日	
立春	2 月 5 日	$-16°20'$
立冬	11 月 7 日	
冬至	12 月 22 日	$-23°27'$

屋面角（图 3 - 19）。

即此时，$\qquad\theta = 90° - \beta - \alpha = 0°$

理想屋面角即为$\qquad\beta = 90° - \alpha = 90° - (90° - \phi + \delta) = \phi - \delta\qquad$ (3 - 5)

例如，欲在北纬 40°的熊岳地区建一栋冬至前后使用的温室，其理想屋面角应是多少？

根据公式 $\beta = \phi - \delta$，由表 3 - 5 可知，冬至日 δ 约等于 $-23.5°$，则

$$\beta = 40° - (-23.5°) = 63.5°$$

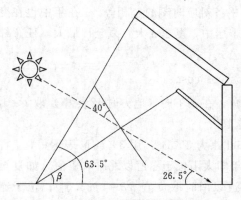

图 3 - 19　理想屋面角和合理屋面角

可见，理想屋面角在建造日光温室时并不实用。如果按理想屋面角建造日光温室，前屋面非常陡峭，抗风压能力差，遮阴严重，且表面积大，散热快，既浪费建材，又不利于保温和管理（图 3 - 19）。

2）合理屋面角。根据图 3 - 18 可知，当入射角 $\theta \leqslant 40°$，透光率下降较少，所以采用 40°入射角为设计参数进行采光设计，就可以保证有较高的透光率，以冬至日正午时 $\theta = 40°$ 设计的屋面角称为合理屋面角。

此时$\qquad\qquad\qquad\qquad\theta = 90° - \beta - \alpha = 40°$

合理屋面角即为$\qquad\beta = 50° - \alpha = 50° - (90° - \phi + \delta) = \phi - \delta - 40°$

$$= 40° - (-23.5°) - 40°$$

$$= 23.5°$$

以合理屋面角设计的日光温室称为第一代节能日光温室。

可见，按照合理屋面角设计，不会产生屋面倾角很大的情况。但是如果只按正午时刻计算，则只是正午较短时间达到较高的透光率（$\theta \leqslant 40°$），午前和午后的绝大部分时间，阳光对温室采光面的入射角将大于 40°，达不到合理的采光状态。20 世纪 90 年代以来，

各地日光温室的生产实践也表明，在日照百分率高、冬季很少阴天地区，按合理屋面角设计建造的日光温室，在气候正常的年份，效果较好，一旦气候反常容易出问题。在低纬度地区，特别是冬季阴天较多地区，温光性能不理想。

3）合理采光时段屋面角。张真和提出合理采光时段理论，即要求中午前后 4h 内（一般为 10—14 点）太阳对温室前屋面的入射角都能小于或等于 40°。这样，对于北纬 32°～43°地区，节能日光温室采光设计应在冬至日正午入射角 40°为参数确定的屋面倾角基础上，再增加 5°～10°。这样 10—14 点阳光在采光面上的入射角均小于 40°，就能充分利用严冬季节的阳光资源。

按照合理采光时段，屋面角（β）的计算公式为

$$\sin\beta = \sin(50° - \alpha_{10})\cos30° \tag{3-6}$$

$$\sin\alpha_{10} = \sin\phi\sin\delta + \cos\phi\cos\delta\cos30°$$

式中　β——合理采光时段屋面角；

α_{10}——冬至日上午 10 点的太阳高度角；

$50° - \alpha_{10}$——修正冬至日上午 10 点太阳高度角降低后的合理屋面角；

$30°$——上午 10 点太阳的时角。

合理采光时段屋面角与合理屋面角比较，从北纬 33°～43°之间，分别增加 10.71°～11.24°，可保证 10—14 点阳光的入射角 $\beta \leqslant 40°$，且不影响保温和正常管理。简便算法为当地纬度减 6.5°，即北纬 40°地区以 33.5°适宜，最小不小于 30°，低纬度日照百分率低的地区，必须按合理采光时段屋面角设计；高纬度地区，日照百分率高，可在合理屋面角的基础上适当增加 5°～7°。不同纬度地区合理采光时段屋面角的设计见表 3-6。

表 3-6　　　　　　　　　　　不同纬度合理采光时段屋面角设计

北纬	α	α_{10}	β_0	$50° - \alpha_{10}$	β	$\beta - \beta_0$
32°	34.5°	27.53°	15.5°	22.47°	26.19°	10.69°
33°	33.5°	26.67°	16.5°	23.33°	27.21°	10.71°
34°	32.5°	25.81°	17.5°	24.19°	28.24°	10.74°
35°	31.5°	24.95°	18.5°	25.05°	29.27°	10.77°
36°	30.5°	24.09°	19.5°	25.91°	30.30°	10.80°
37°	29.5°	23.22°	20.5°	26.78°	31.35°	10.85°
38°	28.5°	22.35°	21.5°	27.65°	32.40°	10.90°
39°	27.5°	21.49°	22.5°	28.51°	33.45°	10.95°
40°	26.5°	20.61°	23.5°	29.39°	34.52°	11.02°
41°	25.5°	19.74°	24.5°	30.26°	35.58°	11.08°
42°	24.5°	18.87°	25.5°	31.13°	36.65°	11.15°
43°	23.5°	17.99°	26.5°	32.01°	37.00°	11.24°

注　表中的 α 为冬至日太阳高度角，α_{10} 为冬至日上午 10 点太阳高度角，β_0 为合理屋面角，$50° - \alpha_{10}$ 为修正冬至日上午 10 点太阳高度角降低后的合理屋面角，β 为合理采光时段屋面角，$\beta - \beta_0$ 为合理采光时段屋面角与合理屋面角之差。

综上所述，通常情况下，合理采光时段屋面角可按以下简式计算：

$$\beta \geqslant 50° - \alpha + (5° \sim 10°) \tag{3-7}$$

式中，太阳高度角按冬至日正午时刻计算。例如，北京地区冬至太阳高度角（α）为 26.5°，则由式（3-7）可知合理的屋面倾角（β）为 28.5°～33.5°。

但如果是主要用于春季生产的温室，因太阳高度角比冬季大，则屋面倾角可以取小一些。

按合理采光时段屋面角设计的日光温室称第二代节能日光温室。

目前日光温室前屋多为半拱圆式，前屋面的屋面倾角（各部位的倾角为该部位的切平面与水平的夹角）从底脚至屋脊是从大到小在不断变化的值。要求屋面任意部位都满足上述要求也是不现实的，实际上，只要屋面的主要采光部位满足上述倾角的要求即可。例如，可取前底角（底脚处）为 60°～70°，距离底脚 1m 处 35°～40°，2m 处 25°～30°，3m 处 20°～25°，4m 以后 15°～20°，最上部 15°左右。

（二）设计前屋面形状

当跨度和最高采光点被设定之后，温室采光屋面形状就成为温室截获日光能量的决定性因素（此处不涉及塑料膜品种、老化程度、积尘厚度、磨损程度等因素），因此设计者对棚形设计应予以高度重视。

节能型日光温室屋面形状有两大类：一类是由一个或几个平面组成的折线型屋面，其剖面由直线组成；一类是由一个或几个曲面组成的曲面形屋面，其剖面曲线上各点的倾角（曲线的切线与水平线的夹角）都不相等，比较复杂，其各点在某时刻透入温室的太阳直接辐射照度是不相同的，整个屋面透入温室的太阳直接辐射量，需要逐点分析进行累计，根据累计的辐射量，可对不同曲线形状屋面的透光性能进行比较。

理想的采光屋面形状应能同时满足以下四方面要求：①能透进更多的直射辐射能；②温室内部能容纳较多的空气；③室内空间有利于农事作业；④造价较低。

1. 多折式温室

此类温室前屋面是由一个或几个平面组成的直线型屋面，如一立一坡式温室。前屋面的底角坡度可按照理想屋面角确定，中部主要采光面的坡度应按照合理屋面角确定，顶部坡度要求不小于 10°，以 15°左右为宜，否则顶风坡度太小，容易积水，卷施草苫或保温被也不方便。

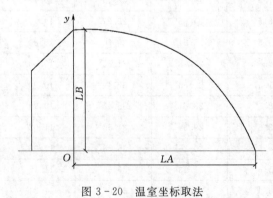

图 3-20 温室坐标取法

2. 拱圆形温室

此类温室前屋面是由一个或几个曲面组成的曲线型屋面。常见拱圆形屋面有椭圆面、抛物面和圆抛物面组合等形状。其曲线计算如图 3-20 所示，设温室中脊高为 LB，内跨线上中脊垂点至前底脚长为 LA，坐标原点设在 LA、LB 交点 O 点，LB 设为 y 轴，LA 设为 x 轴，则圆面方程为：

$$x^2 + (y + R - LB)^2 = R^2, \quad R = (LB^2 + LA^2)/2LB \tag{3-8}$$

椭圆面方程为

$$x^2/LA^2 + y^2/LB^2 = 1 \qquad (3-9)$$

抛物面方程为

$$y^2 = LB^2/LA(LA - x) = 1 \qquad (3-10)$$

圆抛物面组合曲线方程为

$$y = \begin{cases} LB\sqrt{1 - x/LA}, & 0 \leqslant x \leqslant 3/5LA \\ \sqrt{R^2 - x^2} + LB - R, & 3/5LA \leqslant x \leqslant LA \end{cases} \qquad (3-11)$$

$$R = \frac{LA^2 + LB^2}{2LB}$$

将上述方程式编入计算机程序，再输入当地的地理纬度值，就可以求出不同高度、跨度下各种屋面形状温室内的太阳辐射率。该理论模拟计算结果与实测值是一致的，据鞍山市园艺研究所观测：同是跨度为 7m，脊高 3m 的温室，一立一坡式的冬季透光率为 55.9%，圆拱形为 60.3%。

实践证明，在我国中温带地区（指行政区划中的山西、河北、辽宁、宁夏，以及内蒙古、新疆的部分地区）建设日光温室时，圆与抛物线组合式曲面比单圆、抛物线、椭圆线更好。圆与抛物线采光面不但比上述几种类型的入射光量都多，而且还比较易操作管理，容易固定压膜线，大风时不致薄膜兜风，下雨时易于排走雨水。

三、设计日光温室后屋面仰角

日光温室后屋面仰角是指日光温室后屋面与水平面之间的夹角 α_2（图 3-21）。日光温室后屋面角的大小对日光温室的采光和保温性均有一定的影响。仰角小，后屋面平坦，后屋面在最寒冷的冬至前后见不到太阳光，温度上升慢；仰角过大，温度虽然上升快，但后屋面陡峭，不便于管理。后屋面仰角应视温室的使用季节而定，但至少应该略大于当地冬至日正午的太阳高度角，在冬季生产时，尽可能使太阳直射光能

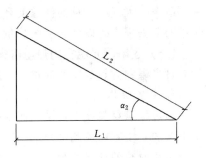

图 3-21　日光温室后屋面
仰角及水平投影

照到日光温室后屋面内侧；在夏季生产时，则应避免太阳直射光照到后屋面内侧。一般后屋面角取当地冬至日正午的太阳高度角再加 5°～7°。

日光温室后屋面仰角为

$$\alpha_2 = \alpha + (5° \sim 7°) \qquad (3-12)$$

以北纬 40° 地区为例，冬至日的太阳高度角为 26.5°，再加 5°～7°，应为 31.5°～33.5°。我国《日光温室和塑料大棚结构与性能要求》（JB/T 10594—2006）中建议钢结构的日光温室后屋面仰角宜为 25°～40°。

后屋面仰角是由后墙高、后屋面水平投影长度等指标决定的。在设计时先确定温室的脊高、后屋面水平投影、后屋面仰角，然后再确定后墙的高度。

任务三 日光温室保温设计

日光温室一般不加温，主要靠太阳光照为能源。日光温室在密闭的条件下，即使在严寒冬季，只要天气晴朗，在光照充足的午间室内气温可达到 30℃ 以上。但是如果没有较好的保温措施，午后随着光照减弱，温度很快下降。特别是夜间，各种热量损失有可能使室温下降到作物生长发育适温以下，遇到灾害性天气，往往发生冷害、冻害。因此，不搞好保温设计，就不能满足作物正常生长发育对温度条件的要求。

日光温室保温设计主要是对具有蓄热保温作用的墙体和后屋面以及减少热量损失的防寒沟等进行设计，并对前屋面保温覆盖材料进行选择确定，以求从多个方面考虑，使日光温室获得良好的保温效果。

一、了解日光温室保温原理

日光温室是一个半封闭系统，它不断地与外界进行能量与物质交换，根据能量守恒原理，蓄积于温室内的热量 ΔQ＝进入温室内的热量（Q_i）－散失的热量（Q_o）。

进入日光温室内的热量主要是太阳辐射，白天太阳光线（波长 300～3000nm）通过玻璃、塑料薄膜等透明覆盖物入射到地表和后墙上，使地面和后墙温度升高；当夜间气温低于低温时，地面可释放热量使气温升高。玻璃、塑料薄膜等透明覆盖物对不同波长的辐射具有选择性透过作用，既可让短波辐射透进温室内，又能防止温室内的长波辐射透出温室而散失于大气中，从而使温度升高。因此，日光温室的保温设计原理就是要减少温室内热量的散失损失，以使更多的热量蓄积在地面和墙体。

（一）了解日光温室内热量散失的主要途径

日光温室内热量主要通过三个途径散失：贯流放热、通风换气放热、土壤传导失热。

1. 贯流放热

透过覆盖材料或围护结构而散失的热量叫作温室表面的贯流放热量。这是由室内外温差引起的，由室内流到室外的全部热量。

贯流放热的计算式为 $\qquad Q_t = A_w h_t (t_r - t_0) \qquad$ (3-13)

式中 $\quad Q_t$——贯流传热量，$kJ \cdot h^{-1}$；

$\quad A_w$——温室表面积，m^2；

$\quad h_t$——热贯流率，$kJ \cdot m^{-2} \cdot h^{-1} \cdot ℃^{-1}$；

$\quad t_r$——温室内气温，℃；

$\quad t_0$——温室外气温，℃。

热贯流率的表达式为

$$h_t = \cfrac{1}{\cfrac{1}{a_r + h_r} + \cfrac{d}{\lambda} + \cfrac{1}{a_{ro} + h_{ro}}} \qquad (3-14)$$

式中 $\quad \alpha_r$、α_{ro}、h_r、h_{ro}——温室内外的对流传热率和辐射传热率；

$\qquad \lambda$——导热率；

$\qquad d$——材料厚度。

不同材料的热贯流率不同，见表 3-7。

表 3-7　　　　　　　　各种物质的热贯流率　　　　　单位：kJ·m⁻²·h⁻¹·℃⁻¹

种　类	规格	热贯流率	种　类	规格	热贯流率
玻璃	2.5mm	20.92	木条	厚 8cm	3.77
玻璃	3mm～3.5mm	20.08	砖墙（面抹灰）	厚 38cm	5.77
聚氯乙烯	单层	23.01	钢管		47.84～53.97
聚氯乙烯	双层	12.55	土墙	厚 50cm	4.18
聚乙烯	单层	24.29	草苫		12.55
合成树脂板	FRP，FRA，MMA	20.92	钢筋混凝土	5cm	18.41
合成树脂板	双层	14.64	钢筋混凝土	10cm	15.90

2. 通风换气放热

也叫缝隙放热，就是温室进行自然通风或强制通风时，通过建筑材料的裂缝、覆盖物的破损处、门、窗缝隙等散失到室外的热量。通风换气放热量受每小时的换气次数、温室体积等因素的影响。换气次数越多，热量散失越多；温室体积越大，热量散失越多。

3. 土壤传导失热

白天透入温室内的太阳辐射能，除一部分用于长波辐射和传导，使室内空气升温外，大部分热能传入地下，成为土壤蓄热。土壤传导失热包括上下层土壤之间垂直方向上的传热和土壤水平方向上的传热。

土壤中垂直方向的热传导仅发生在 0～45cm 深处，该深度以下，热传导量很小。而且，到了夜间，地面已得不到太阳辐射热，反而要继续向外辐射热量，所以逐渐降温。当地面温度降到下层土壤温度以下时，下层土壤又以传导方式将热量传往地面。可见，垂直向下储存在土壤中的热量是夜间和阴天维持室内温度的热量来源。

真正传向室外的，是土壤中横向传导那部分热量。冬春季节，由于温室内外的土壤温差大，土壤横向传导放热较快；山墙和后墙由于墙体较厚，所以横向传导放热较慢；前屋面只有 0.1～0.2mm 的薄膜，传导放热最快，遇到寒流时有时会造成前底脚的作物遭受冻害。土壤横向传热占温室总失热的 5%～10%。

（二）了解日光温室保温设计的思路

日光温室的保温设计主要是采取多种措施减少热量由内向外的散失，即针对不同的放热途径和原因采取相应的预防措施。

1. 减少贯流放热

（1）增大保温比。保温比是温室内的土壤面积 S 与覆盖及维护结构表面积 W 的比值，其最大值为 1。保温比越小，说明覆盖物及围护结构的表面积越大，室内外空气的热交换面积越大，保温能力越低。因此，在覆盖面积相同的情况下，温室越高大，保温能力越差。一般单栋温室的保温比为 0.5～0.6，连栋温室为 0.7～0.8。

（2）增加墙体厚度。鞍山市园艺研究所对墙体厚度与保温性能进行了研究，采用 3 种不同厚度的土墙：①土墙厚 50cm，外覆一层薄膜；②土墙厚 100cm；③土墙厚 150cm，其他条件相同。其结果表明，自 1 月上旬至 2 月上旬，②比①室内最低气温高 0.6～

0.7℃，③比②室内最低气温高 0.1～0.2℃。室内最高气温差分别为 0.2～0.5℃和 0.1～0.3℃。由此可看出，随着墙体厚度的增加，蓄热保温能力也增加，但厚度由 50cm 增至100cm，增温明显，由 100cm 增至 150cm，增温幅度不大，也就是实用意义不大。

（3）采用异质复合结构的墙体和后屋面。温室采用异质复合结构的墙体和后屋面较为合理，其保温蓄热性能更好。经研究表明，白天在温室内气温上升和太阳辐射的作用下，墙体成为吸热体，而当温室内气温下降时，墙体成为放热体。其中，墙体内侧材料的蓄热和放热作用对温室内环境具有很大作用。因此，墙体的构造应由 3 层不同的材料构成。内层采用蓄热能力高的材料，如红砖、干土等，在白天能吸收更多的热并储存起来，到夜晚，即可放出更多的热。外层应由导热性能差的材料，如砖、加气混凝土砌块等加强保温。两层之间，一般使用隔热材料填充，如珍珠岩、炉渣、木屑、干土和聚苯乙烯泡沫板等，阻隔室内热量向外流失。

（4）前屋面保温覆盖。前屋面薄膜的导热系数最大。白天，由于有阳光照射，室内可保持较高温度，而夜间前屋面散热最快，所以必须加强保温覆盖，主要覆盖草苫、纸被、保温被等。

2. 减少缝隙放热

在严寒冬季，日光温室的室内外温差很大，即使很小的缝隙，在大温差下也会形成强烈对流交换，导致大量散热。

（1）做好缝隙密封。为了减少缝隙散热，墙体、后屋面建造都要无缝隙，夯土墙、草泥垛墙，应避免分段构筑垂直衔接，应采取斜接的方式。后屋面与后墙交接处，前屋面薄膜与后屋面及端墙的交接处都应注意不留缝隙。前屋面覆盖薄膜不用铁丝穿孔，薄膜接缝处、后墙的通风口等，在冬季严寒时都应注意封闭严密，若发现孔洞应及时堵严。

（2）设置缓冲间或缓冲带。在温室靠门一侧，管理人员出入开闭过程中，难以避免冷风渗入，因此应设置缓冲间（或作业间），室内靠门处张挂棉门帘，室内用薄膜围成缓冲带，防止开门时冷风直接吹到作物上。

3. 减少地中传热

在增加墙体厚度的情况下，温室后部和靠近山墙处的地中横向传热较少，主要是前底脚下的地中横向传导散热量大，对地温影响明显。因此，对前底脚下的土壤进行绝热处理是必要的。

（1）设置防寒沟。在前底脚外挖 50cm 深、30cm 宽的防寒沟，衬上旧薄膜，装入乱草、马粪、碎秸秆或聚苯板等导热率低的材料，培土踩实，可减少温室内热量通过土壤外传，阻止外面冻土对温室的影响，可使温室内土温提高 3℃以上。

（2）做成"半地下式温室"。冬季外界地表向下温度逐渐增高，所以使栽培床面自原地面凹下 30～50cm，有利于保持较高的土温，即采用"室内地面下凹"的方法，将温室做成"半地下式温室"。

（三）了解日光温室保温墙体和后屋面的设计方法

日光温室的主体结构主要指其后墙、山墙和后屋面。在日光温室的几何尺寸确定之后，首先应关注的问题就是温室的墙体和后屋面选择什么材料，以及如何确定材料的厚度。

日光温室的墙体和后屋面都是温室的围护结构。日光温室的围护结构所用的材料，既要有阻止室内热量向外传递的能力（即保温性能），又要有一定的储存热量的能力（即蓄热性能）。围护结构阻止热量传递的能力可用热阻 R 来评价，热阻越大，保温能力越强。室内外温差越大，要求的热阻就越大；满足一定保温要求所必需的最小热阻，叫作围护结构的低限热阻。围护结构所具有的热阻应大于所要求的低限热阻。日光温室围护结构的低限热阻见表 3-8。

表 3-8　　　　　　　　　　　　日光温室围护结构的低限热阻

室外设计温室/℃	低限热阻 R_0/(m² · K/W)	
	后墙、山墙	后屋面
-4	1.1	1.4
-12	1.4	1.4
-21	1.4	2.1
-26	2.1	2.8
-32	2.8	3.5

由多层材料共同组成的围护结构的总热阻可用式（3-15）计算：

$$R_0 = \frac{\delta_1}{\lambda_1} + \frac{\delta_2}{\lambda_2} + \cdots + \frac{\delta_n}{\lambda_n} \tag{3-15}$$

式中　R_0——总热阻；

$\dfrac{\delta_1}{\lambda_1}$——第一层的热阻；

δ_1——第一层材料的厚度，m；

λ_1——第一层材料的导热系数，W/(m·K)；

$\dfrac{\delta_2}{\lambda_2}$——第二层的热阻；

δ_2——第二层材料的厚度，m；

λ_2——第二层材料的导热系数，W/(m·K)；

n——任意层。

常用材料的导热系数值见表 3-9。

表 3-9　　　　　　　　　　　　日光温室常用保温材料的导热系数

材 料 名 称	干容重/(kg/m³)	导热系数/[W/(m·K)]
黏土砖水泥砂浆砌体	1800	0.81
夯实黏土（土墙）	—	0.93
土坯墙	1600	0.70
炉渣	800	0.23
膨胀蛭石	300/200	0.14/0.10
膨胀珍珠岩	200/80	0.07/0.06
稻草	150	0.09
芦苇	—	0.14
聚苯乙烯泡沫塑料板	20	0.046
加气、泡沫混凝土	700/500	0.22/0.19

在确定低限热阻时，必须熟知当地的室外设计温度。温室的室外设计温度指历年最冷日温度的平均值。一般取近 20 年的气象数据作统计，如果当地没有长期气象统计数据，也可采用近 10 年的统计数据。为便于使用，表 3-10 给出了我国北方地区主要城市的温室室外设计温度，对于其他地区，可参考周围附近地区的气象资料，但对于一些区域性气候带应根据当地的实际情况确定室外设计温度。陕西关中平原的室外设计温度可取 -8℃，延安可取 -14℃，榆林可取 -18℃。

按室外设计温度确定了低限热阻之后，我们就可用式（3-14）计算出围护结构的材料厚度。例如，西安地区的室外设计温度为 -8℃，由表 3-8 确定墙体的低限热阻 $R_{0墙} = 1.25 m^2 \cdot K/W$，后屋面的低限热阻 $R_{0屋} = 1.4 m^2 \cdot K/W$，若用聚苯乙烯泡沫塑料板作温室后屋面的保温材料 $[\lambda = 0.046 W/(m \cdot K)]$，则所需的板材最小厚度为

$$\delta = R\lambda = 14 \times 0.046 = -0.06 (m)$$

表 3-10　　　　　　　　　　日光温室的室外设计温度

地　　名	温度/℃	地　　名	温度/℃
哈尔滨	-29	北京	-12
吉林	-29	石家庄	-12
沈阳	-21	天津	-11
锦州	-17	济南	-10
乌鲁木齐	-26	连云港	-7
克拉玛依	-24	青岛	-9
银川	-18	徐州	-8
兰州	-13	郑州	-7
西安	-8	洛阳	-8
呼和浩特	-21	太原	-14

若墙体由外向内的构造层次为：120mm 厚砖墙（$\lambda_1 = 0.81$），炉渣保温层（$\lambda_2 = 0.23$），240mm 厚砖墙（$\lambda_3 = 0.81$），则保温层的最小厚度为

$$\delta = \left(R_0 - \frac{\delta_1}{\lambda_1} - \frac{\delta_3}{\lambda_3} \right)\lambda_2 = \left(1.25 - \frac{0.12}{0.81} - \frac{0.24}{0.81} \right) \times 0.23 = 0.19 (m)$$

对于吸水性强的材料，因其吸水后导热系数会增大，故实际采用的厚度应大于计算得到的最小厚度。

二、设计日光温室保温墙体

日光温室的墙体在白天吸收并蓄积热量，在夜间缓慢地将热量释放到室内，使室内气温保持在较高水平。因此，在设计建造墙体时，除了要考虑承重强度外，还要考虑材料的导热、蓄热性能和建造厚度、结构。但一般日光温室墙体的保温蓄热是主要问题。为了保温蓄热的需要，一般墙体都较厚，承重一般容易满足要求。

（一）选择墙体材料

墙体材料不仅是影响墙体保温蓄热性能的重要因素，也是影响墙体结构安全、建造成

本和生态环境的重要因素，应在综合考虑建造成本、承载能力、保温蓄热性能和对环境影响程度等因素的基础上进行选择。

常用的墙体材料可以划分为结构材料、保温材料和相变蓄热材料三类。

1. 结构材料

结构材料主要用来建造墙体的受力部件。最常用的结构材料有黏土和实心黏土砖（以下简称"黏土砖"）。这些材料传热系数低、密度和比热容高，具有良好的保温蓄热性能。

（1）黏土。黏土可直接取自日光温室栽培面，获取方便、价格低廉、易于施工。

（2）黏土砖。黏土变形小、施工简单，适宜工厂化和标准化生产，是良好的建筑材料，但该材料造价较高。此外，考虑到黏土砖的生产对耕地的破坏较大，国家颁布多项政策对黏土砖的生产和使用进行了严格限制。因此，从环境保护的角度考虑，应尽量避免使用黏土砖建造日光温室。潜在的黏土砖替代材料有钢渣混凝土砌块、加气混凝土砌块和粉煤灰砖等。

（3）钢渣混凝土砌块。钢渣混凝土砌块是由炼钢废渣、无机胶凝材料、聚苯颗粒等材料制作的混凝土砌块，可减少炼钢废渣对环境的污染。

（4）加气混凝土砌块。加气混凝土砌块是以水泥、石灰、石膏、粉煤灰、锅炉渣等为主要材料制成的多孔轻质混凝土砌块，具有密度小、尺寸大等优点，能提高砌筑效率、减少灰缝砂浆不足所造成的墙体缝隙。

（5）粉煤灰砖。粉煤灰砖由大掺量粉煤灰混凝土制成，具有较好的蓄热性能和防冻性能。

以上三种材料的生产均没有烧结过程，节能环保、造价低廉，拥有广阔的利用前景。除了上述材料外，碎石保温蓄热效果好、抗压强度高，也可用于砌筑日光温室墙体。但碎石密度大、石块形状多样，使得墙体砌筑效率低下，还不适宜大范围推广。

2. 保温材料

聚苯乙烯泡沫板是常用的日光温室墙体保温材料之一。该材料可放置于墙体中间或贴附在墙体外表面来提高墙体保温性能。

其他常用的保温材料还有炉渣、珍珠岩、岩棉、生石灰、土等，这些材料可用于填充墙体空腔以增强墙体的保温性能，减少热量的流失。但是炉渣、珍珠岩、岩棉等材料容易吸湿变潮，导致墙体保温效果变差，珍珠岩吸湿后甚至会发生膨胀，影响墙体承重。

近年来，在我国沙漠边缘地区和北方的稻麦优势种植区出现了一批使用秸秆建造的墙体。秸秆可编织成片材或打捆成块材使用，具有价格便宜、保温效果好、密度低、施工速度快等优点。但是该材料的承重能力差，只能用作墙体的围护结构。另外，秸秆材料蓄热性能差，在防鼠、防虫、防火等方面还存在诸多问题，其推广应用还有待进一步的研究。

3. 相变蓄热材料

相变蓄热材料是通过自身相状态的改变来吸收或释放热量的材料，可显著提高墙体的蓄热能力。目前用于日光温室墙体的相变蓄热材料有 $CaCl_2 \cdot 6H_2O$、$Na_2SO_4 \cdot 10H_2O$、聚乙二醇（PEG）和石蜡等，这些材料可与其他建筑材料制成砌块、板材或砂浆后使用。

常用日光温室墙体材料的热工性能参数见表 3-11。

表 3-11　　　　　　　　　　　　日光温室墙体材料的热工性能

材料名称	密度 ρ /(kg/m³)	导热系数 λ /[W/(m·℃)]	蓄热系数 S_{24} /[W/(m²·℃)]	比热容 c /[kJ/(kg·℃)]
钢筋混凝土	2500	1.74	17.2	0.92
碎石或卵石混凝土	2100~2300	1.28~1.51	13.50~15.36	0.92
粉煤灰陶粒混凝土	1100~1700	0.44~0.95	6.30~11.40	1.05
加气、泡沫混凝土	500~700	0.19~0.22	2.76~3.56	1.05
石灰水泥混合砂浆	1700	0.87	10.79	1.05
砂浆黏土砖砌体	1700~1800	0.76~0.81	9.86~10.53	1.05
空心黏土砖砌体	1400	0.58	7.52	1.05
夯实黏土墙或土坯墙	2000	1.10	13.3	1.10
石棉水泥板	1800	0.52	8.57	1.05
水泥膨胀珍珠岩	400~800	0.16~0.26	2.35~4.16	1.17
聚苯乙烯泡沫塑料	15~40	0.04	0.26~0.43	1.60
聚乙烯泡沫塑料	30~100	0.042~0.047	0.35~0.69	1.38
木材（松和云杉）	550	0.175~0.350	3.9~5.5	2.20
胶合板	600	0.17	4.36	2.51
纤维板	600	0.23	5.04	2.51
锅炉炉渣	1000	0.29	4.40	0.92
膨胀珍珠岩	80~120	0.058~0.07	0.63~0.84	1.17
锯末屑	250	0.093	1.84	2.01
稻壳	120	0.06	1.02	2.01

（二）设计墙体结构

日光温室墙体的构造方式有实体墙、空体墙和复合墙三种。实体墙是由同种材料组成、无空腔的墙体；空体墙是使用同种材料砌筑、内部有空腔的墙体；复合墙是由两种以上材料分层复合而成的墙体。与实体墙相比，空体墙和复合墙不仅保温蓄热性能好、厚度小，还有助于节省材料，提高土地利用效率。

1. 实体墙

生土墙和实体砖墙是最常见的实体墙。

（1）生土墙。生土墙有干打垒土墙和机打土墙两种类型。

1）干打垒墙是使用打夯机将土夯实而成的墙体。该墙体占地小，非常适合降水较少的干旱或半干旱地区，但施工效率低，质量不宜控制。如墙土过干会导致墙土脱落，而过湿则会在墙体风干后引发墙体裂缝，影响保温性。

2）机打土墙是使用挖掘机从栽培面取土，用履带机碾压堆土，最后用挖掘机刮去内侧多余土方而成的宽厚墙体。该类墙体施工速度快、保温蓄热性能好，在我国得到了快速推广。但该墙体占地较多，造墙所需的土方量较大，不仅导致土地利用率低下，而且对土层破坏严重。

　　另外，生土墙受自身材料的影响，其表面容易被风吹、日晒、雨淋及冻胀侵蚀而风化，影响墙体结构强度，耐久性较差。使用沙质土等土质黏结力差的土壤所建造的墙体承载能力差，仅能提供保温蓄热功能。

　　（2）实体砖墙。实体砖墙由黏土砖或其他砌块砌筑而成。与生土墙相比，实体砖墙体占地少、外形美观、承重能力强。但是黏土砖或砌块单块体积小，需要采用人工进行砌筑，不仅施工效率低下，而且砖缝之间的砂浆不易饱满，容易形成贯通缝，影响墙体保温性能。

　　2. 空体墙

　　由于静止空气的传热系数非常小，空体墙空腔内的静止空气能很好地防止热量通过墙体流失。与用砖量相同的实心砖墙相比，空体墙具有更好的保温蓄热性能。但若空腔密封不严，将会导致空腔内空气产生对流运动，使得墙体传热系数增大，墙体保温蓄热性能下降。

　　3. 复合墙

　　复合墙由黏土砖、保温材料或蓄热相变材料等分层复合而成。与相同用砖量的实体砖墙相比，复合墙的蓄热和放热流量较大，有助于提高室内气温。对于复合有保温材料的墙体，可根据保温层所在位置将其划分为夹芯墙和外保温复合墙。

　　（1）夹芯墙。是保温层设置在墙体中间的复合墙，在实际中有较多应用。常用的保温层材料有膨胀珍珠岩、岩棉、生石灰、土、麦秸等松散保温材料或聚苯乙烯泡沫板。

　　与空体墙相比，夹芯墙内部空腔被保温材料填满，可避免空腔密封不严导致的空气流动，有利于提高墙体的保温蓄热性能。根据研究发现，填充的松散保温材料的传热系数越小，室内气温越高。但长时间使用后，松散保温材料可在自重作用下逐渐被压实，使得原本填满的空腔上部重新出现空心，导致墙体保温性能下降。

　　（2）外保温复合墙。其保温层位于墙体外侧。外保温层一方面能增强墙体密封性，消除内侧墙体裂缝对墙体保温蓄热性能造成的影响，另一方面有助于减轻外界环境对墙体的破坏，延长建筑寿命。因此，与实体墙、夹芯墙和空体墙相比，外保温复合墙更有利于提高墙体保温性能，使室内气温保持在较高水平。

　　复合墙保温层所使用的材料主要为聚苯乙烯泡沫板。当黏土砖墙较薄时，聚苯乙烯泡沫板越厚，越有利于墙体的保温，但是当聚苯乙烯泡沫板厚度超过一定程度后，墙体保温性能不再提高。

　　相变蓄热材料层一般设置于复合墙的内表面，可增强墙体在日间蓄积热量，提高其蓄热能力，使室内气温保持在更高的水平。

　　（3）舒乐舍板。一种新型墙体材料。舒乐舍板一般由 50mm 厚的整块阻燃自熄性聚苯乙烯泡沫为板芯，两侧配以 $\phi2.0\pm0.05mm$ 冷拔钢丝焊接制作的网片，中间斜向 45° 双向插入 $\phi2.0mm$ 钢丝，连接两侧网片、采用先进的自动焊接技术焊接而成的钢丝网架聚苯乙烯夹芯板。舒乐舍板现场施工方便，仅需根据设计进行连接拼装成墙体，然后在板两侧涂抹 30mm 厚的水泥砂浆即成墙体。舒乐舍板墙体具有保温、隔热、抗渗透、重量轻、运输方便、施工简单速度快等特点。舒乐舍板适用于工业和民用建筑的承重墙体、非承重墙体，是取代黏土砖的最佳轻质墙体材料。110mm 舒乐舍板相当于 660mm 厚的砖墙。

现在日光温室墙体多采用多层异质复合结构墙体，由内侧蓄热层，中间隔热层和外侧保温层三部分构成。在墙体内侧蓄热层的材料应具有较好的吸热和蓄热性能，即较高的比热容和密度；中间隔热层的材料应轻质、干燥、多孔、具有较低的导热能力；外侧保温层材料应具有极差的导热和散热能力，这样就可以更加有效地保温蓄热，改善温室内环境条件。

（三）设计墙体厚度

1. 实体墙的墙体厚度

实体墙的保温蓄热性能主要受其厚度影响。

（1）对于生土墙来说，其厚度必须达到1～2m才能达到较好的保温蓄热效果。厚度仅有0.5m的生土墙在全天都是吸热体，无法使室内气温保持较高水平。当生土墙厚度超过一定尺寸时，继续增加墙体厚度并不会提高墙体向室内释放的热量。因此，并非生土墙越厚，其保温蓄热性能越好。但实际中盲目扩大生土墙厚度的现象非常普遍，甚至可达到7～9m。

（2）实体砖墙厚度越大，日光温室的室内气温越高。与等厚度生土墙相比，实体砖墙具有更好的保温蓄热效果，但实际中实体砖墙的厚度一般仅0.24～0.6m，远小于生土墙，所以实体砖墙的保温蓄热性能劣于生土墙。

根据经验，土筑墙的厚度要超过当地冻土层的厚度再增加30％以上，如当地冻土层为1m，土筑墙的厚度应达到1.3m以上。据北京地区生产实践证明，节能型温室的墙体厚度，土墙以70～80cm为宜，砖墙以50～65cm为宜，有中间保温隔层的更好。高寒地区多采用墙外培防寒土的方法，增加墙体厚度。

2. 复合墙的墙体厚度

异质复合结构墙体由内侧墙体、外侧墙体和中间夹层三部分组成，通常设计为50墙或60墙。

内侧墙体选择蓄热系数高的材料，如实心砖等，厚度通常为24cm。

外侧墙体选择导热系数低的材料，如空心砖等，厚度通常为12cm（50墙）或24cm（60墙）。

内外两侧墙体间为中间夹层，多填充导热系数低的轻质材料，如空气、珍珠岩、炉渣、聚苯板等，内外墙间的空隙通常为12cm。

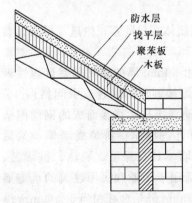

图3-22　后屋面结构示意图

三、设计日光温室后屋面

日光温室的后屋面结构与厚度也对日光温室的保温性能产生影响。其一般由多层组成，有防水层、承重层和保温层（图3-22）。一般防水层在最顶层，承重层在最底层，中间为保温层。保温层的材料通常有秸秆、稻草、炉渣、珍珠岩、聚苯泡沫板等导热系数低的材料。此外，后屋面为保证有较好的保温性，应具有足够的厚度，平均厚度一般应达到墙体厚度的40％以上。在冬季较温暖的河南、山东和河北南部地区，厚度可在30～40cm；东北、华北北部、内蒙古寒冷地区，厚度为60～70cm。

四、设计日光温室防寒沟

通常在温室四周，尤其是前底脚外侧应设置防寒沟，并在沟内填入稻壳、麦秸、锯末、马粪等隔热物，可减少温室内热量通过土壤横向向外传导，同时阻止外面冻土对温室的影响。防寒沟应设在距温室周边0.5m以内，一般深0.5～0.8m，宽0.3～0.5m。也可在温室四周铺设聚苯板保温。

任务四　日光温室承重设计

一、计算日光温室结构设计荷载

（一）了解常用日光温室结构设计荷载组合方法

日光温室结构荷载应依据我国规范《温室结构设计荷载》（GB/T 18622—2002）计算取值，具体方法见本教材项目二"塑料大棚建设"中"计算结构设计荷载"部分。

计算荷载时先计算恒载，恒载除自重外，有作物和吊车荷载时也要计算在内。恒载再和风、雪、地震时的荷载分别进行组合，取其中对结构最不利、最大的荷载为设计荷载（表3-12）。因为农业设施结构较低矮，一般不考虑地震荷载。

表3-12　　　　　　　　我国日光温室的不利荷载组合

序号	荷　载　组　合	发生条件
1	$D+S+K$（前屋面均布）$+P+(V)$	雪后登屋顶卷帘
2	$D+(S+K)$（屋脊集中荷载）$+P+(V)$	湿草苫卷在屋顶
3	$D+W$（南风）$+K$（前屋面均布）$+P+(V)$	刮风卷放草苫
4	$D+W$（北风）$+K$（屋脊集中荷载）$+P+(V)$	刮风卷苫

注　D为恒载；S为雪荷载；K为保温草苫重；P为屋脊集中活荷载；V为植物吊重；W为风荷载；括号内荷载可根据情况选用。

（二）了解西北GJ系列日光温室结构设计荷载的计算方法

西北GJ系列日光温室由西北农林科技大学开发研制，在其结构设计中，对荷载及荷载组合问题充分考虑了当地的气候特点等实际情况。

日光温室所承受的荷载主要有结构自重、作物荷载、雪荷载、风荷载及屋面上人荷载。结构自重包括屋面承重体系和屋面围护结构的自身重量及安装于屋架的设备的重量，一般应按实际情况计算。作物荷载一般是指藤蔓类作物，通过绳索或由藤蔓直接施加于屋架结构的荷载，设计时可根据拟种植作物的种类确定有无该类荷载，如果有，可取$1m^2$种植面积上的作物荷载设计值为15kg。雪荷载是指日光温室屋面积雪对其屋架构件所形成的荷载。我国工业与民用建筑结构设计时，雪荷载的取值可按《建筑结构荷载规范》所提供的全国基本雪压分布图取值，该图中的基本雪压是指30年一遇的最大雪压。但日光温室的使用寿命最长为10～15年，加上冬季正常使用的日光温室由于室内的温度较高，前屋面的贯流散热对屋面积雪有一定的融化作用，而且积雪过厚时还可以进行人工除雪，因而我们设计日光温室屋架时，雪荷载的取值为在全国基本雪压分布图中的相应数值的基础上乘以小于1的系数（可取0.6）。风荷载也是日光温室经常遇到的一种荷载。

就一般的日光温室来讲，除了前屋面肩部以下的部位以外，其余部位的屋面倾角都较小，且在冬季，日光温室的使用地区大多为北风，因而风荷载对日光温室的作用往往使温室前屋面的薄膜和后屋面的围护结构受到内外的张力。这种张力只会引起塑料薄膜的脱落和破坏，以及后坡屋面板连接破坏，而不会危及屋架结构的安全。因此，进行屋架结构的承载能力计算时，可不考虑风荷载的影响。

综上所述、进行日光温室屋面承重体系的结构设计时，可仅考虑结构自重、作物荷载和雪荷载的作用，并按这三类荷载共同作用的情况计算结构的内力，继而进行构件的断面设计。对于风荷载的作用，可采用增加压膜线和加强后坡屋面构件的联结强度等措施来保证围护结构的安全。

根据陕西省各地基本雪压的分布特点（关中及陕北的大多数地区基本雪压为20kg/m²，个别地方25kg/m²，陕南基本雪压较小），并考虑到陕西省适宜发展日光温室的地区为陕北和关中大部分地区的实际情况，西北农林科技大学依据上述的荷载取值及荷载组合原则，进行了大量的分析计算，提出了西北GJ系列日光温室的结构标准化设计方案。这些设计方案适合于陕西省各地特别是关中和陕北的自然条件，对于西北其他自然条件相近的地区也可参照选用。

二、了解日光温室结构构件设计要求

为保证保护地建筑构件（结构）的正常使用，以确定构件的可靠尺寸，在计算中对构件提出以下三方面的要求：

（1）有足够的强度。构件能够安全地承担外力（荷载）而不致破坏。

（2）有足够的刚度。构件受力后产生的最大变形，应该在规定的范围之内。

（3）有足够的稳定性。构件虽然变形，仍然保持它本来的几何形状，不致突然偏斜而丧失它的承载能力。

三、设计日光温室主要构件——梁

为了保证梁的安全，就要使梁的最大应力不超过它的容许应力 $[\sigma]$，它的最大挠度长度比不超过容许挠度长度比，即要满足梁的强度公式和刚度公式。

$$\sigma_{\max}=\frac{M_{\max}}{W}\leqslant[\sigma] \tag{3-16}$$

$$\frac{f_{\max}}{L}\leqslant\left[\frac{f}{L}\right] \tag{3-17}$$

式中 $M_{\max}$——梁的最大弯矩。

当已知荷载和容许应力，而需要设计梁的截面时，可先算出所需的截面抵抗矩 W。

$$W=\frac{M_{\max}}{|\sigma|} \tag{3-18}$$

然后选择截面的形状和尺寸，对于型钢梁就是选择型钢的号码，型钢号一经选定，截面的尺寸和各项几何特性也就确定了。

【例 3-1】 温室的檩条跨度 $L=4\text{m}$，两端支承在屋架上 [图 3-23（a）]，此檩条承受由屋面阴影部分传来的荷载，设每米长承受的荷载是 3kN/m，檩条系用 3 条槽钢，其容许应力为 $[\sigma]=17\text{MPa}$，试选槽钢规格。

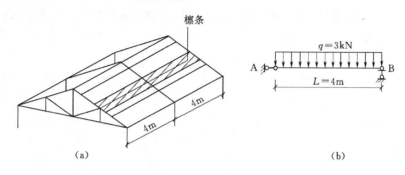

图 3-23 简支梁的计算

解： 因为檩条两端支承在屋架上，所以可以作为一根简支梁来设计，如图 3-23（b）。先算出支座反力，各等于梁上总荷载的一半。

$$R_A=R_B=\frac{qL}{2}=\frac{3000\times4}{2}=6000（\text{N}）$$

再求梁的最大弯矩，在两端为铰支座的简支梁受均布荷载的情况下，根据计算，它的最大弯矩产生在梁跨度的中点，其值为

$$M_{\max}=\frac{qL^2}{8}=\frac{1}{8}\times3000\times4^2=6000（\text{N}\cdot\text{m}）$$

$$W\geqslant\frac{M_{\max}}{[\sigma]}=\frac{6000}{17\times10^6}=353（\text{cm}^3）$$

根据 W 和 $[\sigma]$ 查型钢规格表，选用 28b 槽钢，其截面抵抗矩是 366.46cm^3。

前面曾提到梁只有足够的强度是不行的，还必须有足够的刚度，才能保证梁的正常工作。那么怎样检查构件的刚度够不够呢？这跟强度的计算相仿，先算出构件在荷载作用下产生的最大变形，对梁来说是最大挠度或转角。在一般工程计算中，只验算挠度就可以了，然后再看看这个变形的数值是否在规定的容许数值范围内，如果在这个范围以内，就说明梁具有足够的刚度。

【例 3-2】 现在仍以前面的简支檩条为例，选用的 10 号槽钢的 I 值，由型钢规格表中查出 $I=198.3\text{cm}^4$。若规定的容许挠度长度比 $\left[\dfrac{f}{L}\right]=\dfrac{1}{150}$，试校核这根檩条的刚度。

解： 已知 $q=3000\text{N/m}$，$L=4\text{m}$，$E=2.1\times10^5\text{MPa}$（弹性模量），$I=1.983\times10^{-6}\text{m}^4$，将这些数值代入简支座单跨梁的挠度计算公式中

$$f_{\max}=\frac{5qL^4}{384EI}=\frac{5\times3000\times4^4}{384\times2.1\times10^5\times10^6\times1.983\times10^{-6}}=0.024（\text{m}）$$

$$\frac{f_{\max}}{L}=\frac{0.024}{4}=\frac{1}{166.7}<\left[\frac{f}{L}\right]=\frac{1}{150}$$

即计算挠度长度比小于容许挠度长度比,满足刚度要求。

如果算出来挠度长度比$\frac{f_{\max}}{L}>\left[\frac{f}{L}\right]$,则需另选槽钢,再进行验算。

为了计算方便,表3-13给出几种常用简支梁的最大剪力、弯矩和挠度的计算公式。

表3-13　　　　　　　　　　　　　梁的最大剪力、弯矩和挠度计算公式

荷载简图	剪力 Q/kN	弯矩 $M/(\mathrm{kN \cdot m})$	挠度 f/m
集中荷载 $L/2$，L	$Q=\dfrac{p}{2}$	$M=\dfrac{PL}{4}$	$f=\dfrac{PL^2}{48EI}=\dfrac{ML^2}{12EI}$
两点集中荷载 $L/3,L/3,L/3$，L	$Q=p$	$M=\dfrac{PL}{3}$	$f=\dfrac{23PL^2}{648EI}=\dfrac{ML^2}{9.4EI}$
均布荷载 q，L	$Q=\dfrac{qL}{2}$	$M=\dfrac{qL^2}{8}$	$f=\dfrac{5qL^4}{384EI}$
悬臂集中荷载 a，L	$Q=p$	$M=Pa$	$f=\dfrac{Pa^2}{6EI}(3L-a)=\dfrac{Ma(3L-a)}{6EI}$
悬臂端集中荷载 P，L	$Q=p$	$M=PL$	$f=\dfrac{PL^3}{3EI}=\dfrac{ML^2}{3EI}$
悬臂均布荷载 q，L	$Q=qL$	$M=\dfrac{qL^2}{8}$	$f=\dfrac{qL^2}{8EI}=\dfrac{ML^2}{4EI}$

注 以上内容引自《中国蔬菜栽培学》。

一般温室檩条多采用型钢(槽钢、工字钢或薄壁型钢),也有的采用角钢和钢筋组合成的格架式檩条(图3-24)。格架式檩条比一般槽钢用材少,但加工比较复杂。

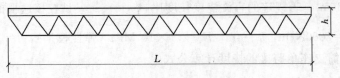

图3-24　格架式檩条

格架式檩条的截面高度 h，可取其跨度的 $\frac{1}{20} \sim \frac{1}{12}$。满足上述高跨比的格架式檩条只验算强度即可，一般不再进行挠度计算。

四、设计日光温室主要构件——柱

柱是一种受压构件，在温室、塑料大棚中柱的作用是把屋面上层结构的荷载传递给基础，其他构件依靠柱的支持作用构成使用空间。

柱的计算和设计，除要满足强度条件外，还需进行稳定性的计算。

1. 了解结构稳定问题

如去压一根短而粗的木杆，直至压坏，木杆也不会弯曲，这叫强度破坏。如去压一根长而细的木杆，即使用的力还不很大，杆却会突然发生弯曲，甚至弯断。我们把这种直杆在轴向压力下不能保持其原来的直线受压变形状态，而突然发生新的压弯变形甚至弯断的现象叫作压杆的失稳。

通常把构件在荷载的作用下，不能维持原有形式的受力与变形状态而突然发生新形式的受力与变形状态的现象叫作失稳。

所以，为了使受压构件既不会因为丧失稳定而破坏，也不至于过多地使用材料（加大截面尺寸，空间支撑等），就必须研究受压构件的稳定理论。

2. 了解压杆产生压弯的失稳现象

压杆稳定问题反映了荷载与材料弹性抗力之间的矛盾。物体在外力作用下，伴随着变形的发生，同时产生内力，这种内力又力图保持（或恢复）物体原有形状而抵抗变形，故把内力又称为抗力。

（1）柱子受力状况。

如图 3-25（a）所示：柱子所承受的外力通过柱子的轴心时，称轴心受压柱。

如图 3-25（b）、（c）所示：柱子所承受的外力不通过轴心，或者虽通过轴心，但同时又受到弯矩作用时，称偏心受压柱。

温室、塑料大棚中的构件，由于荷载较小，高度较低，为简化计算，多数按照轴心受压柱进行设计计算。

（2）柱子受压失稳。如图 3-26 所示：图 3-26（a）为受轴心压力 P 的直杆，当轴

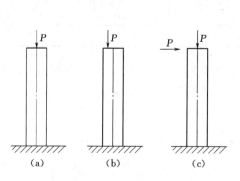

图 3-25　柱子受力状况

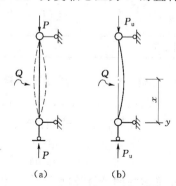

图 3-26　柱子受压失稳

向压力 P 不大时，压杆保持直线状态，这时如受微小横向力 Q 干扰，压杆会发生微弯，但 Q 一消失，压杆又恢复原状，压杆状态是稳定的。

图 3-26 (b) 为压力 P 逐渐增加到某一数值 P_{1j} 时，如受到 Q 干扰力影响压杆会发生弯曲，即使 Q 消失，压杆也不能恢复原来直线状态，继续保持微弯状态，虽然此时外力 P_{1j} 与材料的弹性抗力处于势匀力敌的临界平衡状态，一旦轴向压力 P_{1j} 稍有增加，会使压杆受到变形弯曲甚至弯折。所以，通常我们把压杆能够保持其微弯状态的平衡状态，叫作临界平衡状态，并且把在临界平衡状态下的压力叫作临界压力或临界荷载，用 P_{1j} 表示。

3. 了解细长压杆的临界力

通过材料力学推导，对于具有各种不同杆端支承的压杆，其临界力公式（欧拉公式）可归纳为下面的统一形式：

$$P_{1j} = \frac{\pi^2 EI}{L_0^2} \tag{3-19}$$

式中　L_0——杆的计算长度或自由长度（注：L 则是杆的实际长度），L_0 取值可查表 3-14；

　　　　E——弹性模量，表示材料抵抗弹性变形的能力，GPa；

　　　　I——惯性矩；

　　　　P_{1j}——与压杆的几何尺寸、杆端的支承情况以及材料的弹性模量 E 有关，表 3-14 反映出杆端支承方式不同，相应的临界力计算式也不同。

表 3-14　　　　　　　　　　　杆端支承方式与相应的临界力和计算长度

杆端支承情况	两端铰接	一端固定 一端自由	两端固定	一端固定 一端铰接
压杆图形				
临界力	$P_{1j} = \dfrac{\pi^2 EI}{L^2}$	$P_{1j} = \dfrac{\pi^2 EI}{(2L)^2}$	$P_{1j} = \dfrac{\pi^2 EI}{(0.5L)^2}$	$P_{1j} = \dfrac{\pi^2 EI}{(0.7L)^2}$
计算长度	$L_0 = L$	$L_0 = 2L$	$L_0 = 0.5L$	$L_0 = 0.7L$

【例 3-3】　有一支承混凝土模板的圆截面木支柱长 $L=4m$，其横截面的平均直径 $d=120mm$，木材的 $E=10GPa$，若材料处于弹性阶段，试求此受压木柱的临界力。

解：（1）计算柱截面的惯性矩。

$$I = \frac{\pi d^4}{64} = \frac{\pi \times 120^4}{64} = 10.2 \times 10^6 mm^4 = 10.2 \times 10^{-6} (m^4)$$

（2）确定柱的计算长度。

由于模板支柱是随时装拆的临时构件，其两端可看作是铰接，故柱的计算长度 $L_0 =$

$L=4\text{m}$。

（3）计算支柱的临界力。

$$P_{1j}=\frac{\pi^2 EI}{L_0^2}=\frac{\pi^2\times10\times10^9\times10.2\times10^{-6}}{4^2}$$

$$=63\times10^3(\text{N})=63(\text{kN})$$

4. 了解压杆的临界应力

临界应力就是在临界力作用下，压杆横截面上的平均正应力。

假定压杆的横截面面积为 A，则临界应力：

$$\sigma_{1j}=P_{1j}/A=\frac{\pi^2 EI}{L_0^2 A} \tag{3-20}$$

令　　　　　　　$I/A=r^3$ 代入 $\sigma_{1j}=\frac{\pi^2 E}{L_0^2}r^2=\frac{\pi^2 E}{\left[\dfrac{L_0}{r}\right]^2}$

$r=\sqrt{\dfrac{1}{A}}$ 叫作截面的惯性半径或回转半径，这是一个与截面形状和尺寸有关的参数。各种型钢的惯性半径可以从型钢表中查出（表 3-16）。

令 $\lambda=\dfrac{L_0}{r}$，则

$$\sigma_{1j}=\frac{\pi^2 E}{\lambda^2} \tag{3-21}$$

λ 叫作杆的长细比，它能反映杆端支承情况，杆的尺寸和横截面形状等因素对压杆临界应力的综合影响。

从公式可知，σ_{1j} 与 λ 的平方成反比，λ 越大，它的临界应力就越低，越容易失去稳定性，所以，长细比是反映压杆稳定的重要标志。

为了保证受压杆能够安全地工作，在处理实际问题时，不能使杆的实际应力达到材料的极限应力 σ_{1j}，材料的容许应力：

$$[\sigma]=\frac{\sigma_s}{k} \tag{3-22}$$

式中　k——强度安全系数。

同样在处理稳定问题时，也不能使压杆的实际应力达到临界应力 σ_{1j}，必须确定一个稳定安全系数 k_r，使实际应力不超过稳定的容许应力。压杆稳定的容许应力：

$$[\sigma_{1j}]=\frac{\sigma_{1j}}{k_y} \tag{3-23}$$

一般 k_y 大于 k，对一般钢构件 k 规定为 $1.4\sim1.7$，而 k_y 为 $1.5\sim2.2$，而一般说来，k_y 是随着压杆长细比 λ 的增大而增大的。

为了计算方便，我们求出 $[\sigma_{1j}]$ 与 $[\sigma]$ 之比，叫压杆的弯曲系数并用 φ 表示。

$$\varphi = \frac{[\sigma_{1j}]}{[\sigma]} \qquad\qquad (3-24)$$

则压杆的稳定条件：

$$\sigma = P/A \leqslant [\sigma_{1j}] \qquad \sigma = P/A \leqslant \varphi[\sigma] \qquad\qquad (3-25)$$

从式（3-25）可见：临界应力 σ_{1j} 不应该大于极限应力 σ_{jx}，同时稳定安全系数 k_y 又大于强度的安全系数 k，所以 φ 是小于 1 的值，称为轴心受压稳定系数，又称轴心管压杆的纵向弯曲系数，另外，还可以从式（3-25）得知：稳定的容许应力 $[\sigma_{1j}]$ 总是比强度的容许应力 $[\sigma]$ 要小，所以，对于压杆，如果它的稳定性已经得到满足，一般情况下就不需要核算强度，只有当它的截面有削弱时，才用公式 $\sigma = P/A \leqslant [\sigma]$ 核算杆件的强度。

φ 取决于长细比 λ，在一般的钢结构计算手册中，可以从稳定系数表中查出。按照设计规定，柱的容许长细比不得超过 150，设计中一般取 70~100，根据稳定系数表可知，3号钢的稳定系数的取值范围是 0.604~0.789。

对钢压杆的纵向弯曲系数 φ，为了实用上的方便，在《钢结构设计规范》（GB 50017—2014）中，给出了它的数值，见表 3-15，可供查用。

表 3-15 　　　　　　　　　　　　轴心受压杆的纵向弯曲系数

长细比 λ	2号钢和3号钢	16锰钢	长细比 λ	2号钢和3号钢	16锰钢
0	1.000	1.000	130	0.401	0.279
10	0.995	0.993	140	0.349	0.242
20	0.981	0.973	150	0.306	0.213
30	0.958	0.940	160	0.272	0.188
40	0.927	0.895	170	0.243	0.168
50	0.888	0.840	180	0.218	0.151
60	0.842	0.776	190	0.197	0.136
70	0.789	0.705	200	0.180	0.124
80	0.731	0.627	210	0.164	0.113
90	0.669	0.546	220	0.151	0.104
100	0.604	0.462	230	0.139	0.096
110	0.536	0.384	240	0.129	0.089
120	0.446	0.325	250	0.120	0.082

5. 设计压杆横截面

在按稳定条件 [式（3-25）] 设计压杆的截面尺寸时，一般是已知杆的计算长度 L_0、杆的轴向压力 N 和材料的容许应力 $[\sigma]$，但横截面积 A 和纵向弯曲系数 φ 都是未知的，为了确定 A 必须知道 φ，然而 φ 又取决于长细比 λ，λ 又取决于截面的惯性半径 r，r 又取决于横截面的形状和面积 A。由此可见，A 与 φ 这两个量值是相互依赖的，因此，在选择压杆的截面积时就必须采用试算的方法。

第一种方法：

（1）先假定一长细比 λ，并且由它查出一相应的 φ 值（例如对钢压杆可以由表 3-15 查出相应的 φ 值），然后再利用式（3-25）求得初选所需要的压杆横截面面积 A。

关于 λ 值的假定，可以根据实践经验在一定的范围内来进行，例如：对 $L_0 = 5 \sim 6\text{m}$ 的钢压杆，当荷载 $N \leqslant 15\text{kN}$ 时，可以假定 $\lambda = 80 \sim 100$；当 $N = 30 \sim 35\text{kN}$ 时，可以假定 $\lambda = 60 \sim 70$。

（2）根据假定的 λ 求得截面所需要的惯性半径 $r = L_0 / \lambda$，再根据 r 和初选的 A，并且利用已有的规格图表（例如对于钢压杆，可以利用型钢表或表 3-16）和实践经验选择型钢的号码或求得截面的周边尺寸（例如 h 和 b，D 和 d）。对于薄壁截面压杆，则还要根据初选的截面面积 A 和截面的周边尺寸 h 和 b，进一步选定翼缘和腹板的厚度。

表 3-16　　　　　　　　　　　　　截面惯性半径的近似值

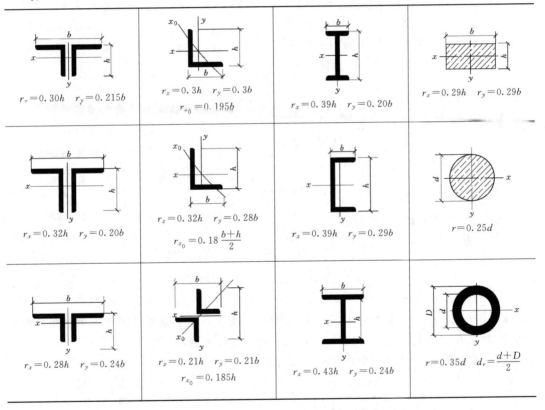

（3）在选定了压杆的截面尺寸以后，必须重新进行稳定验算。即按照选定的尺寸重新计算压杆的长细比 λ，并且求出相应的 φ 值，再按式（3-25）验算是否满足稳定条件。如果满足，又不是过于安全，则所选定的截面即为所需要的截面；如果不满足或截面设计得过于安全，就应该参考验算结果，重新假定 λ 值，再按上述步骤进行计算，直到稳定要求得到满足又不是过于安全为止。

第二种方法：

（1）先假定一个 φ 值（一般是假定 $\varphi = 0.5$），再用式（3-25）求得初选的 A。

（2）根据初选的 A，利用已有的图表（例如型钢表或表 3-16）或根据实践经验选择型钢号码或求得截面的具体尺寸。

（3）根据选定的截面尺寸，查得或算得惯性半径 r，算出压杆的长细比 λ。根据 λ 重新计算 φ 值。如果这个 φ 值和在（1）中假定的 φ 值相差较大，则需在这两个 φ 值之间再选一个 φ 值，重复以上步骤进行计算，直到求到的 φ 值与假定的 φ 值较接近为止。最后，根据求得的 φ 值，按式（3-25）验算是否满足稳定条件。如果满足，又不过于安全，则所选的截面就是所需的截面。如果不满足或过于安全，就应参考验算结果，对截面尺寸做适当的调整，然后再进行验算，直到满足要求为止。

【例 3-4】　一单层温室的立柱高度为 3m，轴心压力经计算为 $P=50$kN，拟用 3 号圆钢管支承，柱两端均为铰接，试选用钢管直径及壁厚，取 $[\sigma]=160$MPa。

解： 因为柱两端为铰接，它的计算长度与几何长度相同，即 $L_0=L=3$m。

先假定 $\lambda=90$，根据轴心稳定系数表（表 3-15）知 $\varphi=0.669$，由式（3-25）得

$$A=\frac{P}{\varphi[\sigma]}=\frac{50000}{0.669\times160\times10^6}=4.67\times10^{-4}(\text{m}^2)=4.67(\text{cm}^2)$$

又

$$r=\frac{L_0}{\lambda}=\frac{3}{90}=3.3\times10^{-2}(\text{m})$$

根据表 3-16，可知：　　　　　　$d+D=18.86$（cm）

圆环形面积　　　　　　　　$A=0.785(D^2-d^2)$

可得　　　　　　　　　　$D=9.59$cm，$d=9.27$cm

$d-D=0.32$cm，即壁厚为 1.6mm。

验证：

$$\lambda=\frac{30}{r}=\frac{300}{3.3}=90.9$$

查表 3-15 得，$\varphi=0.663$。

$$\sigma=\frac{P}{A}=\frac{50000}{4.67\times10^{-4}}=105.49(\text{MPa})$$

$$\varphi[\sigma]=0.663\times160=106.08(\text{MPa})$$

满足要求，故选 $\phi95.9\times1.6$ 的圆钢管。

【例 3-5】　有一根长 4m 的工字钢（2 号钢）支柱，上下端都是固定支承，在顶端承受的压力为 $P=230$kN，$[\sigma]=140$MPa，试选择此支柱的截面。

解： 首先假定 $\varphi=0.5$，由式（3-25）得

$$A=\frac{P}{\varphi[\sigma]}=\frac{230\times10^3}{0.5\times140\times10^6}=32.9\times10^{-4}(\text{m}^2)=32.9(\text{cm}^2)$$

从型钢表中查得 20a 工字钢的 $A=35.5\times10^2\text{mm}^2$，$r=2.12cm=21.2$mm，故

$$\lambda=\frac{L_0}{r}=\frac{L}{2r}=\frac{4000}{2\times21.2}=94.3$$

从表 3-15 中查得相应的 $\varphi=0.641$，这和上面假定的 $\varphi=0.5$ 相差较大，必须重新计算，再假定

$$\varphi=\frac{1}{2}\times(0.5+0.641)\approx0.60$$

由式（3-25）算出

$$A=\frac{230\times10^{3}}{0.6\times140\times10^{6}}=27.4\times10^{-4}(\text{m}^2)=27.4(\text{cm}^2)$$

从型钢表中查得 18 号工字钢的

$$A=30.6\text{cm}^2=3060\text{mm}^2$$

$$r_{\min}=2.00\text{cm}=20\text{mm}$$

$$\lambda=\frac{4000}{2\times20}=100$$

从 φ 系数表中查得相应的 $\varphi=0.604$，这和上面的假定值非常接近，故决定采用 18 号工字钢。

再按照稳定条件进行核算：

$$\varphi[\sigma]=0.604\times140=84(\text{MPa})$$

$$\sigma=\frac{230\times10^{3}}{3060\times10^{-6}}=75.2(\text{MPa})\leqslant84(\text{MPa})$$

不会失稳。

五、设计日光温室主要构件——拱

一般大棚结构多采用拱，拱是一种曲线形的结构，但是曲线的外形并不是它的主要特征，因为梁也有曲线形的，如图 3-27 所示。拱在竖向荷载作用下的水平反力方向是指向内的，常称为推力。由于这种推力的存在，拱结构任意截面内的弯矩，将比相当的梁在相同截面内的弯矩小。因而拱结构一般比梁结构经济，因此，拱结构可以跨越较大的跨度。

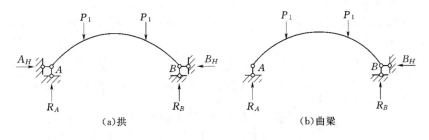

(a)拱　　　　　　　　　　　(b)曲梁

图 3-27　拱和曲梁

拱的结构型式有三种：三铰拱、两铰拱和无铰拱。如图 3-28 所示。

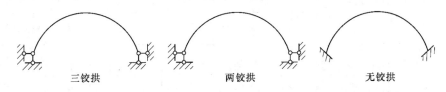

三铰拱　　　　　两铰拱　　　　　无铰拱

图 3-28　拱的结构型式

一般大棚采用的是两铰圆弧拱，两铰拱的优点是由于两端是铰支座，因此支承反力作用点的位置确定，计算比较简单。同时支承产生竖向沉陷时，两铰拱也不受什么影响（支座有水平变位时将引起两铰拱的内力）。常见拱多为圆弧拱和抛物线拱，为方便计算，可依据表3－17和表3－18所给公式直接求出相应内力值。

1. 双铰拱（图3－29）的计算

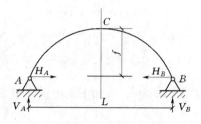

图 3－29 双铰拱

（1）双铰圆拱的计算见表3－17。

表 3－17 　　　　　双 铰 等 截 面 圆 拱 计 算 表

简　图	项目	f/L					乘数
		0.1	0.2	0.3	0.4	0.5	
	V_A	0.50000	0.50000	0.50000	0.50000	0.50000	qL
	H_A	1.24298	0.61053	0.39464	0.28269	0.21221	qL
$V_A=V_B$；$V_C=0$；$H_A=H_B=H_C$	M_C	0.00070	0.00289	0.00661	0.01192	0.01890	qL^2
	V_A	0.25000	0.25000	0.25000	0.25000	0.25000	$qL/2$
	V_B	0.75000	0.75000	0.75000	0.75000	0.75000	$qL/2$
	H_A	0.62149	0.30527	0.19732	0.14135	0.10611	qL
$V_A=V_C$；$H_A=H_B=H_C$	M_C	0.00035	0.00145	0.00330	0.00596	0.00915	qL^2
	V_A	1.00000	1.00000	1.00000	1.00000	1.00000	G
	V_B	2.15835	1.16714	0.71335	0.47213	0.31831	G
$V_A=V_B$；$V_C=0$；$H_A=H_B=H_C$	M_C	0.00087	0.00376	0.00843	0.01474	0.02404	GL
	G	0.51323	0.55713	0.61248	0.69161	0.78540	gdL
	V_A	0	0	0	0	0	qf
	H_A	−0.42978	−0.42767	−0.42659	−0.42549	−0.42441	qf
$V_A=V_B$；$V_A=H_B$；$H_C=H_A+qf$	M_C	−0.00702	−0.01447	−0.02202	−0.02981	−0.03779	qfL

简　图	项目	f/L					乘数
		0.1	0.2	0.3	0.4	0.5	
$V_B=-V_A$；$V_C=V_A$；$H_C=H_A$	V_A	0.0500	0.10000	0.15000	0.20000	-0.25000	qf
	H_A	0.28510	0.28616	0.28671	0.28726	0.28779	qf
	H_B	-0.71490	-0.71384	-0.71329	-0.71274	-0.71221	qf
	M_C	-0.00351	-0.00723	-0.01101	-0.01490	-0.01890	qfL
$V_A=V_B=V_C$；$H_A=H_B=H_C$	V_A	0.50000	0.50000	0.50000	0.50000	0.50000	P
	H_A	1.93700	0.94439	0.60412	0.42796	0.31831	P
	M_C	0.05630	0.6112	0.06876	0.07882	0.09085	PL

（2）双铰抛物线拱的计算见表 3 − 18。

表 3 − 18　　　　　　　　　　双铰抛物线拱计算表

荷　载　形　式	反　力　和　弯　矩
a/L　　$a\leqslant L/2$	$H_A=H_B=0.625\dfrac{PL}{f}K(a-2a^3+a^4)$ $V_A=P(1-a)\quad V_B=Pa$ $M_C=\dfrac{PL}{8}[4a-5K(a-2a^3+a^4)]$
$L/2$	$H_A=H_B=\dfrac{25}{128}\dfrac{PL}{f}K\quad V_A=V_B=\dfrac{1}{2}p$ $M_C=\left(0.25-\dfrac{25}{128}K\right)PL$
aL　　$a\leqslant L/2$	$H_A=H_B=\dfrac{qL^2}{16f}K(5a^2-5a^4+2a^5)$ $V_A=qaL\left(1-\dfrac{a}{2}\right)$ $V_B=\dfrac{qL}{2}a^2\quad M_C=\dfrac{qL^2}{4}\left[a^2-\dfrac{K}{4}(5a^2-5a^4+2a^5)\right]$
$L/2$ ... L/a	$H_A=H_B=\dfrac{qL^2}{16f}K\quad V_A=-\dfrac{3}{8}qL\quad V_B=\dfrac{1}{8}qL$ $M_C=\dfrac{qL^2}{16}(1-K)$ $K=1\quad M_C=0\quad M_m=\left(\dfrac{1}{16}-\dfrac{3}{64}K\right)qL^2$

荷 载 形 式	反 力 和 弯 矩
（均布荷载 q，拱 A、B、C）	$H_A = H_B = \dfrac{qL^2}{8f}K$ $V_A = V_B = \dfrac{qL}{2}$　$M_C = \dfrac{qL^2}{8}(1-K)$　当 $K=1$，$M_C=0$
（无拉杆）	$H_A = -0.401qf,\ H_B = 0.099qf$ $V_A = -V_B = -\dfrac{qf^2}{6L}$　$M_C = -0.0159qf^2$
（有拉杆）	$V_A = -V_B = -\dfrac{qf^2}{2L}$　$H = -qf$ $Z = \dfrac{16qf^2}{7(8f+15\beta)}$　$M_C = \dfrac{qf^2}{4} - Zf$
（有拉杆）	$V_A = -V_B = -\dfrac{qf^2}{2L}$　$H = qf$　$Z = \dfrac{40qf^3}{7\times(8f^2+15\beta)}$ $M_C = -\dfrac{3}{4}qf^2 - Zf$
（有拉杆）	$V_A = V_B = 0$　$H = W$　$Z = \dfrac{8Wf^2}{8f^2+15\beta}$ $M_C = -(W+Z)f$

注　1. 拱截面惯性矩的变化：$I_x = \dfrac{I}{\cos a}$

式中　I_x——任意截面 x 处的截面惯性矩；

　　　　I——拱顶的截面惯性矩；

　　　　a——截面 x 处拱轴线切线的倾角。

2. 拱为等截面时，下表结果可近似采用。

3. 表中结果除特别注明者外，对有拉杆和无拉杆都适用。

除图 3-29 所示者外，其他符号含义如下：

V_C、H_C、M_C——拱顶 C 点的剪力、轴向力及弯矩；拱截面的宽度为单位长；

　　　　G——半跨拱的自重；

　　　　g——拱体材料的自重；

　　　　d——拱的截面高度；

　　　　g_1——拱背填充材料的自重。

表 3-18 中的 K 按表 3-19 采用，根据是否需要考虑拱身内的轴力对变位的影响及拱在拱脚是否具有拉杆，分别采用不同的 K 值。系数 K 只考虑单位变位（即赘余力公式的分母）有轴力影响。K 式中的 n 是与 f/L 有关的系数，见表 3-20。

表 3-19	K 的 计 算 公 式	
条　件	无　拉　杆　时	有　拉　杆　时
考虑轴力影响时	$K=\dfrac{1}{1+\dfrac{15nI}{8Af^2}}$	$K=\dfrac{1}{1+\dfrac{15nI}{8f^2}\left(\dfrac{nI}{A}+\beta\right)}$
不考虑轴力影响时	$K=1$	$K=\dfrac{1}{1+\dfrac{15\beta}{8f^2}}$

注　表中其他符号的意义为

$$\beta=EA/E_1A_1$$

式中　E、E_1——拱体和拉杆的弹性模量；
　　　A、A_1——拱顶处拱体的截面积和拉杆的截面积。

表 3-20				n 的 值					
f/L	1/4	1/5	1/6	1/7	1/8	1/9	1/10	1/15	1/20
n	0.7852	0.8434	0.8812	0.9110	0.9306	0.9424	0.9521	0.9706	0.9888

【例 3-6】　图 3-30 所示等截面双铰半圆拱，跨度 $L=$ 1.35m，矢高 $f=0.675$m，拱身截面高 $d=15$cm，沿拱长取 1m 宽度进行计算。拱身材料为混凝土，重力密度 $g=24$kN/m^3，承受均布恒载 $q_2=20$kN/m（不包括拱身自重），左半跨均布活荷载 $q_1=10$kN/m。求拱脚 A、B，拱顶 C 及 1/4 弧长 D 处的反力和内力。

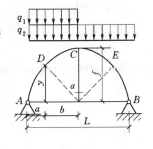

图 3-30

解：1. 拱脚 A、B 处的支座反力及拱顶 C 截面的内力：

$$f/L=0.675/1.35=0.5$$

由表 3-17 查得：

自重　　$G=0.7854gdL=0.7854\times24\times0.15\times1.35=3.82$(kN)（半跨）

支座反力　　$V_A=0.50q_2L+0.75\left(\dfrac{q_1L}{2}\right)+1.0G$

$$=0.5\times20\times1.35+0.75\times\dfrac{10}{2}\times1.35+1\times3.82=22.37\text{(kN)}$$

$$V_B=0.50q_2L+0.25\left(\dfrac{q_1L}{2}\right)+1.0G$$

$$=0.5\times20\times1.35+0.25\times\dfrac{10}{2}\times1.35+1\times3.82=19.01\text{(kN)}$$

$$H_A=H_B=H=0.212q_2L+0.106q_1L+0.318G$$

$$=0.212\times20\times1.35+0.106\times10\times1.35+0.318\times3.82=8.37\text{(kN)}$$

拱顶 C 截面内力：

$$M_C=0.019q_2L^2+0.00915q_1L^2+0.024GL$$

$$=0.019\times20\times1.35^2+0.00915\times10\times1.35^2+0.024\times3.82\times1.35=0.9\text{(kN·m)}$$

$$V_C=0.25\times\left(\dfrac{q_1L}{2}\right)=0.25\times10/2\times1.35=1.69\text{(kN)}$$

$$N_C=H=8.37\text{kN}$$

2. 1/4 弧长截面 D 处的内力

双铰拱为一次超静定结构，但当支座处水平推力 H 求出后，其余力都可由静力平衡条件求得，拱轴上任一截面的内力即可由三铰拱内力公式来计算。

1/4 弧长截面 D 处的坐标及拱轴切线的倾角为：

$$\alpha = 45°；\cos\alpha = \sin\alpha = 0.707；x = a = L/2 - b = 0.675 - 0.477 = 0.198(m)$$

$$y = b = \frac{L}{2}\cos\alpha = 0.675\cos45° = 0.477(m)$$

(1)

$$M_x = M_x^0 - Hy$$

均布恒载时：

$$M_{x_2}^0 = \frac{q_2}{2}L \cdot a - \frac{q_2}{2}a^2 = \frac{20}{2} \times 1.35 \times 0.198 - \frac{20}{2} \times 0.198^2 = 2.28(kN \cdot m)$$

均布活荷载时：

$$M_{x_1}^0 = \frac{3q_1L}{8}a - \frac{q_1}{2}a^2 = \frac{3 \times 10 \times 1.35}{8} \times 0.198 - \frac{10}{2} \times 0.198^2 = 0.81(kN \cdot m)$$

拱体自重沿跨度方向不是均布荷载，为简化计算，折算成两个集中力分别作用在 D 和 E 处，由于自重的影响不大，可略去其误差。

拱体自重下：

$$M_{x_3}^0 = Ga = 3.82 \times 0.198 = 0.76(kN \cdot m)$$

$$M_x^0 = 2.28 + 0.81 + 0.76 = 3.85(kN \cdot m)$$

$$M_D = M_x = 3.86 - 8.38 \times 0.477 = -0.14(kN \cdot m)$$

(2)

$$V_x = V_x^0\cos\alpha - H\sin\alpha$$

$$V_x^0 = \left(\frac{q_2}{2}L - q_2a\right) + \left(\frac{3}{8}q_1L - q_1a\right)$$

$$= \frac{20}{2} \times 1.35 - 20 \times 0.198 + \frac{3}{8} \times 10 \times 1.35 - 10 \times 0.198 = 12.62(kN)$$

$$V_D = V_K = 12.62 \times 0.707 - 8.37 \times 0.707 = 3.0(kN)$$

(3) $\quad N_x = V_x^0\sin\alpha + H\cos\alpha = (12.62 + 8.37) \times 0.707 = 14.84(kN)$

其他截面的内力，也可按此步骤分别求出，从而绘制拱体的 M、V 和 N 内力图。

六、了解常用的温室结构设计软件

（一）PKPM 软件

PKPM 软件是由中国建筑科学研究院建筑工程软件研究所研发的软件。PKPM 是一个系列，除了建筑、结构、设备（给排水、采暖、通风空调、电气）设计于一体的集成化 CAD 系统以外，目前 PKPM 还有建筑概预算系列（钢筋计算、工程量计算、工程计价）、施工系列软件（投标系列、安全计算系列、施工技术系列）、施工企业信息化（目前全国很多特级资质的企业都在用 PKPM 的信息化系统）。

（二）温室结构设计软件 GSCAD

温室结构 CAD 软件 GSCAD（广厦结构计算软件）是 PKPM 软件的一个功能模块，可以完成各种温室结构的快速建模、自动进行截面优化、结构计算、基础设计、材料统计、绘制平面图、立面图、构件详图和零件加工图。

软件将温室结构分为标准形式和非标准形式。标准形式温室有30多种类型，可以自动完成建模、优化、计算、施工图绘制。非标准形式温室需要通过人机交互建立模型，只能完成建模、优化、计算，不能进行施工图绘制。

1. 标准形式温室

五大温室类型标准形式的各种跨度见表3-21。

表3-21 五大温室类型标准形式的各种跨度表

温室类型	形 式	标 准 跨 度/m
日光温室	焊接式	6.5，7，7.5，8，9，10
	装配式	6.5，7，7.5，8，9，10
	几字形钢	8，9
大屋脊结构	PC板覆盖	8，9.6，10
	薄膜覆盖	8，9.6
文洛式结构	PC板覆盖	6.4，8，9.6，10.8，12
	玻璃（单层、双层）覆盖	6.4，8，9.6，12
拱形结构	PC板覆盖	8，9.6
	薄膜覆盖，单层膜	6，8，9.6
	薄膜覆盖，双层膜	8
	薄膜覆盖，充气膜	8，9.6
锯齿形	单锯齿形	9.6
	双锯齿形	9.6

对于标准形式温室，GSCAD软件可以完成以下功能：

（1）快速建模。对于以上五大温室类型的标准形式，软件提供了快速建模功能。在用户选定温室类型，输入温室的跨度、开间、肩高、脊高、覆盖材料、截面类型、荷载等参数后，软件可以快速建立温室结构的三维模型。可以通过平面、立面、透视、实体渲染方式查看结构模型。

（2）荷载自动导算。软件可以自动将屋面恒荷载、活荷载（雪荷载）、风荷载根据荷载传递途径导算到构件和节点。可以通过人机交互进行荷载修改、添加和删除。

（3）结构自动计算。对于檩条、水槽、各榀框架自动进行内力分析和结构计算，计算结果用图形和文本的方式显示。

（4）构件截面优化。根据结构模型和荷载情况，可以进行立柱、组合梁、桁架等构件的截面优化，得到满足设计要求而且用钢量最小的截面尺寸。

（5）施工图绘制。根据结构模型，自动绘制五大温室类型各种标准形式的温室平面图、立面图、构件详图和零件加工图。

（6）通过模板管理，易于扩展。五大温室类型标准形式都通过模板文件和模板施工图的方式快速建模，用户通过修改模板文件和模板施工图，可以方便地实现功能扩展。

2. 非标准形式温室

对于非标准形式（包括非标准跨度、不同类型温室组合以及温室和门式刚架组合形式等），用户可以通过人机交互建模，或者在快速建模的基础上进行编辑修改来形成数据模型。软件可以进行计算和截面优化，用图形和文本的方式显示计算结果。但是非标准形式温室的施工图不能自动绘制。

任务五 日光温室基础设计

基础是将温室结构所承受的各种作用力传递到地基上的结构组成部分，是承受垂直荷载防止下沉，承受水平荷载防止倾翻和承受上拔力防止拔起的重要构件，是温室结构不可缺少的组成部分（图 3-31）。基础设计是否合理将直接影响到温室结构的安全和使用性能，因此，对温室基础的设计必须给以足够的重视。基础设计属于土建设计的范畴，应根据土建基础设计的有关要求进行设计，而且要根据建设地区当地的材料供应情况因地制宜选择材料，在保证结构安全的前提下，最大限度降低基础的土建造价。

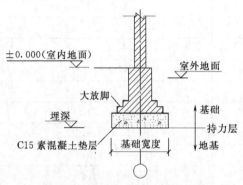

图 3-31 温室地基与基础的构成

一、了解温室基础设计内容

温室基础设计的内容包括：确定基础材料、基础类型、基础埋深、基础底面尺寸等，此外还要满足一定的基础构造措施要求。

进行基础设计的前提是首先要知道基础所要承受的荷载类型及其大小，其次要准确掌握地基持力层的位置、地耐力的大小和地基土壤性质，此外，还应了解地下水位高低以及地下水对建筑材料的侵蚀性等，当地常年冻土层深度也是基础设计的一个重要参数。

二、收集相关资料

《温室地基基础设计、施工与验收技术规范》（NY/T 1145—2006）中规定，温室地基基础设计之前应具备以下资料：

（1）温室建设区域内场地的工程地质勘察报告。

（2）温室建筑设计平、立、剖面图。

（3）温室主体结构在荷载组合条件下作用到基础顶面的内力大小与作用方式的相关资料。

（4）与温室相距 3m 范围内相邻建（构）筑物基础的相关资料。

（5）温室水、暖、电、工艺等专业对基础设计的要求。

（6）温室建设场地地下管线和其他建（构）筑物的资料及其相关单位对其保留或处理的意见。

三、确定日光温室基础埋置深度

一般情况下，基础的埋置深度应按下列条件确定：①温室的结构类型，有无地下设施，基础的型式和构造；②作用在地基上荷载的大小和性质；③工程地质和水文地质条件；④相邻温室的基础埋深；⑤地基土冻胀和融陷的影响。

在满足地基稳定和变形要求前提下，基础应尽量浅埋，但一般应埋到老土。当上层地基的承载力大于下层土时，宜利用上层土做持力层。除岩石地基外，基础埋深不宜小于 0.5m。

基础宜埋置在地下水位以上，当必须埋在地下水位以下时，应采取措施保证地基土在施工时不受扰动。当基础埋置在易风化的软质岩石层上，施工时应在基坑挖好后立即铺筑垫层。

当 3m 之内存在相邻温室或其他建（构）筑物时，新建温室的基础埋深不宜大于原有温室或其他建（构）筑物的基础。当埋深大于原有温室基础或其他建（构）筑物的基础时，两基础间应保持一定净距，其数值应根据荷载大小、基础形式和土质情况而定，一般取相邻两基础底面高差的 1～2 倍。当不能满足时，应采取分段施工、设临时加固支撑或加固原有温室或其他建（构）筑物的基础等措施。

温室外围护墙面的基础埋深应在常年冻土层以下，当冻土层深度较深（大于 1.50m）时，为节约投资，可将基础埋深设计在冻土层以上 10～20cm；对干室内柱基或墙基，一般考虑温室在冬季运行，室内不会出现冻土，基础埋深可不受冻土层深度的影响，主要应考虑不影响室内作物耕作和满足地基持力层的要求，一般可埋设在地面以下 0.80～1.00m 深度。

四、计算日光温室基础宽度

基础设计的目标是根据地基承受地耐力的大小确定基础底面积的大小，首先保证地基承载力的要求，在此基础上，根据基础材料和类型，确定基础的配筋和放脚，达到基础设计的目的。

（一）计算基础底面压力

根据基础顶面承受荷载的不同，底面压力可按式（3-26）和式（3-28）、式（3-29）确定。

（1）当轴心荷载作用时，地面压力为

$$p = \frac{N+G}{A} \tag{3-26}$$

$$G = \bar{\gamma}DA \tag{3-27}$$

且要求 p 不得大于修正后的地基承载力特征值（地基允许承载力），即 $p \leqslant f$。

式中　p——基础底面处的平均压力设计值，kN/m^2；

　　　N——上部结构（含基础短柱或基础矮墙）传至基础顶面的竖向力设计值，kN；

　　　G——基础自重设计值（含基础短柱或基础矮墙）和基础上的土重标准值，kN；

　　　A——基础底面面积，m^2；

　　　f——地基允许承载力，kN/m^2；

　　　D——设计室外地面至基础底面的距离，m。

初步计算时，可假定基础与土的平均容重 $\overline{\gamma}=20\text{kN/m}^3$，在地下水位以下部分应考虑浮力影响。

（2）当偏心荷载作用时，地面压力为

$$p_{\max}=\frac{N+G}{A}+\frac{M}{W} \tag{3-28}$$

$$p_{\min}=\frac{N+G}{A}+\frac{M}{W} \tag{3-29}$$

且要求同时满足 p 不大于 f 和 $p_{\max}$ 不大于 $1.2f$ 两个条件。

式中　M——作用于基础底面的力矩设计值，$\text{kN}\cdot\text{m}$；

　　　W——基础底面的抵抗矩，m^3；

　　$p_{\max}$——基础底面边缘的最大压力设计值，kN/m^2；

　　$p_{\min}$——基础底面边缘的最小压力设计值，kN/m^2。

（二）计算基础宽度

1. 条形基础

当上部荷载为均匀线荷载时，基础底面计算长度可沿长度方向取 1m 长为计算单位，底面积 $A=1\times B$，则

$$B\geqslant\frac{N}{p-\overline{\gamma}D} \tag{3-30}$$

当上部荷载为集中作用力时（柱下条形基础），基础底面计算长度为集中力两侧相邻集中力中点之间的距离，如图 3-32 所示，基础底面积

$$A=\frac{B(L_1+L_2)}{2}$$

当荷载较小而地基的承载力又比较高时，按上式计算，可能基础需要的宽度很小。但为了保证安全和便于施工，承重墙（柱）下的基础宽度不得小于 $600\sim700\text{mm}$，非承重墙下的基础宽度不得小于 500mm。

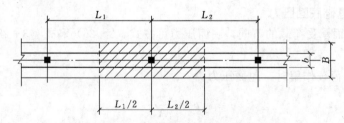

图 3-32　温室柱下条形基础底面计算长度

2. 正方形基础

对正方形基础，$A=B^2$，则

$$B\geqslant\sqrt{\frac{N}{p-\overline{\gamma}D}} \tag{3-31}$$

3. 矩形基础

$$A\geqslant\frac{N}{p-\overline{\gamma}D} \tag{3-32}$$

五、选择温室基础材料和基础类型

适合温室结构的基础主要为钢筋混凝土独立基础和无筋扩展条形基础，其表现形式有柱下独立基础（图 3-33）、柱下条形基础（图 3-34）和墙下条形基础（图 3-35）。其中，钢筋混凝土独立基础又分为现浇钢筋混凝土基础和预制钢筋混凝土基础两种。

一般情况下，温室墙下基础宜采用条形基础，柱下基础宜采用独立基础。玻璃温室外墙基础和内隔墙基础采用条形基础时宜高出室外

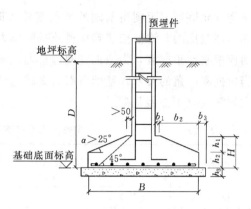

图 3-33 柱下独立基础

地坪 0.3~0.5m；其他温室基础露出地面的高度一般不宜超过 0.6m。地质条件很差时，温室可使用桩基础。

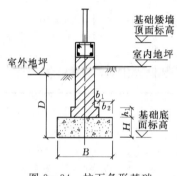

图 3-34 柱下条形基础

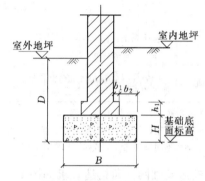

图 3-35 墙下条形基础

（一）条形基础（无筋扩展条形基础）

温室中的条形基础常用于外墙下，除承受上部结构传来的荷载外，还起围护和保温作用。温室内如有隔断墙时也常采用条形基础。

1. 选择条形基础的材料

条形基础的材料可根据当地情况因地制宜，一般常采用砖、毛石、混凝土。垫层可采用灰土、三合土、素混凝土。用这些材料砌筑的基础，抗压性能好，而抗弯性能差。条形基础砌体所用材料的最低强度等级不得低于表 3-22 的要求。

表 3-22   温室基础砌体所用材料的最低强度等级

基土的潮湿程度	烧结普通砖、蒸压灰砂砖		混凝土砌块	石材	水泥砂浆
	严寒地区	一般地区			
稍潮湿	MU 10	MU 10	MU 7.5	MU 30	M 5
很潮湿	MU 15	MU 10	MU 7.5	MU 30	M 7.5
含水饱和	MU 20	MU 15	MU 10	MU 40	M 10

2. 满足条形基础的构造要求

设计条形基础，主要是限制刚性角的大小，使其不超过允许的最大刚性角，或宽高比

不超过允许值，否则当基础外伸长度较大时，可能由于基础材料抗弯强度不足而开裂破坏。高宽比的允许值按基础材料及基底压力大小而定，参见表 3-23。刚性基础的理论截面应按刚性角放坡，为施工方便，常做成阶梯形。分阶时每一台阶均应保证刚性角要求。当根据刚性角的要求，基础所需高度超过埋深时，或基础顶面离地面不足 100mm 时应加大埋深或改用扩展基础。

表 3-23 刚性基础台阶宽高比的允许值（tanα）

基础材料	质量要求	台阶宽高比（b/h）的允许值		
		$p \leqslant 100$	$100 < p \leqslant 200$	$200 < p \leqslant 300$
混凝土基础	C15 混凝土	1:1.00	1:1.00	1:1.25
毛石混凝土基础	C15 混凝土	1:1.00	1:1.25	1:1.50
砖基础	砖不低于 MU 10，砂浆不低于 M5	1:1.50	1:1.50	1:1.50
毛石基础	砂浆不低于 M5	1:1.25	1:1.50	
灰土基础	体积比为 3:7 或 2:8 的灰土，其最小干密度： 粉土：1.55t/m³； 粉质黏土：1.50t/m³； 黏土：1.45t/m³	1:1.25	1:1.50	
三合土基础	体积比为石灰:砂:骨料＝1:2:4～1:3:6，每层约虚铺 220mm 夯至 150mm	1:1.50	1:2.00	

注 1. p 为基础底面处的平均压力，kN/m²。

2. 阶梯形毛石基础的每阶伸出宽度，不宜大于 200mm。

3. 当基础由不同材料迭合组成时，应对接触部分作抗压验算。

各种条形基础刚性角构造要求如图 3-36 所示。

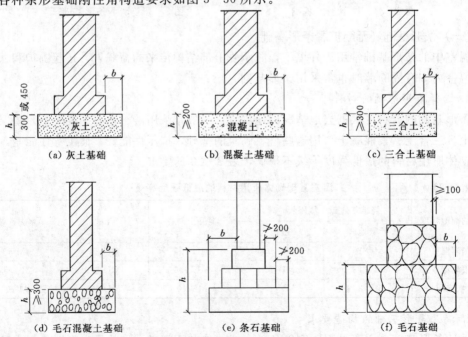

（a）灰土基础 （b）混凝土基础 （c）三合土基础

（d）毛石混凝土基础 （e）条石基础 （f）毛石基础

图 3-36 条形基础类型及其构造要求

按照民用建筑的定义，基础应是地面以下部分，超过地面以上部分为墙体。但由于温室的墙体主要采用透光覆盖材料，从材料性能和功能上与基础有很大的差别。一般，为了增强温室保温，常常将温室基础伸出地面以上 200～500mm。在温室设计中，一般将伸出地面部分的墙体一并归入基础考虑，因为它们同属于土建工程的范畴。墙内立柱位置可砌筑尺寸大于 180mm×180mm×240mm 混凝土垫块，用不小于 M5 水泥砂浆砌筑，垫块中预留钢埋件用于安装钢柱；当跨度及上部荷载较大、地基较差的温室，为了增强温室的整体刚度，防止由于地基的不均匀沉降对温室引起的不利影响，在地面以上沿外墙浇筑钢筋混凝土圈梁，内构造配纵向钢筋 $\geqslant 4\phi 8$、箍筋 $\geqslant \phi 6@250$；在圈梁顶面预留钢埋件与上部柱相连接。

3. 确定条形基础底面宽度

条形基础底面的宽度，应符合下式要求：

$$B \leqslant b_o + 2h\tan\alpha \tag{3-33}$$

式中　B——基础底面宽度，m；

　　　b_o——基础顶面的砌体宽度，m；

　　　h——基础高度，m；

　　$\tan\alpha$——基础台阶宽高比的允许值，可按表 3-23 选用。

（二）独立基础

温室室内独立柱下的基础一般都是独立基础。常用于温室独立基础的形式主要有现浇钢筋混凝土基础和预制钢筋混凝土基础，还有一些温室特殊用独立基础，如桩基和可调节基础等。

1. 现浇钢筋混凝土基础

现浇钢筋混凝土独立基础的形式一般采用锥形和阶梯形。基础尺寸应为 50mm 的倍数，承受轴心荷载时一般为正方形，承受偏心荷载时，一般采用矩形，其长宽比一般不大于 1.5，最大不超过 2。

（1）锥形基础可做成一阶或两阶，根据坡角的限值与基础总高度而定，其边缘高度 H_1 不宜小于 200mm，也不宜大于 500mm，如图 3-37 所示。

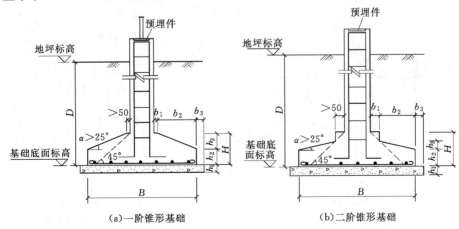

(a)一阶锥形基础　　　　(b)二阶锥形基础

图 3-37　锥形基础

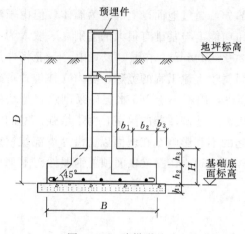

图 3-38　阶梯形基础

2. 预制柱混凝土基础

（2）阶梯形基础的阶数，一般不多于二阶，其阶高一般为 200～300mm。当 $H<300$mm 为一阶，300～900mm 为二阶，基础下阶以 $b_1\leqslant1.75h_1$ 为宜，其余各阶以 $b_2/h_2\leqslant1$ 及 $b_3/h_3\leqslant1$ 为宜。当基础长短边相差过大时，短边方向可减少一阶，如图 3-38 所示。

垫层的厚度，宜为 50～100mm。混凝土强度等级不宜低于 C10。

此类基础常用于跨度或上部荷载较大、地基较差的温室。如变形要求高的玻璃温室、风荷载较大的沿海地区温室和雪荷载较大、冻深较深地区的温室。

此类基础有两种型式：基础与基础短柱一体预制，如图 3-39 所示；基础短柱预制后插入现浇素混凝土基础中，如图 3-40 所示。

（1）预制钢筋混凝土短柱：其截面一般为 200mm×200mm，不宜小于 150mm×150mm，柱长 900～1100mm，不宜超过 1500mm，短柱内配有纵向钢筋及箍筋，其大小根据不同荷载计算而定，柱内构造纵向配筋不得小于 $4\phi10$mm、箍筋直径不得小于 6mm，间距不得大于 200mm。

（2）钢筋混凝土基础与基础短柱一体预制时：基础下应有基础垫层，垫层厚度不宜小于 70mm，垫层混凝土强度等级不得小于 C10，垫层伸出基础部分 b_3 应满足刚性角要求；在短柱顶面预埋钢板，其大小一般为 150mm×150mm。

（3）钢筋混凝土基础短柱独立预制后插入现浇素混凝土基础时：现浇混凝土强度不得低于 C20，截面一般为 600mm×600mm 的正方形或直径为 600mm 的圆柱形，不得小于 500mm×500mm（或直径 500mm），预制钢筋混凝土短柱插入现浇混凝土中的深度不宜小于 300mm，柱下混凝土厚度 h_1 不得小于 100mm，如图 3-40 所示。

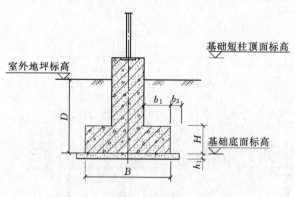

图 3-39　基础与基础短柱一体预置

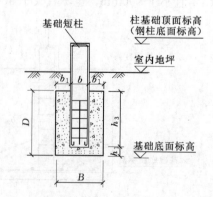

图 3-40　基础短柱预置后插入现浇混凝土中

此基础特点是施工时可用基础找坡,坡度5‰,温室上部钢柱直接焊接在基础预埋件上,不再用钢柱找坡,有利于上部结构的工厂化生产。

3. 可调节式现浇混凝土基础

此类基础采用可调节式套筒地脚,即先采用1.5m长的地脚,将其埋入基础坑中并浇注第一层混凝土,同时调整地脚的垂直与水平,之后再将温室立柱套入地脚中并与之固定,这样可非常方便地调整温室天沟的坡度和保证温室所有立柱的垂直与水平。这种安装方式与一般将温室立柱直接埋入地脚坑的方式相比,能够更准确地达到安装技术要求,保证安装质量。

此类基础的通常做法为:预埋件70mm×40mm×2mm矩形镀锌管(与上部柱规格相匹配),山墙抗风立柱基础坑直径45cm,深60cm,其他立柱基础直径60cm,深80cm,如图3-41所示。具体设计中应根据上部荷载和地基承载力状况作相应的调整。

4. 温室内部桩基

常规内部独立柱基础做法是将一预制混凝土柱脚插入地下一定深度现浇混凝土块,即混凝土垫块中,如图3-42所示。混凝土块的尺寸依温室高度、连跨数量、斜撑数量、土壤性质等参数确定。

混凝土预制柱可以在工厂或施工现场预制,但预制场地必须平整、坚实。制柱模板可用木模板或钢模,必须保证平整牢靠,尺寸准确。

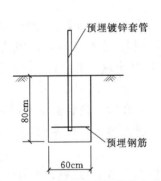

图3-41　可调节式现浇混凝土基础

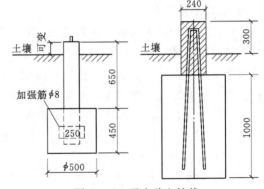

图3-42　温室独立桩基

六、验算日光温室基础上拔力

由于温室是轻型结构,在基础设计中,除验算地基的承载力外,还要考虑结构受风荷载向上的吸力而产生的对基础的上拔力。对混凝土独立基础,其上拔力按照式(3-34)计算:

$$F_u = \rho_f V_f + \rho_s V_s + F_F \qquad (3-34)$$

$$F_F = S\left[\rho_s\left(D + \frac{1}{2}H\right)K_0 \tan\phi + c\right] \qquad (3-35)$$

式中　F_u——基础最大上拔力,kN;

　　　ρ_f——基础材料的密度,kN/m³;

　　　V_f——基础的体积,m³;

ρ_s——土壤的密度，kN/m³；

V_s——基础顶面以上土壤的体积，m³；

S——基础侧面与土壤摩擦面的面积，m²；

D——基础顶面以上土壤的厚度，m；

H——基础的高度，m；

K_0——水平侧压力系数；

ϕ——土壤剪切阻力角，(°)；

c——附着力，kN/m²。

常见土壤的特性参数见表 3-24。

表 3-24　　　　　　　　　　土 壤 特 性 参 数

土壤类型	$\rho_s/(kN/m^3)$	$\phi/(°)$	$c/(kN/m^2)$
砂土	20	30	0
砂壤土	18	20	0
黏土	18	20	4

七、设计日光温室基础坡度和沉降缝

(一)设计基础坡度

为顺畅排泄温室屋面雨水，温室的天沟必须保证一定的坡度。设计天沟坡度的方法有两种：一是采用水平基础，改变温室立柱长度；二是保持相同立柱长度，采用基础找坡。前者基础施工方便，但工厂加工立柱的规格较多，后者可显著减少工厂生产立柱长度的规格品种，是目前温室设计和施工中常采用的方案。

对于基础找坡，建议天沟方向的找坡宜为 1:500～1:200，且要保证基础伸出地面高度不高于 0.5m，具体的坡度大小应与天沟排水能力、建设地区的降水强度、温室类型和排水方式等相协调。

对于长度大于 54m 的温室，建议沿天沟方向双向找坡，最高点放在长度方向的中点。

为避免基础高差过大，对于单向排水温室，起始最高端 12m 可以做成水平；对双向排水温室，中部 12～15m 可以做成水平。

为保证上部结构顺利安装，避免结构产生次应力，建造基础时应保证尺寸偏差不超过表 3-25 的要求。

表 3-25　　　　　　　　　基础上部柱间允许最大尺寸偏差

项 目	最大尺寸偏差	项 目	最大尺寸偏差
长度和宽度方向柱距	±10mm	总长度 L	±$L/3000$
总宽度 B	±$B/3000$	高度	±5mm

对于允许雨水溢出天沟的硬质板屋面温室、经过天沟排水计算允许不找坡的温室以及天沟室内排水的温室，基础坡度可减小，甚至不找坡。

（二）设计基础沉降缝

基础沉降缝的作用是将温室分成若干个长度比较小，刚度较好，自成沉降体系的单元，以增加温室刚度，调整地基不均匀变形。

温室基础应在以下部位设计沉降缝：

（1）地基土的压缩性有明显差异处。

（2）温室平面形状复杂的转折部位。

（3）温室高度差异或荷载差异处。

（4）温室结构（或基础）类型不同处。

（5）地基基础处理方法不同处。

（6）分期建造温室的交界处。

（7）温室条形基础长度超过 100m 时。

温室基础沉降缝宽一般为 30～50mm。

在工作间与温室交接处，宜将两者隔开一定距离，采用能自由沉降的连接体或简支、悬挑结构连接，有可能时，连接体部分在工作间沉降稳定后再做。

任务六　规划布局日光温室群

一、选择适宜场地

建造日光温室的场地必须阳光充足，温室南面没有山峰、树木、高大建筑物等遮光物体，避开山口、河谷等风口及尘土、烟尘污染严重的地带。为了利于作物生长发育，应选择地下水位低、土质疏松、富含有机质的地块。最好靠近村庄，距交通要道近，充分利用已有的水源和电源，以减少投资。

二、规划布局日光温室群

（一）整地放线

平整土地之后，测准方位，确定温室的方位。然后丈量土地面积，确定温室的大小、数量和总面积。

（二）确定日光温室前后间距

温室前后间距的确定应以冬至前后前排温室不对后排温室构成明显遮光为准，以使后排温室在冬至前后日照最短的季节里，每天也能保证 6h 以上的光照时间。即在上午 9 时至下午 15 时，前排温室不对后排温室构成遮光。先确定温室跨度、高度、长度，如图 3-43 所示。再根据下列公式计算出前后排温室的距离：

$$S=\frac{D_1+D_2}{\tan H_9} \cdot \cos t_9 -(L_1+L_2) \qquad (3-36)$$

式中　S——前后排温室的间距；

　　D_1——温室矢高；

　　D_2——草苫的高度，通常取 0.15m；

H_9——冬至上午 9 时的太阳高度角；

t_9——上午 9 时的太阳时角，为 45°；

L_1——温室后屋面水平投影；

L_2——温室后墙底宽。

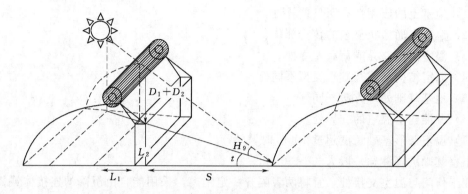

图 3-43　温室前后间距的计算

例如，北纬 40° 地区建造跨度为 7m、3.3m 高的日光温室，墙体厚度为 1m，则栋温室占地宽度为 8m。后屋面水平投影 1.4m，计算前后两排温室的间距。

由公式 $\sin H_9 = \sin\phi\sin\delta + \cos\phi\cos\delta\cos t$，得出

$$H_9 = \arcsin(\sin\phi\sin\delta + \cos\phi\cos\delta\cos t)$$
$$= \arcsin[\sin 40°\sin(-23.5°) + \cos 40°\cos(-23.5°)\cos 45°]$$
$$= 13.91°$$

$$S = \frac{(3.3+0.5)\mathrm{m}}{\tan 13.91°} \times \cos 45° - (1.4+1.0)\mathrm{m} = 8.39\mathrm{m}$$

为提高土地利用率，应利用温室的风障效应，在前后两排温室间建中小拱棚进行提前或延后生产。当然，也可以利用温室间的空地种植其他作物。若温室间的空地闲置不种，为减少土地的浪费，则可适当缩小前后两排温室的间距，不过最低也要保证后排温室在冬至前后，每天从上午 10 时至下午 14 时能够充分受光。计算方法同上，但要把 H_9 改为 H_{10}、t_9 改为 t_{10}。

上述公式计算较为复杂，也可按以下经验公式计算：

$$S = (前栋温室的矢高 + 卷起的草苫高度) \times 2 + 1 \qquad (3-37)$$

则上述矢高为 3.3m 的温室，草苫高度为 0.5m，则温室前后间距应为

$$S = (3.3+0.5)\mathrm{m} \times 2 + 1\mathrm{m} = 8.6\mathrm{m}$$

表 3-26 列出我国北方不同纬度地区的日光温室前后最小间距设计值，据此可以推算出纬度（x）与间距（y）之间的关系为

$$y = 0.38x - 9.25$$

所以，冬季纬度越高的地区，太阳高度角越低，造成的阴影长度越长，前后两排温室间距就越大。从间距与温室高度比较看，一般来说，北纬 40° 以南地区，两排温室的间距可按温室高度的 2.0 倍设计。如果要想准确计算，可按上面提出的公式具体推算，但要注意，两排温室的净间距应不低于前排温室高度的 2 倍。

表 3 - 26　　　　　　　　　　　　　　主要北方城市日光温室前后最小间距设计值

城市名称	北　纬	冬至中午太阳高度角	两排温室间距/m
齐齐哈尔	47°20′	19°13′	10.29
哈尔滨	45°45′	20°48′	9.33
长春	43°54′	22°41′	8.36
沈阳	41°46′	24°47′	7.46
呼和浩特	49°49′	25°44′	7.10
北京	39°54′	26°36′	6.79
喀什	39°32′	27°01′	6.65
银川	38°29′	28°08′	6.28
太原	37°47′	28°38′	6.13
西宁	36°35′	29°58′	5.73
兰州	36°03′	30°32′	5.58
郑州	34°43′	31°49′	5.28
西安	34°18′	32°18′	5.13

注　设定温室跨度 7m，高度 3m，中柱至北墙外侧 2.2m，间距是指前排温室北墙外侧至后排温室前沿处距离。

（三）规划田间道路

依据地块大小，确定温室群内温室的长度和排列方式，根据温室群内温室的长度和排列方式确定田间道路布置。一般在温室群内东西两列温室间应留 3～4m 的通道并附设排灌沟渠。如果需要在温室一侧修建工作间，再根据作业间宽度适当加大东西两列温室的间距。东西向每隔 3～4 列温室设一条南北向的交通干道；南北每隔 10 排温室设一条东西向的交通干道。干道宽 5～8m，以利于通行大型运输车辆。经济发达地区，灌水渠道应全部用地下防渗管道，既节省土地，又节约用水。

（四）确定附属建筑物的位置

仓库、锅炉房和水塔等应建在温室群的北面，以免遮光。

最后按比例尺 1：50 绘制出各栋温室和交通干道的位置，标明尺寸，即可按图施工，如图 3 - 44 所示。

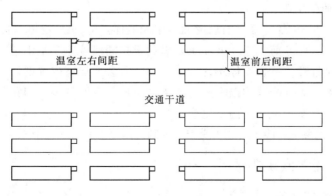

图 3 - 44　日光温室田间规划示意图

任务七 施工建造日光温室

与工民建的建筑规范相同，温室建筑也要制订一个合理可行的施工计划。施工计划是在正确理解设计图和说明书的基础上，为按期在预算内完成施工任务，通过调查工程作业的具体手段和方法而制订的计划，包括施工方法与施工过程两部分。发包、接包、确定建设单位，验收合格期为一年，后三月结清账务。

一、制订建筑与施工计划

要根据温室的用途和生产情况确定施工日期，做到生产不受施工的影响。目前，我国北方多数地区的日光温室多是简易温室，建造温室要避开雨季。一般是在当地雨季过后开始，到上冻前半月或作物需要保温防寒之前进行施工建造。从理论上讲，冬用型日光温室最好在当地日平均气温下降到23℃前完成，随后扣棚，这样冬季最冷月的地温和气温都高一些。一般情况下，也要在当地日平均气温下降到16～18℃前建成并扣棚。生产上常有一些温室到大地封冻时才修建完成，这样的温室要使其温度恢复到正常水平，至少需要近1个月的时间，会直接影响日光温室的使用。修建日光温室要早计划、早动手，预留出可能出现的工期延误时间。

1. 果树日光温室

新建日光温室，大多是先栽树后建温室。温室场地选好并进行合理规划以后，首先按规划设计的平面图确定温室的位置，钉上角桩，然后进行整地，栽培床面要求平整，同时进行必要的改土和增施底肥；再根据苗木定植图确定栽植穴及时定植苗木。苗木定植后，就可着手修筑温室了。果树日光温室一般11月开始使用，要求10月底以前竣工。防寒土要在上冻前完成，如结冻后堆防寒土，因有冻土块，不仅保温不好，而且由于土堆不实，来年解冻后土易下滑。

2. 在冬季使用或进行促成栽培水仙、康乃馨、百合的温室

因其产品计划在春节供应、所以建此类温室应在日平均气温不低于14～16℃前竣工，10—11月投入使用。

3. 秋冬使用的温室

这类温室要在8—9月前修好前后屋面骨架和墙体，8—9月定植，日均气温降到16～18℃时扣棚，在土壤上冻前15～20d完工，以利于扣棚前墙体基本干透。

如果温室修建过晚，不仅墙体不易干透，扣膜后会增加室内湿度，土筑墙还会因冻融交替引起墙土剥落。而且晚建的温室由于土壤蓄积热量散发过多，扣膜后约需1个月才能恢复到正常温室的温度水平，对温室生产不利。

用砖石建造日光温室，施工时期不受季节限制，但也不能过晚，上冻前必须使墙体干透。

二、准备日光温室建造材料

(一) 竹木材料的准备

竹木结构日光温室的主要骨架材料是木材和竹材。以拱圆形和斜平面竹木结构日光温

室为例计算各种用料（表 3 - 27、表 3 - 28）。

表 3 - 27　　　　　　　　　　　斜平面竹木结构日光温室用料

构件名称	材 料 及 规 格	单位	数量
中柱	水泥柱 12cm×12cm，长 3.5m	根	24
腰柱	水泥柱（或石条）12cm×10cm，长 2.4m	根	16
前柱	水泥柱（或石条）12cm×10cm，长 1.5m	根	16
柁	圆木直径 10～12cm，长 2.2m	根	24
脊檩	圆木直径 10cm，长 3m	根	17
腰檩	圆木直径 6～8cm，长 3m	根	51
前檩	圆木直径 6～8cm，长 3m	根	17
斜梁	圆木直径 6～8cm，长 3m	根	16
竹片	宽 4～5cm，长 2.0m	根	100
拉线	8 号铁线，长 52m	根	19～25
压槽	宽 4m，长 6m	个	25
压杆	细竹竿	双	25
秫秸	高粱秸或玉米秸	捆	300～500
棚膜	聚氯乙烯无滴膜 3000×0.12±0.02mm	kg	75～85
草苫	宽 2.0m，长 8.5m	块	40
绳子	麻绳或鱼线绳 φ14～16mm，长 17m	条	40
纸被	宽 2.0m，长 7.5m	块	25
温室门	宽 0.7～0.8m，高 1.7m	扇	1
墙体	砖、石、防寒土等		

注　此表内为跨度 7.5m、长 50m 的温室用料。

表 3 - 28　　　　　　　　　　　拱圆形竹木结构日光温室用料

构件名称	材 料 及 规 格	单位	数量
前腰柱	水泥柱 10cm×12cm，长 2.5m	根	16
前柱	水泥柱（或石条）10cm×12cm，长 1.5m	根	16
柁	圆木直径 10～12cm，长 3m	根	24
脊檩	圆木直径 10cm，长 3m	根	17
腰檩	圆木直径 6～8cm，长 3m	根	51
横梁	圆木直径 7～8cm，长 3m	根	51
小吊柱	圆木直径 6～8cm，长 4～6m	根	213～297
拱杆	毛竹直径 6～10cm，长 6.5m	根	71～99
拱片	竹片宽 4～5cm，长 2m	根	71～99
秫秸	高粱秸或玉米秸	捆	300～500
压膜线	10 号铁线（专用压膜线），长 8m	根	25～33
棚膜	聚氯乙烯无滴膜（3000×0.12±0.02mm）	kg	75～85

续表

构件名称	材 料 及 规 格	单位	数量
草苫	宽 1.3m，长 8～8.5m	块	50
纸被	宽 1.5m，长 7.5m	块	34
钉子		kg	8～10
绳子	麻绳或鱼线绳 ϕ14～16mm，长 17m	条	50
换气窗、筒	木窗、粗瓷管、塑料筒	根	50

注　此表内为跨度 7.5m、长 50m 的温室用料。

竹木材料购回后，要进行修整加工。柁、斜梁按设计尺寸裁取；檩、横梁两端锯成斜面，以便于互相搭接；拱杆按屋面长度锯断，如果毛竹较长，也可在搭至前柱部位以下做成片状竹拱插入前底脚地中，不必另接竹片。材料截好后，对木材要去皮，最好进行刨光；毛竹节部位要加以修整，特别是与棚膜接触部位材料表面一定要光滑，防止磨坏薄膜。

（二）钢筋混凝土预制件的准备

前屋面下顶柱和后屋面柁、檩采用预制件的，要提前制作。规格要求为顶柱断面12cm×(10～12)cm，柁断面 18cm×12cm，檩断面 14cm×12cm。

三、施工建造竹木结构日光温室

（一）测定方位

方位可用指南针测定，但指南针所指方向受地球磁场的影响，所指的是磁子午线而不是真子午线，而真正能反映方位与采光量之间关系的是地球真子午线，这是确定温室方位的依据。磁子午线与真子午线之间存在磁偏角，需要进行校正。当磁子午线的北端偏向真子午线方向以东时，称为东偏；当磁子午线的北端偏向真子午线方向以西时，称为西偏。我国西北地区东偏 6°左右，东北地区西偏 6°～10°。例如大连某地拟建正南方位的温室，用罗盘仪定向，磁针指的正北方向实际上是当地子午线方向的北偏西 6°35′。因此，只有将指南针调整到北偏东 6°35′，这时磁针方向才是所要求的正北方向。各地磁偏角不同，详见表 3-4。

确定温室方位的另一种方法是竹竿阴影法，即预先在建造温室地块的边缘地点立一垂直竹竿，中午前后每隔 5min 左右在地面上画出竹竿的投影。其中投影最短的时刻，是当地正午时刻，此时的太阳方位为正南，这条投影线便是当地真子午线。

（二）放线

测出真子午线后，再按直角划出东西延长线，即可确定后墙内线。确定直角的方法是：根据勾股定理，从两条交叉线的交点 O 向南取 6m 设一点 A，再向东（西）取 8m 设一点 B，用米尺取 10m。将 10m 测绳的一端与 6m A 重合，另一端与 B 重合，重合后 6m 线与 8m 线所成的角即为 90°。按温室的长度确定两端点 C、D，用同样方法确定东西山墙线（图 3-45）。

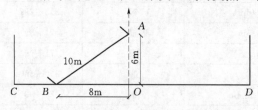

图 3-45　用勾股定理确定子午线的垂线

温室方位偏东或偏西 5°时，可用三角

函数计算。其方法是在真子午线上向南引 10m 长测定点 G，根据 $GH = OG\tan 5°$ 的公式计算出 $GH = 0.875$m，将 H 与 O 连线，即为偏东或偏西的方向线（即与温室走向垂直的线），再用勾股定理画出内墙及山墙的线（图 3-46）。

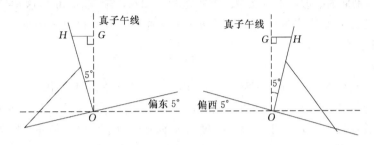

图 3-46 用三角函数求出偏东或偏西 5°后墙线的位置

（三）筑墙

山墙与后墙的作用有二：一是承重，即承受后坡、前屋面及自身的重力及其所受的各种外力，如风压、雪压及屋面上作业人员的压力等，因此墙体要有足够的强度，以保证温室结构的安全；二是墙体必须具备足够的保温蓄热能力，温室白天得到的太阳辐射热，一部分蓄积在墙体中，在夜间散发到温室中，以保证较高的室温。

竹木结构温室墙体多用土墙。按统一画好的墙体位置，放线后将地基夯实。根据各地土质不同，有的地区夯土墙，有的地区用草泥垛墙，墙体厚度多为 50cm，然后根据当地冻土层厚度在后墙外培防寒土。一般北纬 35°地区墙体总厚度要达到 80cm 以上，北纬 38°地区要达到 100cm，北纬 40°以北地区要达到 120~150cm。

1. 板夹墙

板夹墙也称干打垒，适宜土质较黏重或碱性较大的地区。在夯实的地基上，把 4 根夹杠（直而结实且不易变形的木桩）按照墙的宽度在预定的位置成对埋好，把 6cm 厚、30cm 宽的木板分成两排，侧立放在夹杠的内侧，中间填土。这种结构可以根据人力的多少而延长。在木板的上沿处，用 8 号铁丝按所要求的墙体厚度拉紧，在夹板两端用与土墙壁断面相同的梯子加树条或高粱帘子挡住将来往里面所填入的土。装填上土后摊平踏实，再用塞角器（俗称"拐子"）将四角及边缘处塞实，防止漏土，然后用夯把土夯实。一般每次填土厚度为 20~30cm，夯的力度大可稍厚一些，否则薄一些。夯实一层，木板上移，再加一层，再夯实，三、四层以后，就要停下来，待墙体干了以后，有了较强的承受能力后再加高。在人手少，夹杠、木板少的情况下，也可夯一小段，拔出后面的两根夹杠，移向前方后埋好，挡住前端堵头，再填土夯实，依次进行。如图 3-47 所示。

建造板夹墙可用温室内的土，不必另地取土，建成后，平整温室内的地面，室内地坪凹入地下约

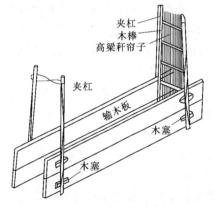

图 3-47 板夹墙制作示意图

50cm。半永久性的土墙，土内掺入石灰，下部（第一层）掺入量为30%，向上逐层减少。建造土墙一定要用新挖出来的潮土，否则不结实，其次夹杠和木板一定不能发生变形，另外各段墙体的连接应采取叠压式衔接，不能垂直靠接，以防干燥后出现裂缝。

夹板墙墙体剖面为梯形，下宽上窄。下底宽0.8~1m，顶宽0.5m。这种墙在有黏土的地区，待墙体充分干燥后非常结实。为了防止雨水冲刷，外面可以抹掺灰泥（70%的园土加30%石灰和适量的碎麦秸）。

2. 土坯墙

砌土坯墙需有地基，一般地基深30cm，用砖或石头砌成，并高出地面30cm，在地基上面铺一层油毡纸或旧塑料薄膜，用来隔潮，防止土坯墙受潮变粉。在砌好的地基上，用沙泥坐满口，胶泥砌干土坯。土坯墙壁厚度与前面要求的土墙厚度相同。墙内外用沙泥或黄泥掺草抹好，而且外面每年都要抹一次，防止雨水冲刷墙体。

3. 杈土墙

按前面要求夯实地基后，在温室的外侧就地挖出深层黏土，掺进麦秸、稻草或羊草，草要有一定的长度，与抹墙用的不同。加水并用二齿钩和好，用四股杈子把泥按墙体宽度一层一层地垛上，摔实。杈墙时要底部稍宽，上部稍窄，断面呈梯形。高寒地区，多采用下底宽2m，高1.5~1.7m，则墙顶宽1.5m。由于所使用的泥中含水多，不能一次杈得太高，杈到高度约0.5m时，就要停下来，用四股杈侧立着使用，自上向下拍，将墙的两面打削平，使泥中的草都顺茬往下贴在墙上，这样墙面既平又利于向下淌雨水。待稍干有一定强度后，再继续向上杈。

4. 拉合辫墙

首先要在墙底处按墙宽挖30cm深的地沟，在正中每隔2~3m设一木桩，然后再筑拉合辫墙；或根据实际情况在平地将地基夯实，然后用砖石砌成墙的基础，墙内也要同样设置木桩。挖完地基沟或砌完基础墙后，在温室旁边挖一坑，加入黄土和适量的水搅拌成黄泥浆，然后用谷草、稻草、苫房草（小叶樟）等与泥浆混合，具体方法是：取一绺草约8cm粗，充分沾上黄泥浆，一手向前一手向后拧成螺旋状，形成草辫。在砌好的基础上，从墙壁两边把带泥的草辫依次编好，中间用搅上草的黄土填平、踩实。拉合辫要将木桩包裹起来，使墙更加稳固。一般墙底宽0.8~1.0m，墙顶宽0.5m。拉合辫墙也不能一次完成，应砌一段后，稍晒干后再继续向上砌。拉合辫墙干后非常坚固，成本也不高。为了防止下雨后墙体受潮，可在砖石基础之上铺一层油毡防潮。墙砌成后，内外用泥抹平。也有的农民用草炭、马粪和泥抹在内壁上，以便在温室内墙上种植叶菜，进行立体栽培。

5. 机械筑墙

由于筑墙用工量比较大，目前建造大面积温室群时后墙多采用机械筑墙。筑墙时用1台挖掘机和一台链轨推土机配合施工。墙体施工前按规划定点放线，墙基按6m宽放线，挖土区按4.5~5m宽放。首先清理地基，露出湿土层，碾压结实，然后用挖掘机在墙基南侧线外4.5~5m范围内取土，堆至线内，每层上土0.4~0.5m，用推土机平整压实，要求分5~6层上土，墙高达到2.2m（相对原地面），然后用挖掘机切削出后墙，后墙面切削时应注意墙面不可垂直，应有一定斜度，一般墙底脚比墙顶沿向南宽出约30~50cm，以防止墙体滑坡、垮塌。建成的墙体，要求底宽4.0~4.5m，上宽2~2.5m，距原地面

2.2m。两侧山墙仍要采用夹板墙或草泥墙。

6. 编织袋垛墙

用编织袋装土垛墙。一般墙体厚度为底部 1.5m，顶部 1.2m，每延米墙体用编织袋 140～160 个。垛墙前先夯实地基，编织袋要交错摆放、压实。后墙和山墙均可采用此方法垛成。

（四）建后屋面骨架

后屋面骨架分为柁檩结构和檩椽结构。

1. 柁檩结构

由中柱、柁、檩组成，每 3m 设一根中柱、一架柁和 3～4 道檩。中柱埋入土中 50cm 深，向北倾斜呈 85°角，基部垫柱脚石，埋紧夯实。中柱上端支撑柁头，柁尾担在后墙上，柁头超出中柱 40cm 左右。在柁头上平放一道脊檩，脊檩对接成一直线，以便安装拱杆。腰檩和后檩可错落摆放，如图 3-48 所示。

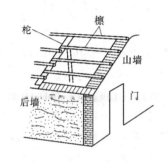
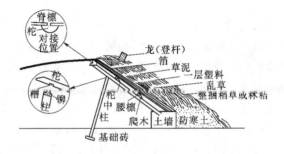

图 3-48 后屋面骨架的柁檩结构

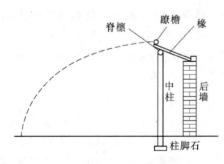

图 3-49 后屋面骨架的檩椽结构

2. 檩椽结构

由中柱支撑脊檩，在脊檩和后墙之间摆放椽子，椽头超出脊檩 40cm 左右，椽尾担在后墙上。椽子间距 30cm 左右，椽头上用木棱或木杆做瞭檐，拱杆上端固定在瞭檐上，如图 3-49 所示。

（五）建造前屋面骨架

一斜一立式日光温室的前屋面骨架多以 4cm 直径的竹竿为拱杆，拱杆间距 60～80cm，拱杆设腰梁和前梁。在前底脚处每隔 3m 钉一个木桩，木桩上固定直径为 5cm 的木杆做横梁，横梁下面每米再用一根细木杆支撑，横梁距地面 62～75cm，该横梁即为前梁。在中脊和前底脚之间设腰梁，每 3m 设一根立柱支撑。拱杆上端固定在脊檩上，下端固定在前梁上，拱杆下端用 3cm 宽竹片，竹片上端绑在拱杆上，下端插入土中。拱杆与脊檩、横梁交接处用细铁丝拧紧或用塑料绳绑牢。为提高前屋面采光性能，可适当抬高横梁，使前屋面呈微拱形，如图 3-50 所示。

半拱形日光温室前屋面骨架用竹片作拱杆，弯成弧形，拱杆间距 60m。拱杆也设腰梁和前梁，由立柱支撑。拱杆上端固定在脊檩或檐上，下端插入土中。温室前屋面的立柱不但增加遮阴面积，而且给管理带来不便，因此目前半拱形日光温室的前屋面已经向无立柱方向发展，即取消腰柱，用木杆作桁架，建成悬梁吊柱温室。每3m设一加强桁架，上端固定在柁头上，下端固定在前底脚木桩上，桁架上设3道横梁，横梁上每个拱杆处用小吊柱支撑。小吊柱用直径3～4cm的杂木杆做成，距上端和下端3cm钻孔，用细铁丝穿透，把上端拧在拱杆上、下端拧在横梁上。如图3-51所示。

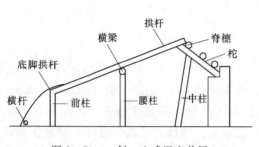

图3-50　一斜一立式温室前屋
面骨架安装示意图

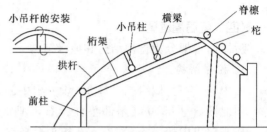

图3-51　木桁架悬梁吊柱日光温室
前屋面骨架安装示意图

（六）铺后坡

后屋面（或后坡）是一种围护结构，主要起蓄热、保温和吸湿作用，同时也是卷放草苫和扒缝放风作业的地方。先将玉米秸或高粱秸捆成直径30～40cm的捆，两两一组，梢部在中间重叠，上面一捆的根部搭到脊檩外15～20cm，下边一捆根部搭在后墙顶上，一捆一捆挤紧排放，直至把后屋面铺严。再在距后屋面上端70～80cm处东西放入一道玉米秸捆，然后用碎草进一步把后屋面填平。接着用木板或平锹把探到脊檩外的玉米秸拍齐。随后上第一遍草泥，厚2cm，稍干后铺衬一层旧棚膜或地膜，再抹第二遍泥，厚2～3cm，同时在后墙外侧垛起30～40cm高的女儿墙，以免将来后屋面上再覆草时柴草向下滑落，以后随天气变冷，在后屋面上盖一层20～30cm厚的碎稻草、碎麦秸等，外面再用成捆秫秸压住。辽南地区，后屋面总厚度必须达到70～80cm，黄淮地区也要达到50cm左右，保温效果才好。在脊檩和东西玉米秸捆之间的低凹处填入成捆的玉米秸、谷草等，形成较为平坦的东西向通道，以便人员在上面作业行走或放置已卷起的草苫。

（七）覆盖前屋面薄膜

日光温室冬季生产，前屋面薄膜必须在霜冻前覆盖，以利冬前蓄热。覆膜前需预先埋设地锚。温室前屋面长短有差异，各种薄膜的规格也不一致，在覆盖前要按所需宽度进行烙合或剪裁。聚氯乙烯无滴膜幅宽多为3m；聚乙烯长寿无滴膜幅宽7～9m。温室通风口可设在温室顶部或下部。以下部设通风口为例，先用1.5m幅宽的薄膜，一边粘合成筒，装入麻绳或塑料绳，固定在前屋面1m左右高度的拱架上，作为底脚围裙，底边埋入土中。上部覆盖一整块薄膜。覆盖薄膜要选无风的晴天中午进行，先把薄膜卷起，放在屋脊上，薄膜的上边卷入竹竿放在后屋面上，用泥土压紧，再向下面拉开，延过底脚围裙30cm左右，上下、左右拉紧，使薄膜最大限度平展，东西山墙外卷入木条钉在山墙上，每两个拱杆间设一条压膜线，上端固定在后屋面上，下部固定在地锚上。压膜线最好用尼龙绳，既具有较高强度又容易压紧。一斜一立式日光温室盖完薄膜后，将1.5cm粗的竹竿压在拱杆上，用细铁丝拧紧，才能固定棚膜，防止上下摔打。建造跨度6.5m，长度99m的竹木结构悬梁吊柱温室建造材料用量见表3-29。

表 3 - 29　　　　　　　　　　　竹木结构悬梁吊柱温室建造材料

名称	单位	规格/cm	数量	用途
木杆	根	200×10	34	柁
木杆	根	350×8	34	中柱
木杆	根	600×10	34	桁架
木杆	根	150×8	34	前柱
木杆	根	30×4	332	小吊柱
木杆	根	300×8	99	横梁
木杆	根	300×10	33	脊檩
木杆	根	300×10	66	腰檩、后檩
竹竿	根	500×5	166	上部拱杆
竹片	根	200×4	166	下部拱杆
木杆	根	400×4	25	前底脚横杆
竹竿	根	600×6	17	后屋面拴绳
巴锔	个	φ8×20	220	固定檩、梁
高粱秸	捆	每捆20根	1000	铺后坡
稻草	kg		1000	垛墙
土米秸	kg		2000	铺后坡
木材	m³	5（厚度）	0.15	门框、门
薄膜	kg	0.01	80	覆盖前屋面
铁丝	kg	16 号～18 号	3	固定骨架
铁线	kg	8 号	3	拴地锚
钉子	kg	6	2	钉木杆
压膜线		拉力强度60kg	7	压棚膜
塑料绳	kg		3	绑拱杆
草苫	块	150×800×5	132	外保温覆盖

注　未计算作业间建造材料。

四、施工建造钢架无柱日光温室

（一）基础施工

建筑物的基础，是直接分布在建筑物正面承受压力的土层。基地的选择和基础的合理处置，对温室使用寿命的长短和安全有着重要意义。尤其在冬季比较寒冷的北方，室内多采用凹入地下的建筑方式，由于室内外地坪高低不同，两面的横向压力不同，更应注意加固。

1. 基础深度

基础的具体深度，取决于各地区冬季土地冻层和温室凹入地下的深度。通常要比两者深 50～60cm，这样，既可防止冬季基土冻结时向上膨胀凸起、春季解冻下沉，又有不少于 30cm 的砖石基础埋入地下。如当地冻土层深度为 70cm，温室室内凹入地下 50cm，温室的基础深度应为 1.1～1.2m。宽度应为墙壁厚度的 2 倍。

2. 灰土工程

基础的加固措施，首先应取决于基土的耐压力。不同土质的耐压力是不同的。通常当基

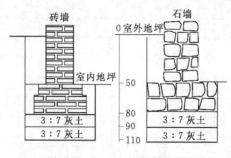

图 3-52 温室基础工程断面

础深度为 2m 时，砂土的耐压力为 2.5kg/cm²，黏质砂土及砂质黏土的耐压力为 2.0kg/cm²，黏土的耐压力为 1.5kg/cm²。当建筑物的重量（包括本身重量"静荷载"和外来的风压、雪压等附加的压力"动荷载"）超过基土的允许耐压力时，必须进行加固措施。首先是作灰土工程，先用夯将基础底部夯实，然后把 3:7 的石灰（经过粉化过筛）和细土混合，充分拌匀后，倒入基础槽内，用脚踏实，使厚度为 24cm，再用

夯打实，到厚为 15cm 时即成。为了加固基础，单层建筑的灰土工程最好做两层，如图 3-52所示。

3. 砖石基础的砌筑法

为了扩大受压面积，减少基础单位面积的承压力，在灰土上部埋入地下的砖石基础墙，可采取阶梯形的砌筑方法，厚度为上部墙壁的 1 倍。砌筑时，向上至室内地坪这一段，应使用标号较高的水泥砂浆，以增强其耐压强度。

（二）筑墙

钢架无柱温室的山墙和后墙可以是土墙，也可以是黏土砖夹心墙。土墙建造同竹木结构日光温室。为提高墙体的保温性能，最好采用异质复合结构墙体。现介绍几种保温墙体，各地可参考当地情况选用。

1. 空心墙

该复合墙体内侧用24cm砖墙砌筑（内皮抹2cm厚沙泥），墙体外侧采用12cm砖墙水泥砌筑（外皮抹2cm厚麦秸泥），中间设一定厚度的空气夹层。这样把热容量大的结构材料放在内侧，因其蓄热能力强，表面温度波动小，白天吸收太阳能，晚上释放给室内，可使温室温度不致很快下降，对室内的热稳定性有利。如华北地区采用两侧砖墙内夹 70mm 厚空气层的复合空心墙，既能保证结构上的需要，又保温、省材料。

2. 有保温层的复合墙体（50墙、60墙）

（1）50墙：内墙为 24cm 实心砖砌筑，外墙 12cm 空心砖砌筑，内外墙空隙 12cm，填充炉渣或6cm厚的双层聚苯板。墙体内、外面各抹灰 1cm，总厚度为 50cm，如图 3-53 所示。

（2）60墙：内墙为 24cm 实心砖砌筑，外墙为 24cm 空心砖砌筑，内外墙12cm 的间隙填充炉渣或聚苯板。在砌筑过程中，内外墙间要每隔 2~3m 放一块拉手砖或钢筋作拉筋，以防倒塌（图 3-54）。如填充聚苯板，

图 3-53 砌筑温室复合墙体

两层聚苯板的缝隙要交错摆放，并将缝隙用胶带粘好，以防透风。内墙用实心砖以便于蓄热和散热，外墙用空心砖是为了减少散热。

（三）焊拱架

前后屋面由拱架构成，拱架上弦用直径6分镀锌管，下弦用 $\phi12$ 钢筋，$\phi10$ 钢筋作拉花，先作模具，把上弦钢管和下弦钢筋按前屋面形状弯好，再焊上拉花。钢架各焊接点，焊口要饱满、平滑、不出铁刺铁碴。为解决后屋面靠屋脊太薄、不利于保温的缺陷，在拱架制作时，把拱架最高点向前移10cm，用 $\phi12$ 钢筋弯成"Γ"形焊接在拱架上，使靠顶部的厚度增加10cm（图3-55）。

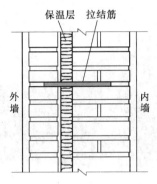

图3-54 复合墙体结构

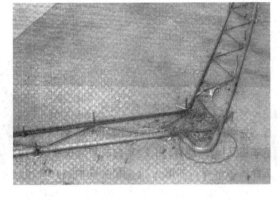

图3-55 焊接拱架

拱架焊好后，要进行防腐处理。目前大量应用涂料防腐，刷完防锈底漆，干燥后可用其他调和漆罩面。钢架除用涂料防腐外，最好的办法是镀锌。镀锌有两种方法，一是电镀锌（冷镀），表面光滑，镀锌层薄，厚度为0.01~0.02mm；二是热浸镀锌，镀层较厚，厚度可达0.1~0.2mm，是电镀锌的10倍，附着力强，表面不及电镀锌光滑，但其防腐能力强。

（四）安装拱架

在已垒好的后墙顶端浇筑10cm厚钢筋混凝土顶梁，预埋 $\phi12$ 钢筋露出顶梁的表面。在前底脚处浇筑地梁，也预埋钢筋或角钢。从靠山墙开始，按80cm间距安装拱架，上端焊在墙顶预埋钢筋上，下端焊在地梁预埋钢筋或角钢上，如图3-56所示。在拱架顶部东西焊上一道槽钢，以便于覆盖薄膜时，用木条卷起装入槽内。在拱架下弦处用三道4分钢管作拉筋，把每个拱架连成整体，并确保桁架整体受力均匀不变形。东西两侧山墙要事先预埋"丁"字形钢筋，以备焊接固定拉筋。最后拱架上弦与每根拉筋之间要焊接两根 $\phi10$ 钢筋作斜撑，形成三角形的稳定结构，防止温室拱架在使用过程中受力扭曲。为增加拱架的

图3-56 安装拱架

稳定性，最好在东西山墙内侧加设两排桁架。在地梁上，每两排拱架间预埋一个小铁环，以便用于拴压膜线。在屋顶槽钢外侧（与地梁铁环对应处）也焊上小铁环，以便于拴压膜线的上端。在后屋面上距中脊 60～70cm 处东西拉一道 6 分钢管，便于拴卷草苫绳。

（五）建后屋面

先在后墙上建 40cm 高的女儿墙。然后在后屋面骨架上铺 2cm 厚木板，再铺两层聚苯板（10cm 厚），用 1：5 白灰炉渣找坡（8cm 厚），上面抹水泥砂浆再铺油毡烫沥青约 3cm 厚，如图 3-22 和图 3-57 所示。

图 3-57 建造后屋面

（六）防寒沟的设置

1. 简易防寒沟

在温室前底脚外侧挖深 0.5～0.8m、宽 0.3～0.5m 的防寒沟，内填隔热物如锯末、马粪、禽粪、稻壳、麦糠等酿热物，保温隔热效果较好。这些有机隔热物每 1～2 年更换一次，否则会降低防寒效果。有机隔热物起出后已完全腐熟，可以作有机肥施用。防寒沟上用 10cm 厚的自然土夯实。

2. 永久性防寒沟

挖好防寒沟后经防潮处理，填入聚苯板、珍珠岩等，上面用砖石和水泥等封好，不进行更换而永久使用。

表 3-30 列出了跨度 7.5m，矢高 3.3m，长度 88m，占地约 660m² 的钢架无柱日光温室所需主要建造材料。

表 3-30　　　　　　　　钢架无柱温室建造材料

名　称	规　格	单位	数量	用　途
镀锌管	6 分，8.5m	根	111	拱架上弦
钢筋	$\phi12$，8m	根	111	拱架下弦
钢筋	$\phi10$，10m	根	111	腹杆（拉花）
钢筋	$\phi14$，88m	根	3	横向拉筋

续表

名　称	规　格	单位	数量	用　途
槽钢	5cm×5cm×5cm，90m	根	1	焊接拱架顶部
角钢	5cm×5cm×4cm，90m	根	2	顶梁、地梁预埋
镀锌管	6分，90	根	1	后屋面上拴绳
钢筋		根	2	顶梁、地梁附筋
钢筋		根	4	顶梁钢筋
水泥	325号	t	20	砂浆、浇梁
毛石		m³	35	基础
沙子		m³	40	砂浆
碎石	2～3cm	m³	3	浇梁
黏土砖	24cm×11.5cm×5.3cm	块	47000	后墙、山墙
木材		m³	4	门窗、横板、板箔
细铁丝	16～18号	kg	2	绑绒
炉渣		m³	10	墙体、后坡填充
聚苯板	200cm×100cm×6cm	块	352	墙体、后坡保温
白灰	袋装	t	0.5	抹墙里
沥青		t	1.5	防水
油毡纸		捆	20	防水

注　未计算作业间建造材料。

五、配套施工日光温室的辅助设施

（一）灌溉系统

日光温室的灌溉以冬季、早春寒冷季节为重点，不宜利用明水道灌水，最好采用地下管道把水引入温室或在温室内打小井。安装地下管道，对于地下水位低的地区，需要打深井，设置水塔或较高的贮水池。在冻土层下埋设管道，在每栋温室内连接出水管，直接进行灌水。对于地下水位较高，又没有地下管道设备，可在建温室前打好小井，安装小型水泵抽水灌溉。不论采用哪种灌溉方法，均应在田间规划时确定，在施工前完成。

园艺植物的设施栽培中，常用的沟灌往往使棚内湿度大，病害发生严重，且灌水施肥用工多，劳动强度大，因此，适于保护地栽培的灌溉施肥系统应运而生。滴灌系统是近几年发展起来的新型节水灌溉设施，它节水效果好，且施工简单，易于操作，成本低，是目前设施园艺较理想的一种节水灌溉模式。其工作原理是把一定压力的水流输送到经过特殊处理的带有微孔的黑色聚乙烯滴灌带（管）中，以细小的水滴沿着滴灌带（管）的微孔缓慢下渗到作物根部。滴灌系统要求水源的水量充足，水质无污染，池塘水、水库水、河流水、井水均可。

系统主要由供水装置和输水管道两部分组成。供水装置主要包括自吸泵、施肥罐、过滤器三部分。输水管道由控制阀、输水管和带有微孔的滴灌带（管）三部分连接而成。

滴灌带（管）的铺设一般在作物定植后，覆地膜之前进行。定植前要尽量整平畦面，这样滴灌水量易分布均匀，若畦面高低相差大，往往地势低段水量大。安装时主管进水口端与控制阀连接，出水端与出水支管的连接方法是先将主管按作物行距打孔后安装旁通，再将旁通的出水口与出水支管连接并扎紧固定，然后将支管平铺在植株根部，末端扭转用绳子扎牢。支管的长短视垄的长短而定。注意滴灌带（管）铺放时必须拉平拉直，不能扭转，以防阻水，滴灌带（管）的微孔朝下，便于水流缓缓渗入土壤进行灌溉。使用时开启自吸泵开关，水就进入滴灌系统。

应用滴灌系统可以防止水分向深层土壤渗漏，也可减少地表径流和水分蒸发，从而可减少灌水量。据调查，滴灌系统比沟灌可节约用水 $50\%\sim80\%$；应用该系统追肥可采取先溶解后随水追施的方法，由于支管的出水口均在植株根部，减少了肥料的损失；采用该系统可大大减轻病害的发生与蔓延，因此减少了打药的次数和用药量；使用滴灌系统，灌溉前不需整畦，灌水不需人工看管，只要接通电源，开动水泵，打开阀门即可自动灌水施肥。如图 3-58 所示为简易滴灌安装示意图。

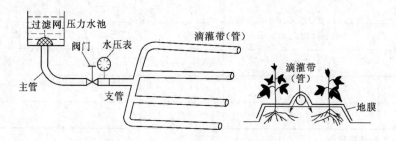

图 3-58 简易滴灌系统安装示意图

（二）作业间

日光温室设置作业间，出入方便，可防止冷风直接吹入温室内，减少缝隙放热，又可保存部分工具，还可作为管理人员的休息室。有不少农民把作业间建成临时或永久住宅，居住、劳动在一起。作业间在温室的东山墙外或西山墙外均可，以靠近道路一侧为宜。作业间的大小根据需要决定。与住宅兼用的作业间应较大，多建两间；单纯作业间面积以 $6m^2$ 为宜。

（三）卷帘机

日光温室前屋面夜间覆盖草苫或保温被，白天卷起。人工卷放所用时间较长，对温室升温和作物光合作用不利。利用电动卷帘机卷放草苫，可以大幅度缩短卷放时间。目前温室上常用的电动卷帘机有以下三种形式。

1. 提拉式卷帘机

此类型为固定式卷帘机，适用于卷放草苫。卷帘机安装在温室后屋面中部，每 3m 设一个槽形钢架，上部固定轴瓦，用5cm的钢管穿入轴承中，在温室后屋面中部安装一台电动机和减速机（图3-59）。在草苫下端横向卷入与温室长度相等的钢管或木杆作卷芯，并用铁丝固定好。在草苫下纵向铺放数根拉绳，绳的上端固定在后屋面上，下端从草苫上绕回到屋顶，系在卷帘轴上。启动电机后，卷帘轴缓慢转动，将拉绳缠绕到卷帘轴上，草苫卷上升，完成卷帘。放苫时电机反转，草苫在重力作用下，沿温室前屋面坡度滚落。该大棚卷帘机主体结构简单，固定支架可自己购买三角铁焊接，安装简便。棚面无障碍物阻隔，故可使用一幅塑料薄膜作"浮膜"，连同草苫或保温被一起卷放。该类型卷帘机的缺点是由于所需拉绳较多，使用过程中，一旦卷入操作人员的衣服或手指，易造成人身伤害事故发生，安全隐患较大。另外，由于每条绳子受力不均，使用一段时间后，松紧不一，需经常调整绳子松紧。

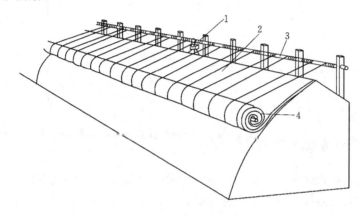

图3-59　提拉式卷帘机结构

1—卷帘机；2—卷帘绳；3—卷帘轴；4—草苫

2. 双跨悬臂式卷帘机

双跨悬臂式卷帘机是一种自驱动型卷帘机，适用于卷放草苫和保温被。悬臂由立杆和撑杆两部分组成。该类型卷帘机将主机置于温室中央，其减速机的输出轴为双头，通过法兰盘分别与两边的卷帘轴连接，保温帘亦分为左右两部分，温室中央安装卷帘机的部位单放一块保温帘。卷放草苫时电机与减速机一起沿屋面滚动运行。电机正转时，卷帘轴卷起草苫；电机反转时，放下草苫，如图3-60所示。

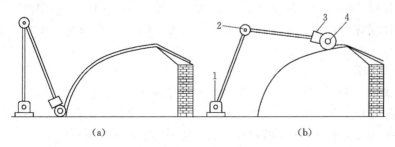

(a)　　　　　　　　　　　　　　(b)

图3-60　双跨悬臂式卷帘机示意图

(a) 铺放保温帘；(b) 卷起保温帘

1—基座；2—支撑杆；3—卷帘机；4—卷帘轴

3. 侧置摆杆式卷帘机

该卷帘机结构和双跨悬臂式卷帘机相同，是自驱动型卷帘机的又一种形式，适合卷放保温被。电机和减速机悬挂在温室一侧的固定杆上，动力输出端通过万向节、传动轴与卷帘轴相连。随电机转动，动力传动轴随卷帘浮动旋转，完成卷帘工作。铺放时，电机反转即可。如图 3-61 所示。

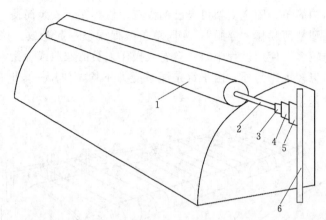

图 3-61　侧置摆杆式卷帘机
1—保温被；2—传动轴；3—万向节；4—减速机；5—电机；6—固定杆

双跨悬臂式卷帘机和侧置摆杆式卷帘机两种自驱动式卷帘机，其基本工作原理是通过主机转动卷杆，卷杆直接拉动草苫或保温被，并且拉放均有动力支持，是目前应用较为广泛的一种卷帘机类型。该类型卷帘机减少了上卷轴、支架和绳子等设施，因而成本减少，且采用了直接卷动，卷放自如，成型较紧。其缺点是减速机随草帘升降，工作条件不固定，传动轴上的拗劲直接作用在减速机上，因而对减速机强度要求大，停电时人工操作有一定难度。

（四）储水设备

日光温室严寒冬季灌水，由于水温低，影响作物根系正常发育，因此，农民很早就有用大缸在温室内储水提高水温的经验。但是大缸盛水量较少，又占地较多，近年有些地区在日光温室中建储水池，不但可增加储水量，还比大缸减少了占地面积。储水池多建在靠温室西山墙处，用黏土砖砌筑成 1m 宽、4~5m 长、1m 深的半地下式储水池，用防水砂浆抹严，池口上面覆盖薄膜，白天水温随气温升高，夜间防止蒸发提高空气湿度。

（五）输电线路

日光温室需要照明，应安装民用电线，安上灯泡以利于夜间作业。有时需设置电热温床；利用室内小井灌溉，小型水泵要用电。因此，在建造温室时，应统一规划和布置输电线路，把电线引入温室内。输电线路应由电工统一架设，并安装用电设备。

（六）反光幕

反光幕为镀铝聚酯膜，幅宽 1m，两幅镀铝膜连接起来形成 2m 高的反光面。当太阳照射到反光幕，光线反射到 3m 范围内的地面和作物上，增加了光照度，提高了地温和气温。离反光幕越近，补光增温效果越好，详见表 3-31、表 3-32。反光幕遮住了后墙，减少了后墙蓄热量，使温室后部昼夜温差加大，抑制了后部蔬菜徒长，有利于增加产量。此外，反光幕有驱避蚜虫的作用，既可减少蚜虫危害，又能防止蚜虫传播病毒病。

表 3-31　　　　　　　　　　　　　　反光幕的增温效果

位　置 （距后墙距离）	地　表　照　度				60cm 空间照度			
	0	1m	2m	3m	0	1m	2m	3m
张挂反光幕/klx	35.1	36.3	39.5	34.3	44.2	43.6	46.5	46.5
对照/klx	25.0	28.5	33.3	31.4	30.9	36.0	41.4	43.1
增光量/klx	10.1	7.80	6.20	2.90	13.3	7.6	5.10	3.40
增光率/%	40.4	27.4	18.6	9.2	43.0	21.1	12.3	7.9

表 3-32　　　　　　　　　　　　反光幕对地温的影响　　　　　　　　　　单位：℃

深　度	5cm			10cm		
测定时间	8：30	14：00	18：00	8：00	14：00	18：00
张挂反光幕地温	16.0	25.2	21.4	14.0	22.1	19.8
对照地温	14.1	22.3	18.6	13.4	20.3	17.0
地温差值	1.9	2.9	2.8	0.6	1.8	1.9

张挂反光幕时在温室中柱北侧或后墙处，距地面 2m 高度东西横拉一道细铁丝，把两幅镀铝膜用透明胶布粘贴连接，长度与温室长度相同，上边搭在细铁丝上，用曲别针夹住，垂直张挂。东西山墙处张挂反光幕，可贴在墙上张挂。反光幕的下边卷成筒，卷入塑料绳，两端钉木桩拴塑料绳固定，防其随风摆动。

日光温室必须选用外层覆有塑料薄膜的镀铝聚酯反光幕，否则聚酯镀铝膜在温室内潮湿的环境条件下易脱落，影响增光效果。张挂时间一般在 11 月至翌年 3 月。张挂时间不宜过长，否则会造成强光、高温危害，反而影响作物生长发育。定植初期，靠近反光幕处要注意补浇水，防止烤苗，最好在作畦时让北端稍低，这样每次灌水可多些。应用反光幕育苗时，最好在反光幕前留 50cm 宽的过道，再按东西走向做成 2m 宽的畦，使畦内温光条件基本一致，从而达到苗齐、苗壮，管理又方便的目的。反光幕一般注意保管可使用 5年，对日光温室后部作物增产明显。

任务八　完成日光温室设计方案

撰写日光温室设计方案，通常应包括封面、目录、正文、附图四部分。

封面和目录应分页撰写，其中封面中应写清设计单位和设计时间。正文中应写清该日光温室的设计依据、工程概况、采用的性能指标和规格尺寸、设计的土建基础、钢结构系统、覆盖材料、配套的各种系统等。

下面介绍某个设施工程公司关于某一日光温室的设计方案，供参考。

一、第一部分：封面

日光温室设计方案

设计单位：×××

设计时间：××××年××月

二、第二部分：目录

三、第三部分：正文

　　本方案设计依据：根据业主的具体要求，依照中华人民共和国行业标准《日光温室建设标准》（NYJ/T 07—2005）而设计。

　　一、设计依据

　　业主要求、当地地理情况、气候特点；

　　《室外排水设计规范》（GB 50014—2006）；

　　《微灌工程技术规范》（SL 103—1995）；

　　《建筑设计防火规范》（GB 50016—2006）；

　　《建筑结构荷载规范》（GB 50009—2012）；

　　《钢结构设计规范》（GB 50017—2003）；

　　《混凝土结构设计规范》（GB 50010—2010）；

　　《建筑抗震设计规范》（GB 50011—2010）；

　　《建筑地基基础设计规范》（GB 50007—2011）；

　　《供配电系统设计规范》（GB 50052—2009）；

　　《砌体结构设计规范》（GB 50003—2011）；

　　《建筑给排水及采暖工程施工质量验收规范》（GB 50242—2002）；

　　《建筑工程施工现场供用电安全规范》（GB 50194—2014）；

　　《建筑工程施工质量验收统一标准》（GB 50300—2013）；

　　《建筑施工安全检查标准》（JGJ 59—2011）；

　　本单位资源状况及类似工程项目的施工与管理经验。

　　二、工程简介

　　1. 设计参数

　　以当地地理气候为依据，根据《日光温室建设标准》中温室几何尺寸的计算公式推算出：

　　（1）后墙高度 $h＝2.8m$；

　　（2）后屋面水平长度 $b＝1.0m$；

　　（3）后坡仰角 $\beta＝54°$；

　　（4）前坡屋面角 $\alpha＝26°$；

　　（5）屋脊高度 $H＝4.1m$；

　　（6）坐标方位正南（因为该方位正南偏东 10°左右）。

　　2. 温室主体

　　本日光温室设计 9m 跨度，长度 60m，温室主体采用热镀锌钢材，用连接件紧密连接，抗风压、抗雪压，并具有较高的吊挂载荷。热镀锌钢材耐腐蚀、抗锈蚀，使用寿命长，外观设计高档美观。该温室覆盖材料选用日本进口 PO 膜，抗 UV、防雾滴、隔热保温性能良好。塑料膜外部加装保温被，用一台限位侧卷卷被机卷起和覆盖。

3. 温室配置

该温室面南（正南）背北，东西走向。一端面为顶部彩钢瓦缓冲间，温室内靠后墙铺设有砖铺道路，以利工作及参观。温室配备电控柜，对温室的卷被系统、照明补光系统等进行电控操作。

4. 工程概况

（1）日光温室概况：跨度为9m；长度为60m；数量为36座。

（2）施工项目包括：土建、钢骨架结构、覆盖材料、保温系统、卷被系统、通风降温系统、节水系统、电控系统等。

（3）总面积：19440m²。

质量标准：

预计总施工工期：____天。

三、性能指标

风载：0.55kN/m²　　　　　　　　雪载：0.35kN/m²

吊挂荷载：15kg/m²　　　　　　　电参数：220V/380V、50Hz

四、规格尺寸

跨度9m、长度60m；拱架间距1.2m；

后墙高2.8m（±0.0以上）；

脊高4.1m（±0.0以上）；

缓冲间长3m、宽3m，共1座；

结构类型：热镀锌钢管焊接式，全双拱。

五、土建基础（可根据甲方地质情况调整）

1. 前接地基础

前接地基础为−0.7～−0.4m为3∶7灰土夯实（夯实后高度），−0.4～−0.28m为两层50砖混墙，−0.28～−0.16m为两层37砖混墙，−0.16～−0.04m为两层24砖混墙，−0.04～+0.20m采用混凝土现浇梁（拱架固定后浇筑圈梁），圈梁前为宽50cm散水，散水：宽50cm，基层做150厚3∶7灰土、60厚C15混凝土，水泥砂浆罩面，同时在散水外设一个300mm×200mm混凝土明沟排水渠等。

2. 后保温墙

基础宽度1.0m，深度−0.8m，用300厚的3∶7灰土分层夯实，基础采用M7.5砂浆砌筑MU10机制砖，分别砌筑两层990、870、750、630砖基础墙，±0.00以上墙体宽度为600mm，做法为内24墙、外12墙，两砖墙中间预留24cm间隙，填充厚20cm泡沫板，在内24墙+2.56m处采用C20混凝土圈梁+钢筋+预埋件浇筑（圈梁断面为240mm×240mm），后墙顶部设排水渠并作3mmSBS防水处理。

3. 后坡

后坡保温设计采用100mm泡沫夹心彩钢瓦铺设，用自攻钉固定。

4. 侧墙

两侧山墙为外0.24m、中间0.24m、内0.12m，中间填充20cm泡沫板（详见山墙基础设计图纸）。当侧墙做到与钢拱架弧形相同程度且低于拱架弧形5cm左右时，再按照拱架弧形做 5cm 混凝土现浇面且与拱架外弧高度一致，原浆收面。

土建施工技术要求

1. 基础放线：放线后必须对四周墙裙中心找方，对角线误差 ±20mm，放线后必须经由专业人员验收后可开挖基础槽。

2. 基槽两侧面应与底面垂直，保证基槽的设计宽度。

3. 混凝土基础浇筑

（1）在浇筑混凝土前，对基础应事先按设计标高和轴线进行校正，清除杂物，并根据混凝土基础顶面标高在两侧模板上弹标高线，标高误差为 ±3mm。

（2）对条形基础应分段浇筑，各段间应相互衔接，不留施工缝，每段浇筑长度控制在 2~3m，浇筑时布料要均匀。

（3）浇筑混凝土前应在模板上弹出预埋件，保证预埋件位置准确。

（4）为保证浇筑质量，应用插入式振动器捣实。

（5）混凝土基础施工期间应掌握天气变化情况，根据施工季节的特点预备好防雨防暑等物品。

4. 砖墙砌筑

（1）混凝土基础画线、中心线偏差小于 ±3mm，对角线偏差 ±10mm。砌筑前应将砌筑部位清理干净，重新校对墙身中心线及边线。

（2）在墙的转角处及交接处设立皮数杆（皮数杆间距不应超过 15m），在皮数杆之间拉准线依线逐皮砌筑。

（3）砖墙水平灰缝和竖向灰缝宽度应为 10mm 左右，但不得小于 8mm，也不得大于 12mm，水平灰缝的砂浆饱满度不得小于 80%，竖缝应采取加浆法，不得出现透明缝，严禁用水冲浆灌缝。

（4）墙体用 MU10 机制砖和 M5 混合砂浆砌筑为混水墙。

六、钢结构系统

本方案钢拱架设计全为热镀锌钢管焊接式双拱架。

1. 钢拱架材料规格：拱架上弦为 DN25 热镀锌钢管、下弦为 DN15 热镀锌钢管，壁厚全为 (2.0±0.05)mm。

2. 副配材料规格：横拉杆为 DN20×2.0±0.05mm 热镀锌管制作，专用卡件、自攻钉与拱架连接（或焊接）。

3. 安装方式：每 1.2m 一副热镀锌钢拱架，四道 DN20×2.0 热镀锌钢管横拉杆、用专用 U 形连接件加自攻丝固定安装，屋脊处用一道角钢固定，将所有钢拱架连为一体，形成一个整体网架结构，结构牢固，承载力强。顶部的覆盖层与钢结构紧贴，并用专用卡槽及自钻螺丝固定安装。

七、覆盖材料

本方案前屋面采用塑料薄膜覆盖；塑料薄膜为日本进口 0.1mmPO 膜，用卡槽、卡簧安装。

材料及规格如下：

塑料薄膜：厚度 0.10mm 日本进口 PO 膜（中文名：明净华膜）；

卡槽：热镀锌，0.65mm 厚；

卡簧：ϕ2.0mm 钢丝，全包塑；

辅助材料：压膜线、弹簧挂钩。

1. 强度高、抗老化、使用寿命长、可连续使用多年不用更换

PO 农用涂层膜采用了住友化学配套开发的专有树脂，强度远远高于国内现有产品。使用寿命长，在耐久性上 10 丝可和国内 12～15 丝厚度的棚膜相媲美。

2. 无滴、消雾性能持久，可连续保持多年

PO 农用涂层膜采用了住友化学先进的高科技纳米涂层技术，流滴消雾时间有了飞跃的提高，可多达数年，解决了菜农在购买农膜时怕流滴、消雾不好的烦恼，完全不同于国内的内添加型薄膜。

3. 透明度高、光照度高、薄膜表面不易吸灰、易冲洗

PO 农用涂层膜是住友化学采用先进的高科技纳米涂层技术设计的涂层型棚膜，不同于内添加型 EVA 和 PVC 膜，薄膜表面不易吸灰，不容易脏污。表面灰尘下雨冲洗后即可冲掉，可长久保持良好的采光性。

4. 耐农药性强

PO 农用涂层膜采用了住友化学最具优良特性的树脂和添加剂，从而具有良好的耐农药性能。

5. 高保温性能、提温快、温度高

PO 农用涂层膜采用了住友化学的优良添加剂设计技术，具有高保温性（寒冷时温度要高于国内棚膜 2°～3°），有利于作物生长，着色好、品质好、产量高，提早上市。虽然前期投资高，但一年即可通过品质和产量的提高而收回投资，综合效益好。长远看，既省工，又省钱。

八、保温系统

本方案温室保温设计采用保温被覆盖（图 3-62），保温被内部为双层保温棉和塑料膜，外部为优质防雨布，防雨布能有效的阻挡雨水的浸入并且不透气，1m² 净重 1300g±10g。为保证卷被系统运行期间运转平直，保温被宽度为 1.85m，这样保温被中间黏带数量增加，能够保障保温被在使用期间不被重力拉扯变形、损坏、开裂，增加保温被的使用寿命。

图 3-62 保温被

安装方式：将保温被铺平在温室后坡处，将棉被上的固定环挂在温室的后坡膨胀挂钩上，中间有棉被两侧面的黏带互相黏接，下部用自攻钉加垫片固定在卷被机的卷杆上。

安装要求：

（1）保温被固定牢靠，表面平整，黏接处黏接紧密；

（2）减速机上卷时，卷杆整体平整，快慢均匀；

（3）在棉被底部间隔20m衬尼龙带，以确保卷被平稳。

九、卷被系统

限位卷被机（图3-63）安装在温室的缓冲间对面端头，该卷被机由限位装置和变速箱、电机组成，在保温被安装调试后，然后调试确定上限位和下限位，只要通过缓冲间的控制柜按钮，就能自动完成保温被的卷起和展开，无需人为耗时等待。

图3-63　限位卷被机

1．系统基本组成

（1）控制箱：箱内装配有保温被展开与卷起两套接触器件，既可手动开停，又可通过行程开关，实现电动控制。

（2）驱动电机及联轴器：为专用减速电机，与控制箱相连，该机输出轴处配有行程开关，限位准确，使整套系统运行平稳可靠。

（3）传动轴：传动轴采用1.5寸钢管，电机安装在传动轴侧边。

2．技术参数

行程：9m；运行速度：1.5m/min；运行时间：6min；电源：380V，50Hz；电机功率：1.5kW。

十、通风降温系统

本方案设计在温室前接地处及顶部采用手动卷膜通风，通风口长度60m，通风口宽度0.5m左右。减速比为1：1，通过拉链转动，可打开或关闭通风口，从而调节室内温度及湿度。顶通风口加装镀锌铁丝网及防虫网，防止上通风口积水，侧通风口加装防虫网，以防病虫进入。

十一、节水灌溉系统

全部采用滴灌管灌溉，管道采用φ16PE滴灌管，滴头间距0.3m。所有材料选用上海华维优质节水器材。该材料抗老化，质保期长，质量可靠，使用方便。

1. 安装方式

本方案设计在棚内入水口主阀门后面加装一级过滤装置，过滤选用一套 1.5 寸叠片过滤器，以保证水中杂质不会堵塞滴头；过滤器后安装一套文丘里施肥器；灌溉主管道为 $\phi50$PE 管，为保证水压，在主管道上做 $\phi50\sim\phi40$ 变径；支管道 $\phi16$PE 滴灌管由承插阀门直接连接在灌溉主管道上。滴灌管的间距由甲方的种植物种决定。

2. 主要材质性能

（1）PE 主管道规格：$\phi50$，工作压力 0.4MPa、爆破压力 1.2MPa。

（2）PE 滴灌管：$\phi16$ 圆柱形滴灌管、滴头间距为 0.3m，滴头流量为 2L/h。

（3）文丘里施肥器：吸入流量 132L/h（图 3-64）。

图 3-64　文丘里施肥器

（4）1.5 寸叠片过滤器：流量 $12m^3/h$（图 3-65）。

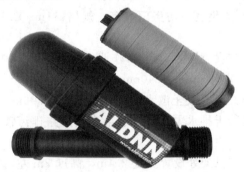

图 3-65　叠片过滤器

碟片过滤器壳体采用 PP、PP＋FV 防腐蚀材料，密封圈采用 NBR 材料，强度大，密封性好。组合性强，安装清洗非常方便。是园林、农业灌溉等各种水处理的最佳产品。

十二、照明系统

温室内部共设置 6 盏防水节能灯，分别布置固定于后保温墙体上，距地面高度 2.5m 处。东西走向排布，间距为 9m。在温室距后墙 2.5m 处的拱架上，间距 6m 布置农用钠灯补光灯 9 盏。

十三、电控系统

1. 主要电负荷

名　称	数量	相数	单台负荷
限位卷被电机	1台	三相	1.5kW
防水节能灯	6盏	单相	30W
补光灯	9盏	单项	400W

2. 简单说明

（1）电控箱分别放置于温室缓冲间内。

（2）温室内导线采用防潮型绝缘导线。

（3）室内主线路采用 PVC 穿线管铺设。

（4）温室内采用 TN－S 接地系统。

（5）用户将三相四线电源接进温室内电控箱上，电源上下波动不超过±10％，电气设备使用环境温度－10～40℃。

3. 基本材料

配电材料主要包括电控箱、各类绝缘电线、绝缘电缆、绝缘信号线、阻燃线管、安装辅料。所有电线电缆及电控箱的电气元件均采用国内名牌产品。

十四、辅助设施

1. 温室缓冲间规格为长 3m、宽 3m、肩高 2.5m、脊高 3.5m，四周墙体均为二四砖墙，顶部为 10cm 保温彩钢瓦，防盗门一套，规格：1m×2.1m；双玻塑钢推拉窗一套，规格：1m×1m。

2. 温室内后墙底部铺设宽度为 600mm 作业便道，做法：100 厚 3：7 灰土一道，25 厚 1：2 水泥砂浆铺、60 厚 120mm×240mm 透水砖一道。

3. 温室外四周铺设 C15 混凝土散水，宽 0.5m、厚 0.06m。

4. 散水前端浇筑混凝土排水渠，在排水渠进入道路排污管网前设置沉淀坑，防止泥沙堵塞排污管网。

5. 在温室的减速机端拱架处设置宽度 2.4m，高度 2m 左右的机械进出口，该拱架为组装可拆卸，以方便机械进出作业。

6. 该温室配置一个 500L 左右的不锈钢水罐，以方便棚内喷洒叶面肥等作业使用。

以上设计既采纳了各地温室改进后的优点，并结合我院多年来的设计经验，完全能够从美观、实用、保温、质量等方面达到业主的使用要求。

设计单位：×××

××××年××月

四、第四部分：附图

	设计	
	制图	
	审核	
	批准	

基础设计说明

1. 本工程标高以米为单位，其他尺寸以毫米为单位。

2. ±0.000 标高以建设区域内土地平整后的自然地面为准，并视温室施工场地地平整压实后的具体情况再作现场调整。相对标高引测点应在建设区域内明确标出，并保证稳定牢固。

3. 本工程在甲方未提供岩土工程勘察报告之前，我公司暂按持力土层容许承载力特征值为80kPa，地下水位在±0.000 以下1m进行设计，并将图纸交甲方作为土建条件图。根据审核要求，基础作重新设计。基础处理按甲方提供的设计变更说明和附图进行。

4. 基础施工：

(1) 在建筑场地和地基范围内，认真做好地表水的截流、防渗和堵漏等工作，杜绝地表水渗入土层。

(2) 已积水的长度应立即检查防水及排水设施，并应采取相应措施将水排除。泄水坡度过小和凹处待水排险后应挖尽淤泥及被水泡软的土，再重新填土夯实压至密实，以免再次积水。

(3) 开挖基坑前，应事先查明建筑地基内岩洞的位置、埋深、大小及形成条件。

(4) 开挖基坑时，若发现不良地基和暗沟、暗井、墓穴等，处理时，应尽量清除软土，后用块石、片石或毛石混凝土回填，分层夯实，上部再用基础梁跨越，并应立即通知甲方单位和设计单位有关人员研究解决。

(5) 本工程基础垫层埋置了3寸灰土上。

(6) 本工程基坑开挖时严禁水下挖土，严禁暴晒或水侵。

(7) 地基处理验槽合格后，方可继续施工。

5. 基础施工养护完毕后，应及时回填土，并应在柱基四周同时进行回填，并以每200~300mm厚分层压实。

6. 钢筋混凝土保护层的厚度：梁、柱为40mm。

7. 钢筋：Φ表示 HPB235 钢筋。
钢筋锚固长度：
混凝土强度等级 C20 时：HPB235 钢筋为 31d；
箍筋末端应做成 135°弯钩且弯后平直段应不小于 10d。
在任何情况下纵向受力钢筋的锚固长度应不小于 200，绑扎搭接长度应不小于 300。位于同一链接区内的受拉钢筋搭接接头的面积百分率应不大于 50%。

8. 所有的设备预留孔、预埋件必须按照相应的图纸密切配合施工，做好预留预埋工作，不得事后开凿。所有外露铁件、锚栓露出基础表面部分均须刷灰防锈二度，银粉漆二度。

9. 本工程施工时，应与钢结构、机构、灌溉、电气等其他工作密切配合，以免返工。

10. 本工程所选用的标准件，应严格按照相应的标准进行采购或加工。

11. 允许偏差项目按下列要求执行：

(1) 轴线偏位：允许偏差 5.0mm。

(2) 预埋锚栓群中心位置与定位轴线间的偏移，允许偏差 5.0mm。

(3) 预埋件标高：允许偏差±5.0mm。

(4) 基础顶支撑面及基础梁顶支撑面标高：允许偏差±5.0mm。

(5) 温室内任一跨度和柱距：允许偏差 10mm。

其余未述偏差项目参见有关温室施工验收规范、规程及规定。

工程名称	
日光温室工程	
基础设计说明	
图号	建-1
图别	建施
比例	
第 1 张	
共 29 张	
2014年5月5日	

	设计	
	制图	
	审核	
	批准	

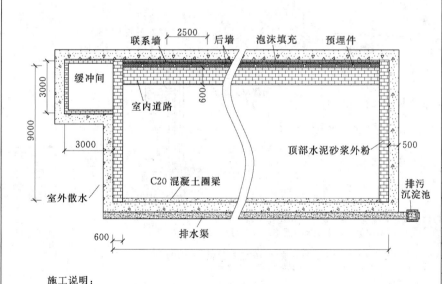

工程名称	
日光温室工程	
基础布局示意图	
图号	建-2
图别	建施
比例	1：75
第 2 张	
共 29 张	
2014年5月5日	

施工说明：

1. 图中标高以米为单位，其他标注尺寸以毫米为单位。

2. 混凝土强度等级见标注，未标注的均为 C20。

3. 缓冲间顶部为 10cm 彩钢瓦，缓冲间门窗规格：
防盗门 1m×2.1m，双玻塑钢窗 1m×1m。

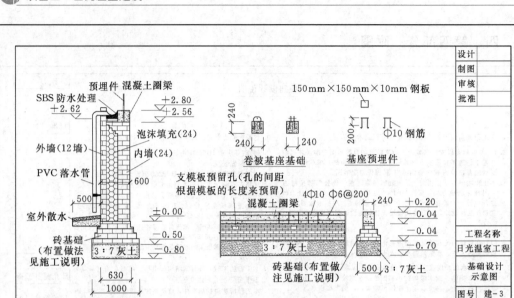

施工说明:
1. 图中标高以米为单位，其他标注尺寸以毫米为单位。
2. 混凝土强度等级见标注，未标注的均为C20。
3. 后墙的混凝土圈梁在浇筑时，需要轴线方向加4×Φ10钢筋，Φ6@200的钢筋，侧墙的墙体做法与后墙基本相同（侧墙的外墙与内墙高度相同，封顶后水泥砂浆磨光）。
4. 后墙砖基础做法：在−0.50处开始到±0.00，做两层99墙、两层87墙、两层75墙、两层63墙、63墙上平面为±0.00。地上墙体宽度为600mm。
5. 前接地基础做法：在−0.36处开始到±0.00，做两层50墙、两层37墙、两层24墙（缓冲间的基础做法与前接地基础一样）。

设计		
制图		
审核		
批准		
工程名称		
日光温室工程		
基础设计示意图		
图号	建−3	
图别	建施	
比例	1:25	
第3张		
共29张		
2014年5月5日		

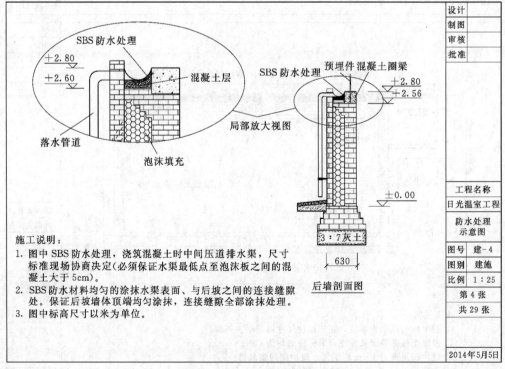

施工说明:
1. 图中SBS防水处理，浇筑混凝土时中间压道排水渠，尺寸标准现场协商决定（必须保证水渠最低点至泡沫板之间的混凝土大于5cm）。
2. SBS防水材料均匀的涂抹水渠表面、与后坡之间的连接缝隙处。保证后坡墙体顶端均匀涂抹，连接缝隙全部涂抹处理。
3. 图中标高尺寸以米为单位。

设计		
制图		
审核		
批准		
工程名称		
日光温室工程		
防水处理示意图		
图号	建−4	
图别	建施	
比例	1:25	
第4张		
共29张		
2014年5月5日		

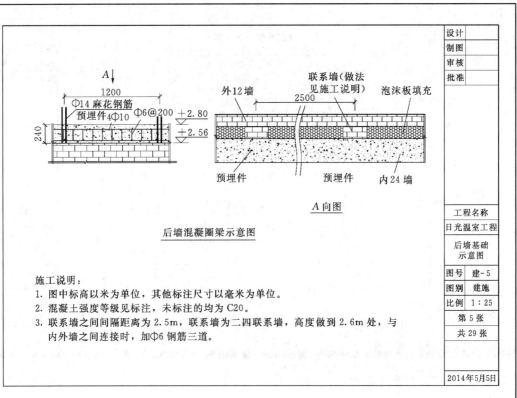

A 向图

后墙混凝圈梁示意图

施工说明:
1. 图中标高以米为单位,其他标注尺寸以毫米为单位。
2. 混凝土强度等级见标注,未标注的均为 C20。
3. 联系墙之间间隔距离为 2.5m,联系墙为二四联系墙,高度做到 2.6m 处,与内外墙之间连接时,加Φ6 钢筋三道。

设计	
制图	
审核	
批准	

工程名称	
日光温室工程	
后墙基础 示意图	
图号	建-5
图别	建施
比例	1:25
第 5 张	
共 29 张	

2014年5月5日

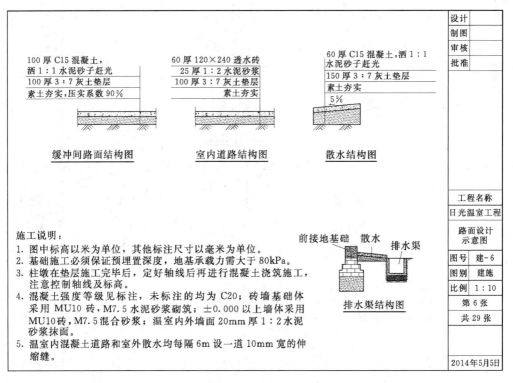

缓冲间路面结构图　　室内道路结构图　　散水结构图

排水渠结构图

施工说明:
1. 图中标高以米为单位,其他标注尺寸以毫米为单位。
2. 基础施工必须保证预埋置深度,地基承载力需大于 80kPa。
3. 柱墩在垫层施工完毕后,定好轴线后再进行混凝土浇筑施工,注意控制轴线及标高。
4. 混凝土强度等级见标注,未标注的均为 C20;砖墙基础体采用 MU10 砖,M7.5 水泥砂浆砌筑;±0.000 以上墙体采用 MU10 砖,M7.5 混合砂浆;温室内外墙面 20mm 厚 1:2 水泥砂浆抹面。
5. 温室内混凝土道路和室外散水每隔 6m 设一道 10mm 宽的伸缩缝。

设计	
制图	
审核	
批准	

工程名称	
日光温室工程	
路面设计 示意图	
图号	建-6
图别	建施
比例	1:10
第 6 张	
共 29 张	

2014年5月5日

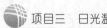

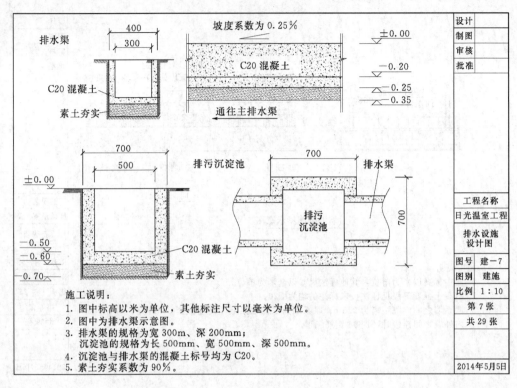

排水渠

400
300

C20 混凝土

素土夯实

坡度系数为 0.25％

C20 混凝土

通往主排水渠

±0.00
−0.20
−0.25
−0.35

700
500

±0.00

排污沉淀池

−0.50
−0.60

C20 混凝土

−0.70

素土夯实

700

排水渠

排污沉淀池

700

施工说明：
1. 图中标高以米为单位，其他标注尺寸以毫米为单位。
2. 图中为排水渠示意图。
3. 排水渠的规格为宽 300m、深 200mm；
　沉淀池的规格为长 500mm、宽 500mm、深 500mm。
4. 沉淀池与排水渠的混凝土标号均为 C20。
5. 素土夯实系数为 90％。

设计	
制图	
审核	
批准	

工程名称	
日光温室工程	
排水设施设计图	
图号	建－7
图别	建施
比例	1：10
第 7 张	
共 29 张	

2014年5月5日

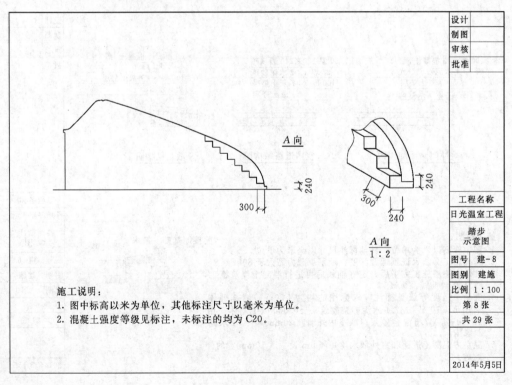

A 向

240
300

240

300
240

A 向
1：2

施工说明：
1. 图中标高以米为单位，其他标注尺寸以毫米为单位。
2. 混凝土强度等级见标注，未标注的均为 C20。

设计	
制图	
审核	
批准	

工程名称	
日光温室工程	
踏步示意图	
图号	建－8
图别	建施
比例	1：100
第 8 张	
共 29 张	

2014年5月5日

设计	
制图	
审核	
批准	

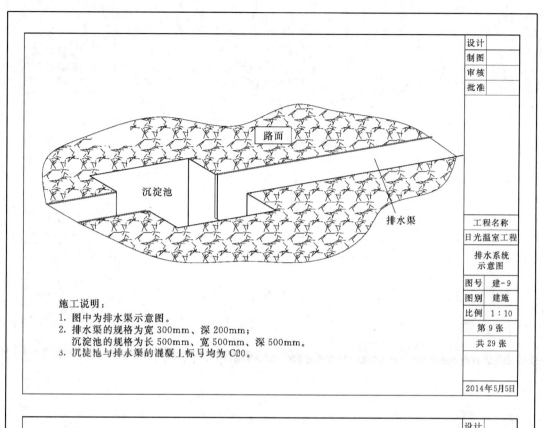

路面

沉淀池

排水渠

施工说明：
1. 图中为排水渠示意图。
2. 排水渠的规格为宽 300mm、深 200mm；
   沉淀池的规格为长 500mm、宽 500mm、深 500mm。
3. 沉淀池与排水渠的混凝土标号均为 C20。

工程名称	
日光温室工程	
排水系统示意图	
图号	建-9
图别	建施
比例	1:10
第9张	
共29张	

2014年5月5日

设计	
制图	
审核	
批准	

建筑设计说明

一、设计依据
1. 甲方提供的相关资料。
2. 国家现行的有关建筑设计规范、规程和规定。

二、工程概况
1. 工程名称：日光温室
2. 轴线面积：540m²
3. 结构类型：轻钢结构
4. 建筑层数：单层
5. 建筑高度：4.1米
6. 耐火等级：三级
7. 设计使用年限：20年

三、设计标高
1. 本工程标高以米为单位，其他尺寸以毫米为单位。
2. 本工程室内地面标高为±0.00m，室内外高差0.00m。

四、工程做法
1. 墙体：建筑施工，采用砂浆标号见基础施工图。
2. 骨架及保温覆盖：
   2.1 本工程采用热镀锌轻钢骨架，±0.00以上钢结构连接见结构施工图。
   2.2 屋面及侧面、端面覆盖材料见施工图。

2.3 温室后墙天沟采用外排水，由 φ75PVC 管排出温室。
3. 门窗：门窗选型详见门窗备注，门窗玻璃颜色由甲方选定。
4. 外装修：外装修设计和做法见立面图及节点详图。

五、建筑设备
1. 温室覆盖层设有通风降温系统。
2. 温室设有保温系统。
3. 温室配置有卷被系统。
4. 温室内设有节水系统。
5. 温室内照明、补光系统。
6. 其他设备详见设备施工图。

六、其他
1. 施工应严格按图施工，预埋件及洞口应及时预留并保证位置及标高的准确性。
2. 施工过程中应尽量避免对钢结构镀锌层的破坏。
3. 施工过程中还应时刻注意现场的防火问题。
4. 施工过程中如有疑问请及时与设计单位联系。
5. 施工中应严格执行国家施工质量验收规范。

工程名称	
日光温室工程	
建筑设计说明图	
图号	结-1
图别	结施
比例	1:200
第10张	
共29张	

2014年5月5日

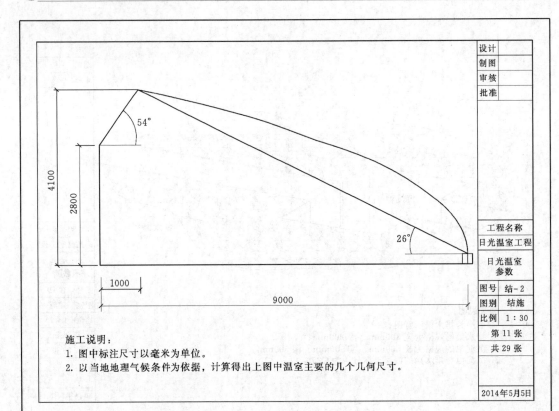

设计	
制图	
审核	
批准	

54°

4100

2800

26°

1000

9000

工程名称	
日光温室工程	
日光温室参数	
图号	结-2
图别	结施
比例	1:30
第 11 张	
共 29 张	

施工说明：
1. 图中标注尺寸以毫米为单位。
2. 以当地地理气候条件为依据，计算得出上图中温室主要的几个几何尺寸。

2014年5月5日

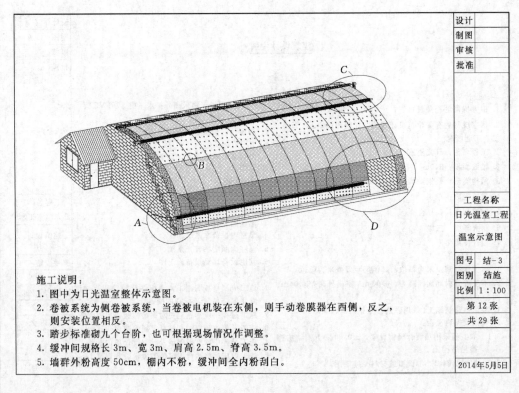

设计	
制图	
审核	
批准	

C

B

A

D

工程名称	
日光温室工程	
温室示意图	
图号	结-3
图别	结施
比例	1:100
第 12 张	
共 29 张	

施工说明：
1. 图中为日光温室整体示意图。
2. 卷被系统为侧卷被系统，当卷被电机装在东侧，则手动卷膜器在西侧，反之，则安装位置相反。
3. 踏步标准砌九个台阶，也可根据现场情况作调整。
4. 缓冲间规格长3m、宽3m、肩高2.5m、脊高3.5m。
5. 墙群外粉高度50cm，棚内不粉，缓冲间全内粉刮白。

2014年5月5日

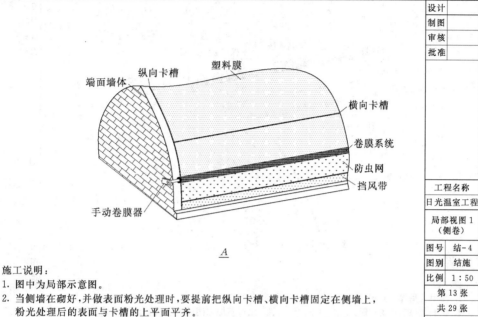

A

设计	
制图	
审核	
批准	

工程名称	
日光温室工程	
局部视图1 （侧卷）	
图号	结-4
图别	结施
比例	1：50
第13张	
共29张	

2014年5月5日

施工说明：

1. 图中为局部示意图。
2. 当侧墙在砌好，并做表面粉光处理时，要提前把纵向卡槽、横向卡槽固定在侧墙上，粉光处理后的表面与卡槽的上平面平齐。

B

设计	
制图	
审核	
批准	

工程名称	
日光温室工程	
局部视图2	
图号	结-5
图别	结施
比例	1：50
第14张	
共29张	

2014年5月5日

施工说明：

1. 图中为拱架结构的局部示意图。
2. 檩条与拱架固定方法：第一、第三道檩条与拱架连接管中部连接（用专用卡件连接）；第二、第四道檩条与拱架的连接管下部连接（用专用卡件连接）。
3. 所有檩条都低于拱架上玄，确保塑料膜与檩条不接触，这样可以有效防止温室冷凝水顺檩条下滴。

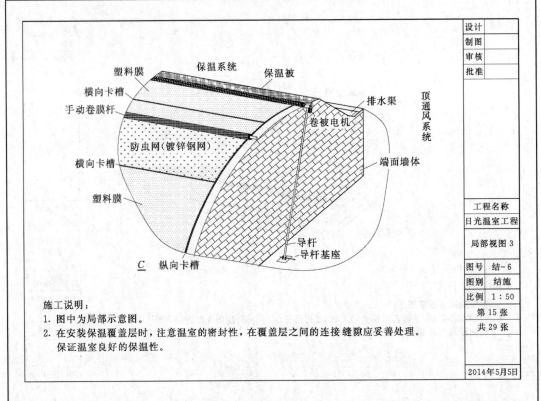

设计	
制图	
审核	
批准	

塑料膜　保温系统　保温被

横向卡槽

手动卷膜杆

防虫网(镀锌钢网)

横向卡槽

塑料膜

纵向卡槽　导杆　导杆基座

排水渠

卷被电机

端面墙体

顶通风系统

_C_

工程名称	
日光温室工程	
局部视图 3	
图号	结-6
图别	结施
比例	1：50
第 15 张	
共 29 张	

2014年5月5日

施工说明：
1. 图中为局部示意图。
2. 在安装保温覆盖层时，注意温室的密封性，在覆盖层之间的连接缝隙应妥善处理。保证温室良好的保温性。

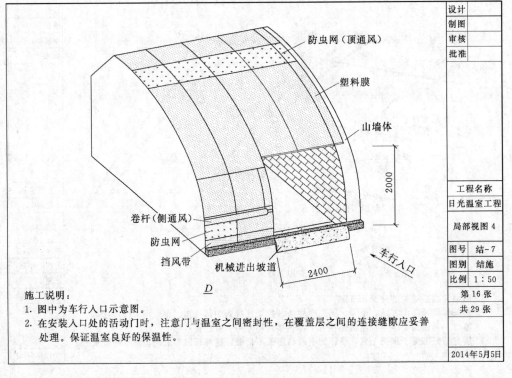

设计	
制图	
审核	
批准	

防虫网(顶通风)

塑料膜

山墙体

2000

卷杆(侧通风)

防虫网

挡风带　机械进出坡道

2400

车行入口

_D_

工程名称	
日光温室工程	
局部视图 4	
图号	结-7
图别	结施
比例	1：50
第 16 张	
共 29 张	

2014年5月5日

施工说明：
1. 图中为车行入口示意图。
2. 在安装入口处的活动门时，注意门与温室之间密封性，在覆盖层之间的连接缝隙应妥善处理。保证温室良好的保温性。

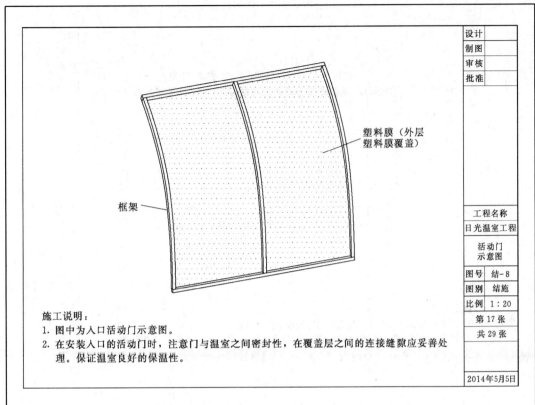

设计	
制图	
审核	
批准	

工程名称	
日光温室工程	
活动门 示意图	
图号	结-8
图别	结施
比例	1：20
第 17 张	
共 29 张	
2014年5月5日	

施工说明：
1. 图中为入口活动门示意图。
2. 在安装入口的活动门时，注意门与温室之间密封性，在覆盖层之间的连接缝隙应妥善处理。保证温室良好的保温性。

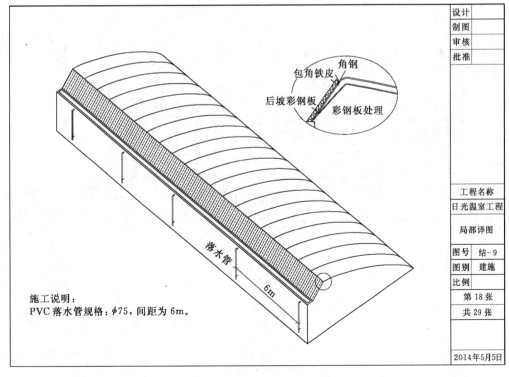

设计	
制图	
审核	
批准	

工程名称	
日光温室工程	
局部详图	
图号	结-9
图别	建施
比例	
第 18 张	
共 29 张	
2014年5月5日	

施工说明：
PVC落水管规格：φ75，间距为 6m。

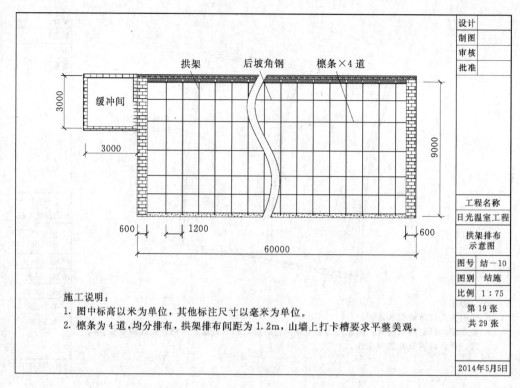

拱架　后坡角钢　檩条×4道

缓冲间

3000

3000

9000

600　1200　600

60000

设计	
制图	
审核	
批准	

工程名称

日光温室工程

拱架排布
示意图

图号	结—10
图别	结施
比例	1：75
第19张	
共29张	

2014年5月5日

施工说明：
1. 图中标高以米为单位，其他标注尺寸以毫米为单位。
2. 檩条为4道，均分排布，拱架排布间距为1.2m，山墙上打卡槽要求平整美观。

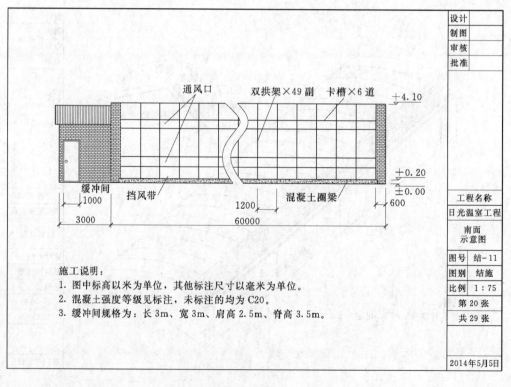

通风口　双拱架×49副　卡槽×6道　+4.10

缓冲间
1000
3000

挡风带

1200

混凝土圈梁

+0.20
±0.00

600

60000

设计	
制图	
审核	
批准	

工程名称

日光温室工程

南面
示意图

图号	结—11
图别	结施
比例	1：75
第20张	
共29张	

2014年5月5日

施工说明：
1. 图中标高以米为单位，其他标注尺寸以毫米为单位。
2. 混凝土强度等级见标注，未标注的均为C20。
3. 缓冲间规格为：长3m、宽3m、肩高2.5m、脊高3.5m。

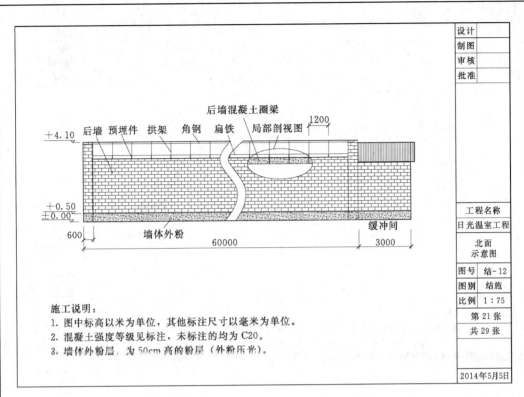

设计	
制图	
审核	
批准	

后墙混凝土圈梁

+4.10

后墙 预埋件 拱架 角钢 扁铁 局部剖视图 1200

±0.00 +0.50

600 墙体外粉 60000 缓冲间 3000

工程名称	
日光温室工程	
北面 示意图	
图号	结-12
图别	结施
比例	1：75
第21张	
共29张	

2014年5月5日

施工说明：
1. 图中标高以米为单位，其他标注尺寸以毫米为单位。
2. 混凝土强度等级见标注，未标注的均为C20。
3. 墙体外粉层，为50cm高的粉层（外粉压光）。

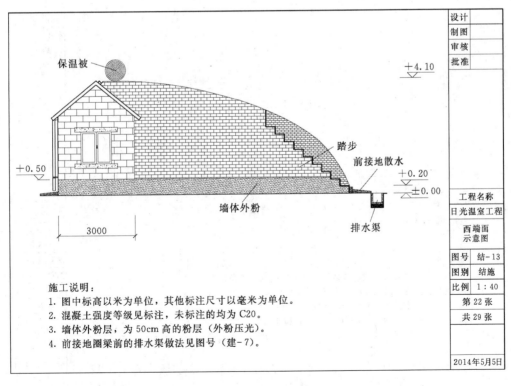

设计	
制图	
审核	
批准	

保温被

+4.10

+0.50

墙体外粉

3000

踏步
前接地散水
+0.20
±0.00

排水渠

工程名称	
日光温室工程	
西端面 示意图	
图号	结-13
图别	结施
比例	1：40
第22张	
共29张	

2014年5月5日

施工说明：
1. 图中标高以米为单位，其他标注尺寸以毫米为单位。
2. 混凝土强度等级见标注，未标注的均为C20。
3. 墙体外粉层，为50cm高的粉层（外粉压光）。
4. 前接地圈梁前的排水渠做法见图号（建-7）。

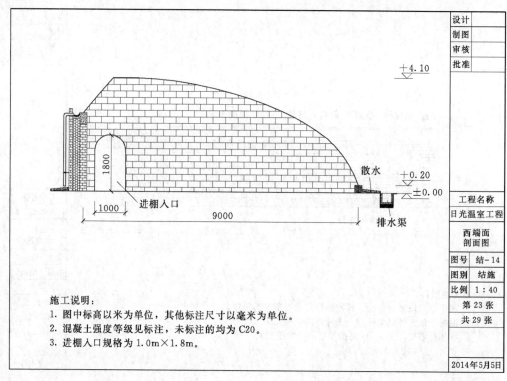

设计	
制图	
审核	
批准	

工程名称

日光温室工程

西端面
剖面图

图号	结－14
图别	结施
比例	1：40

第 23 张

共 29 张

2014年5月5日

施工说明：
1. 图中标高以米为单位，其他标注尺寸以毫米为单位。
2. 混凝土强度等级见标注，未标注的均为 C20。
3. 进棚入口规格为 1.0m×1.8m。

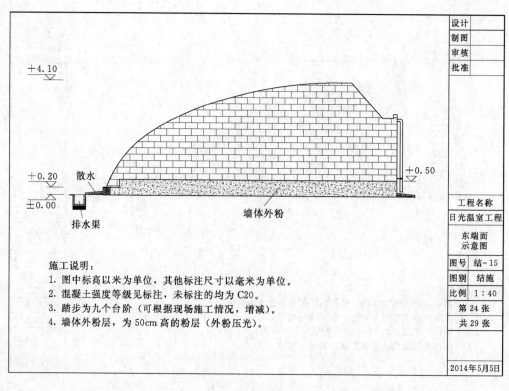

设计	
制图	
审核	
批准	

工程名称

日光温室工程

东端面
示意图

图号	结－15
图别	结施
比例	1：40

第 24 张

共 29 张

2014年5月5日

施工说明：
1. 图中标高以米为单位，其他标注尺寸以毫米为单位。
2. 混凝土强度等级见标注，未标注的均为 C20。
3. 踏步为九个台阶（可根据现场施工情况，增减）。
4. 墙体外粉层，为 50cm 高的粉层（外粉压光）。

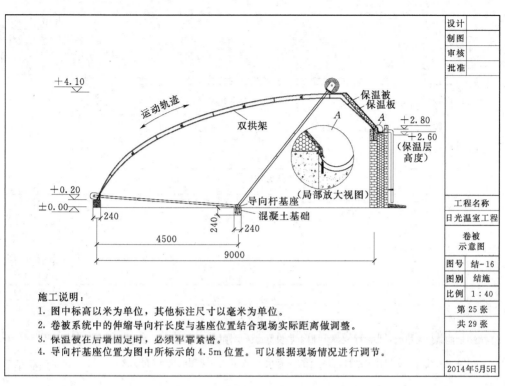

设计	
制图	
审核	
批准	

工程名称	
日光温室工程	
卷被示意图	
图号	结-16
图别	结施
比例	1：40
第 25 张	
共 29 张	
2014年5月5日	

施工说明：

1. 图中标高以米为单位，其他标注尺寸以毫米为单位。
2. 卷被系统中的伸缩导向杆长度与基座位置结合现场实际距离做调整。
3. 保温被在后墙固定时，必须牢靠紧密。
4. 导向杆基座位置为图中所标示的 4.5m 位置。可以根据现场情况进行调节。

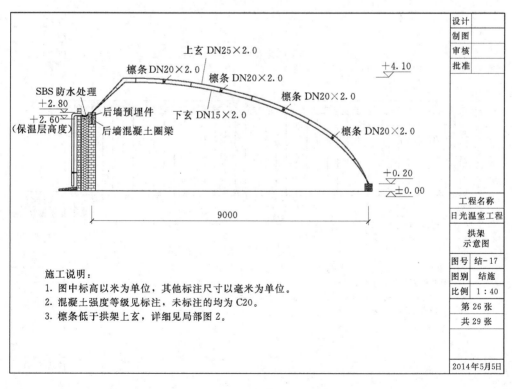

设计	
制图	
审核	
批准	

工程名称	
日光温室工程	
拱架示意图	
图号	结-17
图别	结施
比例	1：40
第 26 张	
共 29 张	
2014年5月5日	

施工说明：

1. 图中标高以米为单位，其他标注尺寸以毫米为单位。
2. 混凝土强度等级见标注，未标注的均为 C20。
3. 檩条低于拱架上玄，详细见局部图 2。

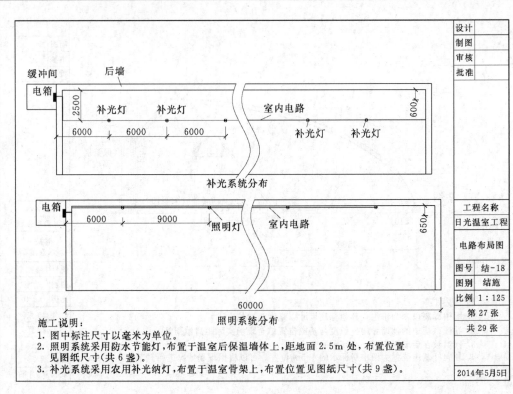

施工说明：
1. 图中标注尺寸以毫米为单位。
2. 照明系统采用防水节能灯，布置于温室后保温墙体上，距地面2.5m处，布置位置见图纸尺寸(共6盏)。
3. 补光系统采用农用补光纳灯，布置于温室骨架上，布置位置见图纸尺寸(共9盏)。

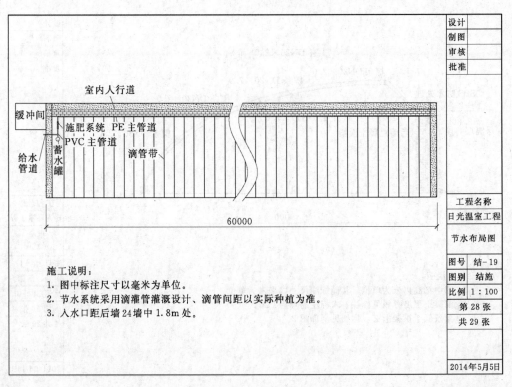

施工说明：
1. 图中标注尺寸以毫米为单位。
2. 节水系统采用滴灌管灌溉设计，滴管间距以实际种植为准。
3. 入水口距后墙24墙中1.8m处。

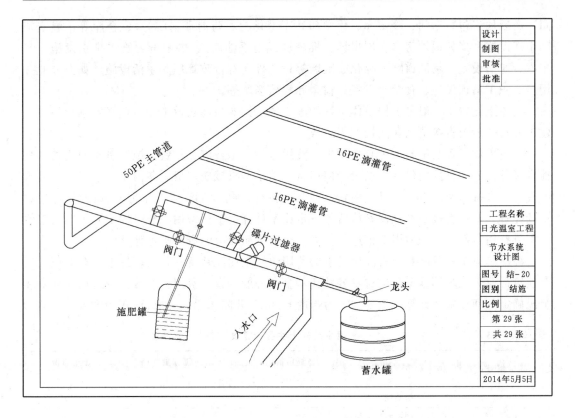

设计	
制图	
审核	
批准	

工程名称	
日光温室工程	
节水系统设计图	
图号	结-20
图别	结施
比例	
第 29 张	
共 29 张	
2014年5月5日	

图中标注：50PE主管道、16PE滴灌管、16PE滴灌管、碟片过滤器、阀门、阀门、施肥罐、入水口、龙头、蓄水罐

任务九　计算日光温室工程造价

在施工前为了检查设计的温室或大棚的建筑费是否在预算内及投标时施工单位提出的建筑费是否准确，必须按设计文件提出的建材数量、加工施工费算出纯建筑费，再加临时工程、运输和施工单位的利润等费用，得到工程总造价。一般把计算工程造价的工作叫作预算。

一、计算温室项目总投资

温室项目总投资由基本建设投资、建设期利息和铺底流动资金三部分构成。按照费用性质，可将基本建设投资进一步划分为土建工程费、设备及工器具购置费、安装工程费、工程建设其他费用、预备费等项内容。依据以上各项规定，构成以下公式：

$$项目总投资＝基本建设投资＋建设期利息＋铺底流动资金$$
$$基本建设投资＝土建工程费＋设备及工器具购置费＋安装工程费$$
$$＋工程建设其他费用＋预备费$$

（一）基本建设投资

1. 温室土建工程费

温室主体土建工程是指建筑物工程、构筑物工程、场地平整工程。温室单体工程的土建费用主要包括场地平整、土壤改良、基础、道路、台阶、坡道、散水、排水沟、暖气沟、室内蓄水池等。

温室配套工程的土建工程是指控制室、播种车间、催芽室、组培车间、基质处理车间、产后加工包装车间、冷藏库、化学药品库（化肥农药消毒基质等）、仓库等；温室辅助生产设施和诸如锅炉房（含堆煤场、堆渣场或地下油库）、供配电、给水排水设施、汽车库、通信设施、场区道路、绿化、围墙等；此外还有行政管理和生活设施，如办公业务用房、职工培训设施、食堂、浴室、宿舍和娱乐场所等。

上述土建费用一般可根据单体工程的施工图，按照当地建设工程概预算定额计算。土建工程费一般由直接费用和间接费用组成。

温室单体工程及配套工程直接发生的费用包括人工费、材料费、施工机械使用费和其他直接费。其他直接费包括大型机械使用费、中小型机械使用费、冬雨季施工费、工程水电费、二次搬运费、生产工具使用费、检验试验费、竣工清理费，此外还有临时设施费和现场经费。其他直接费都是按直接费的一定比率计算。上述费用一般可按不同标准的单位工程量费用定额，或按通用造价进行估算，也可参照相应的概算指标计算。

温室单体工程及配套工程间接发生的费用包括企业经营费、利息、税金，有的地区还有建筑行业劳保统筹基金和建材发展补充基金，一般以直接费用为基数，按所在地区实际情况确定的间接费率计算。表 3-33 为跨度 6.0m、开间 4.0m、轴线面积 1080m²（5 跨 9

表 3-33   温室基础土建费计算表

定额编号	项　目	概算单价 /(元/m³)	工程量 /m³	总价 /元
1-30	独立基础挖土方	114.01	10.23	1166.73
1-77	C10 独立基础混凝土垫层	228.37	3.84	876.94
7-156	钢筋混凝土独立基础 C20	360.86	6.39	2307.19
7-175	铁件	4732.12 元/t	0.11t	534.92
	直接费小计			4885.78
13-88	中小型机械使用费	12.2	10.23	124.85
13-107	工程水电费	4.66	10.23	47.69
13-123	二次搬运费	5.43	10.23	55.57
13-151	冬季、雨季施工费	4.9	10.23	50.14
13-170	生产工具使用费	3.96	10.23	40.53
13-189	检验实验费	0.94	10.23	9.62
13-208	竣工清理费	2.74	10.23	28.04
	直接费小计			5242.22
14-13	临时设施费	2.19%	5242.22（直接费小计，下同）	114.80
14-44	现场经费	2.13%	5242.22	111.66
	直接费合计			5368.68
	企业管理费	11.46%	5242.22	600.76
	利润	6%	5242.22	314.53
	税金	3.99%	5242.22	209.16
	工程总造价			6493.13
	单位造价/(元/m²)			6.01

个开间）玻璃温室，周边采用 240mm 条形砖基，室内采用 200mm×200mm 钢筋混凝土独立柱基的基础工程土建概算。实际应用中可参照建设地区当地的预算定额进行计算。需要注意的是，在套用定额费率时，单一的基础工程应按构筑物计算，而且许多费率项也应该按实际能发生的情况考虑。表 3-34 给出了不同温室基础工程按北京市预算定额计算的单位面积土建费用，各地在执行过程中应参照当地的预算定额进行修正。

表 3-34　　　　　　　　　　　温室基础工程土建费

项　目	玻璃温室	硬质板塑料温室	塑料薄膜温室
基础工程/(元/m² 地面积)	5.0～10.0	5.0～8.0	3.0～6.0

注　温室基础工程土建费用仅为室内独立柱的预算定额，计算埋深为 0.80m。周边条形基础按 240mm 厚，1.20m 高（含垫层 100mm 厚），155 元/m，高度每增减 100mm，加减 6 元/m 另行计算；周边基础为独立柱时，按 40～50 元/m 增加。此外，散水和排水沟的造价分别为 20 元/m 和 200 元/m，根据设计另行计算。

2. 温室设备及工器具购置费

通常的设备及工器具购置费是指用于形成生产能力的农业机械、工程机械、机电设备、车辆、仪器仪表以及可列为固定资产的工具、器具的购置费用，包括这些设备及工器具的运输费（含运输费、包装费、装卸费、手续服务费）。

（1）温室主体结构投资估算。对温室主体工程而言，所有从工厂加工的设备和零部件都可以列为采购设备，包括温室主体钢结构（预埋件列入土建工程费）、铝合金、橡胶条、透光覆盖材料、开窗机构、拉幕机构、风机湿帘、灌溉设备、照明设备、人工补光设备、加温设备和电气控制设备等。其中，有些类似于建筑工程的加温系统和电气控制系统，可套用相应概预算定额估算投资，其他设备则按照当年市场设备价格计算。表 3-35 给出了不同类型温室主体结构的市场参考价格范围，在使用中还应查询当时的市场价格。

表 3-35　　　　　　　　　　温室主体结构投资估算指标

项　目	玻璃温室	硬质板塑料温室	塑料薄膜温室
钢结构/(元/m² 建筑面积)	110～140	90～110	70～90
屋顶覆盖/(元/m² 建筑面积)	100～120	150～180	5～9
侧墙覆盖/(元/m² 建筑面积)	80～100	100～140	8～10
山墙覆盖/(元/m² 建筑面积)	90～110	110～150	9～11

注　1. 表中基础工程仅为室内独立柱的预算定额，计算埋深为 0.80m。周边基础为条形基础时，按 240mm 厚、1.20m 高（含垫层 100mm 厚）、每米 155 元计算，高度每增减 100mm，加减 6 元/m 另行计算；周边基础为独立柱时，按 40～50 元/m 增加。此外，散水和排水沟的造价分别为 20 元/m 和 200 元/m，根据设计另行计算。上述定额以北京市 2000 年预算价格计算，各地可参照当地的预算价格执行。

　　2. 钢结构价格对温室面积较小者取高值，面积较大者取低值。

　　3. 覆盖材料价格对开窗温室取高值，不开窗温室取低值。

　　4. 对单层塑料膜温室应考虑增加 0.50～1.00 元/m² 的卡簧及压膜线的费用；对双层充气温室覆盖材料价格加倍，此外还要增加 5～6 元/m² 充气设备的费用。

　　5. 硬质板塑料温室分波浪板和中空平板，本表按中空板设计，波浪板材料覆盖，价格相应降低 50～60 元/m² 表面积。

（2）温室降温系统投资估算（表 3-36）。

表 3－36 温室降温系统投资估算指标 单位：元/m² 建筑面积

项　目	价格	备　注
室内遮阳/保温系统	40～55	齿轮齿条驱动系统
	30～40	钢缆驱动系统
室外遮阳系统	50～60	齿轮齿条驱动系统（含钢结构）
	35～50	钢缆驱动系统（含钢结构）
强制通风风机	12～15	进口风机价格加倍
环流风机	3～5	进口风机价格 10～15 元/m²
湿帘降温系统	12～22	湿帘高度为 1.5m 时取下限，1.8m 时取上限
弥雾降温系统	15～25	不含首部

注　1. 遮阳幕材料若为进口材料，系统造价上浮 8～10 元/m²。

　　2. 遮阳系统每一控制单元面积在 2500～3000m²，系统造价取下限；控制单元面积在 1000～1500m²，系统造价取上限，中间可内插。

（3）温室开窗系统投资估算（表 3－37）。

表 3－37 温室开窗系统投资估算指标

项　目	单位	价格	备　注	
手动卷膜开窗系统（卷膜器、膜卡分国产和进口）	元/套	750～1900	长度在 60m 之内每减少 1m 降低 9～18 元/m	
电动卷膜开窗系统（电机进口，膜卡分国产和进口）	元/套	5000～5200	交流电机	长度每减少 1m 降低 50～70 元
		1800～2400	直流电机	
齿轮齿条连续开窗系统（电机、齿条分国产和进口）	元/套	1400～8000	长 60～80m	长度每减少 1m 降低 50～70 元
		7000～12000	长 40～60m	
		5500～9000	长小于 40m	
曲柄连杆开窗机构（电机分进口和国产）	元/套	7500～9500	长 60～80m	长度每减少 1m 降低 50 元
		6300～7800	长 40～60m	
		4700～5700	长小于 40m	
齿轮齿条推杆式开窗系统	元/m²	25～35	按建筑面积计算	

注　1. 国产部件取低限，进口部件取高限；进口核心部件、其他国内配套，取中间值。

　　2. 齿轮齿条推杆式开窗系统，单元面积在 3000m² 以上取低限，单元面积在 2000m² 以下取高限，中间插值。

（4）温室供暖系统投资估算（表 3－38）。

表 3－38 温室供暖系统投资估算指标 单位：万元/10 万 kW

项　目	价格	备　注
光管散热器加温系统	4.20～4.60	室内外设计温差在 15～30℃ 范围内，温差大取低限，温差小取高限
圆翼散热器加温系统	3.60～4.40	
燃油炉加温系统	2.00～2.50	不含集中储油罐和外线供油系统

注　表中光管散热器加温系统和圆翼散热器加温系统系按北京市 2000 年预算定额计算，各地可参考当地预算定额执行。

（5）温室灌溉系统投资估算（表 3-39）。

表 3-39　　　　　　　　　　温室灌溉系统投资估算指标

项　目	价　格	备　注
滴灌带滴灌	3～5（元/m² 建筑面积）	滴灌带为 5 年期取上限，1 年期取下限
滴头滴灌	8～12（元/m² 建筑面积）	滴头为流量补偿式取上限，普通取下限
固定式喷灌	2～4（元/m² 建筑面积）	防滴漏喷头取上限，普通喷头取下限
自走式喷灌车	10000～25000 元/套	国产
	55000～85000 元/套	全进口取上限，主机进口取下限
首部枢纽	5000～5500 元/套	系统包括水泵、网式过滤器、压差式施肥罐及其他控制测量设备，最大控制面积 2500m²
	20000～22000 元/套	系统包括水泵＋稳压水罐、砂式过滤器＋网式过滤器、压差式施肥罐及其他控制测量设备，最大控制面积 2500m²
	50000～55000 元/套	系统包括水泵＋变频恒压控制器、水砂分离器＋砂过滤器＋网式过滤器、水动施肥器（进口）及其他控制测量设备，最大控制面积 2500m²
微灌自动控制	8000～10000 元/套	含灌溉控制器（进口）、电磁阀（进口）及其他配件，可控制 12 个小区，最大控制面积 2500m²

（6）温室环境控制系统投资估算（表 3-40）。

表 3-40　　　　　　　　　　温室环境控制系统投资估算指标

项　目	单位	价格	备　注
电控柜	万元/台	0.5～3.0	每个电控柜控制一个独立的控制单元
计算机控制系统	万元/套	8～20	含室外气象站、控制器、计算机、软件

注　计算机控制系统，第一个独立控制单元之后，每增加一个独立控制单元，价格增加 1.5 万～2.0 万元，表中国产控制系统取低限，进口控制系统取中高限。

（7）温室其他配套设施投资估算（表 3-41）。

表 3-41　　　　　　　　　　温室其他配套设施投资估算指标

项　目	价格/（元/m² 建筑面积）	备　注
CO₂ 施肥系统	1～2	燃煤送风
	10～12	液态 CO₂ 钢瓶供气
人工补光系统	15～20	补光强度 50～100lx
	25～30	补光强度 500lx
	40～50	补光强度 5000lx
活动栽培床	95～110	
固定栽培床	40～50	钢架苗床
	60～70	聚苯板穴盘育苗栽培床，含穴盘
	25～30	砖砌土建苗床

注　活动苗床床框有镀锌钢板和铝合金之分，床网有钢丝网、钢板网和瓦楞板之分。铝合金床框＋镀锌钢板网取上限，镀锌钢板床框＋瓦楞板取低限，其他组合中间内插。

3. 安装工程费用

安装工程费是指对生产设备、附属设备的安装、调试费用，以及为测定安装质量所发生的无负荷试运转费用。

温室工程中，所有套用概预算定额的子项中已经包含了材料、运输和安装、调试的一切费用，所有直接按设备价格确定的子项均应该增加运输、安装和调试费。

按照《日光温室建设标准》（NYJ/T 07—2005）的规定，安装调试费按设备和材料直接费的5%～10%计算，建设规模在 2hm² 以上者取下限，5000m² 以下者取上限。运输费按实际发生运输距离，按汽运价格计算。

4. 工程建设其他费用

工程建设其他费用是指根据有关规定应在投资中支付，并列入总投资的费用。主要包括：工程设计费（含初步设计及施工图设计），标底编制及招标代理费，工程监理费，工具、器具、家具费，建设单位管理费，建设项目环境影响咨询服务费。

上述费用的总取费率为温室工程建设直接费的5%～8.6%，一般大型工程取低值，中、小型工程取高值。但其中不包括供电配电费、三通一平费、培训费、水资源费等，这些费用视各类项目的具体情况而定。此外，引用种费、征地租地费也视各类项目具体情况单列。

5. 预备费

预备费包括基本预备费与涨价预备费两项。其中，基本预备费是指在财务估算时，为预防难以预料的可能增加的费用；涨价预备费是指在计算期内，因价格变动而增加的投资费用。基本预备费以土建工程费、设备及工器具购置费、安装工程费和工程建设其他费用之和为基数，按当地规定的基本预备费系数计算。温室建设项目基本预备费为温室工程直接费的5%～10%，一般大型工程取高值、中小型工程取低值。

（二）建设期利息

建设期利息是指发生在项目建设期的各种来源的借款的利息。一般应按有效年利率计算建设期利息。

当建设期用自有资金随时支付利息时，不需要进行有效年利率换算。计算建设期利息时，为了简化计算，通常假定借款均在每年的年中支用，借款当年按半年计息，其余各年份按全年计息，计算公式为：

$$各年应计利息 = （年初借款本息累计 + 本年借款额/2）× 年利率$$

多种借款资金来源，每笔借款的年利率各不相同的项目，既可分别计算每笔借款的利息，也可先计算出各笔借款加权平均的年利率，并以此利率计算全部借款的利息。

借款时发生的借款手续费、承诺费、管理费等费用应计入利息。

（三）铺底流动资金

铺底流动资金是为保证项目建成后进行试运转所必需的流动资金，一般按项目建成后所需全部流动资金的30%计算。根据国有商业银行的规定，新上项目或更新改造项目必须拥有30%的自有流动资金。

流动资金是指在项目建成投产后，为维持生产，在供应、生产、销售过程中供购置生产资料、支付工资和其他生产经营费用所占用的全部周转资金。

对温室建设项目，资金的估算一般采用扩大指标估算法。该方法是参照同类项目在经营成本（或总成本）中流动资金占有率指标估算流动资金需要量进行计算的。

计算公式为：

$$流动资金额＝年经营总成本×经营总成本流动资金占用率$$

根据温室栽培作物的生产周期，表3-42给出了经营成本流动资金占用率参考计算方法。

表 3-42   温室生产项目经营成本流动资金占用率参考值

生 产 周 期	流动资金占用率/%	生 产 周 期	流动资金占用率/%
多年生木本作物（成熟缓慢，一年一熟）	100	一年两熟	40～60
一年生作物	100	连续收获的作物	20～40
一年一熟	80～100		

二、选择报价方式

在温室行业实践工程中，造价计算基本可以分为两种类型：一种参考建筑概预算中的清单计价方式进行报价；另外一种则是按照温室的各个分项来进行报价。随着温室工程的不断规范和定额资料的不断积累，越来越多的温室工程开始采用了较为规范的定额指导下的清单计价方式。

（一）按照分项来进行报价

各分项报价汇总表及主要材料明细表见表3-43和表3-44。

表 3-43   报 价 汇 总 表   单位：元

	分部分项名称		单位	数量	单价	合格	备 注
							主材/设备产地、品牌
1	温室基础						
2	骨架结构						
3	墙体材料	北墙体					
		东墙体					
		西墙体					
4	覆盖材料						
5	通风降温系统	顶部通风					
		接地通风					
6	保温系统						
7	给排水系统						
8	照明配电系统						
9	滴灌系统						
10	地面处理						
11	安装系统						
12	造价合计						
13	投票报价						
14	说明						

注   未完善部分按各企业标准执行，各部分分别报价。

表 3 - 44　　　　　　　　　　　　主 要 材 料 明 细 表

序号	名称	规格型号	单位	总用量	单价/元	总价/元	品牌及制造厂
1							
2							
3							
4							
⋮							

注　1. 以上所列材料为主要材料，其余请各投标单位自己补充。

　　2. 材料单价是指材料供应厂商的到现场价，须真实反应。

　　3. 表格不够可自行复制。

（二）按照清单计价的方式进行报价（表 3 - 45）

表 3 - 45　　　　　　　　　　　　清 单 计 价 方 式

序号	名　称	单位	数量	单价/元	复价/元	备注（标明规格，包括宽度、厚度或容重等）
1	温室基础及墙体					
1.1	人工开挖	m³				
1.2	3∶7灰土	m³				
1.3	红砖	块				材料、人工
1.4	C20混凝土墩基础	m³				
1.5	预埋铁件	个				
1.6	砌块	块				材料、人工
1.7	墙体聚苯板	m³				
1.8	塑钢平开门	套				
2	温室外散水					
2.1	人工开挖	m³				
2.2	3∶7灰土	m³				
2.3	混凝土散水	m³				
3	钢架及配套材料					
3.1	温室钢架	m²				
3.2	薄膜覆盖	m²				
3.3	上通风	套				
3.4	下通风	套				
3.5	保温被	m²				1000g/m²
3.6	后坡保温板	m²				厚度为10cm
3.7	后坡防水层	m²				
3.8	安装费	m²				
3.9	运输	栋				
4	小计					
5	管理费	%				
6	税金	%				
7	单栋合计					

三、实际案例

西北 GJ-7D 型节能无立柱日光温室总体设计

1. 概述

（1）场地选择。

该基地位于西北农林科技大学灌水站，占地 3 亩，地势平坦，土质良好，水、电、路条件齐备，适宜建造节能型日光温室。

（2）建造标准。

1）结构类型：单屋面无立柱日光温室，每座温室内部长度 48m，跨度 7m，墙厚 0.44m，脊高 3.2m，净面积 336m²。

2）结构材料：前屋面采用镀锌钢管组装结构，墙体采用砖墙加保温板，后屋面采用新型保温板，覆盖采用自动卷帘系统。

3）配套设备：温室具有调节温、光、水、气等环境条件的配套设备以及自动化控制中心，设置有采暖系统、灌溉系统、CO_2 施肥系统，室内照明补光系统和计算机控制系统，使温室生产建立在全天候工作状况下，其水平达到国内先进标准。

（3）整体布局。

该基地长 110m，宽 22m，呈长方形地块，可布置 4 座日光温室，南北两排，每排 2 座。中间留通道，便于行走。每座温室东侧有一缓冲间，造型独特。采暖与供水系统布置于温室内外。

（4）总体造价。

根据当地材料规格及价格进行预算，建造四座温室总造价为 544648.68 元，平均每座温室 136162.17 元。

其中：①温室土建费用：$18871.58 \times 4 = 75486.32$（元）

②锅炉房：18642.43 元

③温室墙体及后屋面保温层：$14845 \times 4 = 59380$（元）

④温室屋面钢构件费用：$31000 \times 4 = 124000$（元）

⑤采暖系统：159935.93 元

⑥灌溉系统：39341 元

⑦CO_2 施肥系统：2000 元

⑧照明设备费用：50000 元

⑨设计及规划费用：15863 元

2. 建筑结构部分

（1）总平面布置。

根据场地特点及尺寸，建造 4 个温室，呈行列式布置。每个单间的外形尺寸为：长×宽＝51.86m×7.44m（包括缓冲间），西侧距围墙 4m，东西间距为 4m 左右，南北间距为 7m，其间布置道路及绿化带，温室朝向为南偏西 0°～5°。

由于采暖需要，并考虑到尽可以减小粉尘污染及避免遮光，在温室群的西南方向距温

室 15m 远处设置锅炉房。

(2) 建筑物的平、立、剖面设计。

每个温室内的净面积为 7m×48m，每个温室的东侧设置一缓冲间，用以放置农具、农药等杂品及布置控制设备。温室的后墙采用 370mm 厚砖墙加聚苯乙烯复合保温板的构造方法，山墙为 240mm 墙加保温板，满足承载及保温要求。温室屋面承重结构为热浸镀锌钢管拱架，工厂制作，现场组装，施工方便，使用寿命长。屋面前坡用专用压膜线压膜，上覆高效保温卷帘被，重量轻，并可自动卷起或覆盖。屋面后坡采用复合保温板屋面，顶部设 300mm 宽简易通道，可用于工人维修顶部设备和清除屋面积雪。温室后墙设有 9 个通风口，便于通风降温。

缓冲间为 240mm 砖墙，后部设有简易钢爬梯。由于防寒需要，可在缓冲间与温室的门外加保温棉帘。

锅炉房要求层高较大（5.5m），采用 370mm 砖墙，平屋顶。所有门窗均采用木门窗。

温室的立面色调，统一采用天蓝色，寓意保护环境，还天空以纯正的蓝，并预示温室的产品为无污染的"绿色"食品。

(3) 结构设计。

建筑物所在场地地质条件良好，且建筑物均为单层砖混结构，荷载较小，基础均采用 3:7 灰土砖条基，砖墙承重，温室屋面采用热浸镀锌钢管拱架，其余均为预制空心板屋面。温室及缓冲间用 M2.5 砂浆、锅炉房用 M5 砂浆砌筑。其余详见土建施工图。

3. 采暖部分

温室室内计算温度 14℃，室外计算温度−5℃，采暖系统为低温热水同程式，散热器用铸铁 4 柱 813 及光管散热器联合供暖。室外管道采用地沟敷设，地沟沟底坡度现场确定。锅炉采用陕西武功武王锅炉厂"西北王"牌 CLSS0.25−80/60−AⅢ8 型立式锅炉一台，循环水泵为 IR50−32−125 两台，其中一台备用，锅炉房内其他附属设备由厂家配套供应。

4. 灌溉设计

(1) 简述。

灌溉试验站规划修建 4 间温室，以种植蔬菜、花卉为主。

温室内长 48m，宽 7m，试验站土壤质地为中、重壤土，地形平坦，水源有保证，适宜种植各种作物和蔬菜、花卉、果树等。

温室拟采用现代化高标准灌溉新技术，4 间温室选用 4 种微灌先进技术。1 号温室应用微喷灌技术；2 号温室采用长滴灌带技术；3 号温室应用微孔管灌带技术；4 号温室应用短滴灌带或内镶式滴头滴灌技术，以期达到示范样板的作用。4 间温室灌溉设施全部采用自动控制管理。

(2) 微灌系统布置。

1) 首部枢纽及水源。

微灌系统水源利用试验站已有的蓄水池和水泵机组设备，必要时也可利用蓄水池旁的高架水箱，并用 φ65PE 输水干管将灌溉水送入 A 工作间内。

工作间与自动控制室组合共用，设于 1 号温室的东角。

2）管道系统布置。

温室区布置 1 条支管，2 条分支管，分别供水给 4 条毛管。每间温室布置 1 条毛管。均采用 PE 管材。其中 1、2 号温室内毛管为地埋暗管，3、4 号温室内毛管为地面上管道。

3）温室内微灌布局。

依据大多数蔬菜、花卉等栽培技术要求，其植株株行距一般为行距 1.1～1.4m，株距 30～60cm，为此，温室内各种微灌灌水器的行距和间距，大致确定为 1.2m 和 0.3m。

1 号温室选用日本 KIRICO TYPE A 特质聚乙烯微孔管微喷带，直径 $\phi 31$mm，孔距 30cm，同一位置向上开 4 孔，微灌带间距 2.4m。

2 号温室采用美国雨鸟公司双塑压力补偿式滴灌带，直径 $\phi 16$mm，间距 1.2m，滴孔距 0.3m。4 号温室同 2 号温室，但滴灌带为短段滴灌带。2 号温室为带弯转的长滴灌带。

3 号温室采用以色列内镶式滴头，或采用直接打孔的微灌带，带距为 1.2m，灌水器间距为 0.3m。

（3）微灌制度。

1）微灌灌水定额。

微灌可根据作物需水要求适时适量地供水。依经验和分析，经计算确定采用微灌设计灌水定额为 12.00mm。

2）一次微灌持续时间。

经计算，每间温室一次微灌持续时间大约为 2.5h 左右。

3）灌水周期。

由于蔬菜、花卉耗水量较大，故微灌的间隔时间不宜过长，一般多采用 1～3d，本设计采用 1～2d，1d 工作 5h（由 7：00—12：00）。

4）工作制度。

由于灌溉试验站仅有 4 间温室，为方便微灌灌水和管理，本设计按续灌工作制度设计，但实际运用时，也可依具体情况采用逐一轮灌或分组轮灌的方式。

（4）微灌系统设计。

1）管道流量。

依据 4 间温室所采用的微灌技术，分别计算其所需毛管的设计流量，最后以 4 号温室的毛管流量作为设计毛管流量。

4 号温室采用美国雨鸟喷灌设计制造公司生产的双塑压力补偿式滴灌带，滴孔间距 0.3m。工作压力 0.55～1.05kg/m²，每米出流量为 3.28l/h。滴灌带管径为 16mm，设计灌水均匀度 90% 时，平坦地形最大铺设长度可达 143～162mm，要求配备 200 目的过滤器。因此，该温室毛管流量为

$$Q_{\text{毛}} = 143 \times 2 \times 3.28 / 0.9 \times 10^{-3} = 1.04 (\text{m}^3/\text{h})$$

$$Q_{\text{分支管}} = Q_{\text{毛}} = 1.04 (\text{m}^3/\text{h})$$

$$Q_{\text{支管}} = 3Q_{\text{毛}} = 1.04 \times 3 = 3.12 (\text{m}^3/\text{h})$$

$$Q_{\text{干}} = 4Q_{\text{毛}} = 4.16 (\text{m}^3/\text{h})$$

2）水头损失。

毛管选用 $\phi 32$PE 管，长度按 48m 计算（4 号温室毛管，并水计及多孔系数），分支管

长度 12m，选用 ϕ40PE 管。

$$h_{毛} = h_{毛沿} + h_{毛局} = 0.15 + 0.16 = 0.31(\text{m})$$
$$h_{分支} = 0.02 + 0.02 = 0.04(\text{m})$$

支管选用 ϕ50PE 管，长度 56m

$$h_{支} = 0.14 + 0.16 = 0.30(\text{m})$$

干管选用 ϕ65PE 管，长度约 200m

$$h_{干} = 0.24 + 0.26 = 0.50(\text{m})$$

3）总水头损失。

首部枢纽水头损失取 9.0m，管道系统输水损失为 1.15m，滴灌带工作压力取 10m，不考虑地面坡度影响，则总水头损失为 20.15m。

要求水源输入提供水压力 21m，输水流量为 4.5m^3/h。

（5）自控系统设计。

自控系统由温室内信息传感器组、单板或单片机、微机以及恒压变量供水装置和电磁阀（电动闸阀）等部分组成。全系统拟采用雨鸟公司成套设备。

1）温室内信息传感器。

温室内信息传感器主要由土壤湿度负压计、空气湿度与温度传感器以及电接点地温计组成。每间温室各安装 3 套。

2）单板（片）机。

信息传感器的信息用有线传输至单板（片）机，以调控温室内的微灌设施。每间温室装置 1 台，为分控机。

3）微机。

微机为主控机。各温室内单板（片）分控机，由主控机调控，各温室内的信息经有线传送入主机后，可自动处理调控分控机。主控机可由用户自行编程设定调控程序。

4）恒压变量供水装置。

为微灌系统提供恒定工作压力，设计要求约 21m，俗称压力罐。

5）电磁阀。

电磁阀受分控机控制，依主控机命令启闭，以调控微灌装置灌水。

5. 其他设备部分

（1）CO_2 施肥系统。

主要采用 CO_2 气瓶法，选用兴平化肥厂气瓶引用气管送气，保证 CO_2 正常施用。

（2）照明系统。

主要采用电灯补光设备，达到照明与部分补光的目的。

（3）自动控制系统。

主要采用单片机及计算机监测室内环境参数，并对部分参数进行自动控制。

6. 各类预算

（1）单体温室土建预算书。

（2）锅炉房土建预算书。

温室及锅炉房土建工程预算编制说明：

1）依据陕西省××年建筑工程预算定额××年费用定额编制。

.2）按县级集体施工企业取费，建筑类别为四类。

3）保温板材及温室屋面钢构件未计入预算。

4）主材价按现行市场价计入，价格变化时可以换算。

5）造价：温室（单体）：18871.58元；锅炉房：18642.43元。

（3）采暖供热预算书。

采暖供热工程预算编制说明：

1）依据××定额陕西省价目表××费用定额编制。

2）按县级集体取费，动态调价依据××号文及××年上半年调价文件，主材价依据××年第3期建筑材料信息价目表计入。

3）总价：99935.93元＋60000.00元＝159935.93元。

　　其中：土建：29428.42元；

　　　　　室外安装：18006.99元；

　　　　　温室安装：13125.13×4座＝52500.52元；

　　　　　锅炉房安装工程：60000.00元。

（4）灌溉系统预算书。

$$9835.25 \times 4 = 39341（元）$$

课 后 实 训

一、日光温室结构与性能调查

（一）目的要求

通过实地调查，了解当地日光温室的主要类型，掌握其规格尺寸和结构参数，了解日光温室的建造材料、用量及造价，为独立设计日光温室奠定基础。

（二）材料用具

皮尺、钢卷尺、游标卡尺、测量绳、量角器（坡度仪）、直尺、计算器、绘图用纸等；不同类型的日光温室。

（三）训练内容

1．布置任务

实地考察各种类型的日光温室。测量当地有代表性的1～2种类型的规格尺寸和结构参数，根据前屋面采光角，确定其先进程度。调查日光温室建材的规格、用量及造价。

2．方法步骤

（1）考察不同类型的日光温室，了解其性能及应用情况。

（2）确定生产中应用较好的1～2种类型，测量其规格尺寸和结构参数（包括长度、跨度、矢高和后墙高度、前屋面采光角、后屋面仰角、后屋面水平投影宽度、墙体厚度及立柱间距和拱架间距、作业间的规格等），根据所得数据绘制日光温室的平面图、侧剖面图，并注明其结构参数。

（3）调查日光温室骨架材料和墙体及后屋面建材的规格、用量及造价，列出材料用量表。

（4）园区整体规划，测量整个设施园区的面积，各类设施的方位，各类设施的前后左右间距及道路的设置和规划，根据测量结果绘制所调查的设施园区的区划平面图。

（四）课后作业

比较所调查的不同类型日光温室的优缺点。

（五）考核标准

（1）调查认真，记录完整。（20分）

（2）温室平面图、侧剖面图绘制规范，数据准确。（30分）

（3）材料规格、用量、造价等调查结果准确。（20分）

（4）设施园区的区划平面图绘制规范，数据准确。（20分）

（5）认真完成作业，且论述充分。（10分）

二、日光温室设计与规划

（一）目的要求

运用所学理论知识，结合当地气象条件和生产要求，学习对一定规模的设施园艺生产基地进行总体规划和布局；学会日光温室设计的方法和步骤，能够画出总体规划布局平面图，单栋日光温室的断面图等（均为示意图），使工程建筑施工单位能通过示意图和文字说明，了解生产单位的意图和要求。

（二）材料用具

比例尺、直尺、量角器、铅笔、橡皮、专用绘图用具和纸张等。

（三）训练内容

1. 设计任务要求

（1）基地位于北纬 40°，年平均最低温 −14℃，极端最低 −22.9℃，极端最高 40.6℃。太阳高度角冬至日为 26.5°（上午 10 时为 20.61°），春分为 49.9°（上午 10 时为 42°）；冬至日（晴天）日照时数为 9h，春分日（晴天）12h；冬季主风向为西北风，春季多西南风，全年无霜期 180d。

（2）园区总面积约 10hm²，东西长 500m、南北宽 200m，为一矩形地块，北高南低，坡度＜10°。

（3）设计冬春季使用的果菜类及叶菜类蔬菜生产温室，及生产育苗兼用温室若干栋，每栋温室占地 1 亩左右，用材自选。温室数量，根据生产需要自行确定。

（4）温室结构要求保温、透光好，生产面积利用率高，节约能源，坚固耐用，成本低，操作方便。

2. 方法步骤

（1）根据园区面积、自然条件，先进行总体规划，除考虑温室布局外，还要考虑道路、附属用房及相关设施、温室间距等，合理安排，不要顾此失彼。绘制园区总体规划平面示意图，用文字说明主要内容，使建筑施工方能看得清楚，读得明白。

（2）根据修建温室的场地、生产要求、经济和自然条件，利用所学的采光设计和保温设计方法选择适宜的类型，并确定温室结构参数和规格尺寸。绘制日光温室的平面图和侧剖面图，并注明相关参数。

（3）列出日光温室建材用量表，包括建材种类、规格、数量。

（4）点评设计成果，选5～10名学生展示自己的设计图纸和用料表，由教师和其他同学进行提问和点评。

（四）课后作业

根据课堂点评结果，修改设计图纸和材料表。

（五）考核标准

（1）园区整体规划合理，数据准确。（20分）

（2）日光温室各项结构设计参数合理。（20分）

（3）材料准备细致，用量和估价准确。（20分）

（4）讲解流畅，答辩得当。（10分）

（5）完成设计图纸和用料表的修改。（30分）

信 息 链 接

我国温室工程常用标准规范

《温室通风降温设计规范》（GB/T 18621—2002）

《温室结构设计荷载》（GB/T 18622—2002）

《温室防虫网设计安装规范》（GB/T 19791—2005）

《温室节能技术通则》（GB/T 29148—2012）

《种植塑料大棚工程技术规范》（GB/T 51057—2015）

《日光温室和塑料大棚结构与性能要求》（GB/T 19165—2003）

《钢结构设计规范》（GB 50017—2003）

《建筑结构荷载规范》（GB 50009—2012）

《日光温室技术条件》（JB/T 10286—2013）

《连栋温室技术条件》（JB/T 10288—2013）

《温室工程　术语》（JB/T 10292—2001）

《温室电气布线设计规范》（JB/T 10296—2013）

《温室加热系统设计规范》（JB/T 10297—2014）

《温室控制系统设计规范》（JB/T 10306—2013）

《日光温室和塑料大棚结构与性能要求》（JB/T 10594—2006）

《寒地节能日光温室建造规程》（JB/T 10595—2006）

《日光温室卷帘机　减速机》（JB/T 12445—2015）

《温室地基基础设计、施工与验收技术规范》（NY/T 1145—2006）

《温室用聚碳酸酯中空板》（NY/T 1362—2007）

《温室用铝箔遮阳保温幕》（NY/T 1363—2007）

《温室齿条开窗机》（NY/T 1364—2007）

《温室齿条拉幕机》（NY/T 1365—2007）

《温室工程质量验收通则》（NY/T 1420—2007）

《温室通风设计规范》（NY/T 1451—2007）

《温室透光覆盖材料防露滴性测试方法》（NY/T 1452—2007）

《日光温室效能评价规范》（NY/T 1553—2007）

《温室覆盖材料保温性能测定方法》（NY/T 1831—2009）

《温室钢结构安装与验收规范》（NY/T 1832—2009）

《连栋温室采光性能测试方法》（NY/T 1936—2010）

《温室湿帘-风机系统降温性能测试方法》（NY/T 1937—2010）

《温室覆盖材料安装与验收规范　塑料薄膜》（NY/T 1966—2010）

《温室灌溉系统设计规范》（NY/T 2132—2012）

《温室湿帘-风机降温系统设计规范》（NY/T 2133—2012）

《日光温室主体结构施工与安装验收规程》（NY/T 2134—2012）

《日光温室棚膜光阻隔率技术要求》（NY/T 2416—2013）

《温室灌溉系统安装与验收规范》（NY/T 2533—2013）

《温室透光覆盖材料安装与验收规范　玻璃》（NY/T 2708—2015）

《日光温室技术条件》（NY/T 610—2002）

项目四 连栋温室建设

项目介绍

本项目内容是本课程的难点。该项目主要介绍建设连栋温室的程序、方法和技术。学生学习后，能够根据实际需求，完成连栋温室的选型和规格尺寸的确定；能够初步进行连栋温室的结构计算、结构设计、造价计算、完成整套设计书；能够知道连栋温室配套设备的设置方法和施工程序。

案例导入

西安某一地区经前期可行性分析，确定在当地发展观光农业，展示不同地区的果树花卉特色，因此需要建设几栋现代化连栋温室，现向社会公开招标。

项目分析

作为一个公司，要承接一项连栋温室（群）的建设任务，首先要对整个连栋温室群进行总体规划，再对每座连栋温室进行选型、设计，绘制施工图、造价计算，完成设计图，然后实地施工建造，最终建成连栋温室（群），验收。

任务一 确定连栋温室的结构与类型

一、了解连栋温室的结构组成

连栋温室是两跨或两跨以上通过屋檐处天沟连接起来成为一个整体的温室。连栋温室是相对于单栋温室而言的，是为了加大温室的规模，适应大面积甚至工厂化生产植物产品的需要，将两栋以上的单栋温室在屋檐处连接起来，去掉连接处的侧墙，加上天沟，就构成了连栋温室，又称为连跨温室、连脊温室。

（一）各组成部位

温室结构材料主要有砖、石、钢筋混凝土、钢材、铝材等。砖、石和钢筋混凝土常用于温室的侧墙和基础；钢材和铝材因其截面小、质量轻、加工便利、耐久性长等优点而被广泛使用于连栋温室中。

连栋温室一般由基础、钢骨架、覆盖材料以及环境控制设备等组成（图 4-1 和图 4-2）。

连栋温室各部分构件的名称和作用如下。

（1）柱子：连栋温室常把柱子设在温室中央或设在屋架下部。一般使用圆形钢管、方钢管或工字钢等材料制作柱子。

（2）椽子：承担屋面上的荷载，是架设在脊檩、檩、檐檩上的构件，椽子可以用方

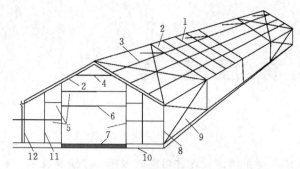

图 4-1 温室各部分结构构件名称

1—椽子；2—屋架；3—檩条；4—屋架横梁；5—山墙横梁；
6—门上框；7—门槛；8—侧柱；9—剪刀支撑；
10—条形基础；11—山墙间柱；12—中间柱

钢、C 形钢、几字形钢等制作。

（3）檩条：支撑在温室的屋架上，设在脊檩和檐檩之间，支撑椽子的水平杆件可以用方钢、槽钢、几字形钢和 Z 形钢等制作。

（4）脊檩：水平安装在屋脊上，其作用与普通的檩条相同。俗称栋木，一栋温室只有一条。

（5）檐檩（横梁）：设在墙体上端，是连接柱子上端的水平杆件。

（6）梁（下弦）：梁是和柱子垂直相对、平放或接近平放的杆件，屋架下面的梁也称为下弦杆。

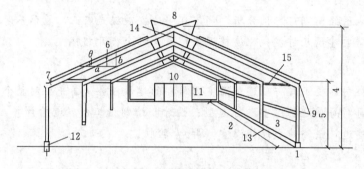

图 4-2 温室各部分名称

1—单跨跨度；2—温室长度；3—温室开间；4—温室脊高；5—檐高；6—屋角倾角；
7—天沟；8—天窗；9—侧窗；10—山墙；11—门；12—独立基础；
13—条形基础；14—脊檩；15—檐檩

（7）屋架（上弦）：支撑屋面形成一定坡度的构件就是屋架。屋架两端与立柱相连。屋架承受来自屋面、檩条上的荷载，温室除了圆拱形屋顶、单坡屋顶之外，多用三角形屋架，如图 4-3 和图 4-4 所示。

（8）剪刀支撑：安装在柱子或者屋架之间，用在对角线上的斜材叫剪刀撑。

（9）天沟：是连接温室屋面，并起排水作用的温室结构承重构件。天沟承接来自屋面的雨水和雪水，两端支撑在温室柱子上。

另外，连栋温室中垂直于温室屋脊的外墙为山墙；平行于温室屋脊的外墙为侧墙。

（二）主要参数

（1）跨度：指垂直温室屋脊方向室内两相邻柱轴线之间的水平距离。对于连栋温室，也就是相邻天沟中心线之间的距离。

（2）开间：指沿屋脊方向温室内两相邻柱轴线之间的水平距离，也就是天沟下相邻两立柱之间的距离。

（3）檐高：指从温室室外地坪标高到天沟下沿的垂直距离。

（4）脊高：指温室室内地坪标高到温室屋架最高点之间的距离。

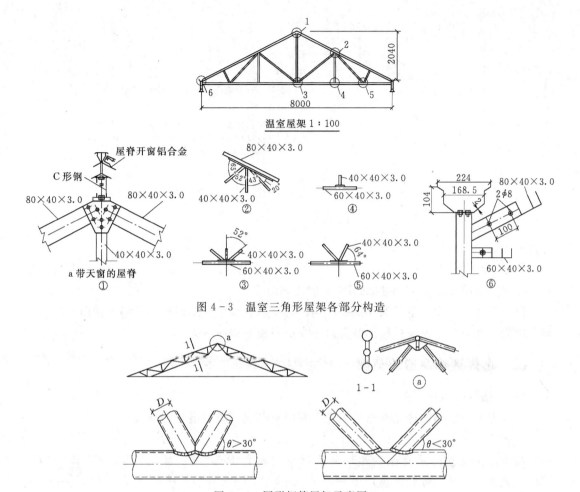

图 4-3　温室三角形屋架各部分构造

图 4-4　圆形钢管屋架示意图

（5）坡度：双坡屋面的坡度，以坡面与地平面的夹角表示。

（6）下弦高度：指温室屋面主构架下沿离地面的高度，通常与横梁和天沟离地面的高度近似相等。

二、编制连栋温室的型号

我国标准《连栋温室技术条件》（JB/T 10288—2013）中规定了连栋温室的型号编制办法如下（图 4-5）。

通过编制的型号，可以看出连栋温室的覆盖材料种类、屋面外形特点、覆盖层数、自动化程度和基本的跨度及天沟高度等信息，这些信息多采用汉字拼音的首字母来表示。

如"连栋温室"采用"连（L）"和"温（W）"的首字母组合"LW"表示；三种常用的温室覆盖材料分别表示为塑料薄膜（S）、玻璃（B）、PC 板（P）；五种常见的温室屋面型式，分别表示为圆拱形屋面（G）、双坡单屋面（"人"字形单屋面，R）、锯齿型单屋面（J）、双坡多屋面（"人"字形双屋面，RR）和锯齿形多屋面（JJ）；温室环境调控类型，分别表示为智能化控制（Z）、半自动控制（B）和手动控制（S）。温室跨度和天沟高

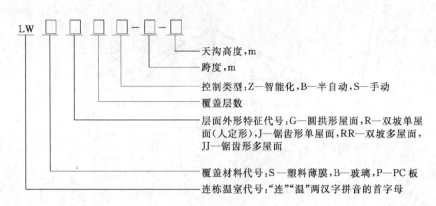

图 4-5 连栋温室型号

度以 m 为单位，表示出小数点后一位。

例如，编号为 LW-S-G-2-B-8.0-3.0 的温室，它表示为跨度 8.0m、天沟高度 3.0m、圆拱形屋面、塑料薄膜双层覆盖的连栋温室。

但在实际生产中温室屋面和围护结构，甚至围护结构的山墙和侧墙都可能用不同透光材料覆盖，此时温室覆盖材料的区分将主要以屋面覆盖材料为主。

三、选择连栋温室的类型

（一）根据覆盖材料选择

连栋温室中常用的透光覆盖材料主要有塑料薄膜、塑料板材和玻璃。

1. 塑料薄膜

用于连栋温室的透光覆盖塑料薄膜材料主要有 PE（聚乙烯）、PVC（聚氯乙烯）、EVA（乙酸-醋酸乙烯共聚物）和 PEP（PE＋EVA＋PE 三层共挤）薄膜，厚度为 0.08～0.2mm。新膜透光率（可见光）应达到 90％以上。对于培育特殊作物（例如食用菌）的温室，可降低透光率要求。连栋温室用塑料薄膜的使用寿命必须达到 3 年。薄膜纵向和横向抗拉强度均不得小于 20MPa，纵向撕裂强度不低于 $5gf/\mu m$，横向撕裂强度不低于 $8gf/\mu m$，纵向和横向伸长率应达到 5 倍以上。

在寒冷地区，为了提高温室的保温性能，可使用双层薄膜覆盖，层间充气，形成空气隔热层。空气层的平均厚度应达到 100mm 左右。单层薄膜和双层薄膜的内层膜应采用无滴膜。带有表面活化剂的膜面应朝内，以减少水蒸气在内表面凝结成水珠。因为水滴会影响膜的透光，并对作物造成危害。也可使用多层构架支撑多层薄膜覆盖，以获得较为满意的保温效果。

2. 塑料板材

用于温室的透光覆盖塑料板材主要有 FRP（玻璃纤维增强聚酯）板、FRA（玻璃纤维增强丙烯树脂）板、PMMA（丙烯树脂）板和 PC（聚碳酸酯）板等。

（1）FRP 板。这种材料是玻璃钢的一种，温室用板常制成波纹状，板厚采用 0.7～1.0mm，新板透光率应不低于 86％，导热系数不大于 0.128W/（m·K）。板材须经防老化处理，使用寿命应达 15 年。此种材料容易黄化，影响透光率，每 5～6 年需重刷涂料一次。

（2）FRA 板。这种材料又称为有机玻璃钢，新板透光率应达 90%，导热系数不大于 0.233W/(m·K)，寿命应达 7 年以上。

（3）PMMA 板。这种材料又称为有机玻璃板，温室用板的厚度宜为 3～4mm，透光率应达 92%，导热系数应小于 0.2W/(m·K)。此种材料受热易变形，耐冲击，但硬度低，表面易擦伤。它也可做成多层中空板，板厚达 8～16mm，透光率应高于 83%，传热系数应达 3.5W/(m²·K)，寿命应达 20 年。

（4）PC 板。这种材料用作温室覆盖材料，常以两种形态出现。一是实心波纹板，用于温室的 PC 波纹板，板厚 0.8～1.2mm，透光率应达 88%～92%，导热系数不大于 0.20W/(m·K)。另一种是多层中空板，常用的有双层板和三层板，透光率分别应达 82% 和 74%，传热系数分别为 2.7W/(m²·K) 和 4.0W/(m²·K)。耐冲击性能好，使用寿命应达 10 年以上。应选择使用内侧材料经过防结露的 PC 板，以保证良好的透光率。由于 PC 板的优良性能，近年来使用很普遍。它不仅可用于覆盖整个温室，也常与塑料薄膜配合使用，用作端墙和侧墙的透光覆盖材料。

3. 玻璃

玻璃具有透光好、耐老化、耐腐蚀、不易积尘和容易排凝结水等优良性能，常被用作高档温室的透光覆盖材料。普通平板玻璃和浮法玻璃，温室常用厚度 4～6mm，透光率应达 90%，导热系数达 0.756W/(m·K)。它的缺点是抗冲击性能差、易破碎、重量大、投资多，对温室骨架要求较高，因而普通玻璃的应用受到很大限制。玻璃也可覆盖两层，层间充有干燥空气，在边缘处加密封，能获得很好的保温、隔热和隔声性能。另外，钢化玻璃和吸热玻璃也可作为透光覆盖材料，但由于价格昂贵，在无特别要求的生产型温室中，不推荐采用。

（二）根据屋面形状选择

1. 圆拱屋面

这种造型的温室是最常见的类型（图 4-6），其构造简单，施工方便，常用于以单层或双层塑料薄膜为屋面透光覆盖材料的温室，也可用于单层塑料波纹板材为屋面透光覆盖材料的温室。

2. 双坡单屋面

这种造型源于传统民居，屋面呈人字形跨在每排立柱之间，每跨一个屋面（图 4-7）。屋面具有适当的坡度，以利雨雪滑落。这种温室采光好，室内光照比较均匀，结构高大，风荷载对结构影响较大，而且对加热负载的需求也较大。它比较适合于以透光板材（玻璃、多层中空塑料结构板材）为屋面透光覆盖材料的温室。

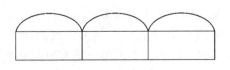

图 4-6　圆拱屋面

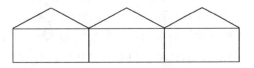

图 4-7　双坡单屋面

3. 双坡多屋面

这是一种小屋面双坡面温室，是用得最广泛的一种玻璃温室的结构（图4-8）。由于使用较小屋面（每个屋面宽为3~4m），每跨由2~4个小屋面组合起来，温室的总高度却得到了限制，从而减少了风荷载对结构的影响，也减少了热负荷需求。但它仍具有最佳的采光效果，这一点对高纬度、短日照地区的温室特别重要。

4. 锯齿形单屋面

这种造型的温室每跨具有一个部分圆拱形屋面和一个垂直通风窗共同组成屋顶（图4-9）。两屋顶之间用天沟连接以便排泄屋面雨水。这种结构的垂直通风窗，可采取卷膜式、充气式、翻转式和推拉式等多种方式，与侧墙通风窗有较大高差，有利于自然通风。设计时要注意使垂直通风窗避开冬季寒风的迎风面，也要使之位于当地高温季节主导风向的下风向，以便利用自然风力产生负压通风。同时天沟应具有足够的泄水能力，防止泄水不及时，溢出到温室内。

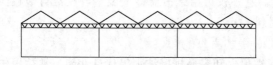

图4-8　双坡多屋面（文洛型）

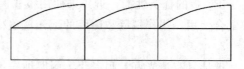

图4-9　锯齿形单屋面

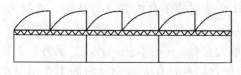

图4-10　锯齿形多屋面

5. 锯齿形多屋面

这种造型是锯齿形单屋面的改进型（图4-10）。其目的是增加屋面坡度，改善雪的滑落效果，并增大垂直通风窗的面积，以利于自然通风。同时也使温室建筑物的高度限制在适当范围之内。它比较适合于跨度较大的，薄膜覆盖的自然通风温室。

（三）了解常见典型温室（1）——文洛型温室

文洛型温室，也称为Venlo型温室，是指两柱间安装水平桁架，支撑多个屋面的温室，即为一种小屋面双坡面玻璃温室（图4-11）。文洛型温室起源于荷兰，现在已成为世界上应用最广、使用数量最多的玻璃温室类型，也是我国引进的玻璃温室的主要型式。

1. 文洛型温室的起源

文洛型温室的出现与荷兰的气候条件密切相关。由于临近海洋，以及受北大西

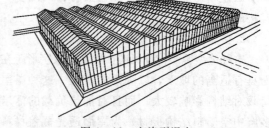

图4-11　文洛型温室

洋湾流的影响，荷兰属于温带海洋性气候，因此其日温差和年温差都不大，冬暖夏凉。沿海的冬季平均气温为3℃，最低气温为-5℃，夏季平均温度约为16℃，最高温度不过30℃；内陆夏季和冬季的平均温度分别约为17℃和2℃，但这并不等于极端的温度决不会出现（在荷兰出现过的最低和最高温度分别为-27.8℃和+38.6℃）。但冬季日照时间短、日照强度低，冬季日照总量还不及北京地区的一半。在这样的气候条件下建造温室，夏季

降温和冬季加温都不是主要的问题，而温室的采光却是至关重要的。最大限度地提高覆盖材料的透光率、减小骨架阴影、合理设计屋面角是该地区温室建造所要考虑的首要问题。

"Venlo"一词来源于荷兰一个小镇的名称。20世纪50年代，文洛型温室就诞生在这里，经过40多年的发展，这种温室类型已在荷兰得到了大面积推广，并在世界范围内得到了广泛的应用。荷兰玻璃温室面积中文洛型温室占80%以上。

2. 文洛型温室的结构特点

（1）覆盖材料及屋面型材。文洛型温室采用玻璃作覆盖材料，在材料性能价格比上是最理想的选择。玻璃，尤其是浮法玻璃，在欧洲还有专用的园艺玻璃，其透光率可达90%以上，而且透光率不随时间衰减，只要不出现破碎，玻璃的使用寿命可达到20年以上。但玻璃也有其致命的弱点，即材料的抗冲击能力差、重量大、尺寸小，为此，安装玻璃就需要较多的檩条，而檩条越多，温室中骨架所形成的阴影就越多。为了尽量减小骨架阴影，文洛型温室屋面全部采用小截面铝合金型材，既作屋面承重檩条，又作玻璃嵌条，而且玻璃安装从天沟直通屋脊，中间不加椽条。由于受玻璃承载能力和尺寸的限制，温室屋面自然形成了小屋面。

（2）文洛型温室的结构形式。为了克服一般玻璃温室跨度小、室内多柱、生产操作不便等缺点，文洛型温室采用3.2m小屋面跨度，用桁架支撑小屋面，根据桁架的支撑能力，可将2个以上的3.2m小屋面组合成一个大跨度，如6.4m、9.6m、12.8m等，开间3m、4m或4.5m，檐高3.0m、3.5m、4.0m、4.5m、6.0m等，屋面标准高度0.8m，形成室内大空间，以便于机械化作业（图4-12）。

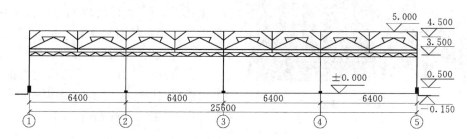

图4-12　文洛型温室剖面图（单位：mm）

此外，在减小骨架遮阳率方面，还将天沟的截面尺寸一再压缩，在满足排水和结构承重要求的条件下，最大限度地减小天沟截面尺寸。传统的文洛型温室其天沟形成的阴影面积约占全部覆盖材料面积的5%，将天沟宽度从0.22m减小到0.17m，并将玻璃宽度从0.73m扩大到1.00m，采用4.0m开间，温室的散射辐射透光率可从65%提高到72%。

（3）文洛型温室的通风降温。文洛型温室降温主要是依靠温室屋面开窗，利用自然通风降温，让热空气从顶部散出，它以每个小屋面的屋脊为界线左右交错式对开天窗，通过齿轮齿条整体传动控制，每个天窗的长度为1.5m，宽度为0.8m，屋面开窗面积与地面面积的比率为18.85%。当覆盖材料选用PC中空板时，屋面采用通长天窗，宽度可达到1.0~1.2m，这样屋面开窗面积与地面面积的比率可达到37%以上，使温室的通风效率得到了显著提高。配套的推拉杆开窗机构，只用2台电机分别控制屋面两侧窗户，克服了齿条开窗机构电机用量多、造价高、运行故障多的弊端。

（4）文洛型温室的保温。因荷兰的气候条件属温带海洋性气候，所以无需加温设备，主要通过内部遮阳网来保温，保温遮阳幕有反射温室内红外线外逸的作用，可减少热量散失，提高温室内温度；同时在夏季可起到遮挡阳光、降低室内温度的作用。

（5）文洛型温室用钢量。文洛型温室的最大特点就在于其透光率高，因屋面在 26.5°时阳光入射多，再加上其减少、缩小温室屋面构件尺寸，采用小截面铝合金型材，大大减少了承重构件的遮光。

文洛型温室除了温室透光率高，钢材用量小也是其一大特点。跨度 6.4m、开间 4.0m 的标准温室其总体用钢量小于 5kg/m²，而其他形式的玻璃温室总体用钢量多为 12～15kg/m²。取得这一指标的主要原因是屋面无檩条，屋面荷载通过铝合金玻璃嵌条直接传到天沟，再通过天沟将荷载传到跨度方向桁架和室内承力柱，最终通过柱传到温室基础。主体结构只有跨度方向桁架、天沟和柱采用钢结构，而且由于屋面较小，集水面积不大，所以天沟也做得比较小巧，有的厂家甚至将天沟也做成铝合金材料，这使温室的用钢量进一步减小。

（四）了解常见典型温室（2）——双层充气膜温室

双层充气膜温室起源于 20 世纪 60 年代的美国，由于其显著的节能效果（一般节能率在 40%左右，最高节能率达 57%）、低廉的造价和简单的构造，很快在世界范围内得到了

图 4-13 双层充气膜温室

推广和应用。

双层充气膜温室一般采用圆拱形结构，全部采用热镀锌钢骨架组装而成，承载能力强，使用寿命可达 20 年以上。为了解决温室结露问题，温室圆拱及檩条采用"几"字形型钢结构，可以顺畅排走温室凝露，避免引起植物疾病。温室顶部开窗可采用齿轮齿条驱动，侧开窗根据围护材料不同可选用齿轮条式开窗、卷膜开窗等（图 4-13 和图 4-14）。

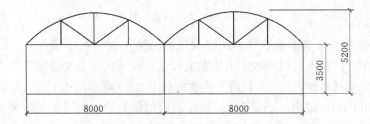

图 4-14 双层充气膜温室示意图（单位：mm）

双层充气膜温室与单层塑料温室没有太大区别，其主要区别在塑料膜的固膜构造上。双层充气膜温室不需要压膜线，只是将双层塑料膜的四周固定，靠鼓风机或充气泵向双层膜之间输送空气来支撑塑料膜，双层膜之间空气达到一定压力后，内层塑料膜会贴紧温室骨架，外层塑料膜与内层塑料膜隔离，从而形成空气夹层，产生保温作用。

双层充气膜的固定位置主要是塑料膜的四周要求固定牢靠，不能漏气。传统的卡簧卡

槽固膜技术，虽然也能牢固固定塑料薄膜，但一般达不到密封的水平。因此双层充气膜温室需要设计配套的专用固膜卡具，一般采用铝合金型材或注塑件作固膜卡具，将塑料膜平滑地固定在卡具上（图 4 - 15）。

为了保证双层充气膜温室的正常充气，达到节能和保温的效果，双层充气膜温室在塑料薄膜、充气泵和固膜卡具的选择上必须满足要求。

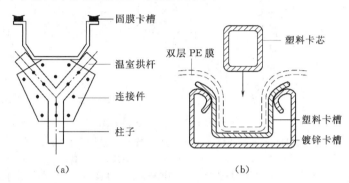

图 4 - 15　双层充气塑料膜的固定方式

1. 充气双层塑料膜

双层充气温室用塑料膜一般选用聚乙烯膜（PE）或醋酸聚乙烯（EVA）膜，膜的厚度一般在 0.15mm 以上，并且保证塑料膜有足够的强度、耐老化、抗紫外线、抗农药和无滴性的要求，塑料膜的使用寿命应该在 3 年以上。充气膜一旦出现破裂漏气的情况必须及时修补，否则，两层膜就会贴在一起，破坏整个隔热空气夹层，造成保温系统的失效，因此必须配套修补双层充气塑料膜的专用胶带。

2. 充气泵

为了在双层膜之间充气，温室内安装了一种特制的、被称为松鼠式的小型鼓风机（其形状和大小都有点像小松鼠），功率 10～20W，耗电不大、可连续运转、噪声小，工作可靠。固定在温室构架上，每个温室安装 2～3 个，其出风口伸入双层膜之间并用专门配件与膜密封好。鼓风机昼夜不停或间歇向双膜间充气，使得双膜分别向内、外绷紧，并使双层膜之间始终保持着 2.5～5.0cm 厚的空气隔热层。因为这层空气基本上是不对流的，所以它的隔热保温效果很好，在夜间的保温效果尤为显著。此外，温室覆盖的塑料膜因充气而紧绷、光滑、有弹性，这就大大提高了它的抗风、雨、雪的能力（图 4 - 16）。

双层充气薄膜，一般要求层间空气压力不超过 600Pa。充气膜间的空气尽量引自室外，这样可以减少外层塑料膜上凝结水滴，增加温室的透光率，也可以避免凝结水在温室内层膜上积水，形成水兜，损坏薄膜。充气泵应避免安装在冷凝水集中的地方，如天沟下方、横梁下方等位置，以免充气泵电机被水淋湿，造成电机烧毁。

3. 双层充气膜温室的内部设施

温室内部栽培床为可移动式，栽培床距地 0.8m 左右，可沿滑轨双向移动，当移动到温室两端时，还可通过液压装置将栽培床移到与上述滑轨相垂直的滑面上。为节约空间，温室顶部桁架装有盆栽挂钩，挂钩固定在钢索上，支架与桁架连接，钢索用电机带动，可随时调整盆栽植物位置，以免对处于其下的花卉造成遮光影响。温室加温设备可适应蒸

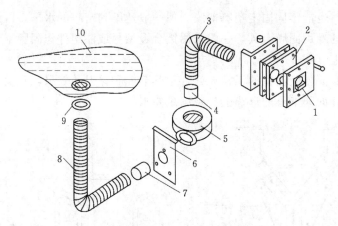

图 4-16 充气泵的安装示意图

1—进风雨斗；2—方胶垫；3—进风软管；4—进风口法兰盘；
5—充气泵；6—充气泵安装板；7—出风口法兰盘；
8—出风软管；9—圆胶垫；10—薄膜

汽、热水、燃油、天然气等多种热源加温。夏季采用湿帘或喷淋降温，冬季补光多用高压钠灯或金属卤灯，采用喷灌或滴灌。以上均由环境控制计算机系统根据温室内外安装的传感元件收集的各种参数，经计算机分析、决策，然后下达指令进行自动控制。

图 4-17 里歇尔温室

如图 4-17 所示是法国研发的里歇尔（Riehel）温室，它是一种比较流行的双层充气塑料薄膜温室。一般单栋跨度为 6.4m、8.0m，檐高 3.0～4.0m，开间距 3.0～4.0m，其特点是固定于屋脊部的天窗能实现半边屋面（50％屋面）开启通风换气，也可以设侧窗，屋脊窗通风，通风面为 20％和 35％，就总体而言，该温室的自然通风效果均较好。且采用双层充气膜覆盖，可节能 30％～40％，构件比玻璃温室少，空间大，遮阳面少。但双层充气膜在南方冬季阴雨雪情况下，影响透光性。

（五）了解常见典型温室（3）——卷膜式开放型连栋塑料温室

卷膜式开放型连栋塑料温室是一种拱圆式连栋塑料温室，过去通称连栋大棚，最早是在日本比较常见的温室类型（图 4-18）。卷膜式开放型连栋塑料温室主体结构除山墙外，侧墙和屋顶覆盖的塑料薄膜均能通过电动卷膜机或者手动由下而上卷起来，以利于炎热天气条件下的通风透气。其侧墙和 1/2 屋面的薄膜均可通过卷膜装置全部卷起而使温室形成与露地相似的状态，有利于高温季节栽培作物。温室所有通风口均覆盖有 25 目网纱防虫网。

卷膜式开放型连栋塑料温室其跨度一般有 6.4m 或 8.0m 等，温室檐高 2.8～

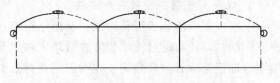

图 4-18 卷膜式开放型温室结构示意图

4.2m，圆拱顶高 4.2~5.2m，开间有 3m 或 4m 等。卷膜式开放型连栋塑料温室的特点是简易节能、低成本，利于夏季通风降温，顶部卷膜开窗后温室可以接受室外雨水的淋洗，有利于减少土壤盐类积聚，也是在我国南方推广面积最大的一类连栋塑料温室。

（六）确定连栋温室的类型

确定连栋温室的类型，就是确定其屋面型式和覆盖材料。前面所提及的不同屋面型式和覆盖材料可以相互组合，例如双屋面温室，既可采用玻璃覆盖，也可采用塑料薄膜和 PC 板等材料覆盖，或者山墙和侧墙采用玻璃覆盖，而屋面采用 PC 板或者塑料薄膜覆盖；圆拱形屋面温室，屋面一般采用塑料薄膜覆盖，而其山墙和侧墙还可以采用玻璃和 PC 板等材料覆盖。

温室型式及其配套设施的选择，与种植内容、种植计划和种植生产工艺密切相关，种植农艺决定温室型式及其配套设施。

四、确定连栋温室的方位和规格尺寸

确定连栋温室的方位，就是要确定温室屋脊的走向。确定连栋温室的规格尺寸，就是要确定其单元尺寸和总体尺寸。

（一）确定温室的方位

方位，指的是温室屋脊的走向，也就是天沟的走向。确定温室的方位，首先应了解不同方位对温室采光的影响，然后综合考虑当地纬度、主风向和功能要求，选择合适的方位。

已有研究表明，中高纬度地区东—西（E—W）走向连栋温室直射光日总量平均透过率较南—北（N—S）走向连栋温室高 5％～20％，纬度越高，差异越显著。但东—西（E—W）走向温室屋脊、天沟等主要水平结构在温室内会造成阴影弱光带，最大透光率和最小透光率之差可能超过 40％；南—北（N—S）走向连栋温室，其中央部位透光率高，东西两侧墙附近与中央部位相比低 10％。

以北京地区（北纬 39°57′）为例，东—西（E—W）方位的玻璃温室，日平均透光率比南—北（N—S）方位高 7％左右，但南—北（N—S）方位的温室清晨、傍晚的透光率却高于东—西（E—W）方位；北京地区东—西（E—W）方位的玻璃温室室内光照不够均匀、屋架、天沟、管线形成相对固定阴影，南—北（N—S）方位的温室无相对固定阴影带，光照比较均匀。

因此，对于以冬季生产为主的连栋玻璃温室（直射光为主）温室，以北纬 40°为界，大于 40°地区，以东—西（E—W）方位建造为佳；相反，在纬度低于 40°地区则一般以南—北（N—S）方位建造为宜。对东—西（E—W）方位的玻璃温室，为了增加上午的光照，建议将朝向略向东偏转 5°～10°为宜。

综上，一般来说，我国大部分纬度范围内，温室的方位宜取南北走向，使温室内各部位的采光比较均匀。若限于条件，必须取东西走向，因为天沟和骨架构件的遮阴作用，常使某些局部位置长时间处在阴影下，得不到充足的光照，从而影响作物正常生长发育。应妥善布置室内走廊和栽培床或适当采取局部人工补光措施，使作物栽培区得到足够的光照。

我国不同纬度地区的玻璃温室建筑方法的建议见表4-1。

表4-1 我国不同纬度地区的玻璃温室建筑方法的建议

地区	纬度	主要冬季用温室	主要春季用温室
黑河	50°12′	E—W	E—W
哈尔滨	45°45′	E—W	E—W
北京	39°57′	N—S，E—W	N—S
兰州	36°01′	E—W	N—S
上海	31°12′	N—S	N—S

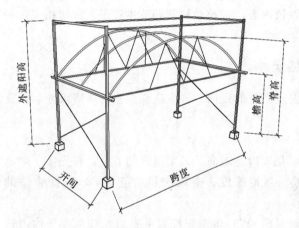

图4-19 温室单元尺寸的定义

（二）确定温室的单元尺寸

温室的单元尺寸参数主要包括跨度、开间、檐高、脊高等，如图4-19所示。

1. 跨度

跨度即垂直温室屋脊方向（即天沟方向）室内两相邻柱轴线之间的水平距离。温室跨度的合理确定比较复杂，它与温室的结构形式、结构安全、平面布局、材料选择等有着直接的关系。其设计的基本原则是在保证结构安全的前提下，既要满足功能的要求，又要价格低廉，而且重点考虑作物栽培、机械操作和后期管理方面的问题。

通常，温室跨度规格尺寸为6.0m、6.4m、7.0m、7.2m、8.0m、9.0m、9.6m、10.0m、10.8m、12.0m和12.8m，其中6.0m、6.4m、8.0m为常选用规格。

2. 开间

开间指天沟下相邻两立柱之间的距离，即沿天沟方向温室内两相邻柱轴线之间的水平距离。

通常，温室开间尺寸为3.0m、4.0m和5.0m，其中4.0m为常选用规格，具体可根据需求选择合适开间。

3. 檐高

檐高即从室内地坪标高到天沟下檐的垂直距离。檐高可根据温室生产或观赏等功能需要选择。一般生产型温室根据作物高度和生产方式来选择，檐高选择3.5m左右，当然适当提高檐高有利于通风和降温，但会带来造价上的提高，而且安全问题也就比较突出。作为观赏性温室，特别是大型温室，其檐高可以选择较大的尺寸，以保证室内空间在长宽高上有一定的比例，便于安排展示内容，让人们有相对舒适的感觉。

综上，温室檐高的规格尺寸可根据实际情况在2.8～5.0m之间选择，从材料加工上选择以3.0m、3.5m、4.0m和4.5m为宜。

4. 脊高

脊高指温室室内地坪标高到温室屋架最高点之间的距离。通常为檐高与屋盖高度之和；屋盖的高度由矢高或屋面角、跨度来确定。温室屋脊高度一般控制在 3.3～6.0m 范围内。

5. 屋面角（或屋面倾角，屋面坡度）

屋面角是指温室屋面与水平面的夹角。屋面角与温室的太阳辐射透过率有关系，一般根据当地冬至日正午太阳高度角来确定。如文洛型连栋温室屋面角常用 22°、23°、26.5° 三种，具体应用可根据纬度、作物种类、覆盖材料等来选择，玻璃温室常采用 22° 和 23°，PC 板温室采用 26.5°。

我国规范《连栋温室技术条件》（JB/T 10288—2013）中，建议在我国南方不积雪地区，为节省屋面材料，降低温室成本，可选取 20°，其余地区取 25°。

（三）确定温室的总体尺寸

温室的总体尺寸主要包括温室的长度、宽度、总高等。

（1）长度：指温室在整体尺寸较大方向的总长。

（2）宽度：指温室在整体尺寸较小方向的总长。

（3）总高：指温室室内地坪标高到温室最高处之间的距离。最高处可以是温室屋面的最高处或温室屋面外其他构件（如外遮阳系统，如图 4-17 所示）的最高点。

温室的总体尺寸除根据地理环境、生产规模、技术和管理要求，以及能源、资金条件决定之外，就温室本身而言，还应考虑温室的通风换气、散热降温、物流运输等条件。一般来讲，温室规模越大，其室内气候稳定性越好，单位造价也相应降低，但总投资增大，管理难度增加。从满足温室通风角度考虑，自然通风温室通风方向尺寸不宜大于 40m，单体建筑面积宜在 1000～3000m² ；机械通风温室进排气口距离宜小于 60m，单体建筑面积宜在 3000～5000m²。如果需要温室面积大于以上数字，可以分为若干单体，采用廊道相连。陈列和观赏温室还需从内部空间需求和外形要求来考虑，规模可以更大，但应采取有效的措施以保证温室的加热、通风降温和物流运输等方面的性能。

任务二 设计连栋温室

一、了解有关规范标准

目前，我国现行的有关连栋温室设计建造的标准规范主要有：《连栋温室技术条件》（JB/T 10288—2013）、《连栋温室采光性能测试方法》（NY/T 1936—2010）、《连栋温室建设标准》（NYJ/T 06—2005）。

二、计算结构设计荷载

按照我国规范《温室结构设计荷载》（GB/T 18622—2002）计算取值，具体方法参见本教材项目二"塑料大棚建设"中"计算结构设计荷载"部分。

三、设计连栋温室承重结构

温室的承重结构是由檩条、屋架、柱、桁架、基础等部分组成。温室屋架承受风荷载、雪荷载、地震荷载以及屋面材料的自重等。屋架受力后，连同它本身的自重把力传给柱子；由柱子再传给基础，由基础再传给地基。支承这些荷载而起承重作用的就称为结构，结构的各个组成部分称为构件。

连栋温室各构件的名称和作用见本项目任务一的介绍。

（一）了解连栋温室结构的设计要求

温室结构（构件）在承受荷载时，如果受力过大而超过了其承载能力。就有可能造成温室的较大变形，甚至破坏倒塌。为了保证温室使用过程中的安全，符合经济、实用的要求，我们就必须对温室、大棚的构件进行设计，并对各构件受力后的情况进行分析计算，从而决定它的形状和尺寸。温室设计过程中一般要考虑下面几个问题。

1. 结构的强度要求

温室的基础、柱子、屋架、桁架、天沟、接点以及配套铝合金型材等需要具有足够的设计强度。

2. 结构的刚度要求

有足够的刚度，构件受力后产生的最大变形，应该在规定的范围之内。

3. 结构的稳定性要求

温室钢结构构件要求有足够的稳定性，使用过程中构件虽然有变形，仍然保持它本来的几何形状，不致突然偏斜而丧失它的承载能力；结构在局部破坏和偶然外力作用发生时和发生后，不对整体结构造成不良影响。

4. 结构的耐久性要求

温室设计和施工过程中通过合理的选材、结构选型、节点设计、防腐处理和正确的施工安装等，保证温室结构在正常使用条件下达到结构的设计使用寿命。

（二）合理选用温室构件材料

连栋温室骨架结构的主要受力构件有立柱、边柱、抗风柱、天沟、纵梁、横梁、拱杆和下弦杆等。这些构件必须进行受力计算，以保证构件具有足够的强度、刚度和稳定性。然后根据受力计算，合理选用构件材料。

1. 温室钢结构

用于温室的钢材由于长期处于室内高湿度环境下很容易锈蚀，故最终的产品总是要镀锌，不同的部件采用不同的镀锌方法。常用的镀锌方法有电镀锌和热浸镀锌。电镀锌的优点是具有非常光滑而良好的表面，因而常用于直接与柔性覆盖材料接触的构件，但在加工制造过程中还要在镀锌材料上进行，易破坏镀锌层，影响使用寿命；而热浸镀锌的处理方法是在普通钢材上加上一厚层锌保护层，进行热浸时，构件是在弯曲、钻孔、焊接等加工制造过程完成之后进行的，镀锌层不易被破坏。图 4-20 为温室常用的几种薄壁型钢。

温室结构常用的钢材主要为冷弯薄壁型钢和热轧型钢，除少量构件采用高强钢外，其余钢材均采用 Q235 沸腾钢。这种钢材也常用于工业与民用建筑中，生产量大，取材容易，在使用、加工和焊接等方面性能较好，完全符合温室结构用钢的要求。温室用钢材的

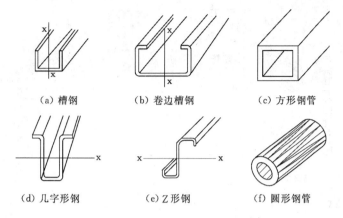

| (a) 槽钢 | (b) 卷边槽钢 | (c) 方形钢管 |

| (d) 几字形钢 | (e) Z形钢 | (f) 圆形钢管 |

图 4-20 温室常用的几种薄壁型钢

强度设计值见表4-2。现阶段设计、施工主要以《钢结构设计规范》（GB 50017—2014）和《冷弯薄壁型钢结构技术规范》（GB 50018—2002）作为参考依据。设计时还应注意符合温室结构用钢材的构造要求。具体要求是：当温室用钢材的构件厚度小于3mm时，必须进行可靠的防腐处理。温室结构的主要构件若采用闭口管材，壁厚应大于1.5mm；若采用开口冷弯构件时，壁厚应大于2mm。若购买钢材的质量没有可靠保证时，上述壁厚均应增加1mm。

表 4-2　　　　　　　　　　　温室用钢材的强度设计值　　　　　　　　单位：N/m²

应力种类	符号	薄壁型钢结构		普通钢结构	
		Q235	16Mn	Q235	16Mn
抗拉、抗压、抗弯	f	205	300	215	315
抗剪	f_v	120	175	125	185
端面承压	f_{ce}	310	425	325	445

注　钢材的抗拉、抗压、抗弯及抗剪强度设计值对于Q235镇静钢可按本表中数值增加5%。

温室施工过程中一般不允许在现场对温室构件进行割、锯、焊等操作，如有少量的现场操作亦需对其进行防腐补强处理，如在加工或创口处喷防腐漆等。

2. 温室铝合金型材

温室用铝合金型材的材质，一般采用6063变形铝合金。6063变形铝合金具有较高的机械强度，而且可塑性好，易于锻造和各种加工，具有较强的耐腐蚀性，并且挤压加工过程中无应力腐蚀现象。6063变形铝合金的抗拉强度σ_b为195MPa，屈服强度$\sigma_{0.2}$为155MPa，伸长率δ为13%。变形铝材的抗锈蚀能力好，质量轻，可以锻压成任何一种所期望的断面形状。温室用铝合金型材常用于温室结构中与通风有关的构件、玻璃覆盖的椽条、固定塑料薄膜的各种构件或直接用作温室屋面梁、天沟等。铝合金型材的强度不如钢材，且比钢材造价高。图4-21为PC板温室和玻璃温室铝合金型材示意图。

温室铝合金型材的生产工艺过程是铸锭加热、铸锭挤压、机上淬火、张力矫正、人工时效和表面氧化处理。

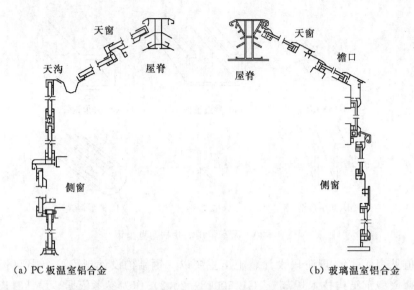

（a）PC板温室铝合金　　　　　　　　　（b）玻璃温室铝合金

图 4-21　PC板温室和玻璃温室铝合金型材示意图

　　铝合金作为温室主要镶嵌和覆盖支撑构件，为满足其使用功能要求，铝合金件的设计要考虑其强度、刚度、安装适应性、互换性、生产加工的可能性等多方面因素。铝合金件通常与密封件配合使用，才能保证温室采光覆盖的密封性。表 4-3 是我国 PC 板温室中常用的铝型材密封件的规格和形状。

表 4-3　　　　　　　　　我国 PC 板温室中常用的铝型材密封件的规格和形状

编号	名称	外形	结构尺寸	备注
LC-9901	板连接1			用于连接 PC 板，与板连接 2 配套使用
LC-9902	板连接2			用于连接 PC 板，与板连接 1 配套使用
LC-9903	屋脊			屋脊用型材
LC-9904	顶、侧窗上边			用于顶、侧窗活动上边框

编号	名称	外形	结构尺寸	备 注
LC-9905	顶、侧窗边			用于顶、侧窗活动侧、下边框
LC-9906	顶、侧窗框			用于顶、侧窗活动侧、下边固定框
LC-9907	侧窗上框			用于侧窗上固定框
LC-9908	端部板			用于PC板底边的密封
LC-9909	拐角			用于PC板温室拐角处
LC-9910	侧墙天沟连接			PC板温室天沟与侧墙连接密封
LC-9911	密封胶条			用于铝型材与PC板安装密封
LC-9912	密封胶条			
LC-9913	密封胶条			
LC-9914	密封胶条			

四、设计连栋温室基础

连栋温室工程投资往往较大，一旦发生地基事故将会造成不小的经济损失，应对温室基础的设计给予重视，在基础设计前首先应对现场的地质资料进行认真分析。一般对于重要和大型温室应有场区地质勘察报告；对于中型温室的建造应进行施工现场测试；若是小型温室则可根据经验或较近项目的地质资料参考进行设计。设计时，先根据所选温室的结构体系确定基础的类型，然后进行具体的结构计算。

（一）合理选用基础类型

连栋温室中，常用的基础有条形基础、独立基础和混合基础3种。一般独立基础可用于内柱或边柱，条形基础主要用于侧墙和内隔墙，侧墙基础也可采用独立基础与条形基础混合使用的方式，两类基础底面可位于同一标高处，也可根据地基承载能力设置在不同标高处，独立基础主要承担柱传来的荷载，条形基础仅承受温室分隔构件的一部分荷载。

1. 条形基础

根据所用材料的不同，条形基础又可分为砖基础和石基础2种。施工时在基础顶部常设置一钢筋混凝土圈梁以便设置埋件和增加基础刚度。常见条形基础形式如图4-22所示。

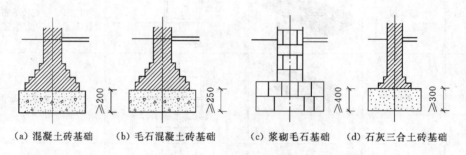

(a) 混凝土砖基础　　(b) 毛石混凝土砖基础　　(c) 浆砌毛石基础　　(d) 石灰三合土砖基础

图4-22 条形基础形式

2. 独立基础

根据施工方法的不同，独立基础可分为全现浇、部分现浇和预制3种方式。全现浇采用施工现场支模，整体浇筑的方式进行（图4-23）；部分现浇方式采用基础短柱预制、基础垫层现场浇筑的方式进行。全现浇方式具有整体性好、造价较低的特点，部分现浇方式造价较高但施工速度快，施工质量较易保证，这两种方式可根据具体情况选择采用。在实际工程中，为了减少施工时间，提高施工质量，不少温室公司把基础预制好，再运往工地。但对于杯形基础由于过大，适宜于现浇。

温室内部的柱子基础使用独立基础。对高度不是很高、荷载不大、地质状况较好的，可直接使用独立基础。由于温室柱子螺栓孔距一

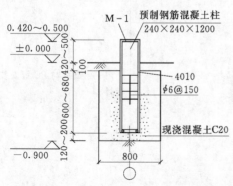

图4-23 全现浇钢筋混凝土独立基础

般在 100mm 左右，加上钢筋直径和必要的混凝土保护层厚度，因此基础上部宽度不宜少于 160mm。如果竖筋、螺栓直径都比较大时，则至少要达到 200mm。对于风载或者其他荷载比较大或地质情况比较差的温室，使用杯形基础较好。

3. 混合基础

实际工程中，对于在一些地质条件比较好、压力不大的工程中，在保证强度条件满足要求的情况下，采用在四周布置圈梁的条形基础，每一个有立柱的地方加一个独立基础。这种做法既节约材料，又缩短了工期。

与温室钢结构连接的埋件都设置在基础顶部，因而埋件的设计也是基础设计中一个重要的组成部分。埋件与上部结构连接方式主要有铰接、固结及弹性连接等方式，根据连接方式的不同，设计和构造方法也不一样，但所有埋件必须保证与基础有良好连接，并保证将上部结构传来的力正确地传给基础。

钢筋混凝土是现代温室基础和地圈梁常用的一种材料。混凝土常用标号为 C15 或 C20，钢筋常用一级钢和二级钢。其力学性能和物理指标见表 4-4 和表 4-5。

表 4-4 　　　　　　　　　　　混凝土强度设计值和弹性模量　　　　　　　　　单位：N/mm²

混凝土等级	轴心抗压 f_c	弯曲抗压 f_{cm}	抗拉强度 f_t	弹性模量 E
C10	5	5.5	0.65	1.75×10^4
C15	7.5	8.5	0.9	2.20×10^4
C20	10	11	1.1	2.55×10^4
C25	12.5	13.5	1.3	2.80×10^4

注 C10 级混凝土主要用于垫层。

表 4-5 　　　　　　　　　　温室用钢筋强度设计值和弹性模量　　　　　　　　单位：N/mm²

钢筋种类	抗拉强度 f_t	抗压强度 f'_y	弹性模量 E
Ⅰ级热轧	210	210	2.10×10^5
Ⅱ级热轧	310	310	2.00×10^5

（二）设计基础形状

有关连栋温室基础设计部分与日光温室基础设计方法相同。

基础的几何形状、大小和底面距地表深度应根据地耐力、荷载、地下水位和冻土层深度等确定。最小深度至少要有 600mm，且在冻土层以下。基础要置于原状土层（未翻耕）或置于夯实的回填土或三合土上。

连栋温室室内的基础形状，因立柱间距不同而不同。

当立柱间距较小时，例如在 1.2m 以下，宜采用连续墙基。这种基础可用砖石砌筑或用混凝土浇筑而成。在砌墙基时，应将安装立柱或其他设备的预埋件准确地埋在适当位置（图 4-24）。当立柱间距超过 1.2m 时，用分离的混凝土柱桩和底脚作为基础比较适宜（图 4-25）。连栋温室的跨距在 8~9m，开间（立柱间距）在 3~4m 时，在一般土壤承载能力情况下，中间立柱可使用图 4-26 所示上小下大的梯形混凝土方墩作为基础，周边立柱可使用图 4-27 所示的矩形混凝土方墩作为基础。

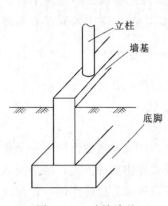

图 4-24　连续墙基

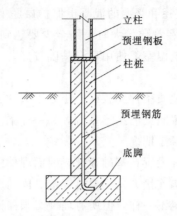

图 4-25　混凝土柱状

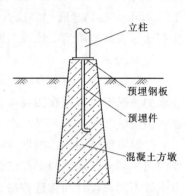

图 4-26　梯形混凝土方墩

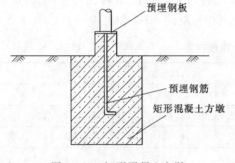

图 4-27　矩形混凝土方墩

五、设计连栋温室遮阳和开窗系统

夏季太阳辐射强度大，对一般温室作物来说，上午 10 时至下午 16 时光照强度大于作物的光饱和点，多余的辐射进入温室，造成室内温度过高。遮阳是利用透光率低的材料遮住阳光，阻止多余的太阳辐射能进入温室，既保证温室作物能够正常生长，同时又是降低温室温度的一种措施。温室遮阳网的安装和使用一般可降低温室温度 3~10℃。

（一）了解温室遮阳系统

连栋温室遮阳系统通常包括外遮阳和内遮阳两部分。

1. 外遮阳系统

外遮阳系统是在温室骨架外另外安装一套遮阳骨架，将遮阳网安装在骨架上。遮阳网可以用拉幕机构或卷膜机构带动，自由开闭。可以根据需要进行手动控制、电动控制或与计算机控制系统连接实现智能控制。外遮阳可以直接将太阳辐射阻隔在温室外面，降温效果好。但外遮阳需要在温室的天沟上再立支撑骨架或在温室外单独设立骨架，以支撑遮阳系统，故耗费钢材。另外，整个遮阳系统暴露在室外自然环境之中，因此对遮阳网的强度和耐老化性能要求高，并要求驱动系统的机械性能能够适应各种天气条件。

2. 内遮阳系统

内遮阳系统是将遮阳网安装在温室内部。内遮阳系统的支撑固定在温室柱子或桁架上，遮阳网安装在支撑系统上，整个系统不用另行制作金属骨架，因此可以节省钢材，安装方便。由于遮阳网启闭频繁，一般采用电动控制，在临时停电时可以手动启闭。内遮阳的降温效果不如外遮阳，但内遮阳节省材料，造价低。

（二）设计遮阳网架

遮阳网架是连栋温室骨架组成的一部分，它支撑遮阳网及其收张机构。遮阳网架分外遮阳网架和内遮阳网架。

1. 外遮阳网架

外遮阳网架安装在立柱部位的天沟上方或坡形屋面的顶端。两侧边支架可以安装在边柱部位的天沟上方，也可以另行设立支柱。外遮阳托网线应高于屋面最高点 300～500mm。收张机构应运转灵活，传动平衡、可靠。支架结构上的任何部分均不得划破遮阳网。外遮阳网的收张传动机构可以安装在侧边支架或支柱上。

2. 内遮阳网架

内遮阳网架托网线可以直接固定在立柱、边柱或下弦杆上。这种结构节省材料，便于施工。

3. 钢架式遮阳网架

对于外遮阳和内遮阳两种形式，均可设计成钢架式刚体支架，这种结构与温室骨架的主体部分相似，基本上也是一个固定不变体。遮阳网的收张机构可采用刚性推拉式平移机构（由电动机驱动传动轴，传动轴上的齿轮带动齿条平移）。这种机构平稳、可靠，但原材料消耗多，加工与安装要求高。

外遮阳的托网线和压网线，建议使用不锈钢线或高强度聚酯线。外遮阳网骨架的连接螺栓采用不锈钢螺栓。

（三）选用遮阳网的驱动系统

遮阳网的驱动系统有两种，即钢索驱动拉幕系统和齿轮齿条驱动拉幕系统。

1. 钢索驱动拉幕系统

钢索驱动拉幕系统，即拉幕系统由钢索作为牵引材料。由减速电机带动驱动轴转动，驱动轴带动缠绕在驱动轴上的钢索做往复运动，钢索带动固定其上的驱动边铝型材一起运动，由于遮阳幕一端固定在驱动边铝型材上，因而随着驱动边铝型材的往复运动实现遮阳网的展开和启闭。钢索驱动拉幕系统由减速电机、传动轴、驱动线、托压幕线、驱动边铝型材等配件组成（图 4-28）。

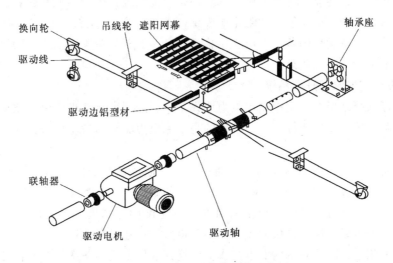

图 4-28　钢索驱动拉幕系统示意图

钢索驱动拉幕系统沿开间方向布置，也可以沿跨度方向布置。驱动拉幕系统既可以布置在温室中部，也可以布置在温室端部。驱动轴沿开间方向布置时，遮阳幕沿跨度方向展开及收拢，即遮阳幕收拢时平行于温室天沟方向。驱动轴沿跨度方向布置时，遮阳幕沿开间方向展开及收拢，即遮阳幕收拢时垂直于天沟方向。钢索驱动拉幕系统一般布置在遮阳幕下 20cm 距离处。每根驱动线两端和靠近驱动轴的一端需要布置换向轮。

2. 齿轮齿条驱动拉幕系统

齿轮齿条驱动拉幕系统，即以齿轮齿条为主要驱动牵引设备。工作中，减速机带动驱动轴转动，驱动轴带动齿轮齿条运动，由此，连接于齿条两端的推杆在齿条的牵引下带动系统的活动边铝型材运动从而达到启动遮阳网的目的。

齿轮齿条驱动拉幕系统由减速电机、驱动轴、齿轮齿条、推拉杆、托压幕线、驱动边型材等配件组成。这种拉幕系统，遮阳幕在齿轮齿条的牵引带动下移动，具有移动平稳精确、平整美观、密封严密、结构合理、使用寿命长、标准化程度高等特点（图 4 - 29）。

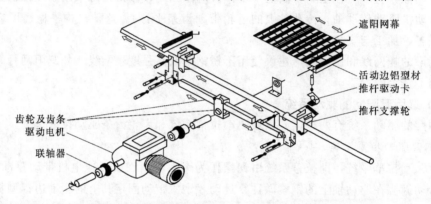

图 4 - 29　齿轮齿条驱动拉幕系统示意图

遮阳系统冬季还具有保温功能，遮阳保温系统功能的发挥程度取决于遮阳保温幕的质量和拉幕系统的密封性能。无论是遮阳降温还是节能保温，密封性能都起着极其重要的作用，只有密封良好的系统才能有效阻止遮阳保温幕上下空气的热交换，达到节能的目的；否则，即使使用质量优良的幕布，由于拉幕系统四处通透，其隔热效果都不会十分理想，达不到预期的节能和降温效果。

（四）设计连栋温室开窗系统

温室开窗系统是指在温室中使用电力或人工，通过开窗传动机将温室顶窗或侧窗开启和关闭的设备系统，现代连栋温室中常用的是依靠电力驱动的齿轮齿条开窗系统和卷膜器开窗系统。

温室开窗系统主要用于温室的自然通风。自然通风是利用温室内外的温度差产生的"热压"或室外自然风力产生的"风压"来实现通风换气。自然通风对温室的使用和种植是非常有必要的，它可以有效调控室内温度、湿度和 CO_2 浓度，达到满足室内栽培植物正常生长要求的需要，而且自然通风所需的开窗系统设备投资费用不高，运行管理费用也很低，遮阳面积小，不妨碍室内的生产作业。这种通风方式经济适用，并往往在温室运行管理中优先启用。但受外界气候条件的影响较大，通风不稳定。尤其在夏季气温较高，单靠自然通风难以满足温室降温要求，故常常要辅以机械通风。

温室开窗系统由通风窗及相应的开窗机构组成，具体的组成要看所采用的开启方式，是手动、电动还是自动控制。

1. 选择连栋温室的开窗形式

连栋温室可在侧墙开窗和屋顶开窗。侧墙开窗可采用推拉式、上悬式和卷膜式；屋顶连续开窗可以单面或双面开窗，但文洛型温室的交错式开窗只能以间隔交错方式进行（图4-30）。

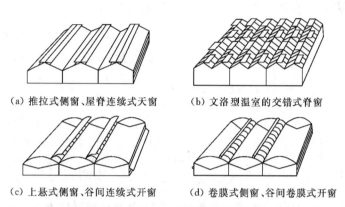

(a) 推拉式侧窗、屋脊连续式天窗　　　　(b) 文洛型温室的交错式脊窗

(c) 上悬式侧窗、谷间连续式开窗　　　　(d) 卷膜式侧窗、谷间卷膜式开窗

图4-30 几种常见的温室开窗形式

2. 选择温室开窗机构

温室开窗机构是指使用人工或电力，通过特定的传动机构将温室侧窗或顶窗开启和关闭的机械系统。除推拉窗外，现在连栋温室中最常用的开窗系统就是齿轮齿条开窗机构，齿轮齿条开窗机构的核心部件为齿轮齿条，附属配件随着机构整体的不同而有差异。齿轮齿条机构性能稳定、运行可靠安全、承载力强、传动效率高、运转精确、便于实现精确自动控制，因此是大型连栋温室开窗机构的首选形式。

常用的齿轮齿条开窗机构——扭矩分配连续开窗系统简介：

图4-31和图4-32分别为扭矩分配连续开窗系统原理图和系统材料组成图。扭矩分配连续开窗系统通过采用蜗轮减速箱以及扭矩分配器，将减速电机输出的扭矩通过扭矩分配器均分至连栋温室各跨同坡面窗户的蜗轮减速箱上，蜗轮减速箱再带动齿轮齿条实现窗户的启闭，从而实现用一台减速电机带动几排窗户连续开窗。扭矩分配连续开窗系统一台电机可带动几排连续天窗，电机用量少，系统运行过程更省电，相应的电气设备（控制柜、电缆线等）成本降低。如果现在有一栋文洛型PC板温室，跨度是6.4m，每跨有2

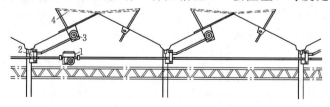

图4-31 扭矩分配连续开窗系统原理图
1—减速电机；2—扭矩分配器；3—蜗轮减速箱；4—连续开窗齿轮齿条

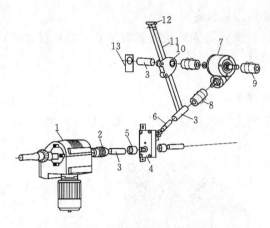

图 4-32 扭矩分配连续开窗系统材料组成图
1—减速电机；2、8、9—联轴器；3—驱动器；
4—扭矩分配器；5—焊合接头；6—万向
节接头；7—蜗轮减速箱；10—开窗
齿轮；11—开窗齿条；12—铝制
安装板；13—开窗轴承座

个尖顶，共 5 跨，开间 4m，共 10 个开间。如果要配置双面连续开窗，按照传统连续开窗方式，需配置 20 台减速电机；而采用扭矩分配连续开窗系统，仅需配置 2 台减速电机就可达到要求。

六、设计连栋温室其他环境调控系统

连栋温室建设不仅包括温室主体结构、遮阳系统、开窗系统的建设，还包括通风降温系统、加温系统、保温系统、灌溉系统、施肥系统、控制系统等其他环境调控系统的建设。这些环境调控系统的设计与安装，参见项目五"设施农业环境调控"部分。

七、绘制设计图

参见本项目任务四中的具体案例。

任务三 规划布局连栋温室群

一、连栋温室的总平面布置

对温室群及其辅助建筑进行合理的平面布局，有利于减少占地，提高土地利用率、降低造价生产成本，以及提高产量。一定规模的温室群，除了温室种植区外，还包括相应的辅助设施、如供水设施、采暖设施、控制设施、加工设施、保鲜设施、消毒设施、仓储和办公设施等，才能保证整个温室的正常、安全生产。图 4-33 为某农业园区温室群总平面图规划设计示例。

在进行温室总体布置时，种植区的温室群应放在优先考虑的位置，使其处于场地上的采光、通风、保温和运输等方面的最有利位置。一般情况下，要保证良好的采光，要求温室周围应保证冬至的太阳能照射到温室外围 1.0m 的范围以内；为保证通风条

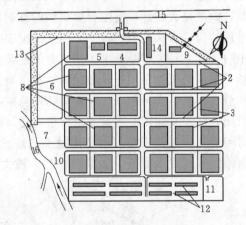

图 4-33 温室群总平面图规划设计示例
1—主路；2—干路；3—支路入办公室；4—试验室；5—生活区；6—水源工程区；7—连栋温室；8—变电室；9—绿化区；10—绿化带；11—热力区；12—日光温室；13—防风林（边界）；14—冷库、仓库和车库；15—国家公路；16—河流

230

件，温室通风口周围 3.0～5.0m 的范围内不受遮挡等干扰，尤其是自然通风温室，必须认真考虑其周围通风环境和温室间的距离、风向等因素，才能达到良好的自然通风的效果，自然通风的通风方向尽量与夏季主导风向一致。所有辅助设施，如库房、锅炉房、水塔、烟囱等应尽量布置在冬季主导风向的下方，并与温室保持合理间距，避免影响温室采光；各种工作室、化验室、消毒室等为避免遮挡阳光，则应朝阴面布置；加工室、保鲜室、仓库等既要保证与种植区的联系，又要便于交通运输。

为减少占地、提高土地利用率，前后栋温室相邻的间距不宜过大，但必须保证在最不利情况下不至于前后遮阳为前提。道路、管线布置结合整个场区的交通设计应尽量安排在阴影范围之内，在节约用地的前提下，保证生产和流通对道路数量和宽度的要求，同时综合考虑排水、绿化等方面的要求。

二、连栋温室的平面布置

不同性质和用途的温室对平面布置有着不同的要求。生产性温室一般应适应于栽培植物品种的改变，因此，在同一栋温室内不用固定的墙或网来分隔；而对于试验温室则应根据试验研究的需要，按环境条件的不同、栽培方式的不同以及管理工作条件的不同来进行临时性的单元划分，既满足需要又便于改造。对于植物园、展览温室，由于栽培陈列的植物品种繁多，各种植物对生态环境条件的要求又各不相同，还要考虑采用不同的栽培方式，因此，在平面设计时需进行合理的单元划分以适应环境、设备、管理、观赏等方面的功能要求。具体划分时可以植物生态学为基础划分单元，即根据植物的生态类等方面的功能要求。把生态习性相同的植物划分在一个温室单元内，如热带雨林温室、亚热带植物温室、暖温带植物温室以及生产温室的套种、间种等单元；也可以植物地理学为基础划分单元，把同一地区原产的植物划分在一个单元内，以表现植物的地理分布，如欧洲植物温室、非洲植物温室、美洲植物温室、澳洲植物温室等；还可以植物资源为基础划分单元，即根据植物用途的不同，对植物园进行资源分类，把用途相近的经济作物划分在一个单元内如药用植物温室、芳香植物温室、纤维植物温室、热带果树温室等。图 4-34 为长春市林业科学研究所花卉种苗中心温室平面布置图。

投入高昂投资所形成的适宜环境，对其平面和空间应进行充分地利用，以提高效益。平面和空间的利用率主要与温室采用的栽培方式有关。为提高温室的平面利用率，一改传统的露地沟渠畦灌的方式，采用活动式栽培床，在长条形平面的高位种植床的台面板上装一个可来回摇动的曲柄机构，摇动手柄就可使台面分开或合拢，以便留出通道让机器或人通行，这样平面利用率可达到 86%～90%。提高温室空间的利用率、土地的利用率和环境、设备、能量的利用率；也可采用立体的多层栽培床布置形式，如阶梯式、叠层式布置或空中悬挂式布置，将喜阴植物布置在下层，喜光植物布置于上层，或在下层采用人工补光，这样栽培床面积与建筑面积之比可高达 200%，甚至更高。当然这种布置形式并非所有温室都适用，要经过充分的论证后方可做出设计。

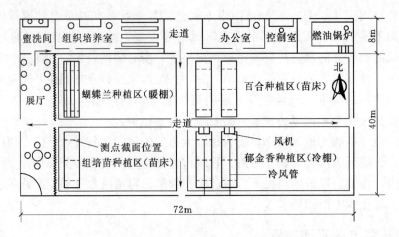

图 4-34　长春市林业科学研究所花卉种苗中心温室平面布置图

任务四　施工建造连栋温室

子任务一　施工建造连栋塑料薄膜温室

连栋塑料薄膜温室是在生产实践中最常用的一种温室类型，广泛用于育苗及花卉的生产。其与连栋塑料拱棚的区别在于温室的跨度和肩高均比较大，且配备了外遮阳系统，还可根据需求增加加温系统、内循环系统、开窗系统、微喷灌系统、风机—湿帘降温系统以及苗床等。下面以一个生产上常用的实例（图 4-35）来阐述这种类型温室的设计与建造。

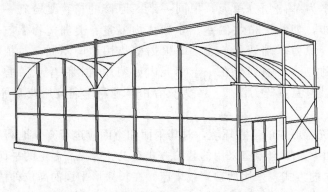

图 4-35　连栋塑料薄膜温室立体示意图

一、做好温室设计方案

（一）性能参数

（1）抗风载荷：$0.55kN/m^2$。

（2）抗雪载荷：$0.20kN/m^2$。

（3）吊挂载荷：$0.20kN/m^2$。

（4）最大排雨量：140mm/h。

（5）电参数：220V，50Hz，pH1/380V，50Hz，pH3。

注：风荷载、雪荷载以及最大排雨量需根据温室所在地区的气象资料确定，全国各地区的基本风压、雪压可参考《建筑结构荷载规范》（GB 50009—2012）。风压、雪压及吊挂荷载是温室结构材料及结构形式的设计基础；排雨量是进行温室天沟截面设计的基本条件；温室减速电机及水泵等常以三相电为主，在建造时要特别注意当地的用电情况。

（二）基本结构参数

1. 结构说明

（1）温室跨度：8m×5栋＝40m。

（2）温室开间：4m×9间＝36m。

（3）温室肩高：3.2m。

（4）温室脊高：5.2m。

（5）温室外遮阳高度：5.8m。

（6）温室轴线面积：1440m^2。

（7）温室结构选型：圆拱形。

（8）骨架热镀锌低碳钢材。

2. 温室性能指标

（1）抗风荷载≤0.60kN/m^2。

（2）抗雪荷载≤0.3kN/m^2。

（3）悬挂荷载≤20kg/m^2。

（4）最大排雨量：140mm/h。

（5）使用寿命：温室主体钢结构不小于15年。温室覆盖材料使用寿命不少于10年。

说明：风、雪荷载及降雨量应按当地的实际情况取值，然后用于结构的验算。风荷载和雪荷载可根据结构的重要性按20年、30年一遇取值。

3. 温室布局

温室屋脊走向为南北向。

（三）温室结构材料参数

1. 基础及地面做法

（1）基础：温室立柱基础为混凝土现浇点式独立基础，混凝土标号C20；四周砖砌120mm挡水墙，标高0.3m，1∶2水泥砂浆抹面；温室四周铺设宽500mm，厚50mm C15混凝土散水，坡度3%。

（2）地面道路：温室沿门之间设一条宽2.0m的主通道，温室两端分别设置一条宽0.8m次通道，道路铺砖或现浇80mm厚C15素混凝土；温室入口设坡道，四周沿散水设砖砌排水明沟，所有外露面用1∶2水泥砂浆抹面。

2. 钢骨架结构参数

所有钢骨架均要求进行热镀锌防腐处理，镀锌层厚度为0.08～0.10mm。

（1）主立柱采用80mm×60mm×2.5mm热镀锌矩形管。

（2）侧面抗风柱采用60mm×60mm×2mm热镀锌方管。

（3）端面抗立柱采用 60mm×60mm×2mm 热镀锌方管。

（4）端面横梁采用 50mm×50mm×2mm 热镀锌方管。

（5）拱杆采用 ϕ42mm×2mm 热镀锌圆管。温室沿开间方向每隔 1.334m 安装一根拱管。

（6）水平拉杆采用 ϕ42mm×2mm 热镀锌圆管，温室开间方向每隔 4m 加一根水平拉杆。

（7）吊杆（腹杆）采用 ϕ32mm×1.5mm 热镀锌圆管，每根水平拉杆上部设 3 条竖吊杆（也可采用米字撑的结构形式，即 1 条竖吊杆，2 条斜吊杆）。

（8）端天沟面水平支撑采用 ϕ48mm×2mm 热镀锌圆管。

（9）柱间支撑采用 ϕ12mm 热镀锌圆钢。

（10）拱杆斜支撑采用 ϕ8mm 镀锌钢丝绳。

（11）抗风缆绳采用 ϕ12mm 镀锌钢丝绳。

（12）顶系杆采用 ϕ32mm×2mm 热镀锌圆管。

（13）侧系杆采用 ϕ25mm×1.5mm 热镀锌圆管。

（14）天沟采用 2mm 冷弯镀锌板。

（15）门：温室南北端面中部各设一扇推拉移动门，规格为 2.0m×2.0m。选用温室专用铝合金型材，中部覆盖双层中空 PC 板。

（16）门边立柱采用 60mm×40mm×1.5mm 热镀锌矩形管。

（17）门上横梁采用 60mm×40mm×1.5mm 热镀锌矩形管。

（18）排水方式：温室采用双向排水，落水斜度 3‰。落水管采用 ϕ110mm PVC 管。

3. 温室的覆盖材料

（1）顶部：温室顶部采用 PEP 利得膜覆盖，厚度 0.15mm。质保期 3 年。

（2）四周：温室四周采用 PEP 利得膜覆盖，厚度 0.15mm。质保期 3 年。

（3）框架卡槽采用 0.7mm 的热镀锌大卡槽。

（4）卡簧采用 70 号碳素钢丝 ϕ2mm，镀塑层厚度 0.08～0.10mm。

4. 温室的通风系统

（1）四周通风：温室四周设电动卷膜开窗，卷膜高度 1.8m。

（2）顶部通风：每跨温室顶部一侧设一道电动卷膜开窗，开窗宽度 1.5m。

卷膜开窗的安装如图 4-36 所示。凡开窗处装有 40 目防虫网。

（四）温室配套设施

1. 外遮阳系统（齿轮齿条传动）

外遮阳系统夏季能将多余阳光挡在室外，为作物提供阴凉、免受强光灼伤、适宜的生长条件。遮阳幕布可使阳光漫射进入温室种植区域，保持最佳的作物生长环境。外遮阳系统基本组成如下。

（1）外遮阳构架。温室顶部安装 1 组外遮阳骨架。端面边侧立柱选用 60mm×60mm×2mm 热镀锌矩形管，中间立柱选用 50mm×50mm×2mm 热镀锌矩形管，柱间横纵杆采用 50mm×50mm×2mm 热镀锌矩形管，横杆增加斜支撑，采用 ϕ32mm×2mm 热镀锌圆管。

（2）控制箱及电机。温室控制箱可灵活控制遮阳幕的展开、合拢与停止。控制箱上装有电动控制开关，可实现电动操作，灵活方便。电机自带工作限位和安全保护开关，实现安全可靠的动作。

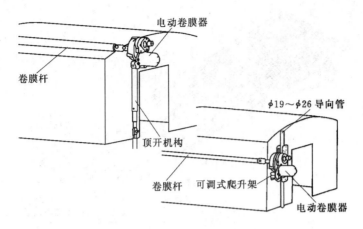

图 4-36　卷膜开窗安装示意图
（引自：凯力特电动卷膜器使用说明书）

（3）齿轮齿条选用温室拉幕专用 A 型齿轮齿条。

（4）传动部分。

1）减速电机：选用 WJN40/80 型减速电机，输出扭矩 300N·m，工作稳定可靠。传动部分由减速电机及配套部件组成，通过减速电机及与之相连的传动轴输出动力。

2）传动轴：采用国际 DN25×3.25mm 的热镀锌无缝钢管。

3）推拉杆：采用 φ32mm×2mm 的热镀锌圆管，与推拉杆连接的驱动幕杆为专用铝型材，沿跨度方向横向布置，带动幕布开闭。

4）幕线与幕布：遮阳幕安装时位于托幕线和压幕线之间，托幕线承担全部遮阳幕的重量，压幕线防止遮阳幕被风吹起或幕布收拢时重叠过高，托、压幕线上下间距 50mm。遮阳幕的遮阳率为 70%，幅宽 4.3m。幕线选用黑色聚酯幕线，压幕线间距 1m，托幕线间距 0.5m。

5）温室东西侧设置一道遮阳网，固定于外遮阳的横梁及抗风缆绳上，可防止炎热夏季阳光射进温室内。

2. 移动苗床

移动苗床宽 1.75m，高 0.75m。

苗床支架及支脚采用焊接连接，苗床与基础采用螺栓连接。苗床网片采用热镀锌菱形焊接网，苗床边框采用铝合金边框。其他构件全部采用热镀锌处理，不能有任何明显的锐角毛刺存在。

移动苗床的各部分组成如图 4-37 所示。

材料参数如下。

（1）支架立柱采用 30mm×30mm×2mm 镀锌矩形管。

（2）支架横梁采用 30mm×30mm×2mm 镀锌矩形管。

（3）支架斜支撑采用 30mm×30mm×2mm 镀锌角钢。

（4）网片支撑横梁采用 40mm×20mm×2mm 镀锌矩形管。

（5）边框采用 65mm×40mm×1.5mm 专用铝合金型材。

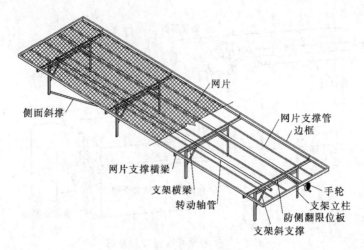

图 4 - 37 移动苗床示意图

（6）网片支撑管采用 $\phi19mm \times 1.5mm$ 镀锌圆管。

（7）侧面斜撑采用 $30mm \times 30mm \times 2mm$ 镀锌角钢。

（8）防侧翻限位板采用 4mm 厚镀锌板。

（9）转动轴管采用 $\phi40mm \times 2.5mm$ 镀锌管。

（10）网片采用 $50mm \times 80mm \times 2mm \times 2mm$ 菱形镀锌焊接网。

（11）转动轴管限位采用 $30mm \times 30mm \times 2mm$ 镀锌角钢。

苗床安装技术要求：温室内苗床排列整齐，高低一致，通长方向排列直线误差不超过 10mm，苗床外观不得有明显的质量缺陷。整个苗床宽度误差不超过 10mm。转动手柄应转动灵活，工作台移动平稳可靠，防侧翻装置安全有效。

3. 加温系统

由于冬天气温较低，为了使冬天在温室内能正常育苗，在温室内配置燃油热风加温系统。

（1）参数。

1）面积：$36m \times 40m = 1440m^2$。

2）高度：肩高 3.0m，总高 5.0m。

3）体积：$5810m^3$。

4）最低环境温度（T_1）$-7℃$，需要达到的环境温度（T_2）$13℃$。

（2）热负荷计算：采用单位体积热指标法进行概算。对于单层塑料膜覆盖的温室，单位体积热指标（q）取 $2.6W/(m^3 \cdot ℃)$。

则总热负荷：$Q = qV(T_2 - T_1) = 2.6 \times 5810 \times 20 = 302120W = 302.2kW$。

所以该温室应该配备 30 万大卡（360kW）的小型卧式燃油（气）锅炉 1 台。锅炉安装于温室北面的第三跨。温室采用薄膜管道散热，设置主管道（$\phi600mm$）1 条，支管道（$\phi350mm$）5 条，在支管道上开设散热孔。

4. 喷灌系统

温室内的育苗灌溉采用固定喷灌系统，此系统具有灌溉和施肥双重功能。灌溉系统配置首部系统、管网系统、$3m^3$ 的喷灌水池及 1m 的肥料池各一个。

236

5. 温室内照明

在温室的主干道上设照明灯，每开间设 1 只 60W 节能灯。

6. 供配电及接地

供电方式为 380V/220V、50Hz 三相五线 TN-ST 系统供电。进户需设接地装置。控制柜采用温室专用电气控制柜，防护等级为 IP45，下部进出线。为保证在短路情况下对系统有效保护，控制箱主电源开关及其余各控制回路主开关需配置断路器、热继电器等。动力设备线采用 RVV 聚氯乙烯绝缘护套铜芯软线，套 PVC 阻燃线管沿柱梁敷设。

二、根据温室建造安装图施工

安装图包括温室基础平面图，典型立、剖面图，安装节点详图，支撑体系平面布置图，外遮阳骨架平面图等（图 4-38～图 4-44）。

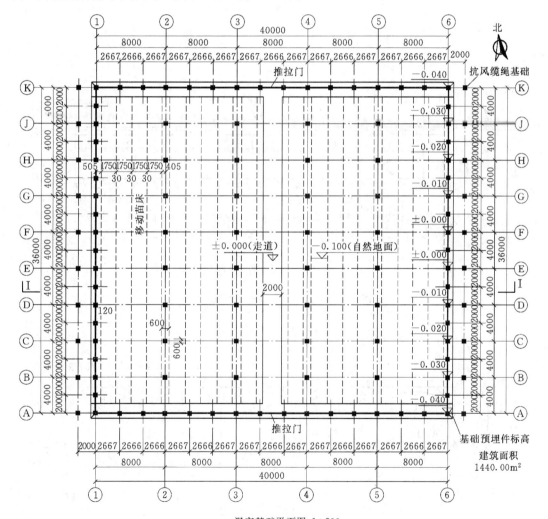

温室基础平面图 1:200

图 4-38　温室基础平面图（单位：mm）

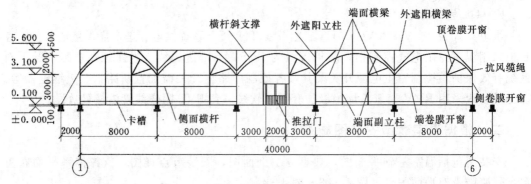

①～⑥立面图 1：200

图 4-39 ①～⑥立面图（单位：mm）

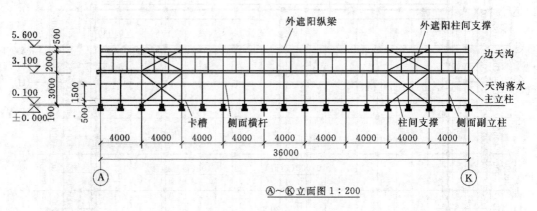

Ⓐ～Ⓚ立面图 1：200

图 4-40 Ⓐ～Ⓚ立面图（单位：mm）

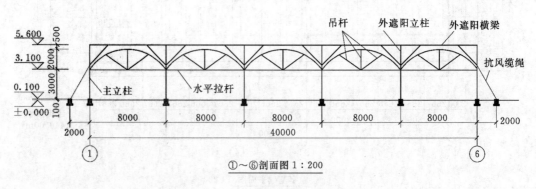

①～⑥剖面图 1：200

图 4-41 ①～⑥剖面图（单位：mm）

238

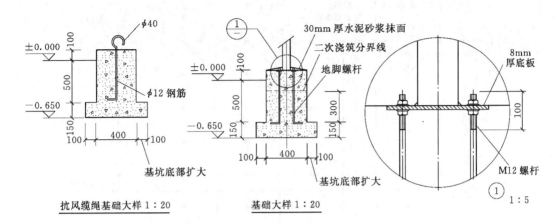

图 4-42　安装节点详图（单位：mm）

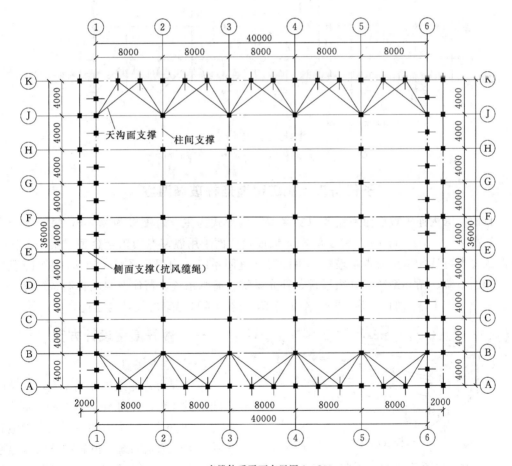

支撑体系平面布置图1：200

图 4-43　支撑体系平面布置图（单位：mm）

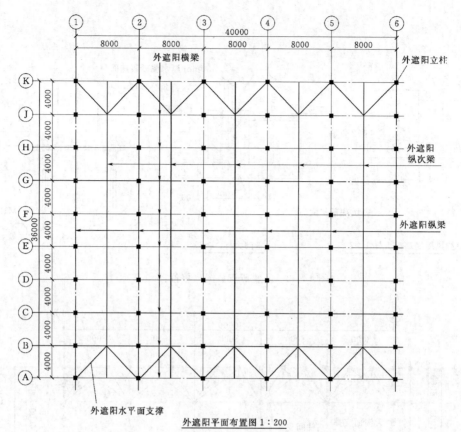

外遮阳横梁

外遮阳立柱

外遮阳纵次梁

外遮阳纵梁

外遮阳水平面支撑

外遮阳平面布置图 1：200

图 4-44　外遮阳骨架平面图（单位：mm）

子任务二　施工建造连栋玻璃温室

目前，国内连栋玻璃温室主要以文洛型结构形式为主。跨度多为 9.6m，每跨 3 个尖顶，肩高 4～5m，开间 4m，屋面角 22，墙面及屋面采用温室专用铝合金型材镶嵌，根据保温的要求可选择单层或中空玻璃。可配置外遮阳系统、内保温系统、风机-湿帘降温系统、加温系统、循环系统、开窗系统、补光系统、灌溉系统、苗床及自动控制系统等。下面以一个生产上常用的实例（图 4-45）来阐述这种类型温室的设计与建造。

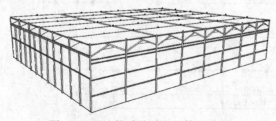

图 4-45　连栋玻璃温室立体示意图

一、做好温室设计方案

（一）性能参数

本工程为智能连栋玻璃温室，其跨度 9.6m，共 4 跨，开间 4m，共 8 间，轴线面积为 1228.8m²。温室内的主要配套设施有齿轮齿条外遮阳系统，齿轮齿条内保温系统，轨道式交错顶开窗系统，风机-湿帘降温系统（含外翻窗），内循环系统，加温系统，移动苗床系统，喷灌、滴灌系统，计算机控制系统，电气控制系统，铝合金玻璃覆盖系统以及基础土建。整个项目的设计宗旨是利用现代化手段实现对温室内部温度、相对湿度、光照进行调节，在温室内创造适宜的环境，以满足温室对功能的要求；同时降低运行成本，提高管理效率，实现温室的高效益运营。

（二）基本结构参数

1. 结构说明

（1）温室跨度：9.6m×4 连跨。

（2）温室开间：4m×8 间。

（3）温室肩高：4.05m。

（4）温室脊高：4.9m。

（5）温室外遮阳高度：5.6m。

（6）温室轴线面积：1228.8m²。

（7）温室结构选型：文洛型三小尖顶。

2. 温室性能指标

（1）抗风荷载≤0.60kN/m²。

（2）抗雪荷载≤0.3kN/m²。

（3）悬挂荷载≤20kg/m²。

（4）最大排雨量：140mm/h。

（5）使用寿命：温室主体钢结构不小于 15 年，温室覆盖材料使用寿命不少于 10 年。

说明：风、雪荷载及降雨量应按当地的实际情况取值，然后用于结构的验算。风荷载和雪荷载可根据结构的重要性按 20 年、30 年一遇取值。

3. 温室布局

温室屋脊走向为南北向。

（三）温室结构材料参数

1. 基础及地面做法

（1）设计依据设计参照国家标准《温室地基基础设计、施工与验收技术规范》（NY/T 1145—2006）。

（2）基础选型：内部为点式独立基础，采用钢筋混凝土结构，混凝土标号不低于 C20，基础上部为 300mm×300mm，下部为 700mm×700mm，基础底面设素混凝土垫层，厚 50mm。温室四周为条形基础，含圈梁。圈梁规格为 240mm×30mm，圈梁及条形基础遇独立基础的部位应断开，采取可靠连接方式，但圈梁内钢筋不得断开。

（3）散水：温室四周设有宽 300mm 混凝土散水，坡度 3%，并设排水明沟。

2. 钢骨架结构参数

（1）四角立柱采用 120mm×120mm×4mm 热镀锌方管。

（2）内部立柱采用 120mm×60mm×3mm 热镀锌矩形管。

（3）侧面立柱采用 120mm×60mm×3mm 热镀锌矩形管。

（4）端面立柱采用 120mm×60mm×3mm 热镀锌方管。

（5）端面拉幕梁采用 60mm×60mm×3mm 热镀锌矩形管。

（6）桁架采用 60mm×40mm×2mm 矩形管作为桁架的上下弦，腹杆采用 L30×3mm 角钢，温室沿开间方向每 4m 加一道横向桁架，长度 9.6m。

（7）温室围杆采用 50mm×50mm×2mm 热镀锌矩形管。

（8）水平拉筋采用 φ12mm 圆钢。

（9）柱间支撑采用 φ12mm 圆钢。

（10）天沟采用 3mm 冷弯镀锌板。

（11）积露水槽采用 0.5mm 镀锌板。

（12）落水管采用 PVC 塑料管，φ110mm。温室天沟采用双面落水，落水坡度 2.5‰。

（13）推拉门：温室南北端面中部各设一道铝合金推拉门，门规格：宽×高＝2.0m×2.0m。按照国家标准《推拉铝合金门》（GB/T 8478—2003）设计生产，密封保温性好。

所有钢结构均作热镀锌防锈处理，温室用所有钢结构材料均符合国家 Q235 优质碳素钢标准，镀锌应满足规范《金属覆盖层 钢铁制件热浸镀锌层技术要求及试验方法》（GB/T 13912—2002）的要求。

3．温室的覆盖材料

（1）温室材料采用 4mm 厚浮法玻璃覆盖，透光率 89％以上，使用寿命 20 年以上，符合国家标准《平板玻璃》（GB 11614—2009）中有关质量要求。采用温室专用铝合金型材（表面氧化）镶嵌。

（2）密封材料在温室四周相应的地方配置 PVC 压条和密封橡胶条。

4．温室的通风系统

（1）天窗通风系统。本温室采用轨道式交错开窗系统。电机采用荷兰进口 GW40 减速电机，电机自带限位开关，运行稳定。天窗规格：3m×1.1m，每小跨 7 扇，温室共设 84 扇。天窗四周铝合金型材上采用专用的三元乙丙橡胶密封。

（2）侧开窗通风系统。为了增加温室的通风率，减少温室在夏季的降温成本，在温室两侧开设外翻窗系统，其原理与湿帘外翻窗相同，同时为了保证温室边侧的透光率，温室两侧的外翻窗覆盖材料采用 4mm 浮化玻璃。开窗机构采用 A 型齿轮，弧形齿条，WJN40 型减速机组及镀锌传动部件。

（四）温室配套设施

1．外遮阳系统

外遮阳系统可以通过调节光照来改善温室内的生态环境。一般情况下，外遮阳系统可以在夏季降低室温 3～5℃。

（1）外遮阳框架。

1）跨度：3.2m。

2）开间：4m。

3）顶高：5.6m。

（2）外遮阳骨架材料规格。

1）外遮阳立柱：采用 50mm×50mm×2mm 的热镀锌方管，为保证天沟的排水量，主立柱与天沟之间采用连接件架空铰接。

2）外遮阳纵梁：采用 50mm×50mm×2mm 的热镀锌方管。

3）外遮阳横梁（中间）：采用 50mm×50mm×2mm 的热镀锌方管。

4）外遮阳横梁（端面）：采用 80mm×50mm×3mm 的热镀锌矩形管。

5）柱间支撑：采用 φ10mm 的热镀锌圆钢。

（3）技术参数。

1）行程（沿开间方向）：4m。

2）转速：2.6r/min。

3）电源：380V，三相，50Hz。

4）电机功率：370W。

（4）传动部分。

1）齿轮齿条：选用国产优质拉幕专用 A 型齿轮和齿条，质量可靠、运行平稳。

2）减速电机：选用国产 WJN40 型减速电机，自带限位开关，工作稳定可靠。

3）传动轴：采用 φ42.3mm×3.25mm 热镀锌钢管，中部通过链型联轴器与电机相连，其余部分与齿条副相连，齿条间距 4m。

4）推拉杆：采用 φ32mm×1.5mm 热镀锌钢管，每根齿条连接 1 列，方向与屋脊的方向一致。

5）动幕杆：动幕杆采用 φ19mm 铝合金圆管，沿跨度方向横向布置，通过铝制驱动卡与推拉杆连接，带动幕布开闭。

6）托、压幕线：托幕线间距 0.5m，压幕线间距 1m。

7）幕布：外遮阳幕采用斯文森 LG75 遮阳网，遮阳率为 70%，节能率 25%。

2. 内保温系统

考虑到温室建设地区冬季寒冷，为节省能源，要千方百计地使温室具有良好的密闭性及保温性。理论与实践均证明，温室热量散失的 60% 以上是由顶棚产生的。因此，减少温室屋面热量流失，可以有效降低温室冬季运营的加温成本，而内保温系统是一条有效的解决途径。温室内保温系统，安装在温室内桁架下弦上。

内保温运行原理与外遮阳相同，选用国产优质减速电机及拉幕专用 A 型齿轮和齿条，质量可靠、运行平稳。同时采用温室专用驱动边铝型材作为动幕杆带动保温幕运行。幕布要求透光率为 54%、节能率 57%，幅宽 4.3m。

3. 风机–湿帘降温系统

（1）湿帘：采用国产优质湿帘，高 2m，厚 0.1m，使用寿命 5 年以上，同时配置铝合金边框。

（2）水泵单机功率不小于 2kW。

（3）供水系统包括过滤器、阀门、管道、水池等。

（4）风机：每开间 1 台，排风量不小于 42000m³/h，分 2 组控制。

一般情况下，风机布置在温室的南面，湿帘布置在温室的北面。但本实例中温室南面是实验室，为了避免对实验室的干扰，特把风机布置在温室的西面，湿帘布置在温室的东面。

4. 湿帘外翻窗系统

湿帘墙外面设置外翻式保温窗，夏季外翻窗打开，为湿帘提供进风通道，冬季外翻窗关闭，确保温室密闭不漏风，外翻窗高度为 2m，用厚 6mmPC 板覆盖，电动控制启闭。外翻窗采用铝合金边框，四周装有密封胶条，采用国产优质齿轮齿条（齿轮为 A 型，直形齿条）、减速机组及镀锌传动部件。

5. 温室加温系统

在温室内配置加温系统，设计按照室外－10℃、室内温度18℃，采用钢制圆翼散热管串联及并联进行水暖加温。在加温系统首部设置四通混合电磁阀及高温管道泵（接入计算机控制系统实现自动控制），进水管路及同程管路选用国标热镀锌管。温室四周采用圆翼散热器，并用法兰与主管连接。同时在温室苗床架下均匀布置光管散热器，主管路通过耐高温软管与光管散热器相连。在相应位置配置排气阀、排水阀、控制阀门、压力表、温度表等相应配套设备。散热器的布置根据温室热负荷的大小确定。

6. 移动苗床系统

移动苗床可最大限度地利用温室面积，极大地提高了有效使用面积。为了便于成品苗的摆放、管理，苗床两端都留有走道。苗床架为钢结构，铝合金边框。苗床的结构参数及材料见本章第二节的相关内容。

苗床间走道为80mm厚C20混凝土路面。

7. 内循环系统

为保证温室内环境的均匀性，在温室中部每跨按对吹方式安装2台环流风机，每台风量不小于$6450m^3/h$。同时隔跨反方向串联。

8. 滴灌系统

采用滴箭式滴头，并配备施肥器。

（1）滴箭参数：工作水压为0.08～0.12MPa，0.1MPa时流量为2.2L/h。

（2）管道参数：进入温室的干管采用$\phi63U-PVC$管，分干管采用$\phi50U-PVC$管，支管采用$\phi25PE$管，毛管采用$\phi16PE$管，并按植物的行距分布。

（3）水质要求：用户提供相当自来水的水质。

9. 微灌系统

微灌系统采用倒挂式微喷头。

（1）喷头：采用旋转式微喷头，射程3.0m，工作压力0.15～0.25MPa，0.2MPa时流量75L/h，每条支管可单独控制。

（2）喷头布置：每跨内布置2条$\phi25PE$管，每条PE管上布置9个喷头，每跨总流量为$1.35m^3/h$。

（3）水质要求：用户提供相当自来水的水质。

10. 电气控制系统

本系统主要对温室的天窗、内保温、风机、湿帘水泵、湿帘外翻窗、循环风扇、加温等所有电气设备进行电气控制。需具有热过载和断路双重保护，所有控制回路和指令电器均采用交流24V，采用可靠的接地装置。

电气控制系统由配电箱、电线、电缆等组成。对各部分的要求如下。

（1）配电箱：温室内所有电气设备应经配电箱进行供电与控制，配电箱面板上装有各种指示灯及按钮、开关，要标示清楚、准确，安装有序。指示灯、按钮开关等电气产品均选用优质产品。

（2）电机装有限位保护装置，要求限位精确。

（3）控制系统应具有正常的过载过流保护装置。

（4）电源进线为三相四线制，接地符合国家标准。

（5）电线、电缆的选型和铺设符合国家标准。

11.计算机控制系统

本控制系统采用智能温室自动控制系统，综合运用计算机网络技术，实现分散采集控制、集中操作管理，能自动检测温室温湿度、光照度及室外气象参数，并根据实际需要输入每一个电气设备的开启条件值，每一个电气设备均能根据需要阶段式开启，大大提高了温室控制精度，并且有逼真的动画显示、完善的数据处理功能。本温室选用"Auto-2000科研型温室计算机控制系统"。它由"气象站""室内环境传感器""温室控制器""大屏幕数字模拟屏"无线短信应急报警模组""PC机"组成。三维动画控制界面如图4-46所示。

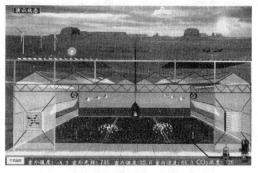

图4-46　温室计算机控制系统三维
动画控制界面示意图

二、根据温室建造安装图施工

温室建造安装图包括温室基础平面图，典型立、剖面图，外遮阳骨架平面图，安装节点详图等（图4-47～图4-57）。

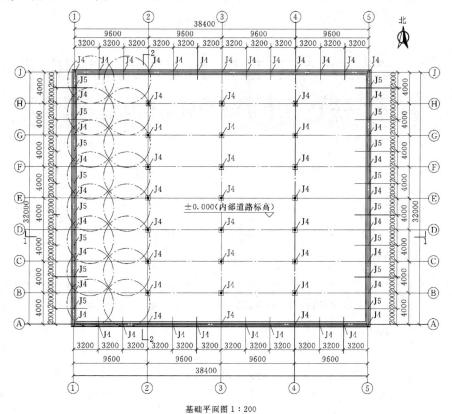

基础平面图1:200

图4-47　温室基础平面图（单位：mm）

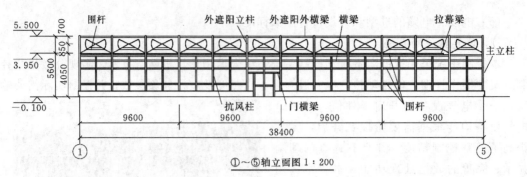

①~⑤轴立面图 1:200

图 4-48 ①~⑤轴立面图（单位：mm）

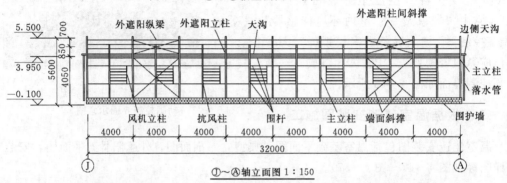

Ⓙ~Ⓐ轴立面图 1:150

图 4-49 Ⓙ~Ⓐ轴立面图（单位：mm）

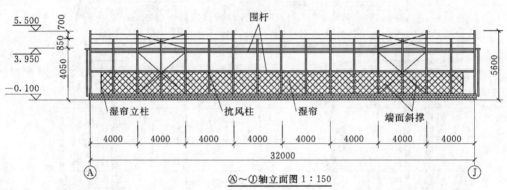

Ⓐ~Ⓙ轴立面图 1:150

图 4-50 Ⓐ~Ⓙ轴立面图（单位：mm）

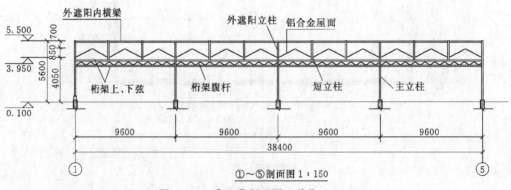

①~⑤剖面图 1:150

图 4-51 ①~⑤剖面图（单位：mm）

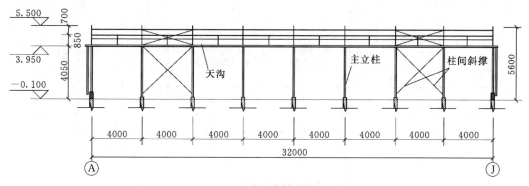

Ⓐ～Ⓙ剖面图1：150

图4-52 Ⓐ～Ⓙ剖面图（单位：mm）

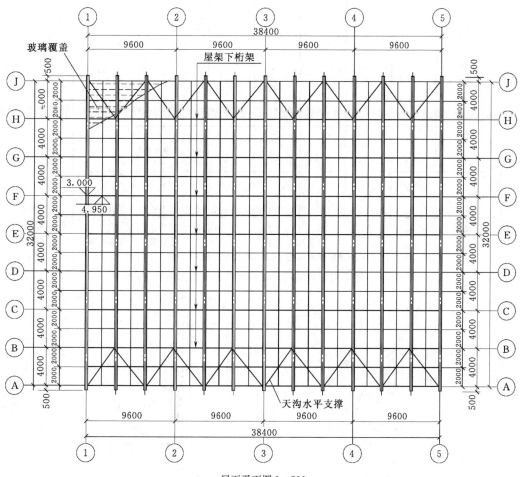

屋面平面图1：200

说明：屋面排水方式为双向排水，排水坡度为0.5%，找坡在基础上或者立柱上均可。

图4-53 屋面平面图（单位：mm）

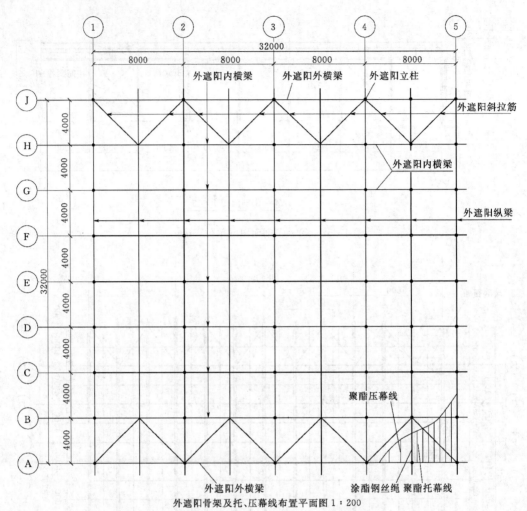

外遮阳骨架及托、压幕线布置平面图 1∶200

图 4-54　外遮阳骨架及托、压幕线布置平面图（单位：mm）

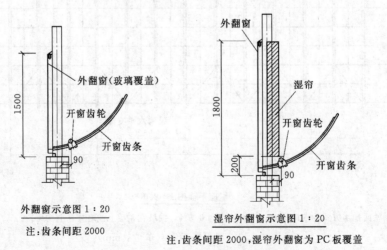

外翻窗示意图 1∶20

注：齿条间距 2000

湿帘外翻窗示意图 1∶20

注：齿条间距 2000，湿帘外翻窗为 PC 板覆盖

图 4-55　外翻窗示意图（单位：mm）

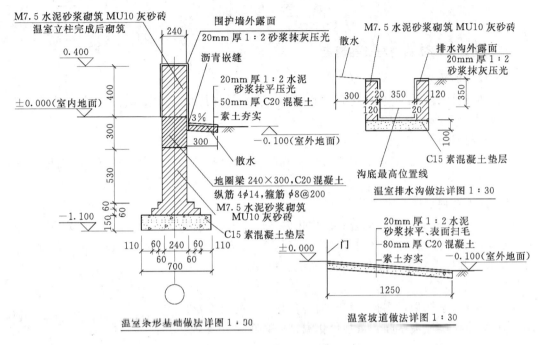

图 4-56　基础及地面做法 1（单位：mm）

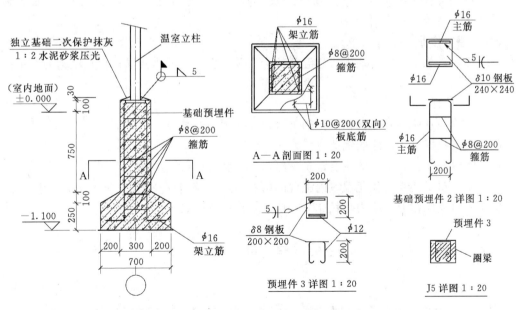

说明：地基如遇回填土，则必须开挖至原土层以下 100mm，且不小于图中标注的埋深。超过埋深部分采用碎石石灰混合料及片石分层夯实回填。

图 4-57　基础及地面做法 2（单位：mm）

课 后 实 训

现代化连栋温室结构与性能调查

(一) 目的要求

通过实地调查，了解现代化温室的主要类型，了解其性能和结构特点，掌握现代化温室的主要生产系统及其作用。

(二) 材料用具

皮尺、钢卷尺、游标卡尺、测量绳、量角器（坡度仪）、直尺、计算器、绘图用纸等；现代化温室。

(三) 训练内容

（1）布置任务：说出所调查的现代化温室属于哪种类型，有何特点。通过分组实地测量，记录现代化温室的屋面形状、跨度、顶高、天沟高度、柱间距、门窗规格、总面积等结构参数，掌握温室内所配置的生产系统名称及其作用。

（2）方法步骤：

1）根据所学知识，调查了解当前现代化温室的类型及特点。

2）分小组实地考察和测量现代化温室的各项结构参数，并根据调查数据绘制现代化温室的平面图、横切面图和纵切面图。

3）调查了解现代化温室的骨架材料和覆盖材料的材质、规格及造价。

4）参观现代化温室配置的生产系统及使用情况，掌握其在生产中的作用，调查了解现代化温室的生产运营费用。

(四) 课后作业

查阅资料，总结全国各地现代化温室的应用及收支情况，为我国现代化温室的应用提出合理化建议。

(五) 考核标准

（1）正确识别所调查现代化温室的类型，并能说出其特点。（10分）

（2）测量数据准确，绘图规范。（30分）

（3）能说出现代化温室的主要建筑材料名称及特点。（20分）

（4）能说出所调查现代化温室内配置的所有生产系统名称及作用。（20分）

（5）按时完成作业，收集材料充分，论述观点正确。（20分）

信 息 链 接

一、植物工厂

植物工厂是农业栽培设施的最高层次，是一种能够精确控制环境参数的植物常年生长系统，其管理完全实现了机械化和自动化。作物在全封闭的大型建筑设施内，利用人工光源进行无土栽培和立体种植，所需要的光、温、水、肥、气等均按植物生长的要求进行最优配置，不仅全部采用电脑监测控制，而且采用机器人、机械手进行全封闭的生产管理，实现从播种到收获的流水线作业，完全摆脱了自然条件的束缚，实现植物高效率、省力化的稳定生产。但是，植物工厂进行的是高投入高产出的生产活动，设备投资大，电力消耗多，因此生产成本较高。图 4-58 为日本川铁生命株式会社 1999 年在日本兵库县三田市建成的 KI 式植物工厂示意图。

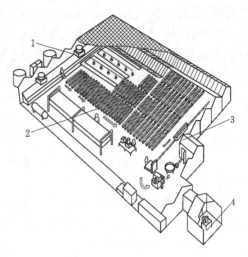

图 4-58　KI 式植物工厂示意图
（日本川铁生命株式会社）
1—气化潜热利用型节能制冷系统；2—株距调整装置；3—自动播种机、搬运机器人、收获机、包装机等自动化系统；4—光、温、CO_2 浓度、营养液等环境综合控制系统

1. 植物工厂的分类

植物工厂生产的对象包括蔬菜、花卉、水果、草药、食用菌以及部分粮食作物等。根据对太阳光利用形式的不同，植物工厂可分为三种类型：完全利用人工照明的完全控制型植物工厂；完全利用太阳光照射的太阳光利用型植物工厂；人工照明与太阳光并用型植物工厂。在植物工厂内，植物的生长大多采用 24h 的全天照补光或脉冲式补光，植物的同化率得到最大化的发挥，而且光照时间与光质可以按人们栽培的需要进行调控，从而使植物的光形态形成实现科学化的控制。图 4-59 为 TS 式（Triangle Panel Spray）人工光完全控制型植物工厂断面图。

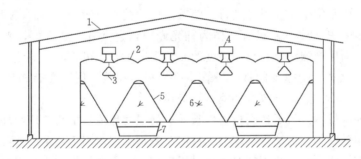

图 4-59　TS 式植物工厂断面图
1—隔热密封屋顶；2—FRP 塑料板；3—高压钠灯；4—风机；
5—栽培板；6—营养液喷头；7—储液池

根据研究对象层次的不同，植物工厂可分为：以研究植物体为主的狭义植物工厂，以研究植物组织为主的组织培养系统，以研究植物细胞为主的细胞培养系统等。

2. 植物工厂的特点

植物工厂采用无土栽培技术，单位面积产量是传统生产方式的几十倍甚至上百倍，使作物产量超常规提高，农业生产效率发生了根本的改变。植物工厂作为最先进的植物栽培模式代表着未来农业的一个发展方向，在生产上具有以下优势：①生产系统能够大大缩短作物生育期，从而大大地提高复种指数；②生产系统在栽培空间利用上与传统栽培模式相比可以提高 7～10 倍以上，就作物单株产量而言，在最适宜的人工环境下能比常规栽培有更大的生物量；③环境参数控制智能化，作物生长发育所需的环境条件诸如积温、辐照等可以精确控制，作物栽培按专家系统设定的模式进程精准地进行生产，如植物工厂内莴苣的生育期只需 35d，可作为精准栽培计划生产的标准数据录入专家系统，能做到从播种至收获的稳定如期上市，使最精确的生产计划得以实现；④植物工厂是一种全封闭的作物栽培系统，可以做到无菌化无虫化生产，栽培的植物无需使用农药，栽培的产品是真正意义上的绿色无公害食品，而且品质优良；⑤植物工厂环境可控性强，特别是可以使栽培环境的二氧化碳浓度得到有效控制，使植物光合效率大幅度提高，生物量的形成、营养物质的积累达到常规栽培的数倍。

植物工厂虽然在设施上一次投入较大，但作为高度集约的栽培模式，栽培效率得到了大幅度的提高。估计在不远的将来，它会像现在设施农业一样被普及与运用。

3. 植物工厂的主要技术

植物工厂的建造是个系统而庞大的工程，它所涉及的技术之广与所用的材料之多是传统农业无法比拟的，其中仅环境控制需要涉及环境闭锁密封、人工补光、微喷加湿、营养液配制与供给和计算机智能控制等。植物工厂涉及的主要技术与设备如下：

（1）环境闭锁密封。植物工厂是在全封闭的环境下构建的植物种植系统，它要求栽培空间不受任何外界气候环境的影响，因此要对围护结构进行隔热和避光设计，以期实现能量损耗的最少化与节能化，能使工厂内外的能量交换最小化、内外影响最小化。

（2）人工补光技术。植物工厂内补光系统是最为重要的系统，它是构成植物生物量的一种主要能源，没有光照，植物光合作用就不能正常进行，一切代谢与活动所需的能量就不能供给，植物的正常生长就不能进行。随着二极管技术及激光技术的发展，目前新建造的植物工厂大多采用 LED（二极管）作为补光光源，它具有安装方便，光合效率高，省电节能的优点，据生产测定，在相同强度的光照强度下，二极管的耗电量只是常规补光灯用电量的 1/10；另外，更重要的是二极管是冷光源，在栽培时可贴近植物叶片表面进行补光，效率更高，不发热、不改变环境、不烧伤叶片。

（3）微喷加湿技术。为了达到植物生长最适的湿度环境，植物工厂内环境湿度的控制与管理就是利用微喷加湿系统来完成的。目前，植物工厂内用于加湿的方法有细雾微喷法与超声波雾化加湿法两种，微喷加湿系统对于植物工厂内微气候的创造很重要，对于需水量大的植物一般选用微喷法，如芽苗菜的植物工厂，就是在栽培床上方安装喷头以实现环境湿度的控制管理，而对于栽培一些需水较少的植物如蔬菜及瓜果的栽培，只需保持一定的空气湿度即可，因此可以采用超声波雾化加湿技术。

（4）营养液栽培技术。营养液栽培（nutriculture）是一种不依赖土壤，而是将植物种植在装有一定量的营养液的栽培装置中，或是在配有营养液的岩棉、砂、砾石、珍珠岩、稻壳、炉渣、蔗渣等非天然土壤基质材料做成的栽培床上的种植技术。因其不用土壤，故称为无土栽培（sollless culture）。日本的营养液栽培方法有许多种，如营养液膜技术（NFT）、喷雾培、固体基质培（包括岩棉培、砾培、砂培等），其中以岩棉培和 NFT 为主，而岩棉培更是占到营养液栽培面积的近 50％。植物工厂中多采用移动栽培装置，主要有平面式、立体式和倾斜式 3 种，通过合理密植，提高了有效栽培面积。

日本的营养液栽培理论非常成熟，有园试标准配方、山崎配方和神园配方等。例如，日本兴津园艺试验场开发的园试标准配方通用性很好，适用于多种蔬菜，而山崎配方则是针对每一种作物提出的专有配方。日本在营养液的管理、杀菌、回收处理、病害防治等方面的研究与应用也达到了较高水平。营养液栽培技术的发展促进了植物工厂发展水平的提高，与土壤栽培相比，营养液栽培能加速作物生育进程，使一年的栽培茬数增加 15％～20％，如生菜和芹菜一年可栽培 6 茬，洋葱 4.8 茬。

（5）环境控制技术。植物工厂为达到周年连续生产的目标，其内部作物的生育受到以下环境因子的影响和制约：光照（光强、光质和光照长度）、温度、湿度、CO_2 浓度、风速、风向及根区环境参数如营养液的 EC 和 pH 值、离子成分、溶氧度、液温和流速等。对植物工厂进行环境参数优化控制，最根本的是要明确作物光合作用、产物积累、发育和呼吸等生理过程与全部或部分环境因子之间的关系。

植物工厂的环境控制是很复杂的。各种环境因子并不是独立对作物生育起作用，而是诸因子综合作用的结果，并且产品最大的产量也并不意味着有最高的品质。再者就是植物工厂的控制成本问题，植物工厂特别是完全控制型植物工厂为控制光、温等条件需消耗补光、空调的大量电力，环境控制成本很高；同时环境控制存在报酬递减的规律，即当控制成本增加到一定程度后继续增加，获得的控制效果却越来越小。

计算机自动控制及远程控制系统是植物工厂的中枢。一切环境因子的创造及栽培因子的监测都得通过该系统进行自动控制。例如，当温度传感器检测到温度过高超过限定值时，计算机就会发出制冷降温指令而开启制冷系统进行环境降温；当温度下降低于限定值时，计算机又会发出加温指令而开启加温设备进行环境加温。另外，光照的控制及湿度的控制还有诸如营养液浓度及溶氧的控制都是一样，都是通过系统的闭环反馈控制来实现环境各种因子的相对稳定。日本植物工厂环境控制的方法主要有过程控制和计算机控制两大类，其中过程控制包括反馈控制、ON－OFF 控制、PID 控制等；计算机控制则包括分布式控制，分时集中控制，分层网络化控制，最适化和适应化控制等。利用计算机网络或无线模块可以实现植物工厂的远程控制，即使在办公室也可监控和处理植物工厂内的所有运行数据，进行专家模式切换与图像处理和确定操作指令等，这也是植物工厂区别于常规农业的一个主要特点。

二、家庭温室规划设计

随着现代都市生活节奏的加快，城市土地利用密度增加，都市中的人们接触花卉和绿色的机会减少，都市人开始期望把自然之美留在身边，足不出户地接触自然，于是家庭温室应运而生。

家庭温室有多种称呼，由于家庭温室一般都建于庭院之中，主要用于花卉等观赏植物栽培观赏，且它们一般规模比较小，因此又被人们称为"庭院温室""小温室"。另外，由于家庭温室一般用于宾馆大厅及走廊阳光通道、别墅前后、公园等场所，供宾客观赏和休闲之用，因此也被称为"休闲温室"。

（一）了解家庭温室

目前，家庭温室作为家庭园艺中不可或缺的元素之一，在美国、荷兰、日本、以色列等设施园艺发展大国发展得较好。早在 1889 年，日本人在庭院里建成小型温室，进行蔬菜保护地栽培。目前，以家庭温室为代表的日本家庭园艺事业发展势头非常好，在日本有专为普及家庭园艺知识的协会组织——日本家庭园艺普及协会，同时有很多企业经营家庭温室，家庭温室从庭院到居室屋檐再到居室内部均有应用，但值得一提的是，日本的家庭温室经营企业并非温室企业，例如日本大地トゥエンティーワン株式会社、ダイシン株式会社，在日本都是住宅资材经营和工程公司，他们的主要经营产品是住宅资材，但同时还提供家庭温室产品。在我国，家庭温室最早是用于我国汉朝时的宫廷花卉盆景和蔬菜室内栽培。近几年，我国家庭温室在一些温室建造企业中也有经营，但规模很小，不普及。目前，家庭温室主要用于家庭、宾馆、公园、别墅、休闲、娱乐场所，在普通居室中还很难见到其痕迹。在大众的心目中，家庭温室在一定意义上还有些许"奢侈品"的意味。其实，家庭温室在今天有着其自身特有的功效，即在这个都市绿色日渐减少，空气质量极差的时代，家庭温室可以将阳光、草坪、鲜花、清新空气带到人们面前，使人们在忙碌的都市生活之余，足不出户地感受到自然的气息。因此，家庭温室正在逐步占领消费者的心理。相信，通过花卉展会、温室展会等一定会很快深入人心，并广为普及。

与现行的生产型温室相比，家庭温室除具备生产型温室的环境特征外，还具有其自身的特征。

（1）家庭温室一般规模较小。家庭温室面积从 $2.0m^2$ 到 $10\sim20m^2$ 不等。尺寸一般宽60cm 到 4.0m 不等，温室柱高 1.7m 到 2.2m 不等，顶高 2.4m 左右。温室长度一般根据用户需求设计。

（2）造型多样，一般可以根据用户的需要进行加工改造。由于庭院温室一般出现在居室、庭院、别墅、宾馆、公园等场所，因此，根据出现场所的不同去设计相应的适宜的温室结构类型有着重要意义。一般家庭温室企业均承诺用户可以根据需要进行加工、改造。目前，家庭温室的屋面类型很多，有圆拱形屋面、坡屋面、折线形屋面、锯齿形屋面、哥特式尖顶屋面、平屋面等。这一点沿袭了生产型温室的屋面类型特点，但更加强调满足用户的审美需要。

（3）建造场地多变，楼顶居、阳台、露台、室内部、公园、房屋前后等场地均可建造。

（4）拆装和运输方便。一般只需在现场安装 10 分钟到几小时即可。这与生产型温室结构设计复杂，组装工期长，人力成本高等形成鲜明地对比。运输过程也较为便利，这得益于其较小的结构。

（5）实用性能好。观赏休闲功能决定了家庭温室的实用性。家庭温室内的植物配置需要美观、实用。近来很多先进但较容易掌握的园艺技术——诸如番茄树、茄子树、无土栽培技术、盆栽果树、盆栽花卉等——均可考虑应用到家庭温室植物配置上，不仅增加了观赏性，更体现了其亲自动手的实用性。

（二）规划设计家庭温室

建设家庭温室之前，最好做一个详细的规划，如采用什么建筑材料？是否需要加热或降温？建在什么位置比较合适？

建设家庭温室不见得是耗时费钱的事情，可以做成小巧简单的家庭温室，以降低材料和设备的造价，也可以做成样式新奇、设备齐全和自动化操作的家庭温室。温室类型的选择取决于种植空间、家庭的建筑结构、温室的建设位置和家庭的经济能力。但最重要的一点，家庭温室必须能够给植物创造一个适宜的环境。

不管所选择的温室尺寸和类型怎样，必须要考虑今后有多少时间来管理温室。家庭园艺爱好者可以购买一些温室自动化控制设备，并且最初从一些容易栽培管理的园艺植物入手。同时要考虑将来扩大温室规模的可能性。

1. 选择位置

家庭温室位置选择首先要考虑采光问题，建筑物和遮阴大树的南面或东南面是家庭温室的首选位置。全天都能充分采光固然最好，但由于多数植物上午光合作用旺盛，所以朝东方向的温室主要是上午能够充分采光，也基本能满足植物的生长需要。据试验，一年中，朝东方向的温室在11月至翌年2月采光最好。其次也可选择主要建筑的西南面或西面，但一天中采光时间要晚些。建筑物北面的温室采光最差，主要适合种植一些耐阴植物。在夏天午后，由于枫树、橡树等一些落叶树的遮阴，家庭温室可以避免强烈阳光直射，但是一定要注意避免树木在上午妨碍温室的采光。落叶树的叶片在秋天基本落光，冬天一般不会影响温室采光。常绿树周年有叶片，因此不要种植在影响温室采光的位置，尤其是在冬天，外界光照本身就不好。因此，选择温室位置时要尽量考虑冬天采光，尤其是周年种植植物的温室。值得注意的是，由于冬天太阳高度角小，建筑物和常绿树的阴影往往会拉长，而影响温室采光。

其次是温室建造位置排水要畅通。如果可能的话，最好温室地面能够高于四周，以便雨水和灌溉水能够顺利排出。

其他需要考虑的是温室热源、水源和电源的位置，以及避免冬季盛行风的影响。另外，人员和设备进出温室要方便，离生产资料存放区近也是需要考虑的问题。

2. 选择类型

家庭温室类型大致可以分为依附型温室和独立型温室两种，这两种温室各有优缺点，具体选择哪种温室主要取决于建造位置和个人喜好。

（1）依附型温室。

1）单屋面温室。单屋面温室实际上是半个温室，如同被依附的建筑物从屋脊处劈开。单屋面温室适于建在空间比较狭小的地方，即使宽度窄到只有2.0～3.5m也毫无问题，而且这种温室造价最便宜。单屋面温室一侧搭靠在建筑物墙面或门口处，离水、电、热源都比较近。缺点是操作空间小，光照、通风较差，温度不易控制。依附墙体的高度限制了温室尺寸，温室跨度越大，依附的墙面必须越高。温度难控制主要是由于建造温室的墙面可以蓄积太阳热量，同时温室透光覆盖物又很容易迅速散失热量。单屋面温室必须要选择好朝向以充分采光。另外，要考虑依附建筑物的窗户和门口位置，以防冰雪和暴雨从建筑物屋顶滑落到温室屋面。

2）双屋面温室。相对于单屋面温室来说，双屋面温室结构比较完整，但其一侧山墙依附在建筑物上。一般来说，这种温室空间最大，造价最高，但是其可利用空间更大，而且长度可以增加。双屋面温室外形比单屋面温室美观，而且室内空气流动性好，冬季加热时温度分布比较均匀，每座双屋面温室可以设置2～3个栽培床。

3）窗户温室。窗户温室可以安装在房子的南面或东面。这种玻璃围护结构造价低，适合少量盆栽植物种植。这种特殊的窗户从房子向外伸出 0.3m 左右，里面可以摆放 2～3个花架。

（2）独立型温室。

独立型温室作为一个独立建筑结构，与其他建筑物分离，采光更好，规格尺寸可大可小。但必须独立安装加温系统、电线电路和灌溉设备。为了降低单位面积造价，国外独立型温室或双屋面温室的跨度一般选择在 5.1～5.4m。这种尺寸大小的温室内除了中间可以设置栽培床外，两边还可各安放一个栽培床和一条走道。因此，可以用最小的投资获得最大的温室空间利用率。

选择结构类型时，一定要设计好足够的栽培床空间、存储空间和将来扩建的空间。相对于小温室来说，通常大温室容易管理。因为小温室保温比小，热量容易散失和蓄积，空气容积小，气温变化剧烈。因此，建议最小的温室尺寸是：单屋面温室宽 1.8m，长 3m；双屋面温室或独立型温室宽 2.4～3m，长 3.6m。

3. 选择结构材料

目前，一些温室公司有现成的家庭温室结构和建筑材料销售，温室结构材料主要有木材，镀锌钢材或铝合金等几种类型。自建温室结构材料通常采用木材或金属管材，塑料管材结构通常强度小，抗风雪荷载能力差。覆盖材料可以选择玻璃、钢化玻璃、塑料板材或塑料薄膜。这些材料各有优缺点，需根据实际情况来选择。

（1）围护结构。温室结构可简单可复杂，主要取决于设计思路和工程要求。拱圆形、尖拱形、高屋脊型、矮屋脊型、A 字结构是几种常见的结构形式。

1）拱圆形。温室结构简单，建造方便，骨架材料一般采用镀锌钢管，覆盖材料用塑料薄膜。但这种温室两侧高度较低，因此限制了作物生长空间和操作空间。

2）尖拱形。除了外观形状外，其结构建造与拱圆形温室相似。这种温室可以采用木材做拱杆，并在屋脊处将其连成一体。该类型温室两侧较拱圆形温室高，因此操作空间较大。

3）高屋脊型。这种温室两侧是垂直的围护结构，适合在上部空间没有遮挡物的地方建造。中间没有立柱或其他结构来支撑屋面。采用钉子和木板将温室两侧的立柱和屋顶的椽连成整体。温室两侧较高，内部空间较大，空气对流好。但四周围护结构的荷载相对较大，因此必须建好基部的基础。

4）矮屋脊型。这种温室结构简单，但比其他类型温室需要更多的木材或金属。两侧立柱强度必须足够大，以承受屋面荷载或外来风压。与高屋脊型温室一样，两侧空间大，空气流通性好。

5）A 字结构。除有一根将椽条的上部连在一起的横梁外，其他与矮屋脊型温室结构基本相似。

（2）覆盖材料。温室覆盖材料包括玻璃、钢化玻璃、塑料板材或塑料薄膜。覆盖材料选择必须考虑温室围护结构类型。

1）玻璃。玻璃是传统的温室覆盖材料，不仅外表美观，维护方便，使用寿命长，而且密闭性和保温性好。玻璃可以用作几乎所有结构类型的温室覆盖材料。钢化玻璃强度比普通玻璃高 2～3 倍，国外家庭温室应用较多。目前温室公司销售的一些小型组装式玻璃温室，可以由消费者自己动手组装，但建造难度较大，主要还是由厂家来建造。玻璃的缺点是容易破碎，建造成本高，对骨架结构强度和基础要求高。

2）玻璃钢。玻璃钢重量轻，强度大，抗雹能力强。应选用优质玻璃钢，因为劣质产品容易变色，影响透光率。因此应选择表面干净、透光性好的产品来覆盖温室。表面有树脂保护涂层的玻璃钢使用寿命可达 15～20 年，但表面的树脂磨损掉后，暴露出来的纤维会积存一些污物和灰尘。因此，15～20 年后需要重新涂上一层保护树脂。新玻璃钢初始透光性可以和玻璃媲美，但劣质玻璃钢的透光率会逐年迅速衰减。

3）塑料板材。主要有聚丙烯酸酯和聚碳酸酯材料，塑料板材使用寿命长，保温性好。一般双层中空结构的塑料板材可以节能 30％。聚丙烯酸酯材料的塑料板材寿命长，不易黄化。而聚碳酸酯材料容易黄化，可以通过在表面涂上一层紫外线抑制剂来减慢黄化速度。两种材料都可以保证 10 年的高透光率，而且都可以用在弧形温室屋面，其中聚碳酸酯材料可以弯曲的幅度最大。通常，双层中空塑料板材可以达到 80％ 左右的透光率，仅次于玻璃。

4）塑料薄膜。相对其他温室覆盖材料来说，塑料薄膜需要经常更换。但是塑料薄膜温室建造成本低，因为骨架结构强度要求不高，塑料薄膜价格便宜，而且新膜的初始透光率和玻璃相近。塑料薄膜根据材料不同可以分成聚乙烯膜（PE）、聚氯乙烯膜（PVC）、复合膜等。聚乙烯膜可以使用一年左右，通过添加紫外线抑制剂后，其寿命可延长到一年半。复合膜寿命较长，可以使用 2～3 年。目前还可以在塑料薄膜里添加一些保温助剂，阻隔温室内部的热辐射，从而减少加温费用。聚氯乙烯膜价格是聚乙烯膜的 2～5 倍，但是其使用寿命长，最长可达 5 年左右。聚氯乙烯膜容易吸附灰尘，需要经常冲洗薄膜表面。

4. 设计基础和地面

玻璃温室、玻璃钢温室或塑料板材温室应采用永久性基础。温室厂家应该提供基础施工方案。大多数家庭温室需要和民用建筑类似的混凝土浇筑基础。拱圆形钢管结构塑料薄膜温室可以不需要基础，直接将立柱和拱杆插入地中即可。

家庭温室栽培地最好不采用永久性水泥地面，因为这种地面容易湿滑，栽培取土不便。但可以在温室内铺就 0.6～0.9m 宽的混凝土或砾石走道，以便植物养护操作。温室剩余地面可以铺上一层鹅卵石，有利于排涝，也可通过在鹅卵石上喷水进行温室加湿。

5. 选用环境控制设备

温室给植物创造了一个独立于外界的、可以调节的小气候环境，太阳给温室提供光照和部分热量，但是为了满足植物的生长要求，在温室内还需安装采暖设备、通风设备、温度传感器和其他设备，以调节温室环境。

（1）加温系统。温室加温负荷需求取决于栽培植物的温度需求、温室位置和结构以及温室表面积。太阳可以提供 25％ 左右的温室加温量需求，但是保温性能差的温室在寒冬需要大量的人工加热。加温设备运行后必须能够满足设计的温室日温和夜温。通常家庭住房采暖设备难以满足临近的温室加温需求。但是 220V 的电加热器可以用来温室加热，而且使用起来清洁高效。另外，小型燃气（或油）加热设备也是一个不错选择。

在能源危机时期，太阳能加热温室曾经盛行一时，但是很难说就经济可行，因为独立的太阳能集热器和储热设备尺寸较大，占据空间较多。但是可以利用太阳集热的方法来减少燃油（或气）的消耗，一个方法是将装满水的容器表面涂成黑色，以收集储存太阳热量。因为温室内的温度不能过高，必须要满足植物需求，因此温室本身并不是一个好的太阳能集热器。

加温系统的能量来源可以是电、煤、气、油或木材。热量输送可以通过热风传热、辐射传热、热水传热或蒸汽传热。加温系统和热源的选择可以因地制宜、就地取材，还要考虑栽培植物的需求、加温费用和个人喜好。为了人员和植物的安全起见，燃烧的废气要全部排放到温室外面，另外要保证加热燃料燃烧完全。如果需要，可以采用自动断气或跳闸等安全装置。不要在家庭温室内采用便携式煤油加热器，因为一些植物对煤油燃烧后产生的气体比较敏感。

温室加温负荷（Q）一般用单位时间的加热量（W）来表示，可以用下式计算：

$$Q = AU(T_i - T_0)$$

式中　A——温室所有围护结构面积，m^2；

　　　拱圆形温室的围护结构面积＝拱长×温室长度＋2×2/3温室脊高×温室宽度

　　U——温室传热系数，$W/(m^2 \cdot ℃)$。用来表示温室散热的快慢。常见温室覆盖材料的传热系数见表4-20；

　$T_i - T_0$——温室内外最大温度差，℃。其中 T_i 为温室设计温度，℃，根据栽培植物的最低温度要求来定。一般喜温植物设计为 12～15℃；T_0 为温室外最低温度，℃，一般取当地冬季夜间最低温度。

表 4-20　　　　　　　　　　　常见温室覆盖材料的传热系数

温室覆盖材料	传热系数/[W/(m² · ℃)]	温室覆盖材料	传热系数/[W/(m² · ℃)]
国产塑料薄膜	7.35～7.5	PC 波浪板	6.0
进口塑料薄膜	7.35～7.5	8mm 或 10mm 双层 PC 板	2.9～3.1
4～6mm 玻璃	6.0～6.4	8mm 三层 PC 板	2.7～3.0

（2）空气搅拌设备。在温室内安装空气环流风扇十分有用。因为冬季温室加温时，室内空气对流有利于热量分布均匀，否则热空气会上升到温室屋顶，而冷空气会停留在靠近地面的植物周围。环流风扇的通风能力至少达到 0.25 次/min 才可满足需要。对于小温室（长度＜18m）来说，一般把风扇安装在温室的角落，这样有利于温室内空气对流。空气环流扇在冬天需要经常开启，而夏天全面通风后就可以关闭了。

（3）通风设备。温室通风设备通过促进温室内外空气交换，可以用来调节温度、降低湿度、补充 CO_2。

自然通风系统一般将进风口设在温室两侧，出气口设在温室屋脊处，即低进高排。主要是考虑空气对流时，热空气往上走，冷空气往下沉。

机械通风采用排风扇将空气从温室一端排出，同时室外空气从温室另一端通风口进入。排风扇的通风能力应与温室容积大小相匹配。

温室通风量大小与天气和季节有关。在夏季，通风量要达到 1～1.5 次/min。小温室通风量可更大些。在冬季，通风量要达到 0.2～0.3 次/min。一个单挡风速的排风扇很难满足温室通风需求，最好采用三档风速的排风扇，这样能满足全年生产通风要求。

（4）降温系统。在盛夏，温室单凭通风难以解决高温问题时，可以通过蒸发吸热来降温。例如商业温室中常用的湿帘风机降温系统，对于小型家庭温室（面积小于 $28m^2$），可使用相同降温原理的组合蒸发降温箱达到满意的通风降温效果，而且在运行成本和操作管理上比湿帘风机系统要方便和便宜。蒸发降温箱是将风扇和湿垫放在一个箱子里，湿垫上的水蒸发时吸收热量，降低附近空气温度，该装置一般安装在温室的外面，风扇将冷空气吹入到温室中，热空气从温室排风口流出。排风口可以是设在温室进风口对面的自动百叶窗，也可以是屋脊通风窗。该降温装置在室外空气湿度较低时降温效果最好。

如果光照过强，还可以采用遮阳材料和屋顶涂白的方法来降温。遮阳材料包括可卷放的木帘或铝帘、遮阳网和白色涂料。

（5）自动控制设备。自动控制装置对温室环境调节至关重要。在冬季随着光照和云量变化，温室内温度变化比较剧烈，如果采用人工通风，需要时刻关注温度变化，但如果采用带有温度传感器的自动装置就可以免除时刻守候之忧。

温度传感器应该设置在与植物冠层同一高度处，该处需远离温室围护结构，并且要避免光照直射，空气流通效果要好。最好采用有小风扇和通风口的白色盒子放置传感器，这样测量的温室气温更准确。

（6）灌溉设备。灌溉是温室管理不可或缺的工作之一，可以采用人工灌溉。但是许多家庭园艺爱好者白天无暇顾及家庭温室的灌溉。因此，可以考虑选择一些自动灌溉设备来完成浇水任务。切记的是，即使是在一个小温室内，由于植物、容器和基质种类不同，其需水量也存在差异。

时钟或湿度传感器可用来控制灌溉设备的开启和关闭时间。喷雾装置可以用来给空气和植物加湿。

（7）CO_2 和光照。CO_2 和光照是植物生长必不可少的条件。晴天上午，温室通风之前，由于植物光合作用消耗掉大量 CO_2，温室内 CO_2 浓度下降，造成植物 CO_2 不足，进而影响到植物光合作用。通风是家庭温室补充 CO_2 的最经济简便的方法之一。商业温室还经常采用瓶装 CO_2 气体、干冰、燃烧煤（或气）等方法补充 CO_2。除了补充 CO_2 外，还可结合电光源补光，促进植物生长。

三、光伏农业

光伏农业，是将太阳能发电广泛应用到现代农业研究、种植、养殖、灌溉、病虫害防治以及农业机械动力提供等领域的一种新型农业。光伏农业是建立在农业设施或一般农业用地上，不改变土地性质并促进农业和光伏产业综合发展的光电与农业复合系统，主要包括农业大棚、农光互补、渔光互补、林光互补等。其中，农光互补是在农业大田上通过科学合理的抬高光伏支架或柔性光伏支架的办法，把农业种植与光伏发电在不改变双方合理价值的基础上相结合的一种形式。

光伏农业的发展，不仅能够有效利用太阳能资源，生产出清洁绿色能源，还能实现高效种植、养殖，综合保护种植和养殖环境，为种植、养殖及后续农产品加工供给能源，也为绿色农业生产提供一条新的路径。如光伏农业大棚不仅能种蔬菜，还能通过多晶光伏组件或薄膜组件组成的棚顶吸收太阳能来发电，在满足自身用电之余将富余电力输送到国家电网，这样既环保又节能。另外，从短期来看，光伏农业在一定程度上是解决目前光伏产业出现困境的有效措施，实现了农场变工厂、田间变车间。从长远来看，现代农业需要科技和新能源作为推进的动力，而光伏技术的应用对现代农业的支撑和对于我国的农业转型具有重要意义。

（一）国内外光伏农业的现状

据不完全统计，截至 2015 年 12 月，我国已有 400 多个较大规模的光伏农业温室大棚。

纵观其他农业大国，日本农林水产领域在 2013 年放宽了有关农业型光伏发电的规定：若发电设备的阴影造成的农作物减收比例在 20% 以内，则支柱的地基部分便可转用为暂时性农用地。澳大利亚、美国等地域宽广的农业大国则较多为光伏屋顶发电，较少与农业结合。

（二）我国光伏农业发展中存在的问题

1. 产业发展与市场发展不平衡

我国光伏发电产业存在"两头在外"的情况，即 90% 以上的硅材料依赖进口，90% 以上的产品销售依赖海外市场。尽管我国相关光伏企业一直不断创新以降低晶硅光伏组件的生产成本，但是中国的消费能力仍与国际市场的售价有很大差距。中国太阳能产业发展时间较短，在工艺、技术和人才等方面基础薄弱，国内设备研制和光伏市场的发展明显滞后，中国光伏产业发展和市场发展极不平衡，这使得中国光伏产业的发展受到海外市场的严重制约，并与中国能源和环境的可持续发展方向不相协调。

2. 政策支持等不到位

从各国的光伏产业发展分析，众多国家太阳能电池的发展主要受益于政府对光伏产业的政策扶持和价格补贴。可是，我国政府现今对光伏设施应用的支持政策体系仍不完善，相关的市场促进政策也不能促使形成支持光伏产业持续发展的长效机制，同时，很多已经出台的相关目标规划文件已跟不上光伏产业的发展要求。

3. 光伏组件的电池不统一

光伏行业发展有 3 个重要的指标：一是转化率高，二是可靠性好，三是成本低。现在我们国内光伏电池主要分为晶硅电池和薄膜电池。就目前的报道得知，晶硅电池的光能转化率高于薄膜电池，另外晶硅电池的可靠性已经通过至少 25 年的验证，而薄膜电池却没有可靠验证证其使用寿命，这样的不确定性使比薄膜电池成本高的晶硅电池仍占据国内光伏产业的主要市场。

4. 光伏产业会对环境造成一定的污染

太阳能晶硅电池的生产会产生大量的污染，有大量的含氟废水排放。近年来，"洛阳中硅""浙江海宁晶科能源多晶硅污染"等事件的发生，引发了人们对于新能源企业重污染的讨论，光伏产业企业如何从本质上解决对环境污染和破坏的重要问题现今备受广大人民关注。

5. 光伏与农业的结合仍缺乏理论研究

光伏电站为节省土地面积和架构成本，力争把光伏电池排列紧密，但不同农作物的采光生长模式不同，因此光伏电池的排列必须考虑农业大棚里不同农作物对不同采光强度的要求，使光伏电池的排列不影响农作物采光。同时根据当地对不同农作物的需求情况，结合当地土地资源与环境特征设计不同农作物所需的不同规格的光伏电站农业大棚。另外，光伏农业一体化项目集合了设施农业、观光旅游、光伏发电功能，在总平面规划设计时，除要考虑发电工艺合理需求外，还应关注合理布置农业生产工艺流程，实现观光、旅游、示范功能，在功能区划分、道路规划、人流和物流组织等方面统筹考虑。

6. 目前的光伏农业推广模式较少，且项目建设存在问题

目前，国内很多光伏企业推广的多是"光伏农业大棚""渔光互补"等模式。虽然有分析指出通过利用当地的自然景观、农业生态环境与农业生产模式，结合光伏发电、农业生产、生态保护和观光旅游为一体，提高土地单位产出，增加农户收益，最大限度利用资源，增加生态和社会收益。但这些仅仅是企业的大胆设想，在光伏农业一体化项目建设实施过程中，有可能会遇到未知的问题。如"渔光互补"模式中，在水面上铺开的太阳能板不能面积过小，又因为大面积建设离不开架构，架构离不开支撑。而各个点水深与水下地质环境并不一样，这不但需要比陆地上消耗更多的材料，而且给设计施工带来很大难度。另外，所需的支撑材料需长期浸泡在水中，这对材质提出很高的要求，即耐腐蚀，防腐问题将带来很大挑战。除此之外，还要考虑到承重能力，设计支架要抗得住风浪的力量，铺设太阳能板的面还要与水面保持一定的距离，以防风浪损坏电气设备。在水面上建设光伏电站要比在陆地上建设复杂得多，不仅不易设计，而且耗时、费工、耗材，建成运行后续维护也存在很大问题，且不说鱼塘上的光伏电池板对鱼塘管理造成的不良影响，单就光伏电站而言，其利用率并未充分提高，且增加了投资成本。

（三）我国发展光伏农业的主要技术

1. 集光伏发电、特征光谱 LED 照明一体的多功能农业设施

包括具有顶棚和侧壁的温室，具体是在温室顶棚装置分光式薄膜太阳能电池板，这种电池板可直接吸收短波波段（570nm 以下）的光，并透过部分长波波段（600nm 以上）的光，在利用光能发电的同时为植物提供所需的光照。温室内设有特征光谱 LED 灯，该特征光谱 LED 灯所发出光的光谱及半波宽度与所栽培植物的特征光谱相互适合，以满足植物生长的需求。该设施不仅节能省电，而且利于植物生长，还可以在很大程度上提高农产品的品质和产量。

2. 太阳能作物害虫诱杀装置

该项技术是一种以太阳能为电能和热能来源的，涉及物理、生物双效应的农业作物害虫诱杀装置，该发明处于国际领先地位。该技术包括光伏发电技术、光感三位追踪技术、太阳能光热技术、高压放电技术、半导体紫外线发射技术、昆虫性激素释放技术。通过一套独立高效的太阳能系统，可以在田间自动跟踪太阳发电，通过特殊设计的蓄电装置最大限度蓄积电能，同时将光热管产生的热能收集存储。晚上，该系统自动启动诱杀趋光性害虫的黑光发生器和高压电装置，同时打开浸在热水中的害虫性激素密封容器，让性激素缓慢地均匀挥发、扩散，大量的趋光性害虫和受性激素引诱的害虫扑向本装置，触及本装置外围的高压线而被杀灭，通过该方法可以大量杀灭害虫。

3. 光伏水泵系统

利用太阳电池发出的电力，通过最大功率点跟踪、变换和控制等环节，驱动直流永磁

电机或高效异步电机以带动高效水泵的一种光机电一体化系统，可用于农田灌溉、景观喷泉、鱼池增氧、高速公路绿化、海滨盐场供排水等领域。2004年8月至2007年4月，广东湛江市、茂名市先后建立了20个光伏扬水示范工程，解决了当地农田灌溉用水问题。自主研发的小型湿式永磁潜水电机，替代传统的潜水电机机械密封工艺，效率比目前市场广泛使用的同规格交流异步潜水电机提高20%以上。

4. 太阳能光伏广谱灭虫灯

该灭虫灯包括设立在支柱上的太阳能板和蓄电池，灭虫灯灯体挂在支柱上，灯体周围设有电网，且下面设有接虫袋。该灭虫灯灯体中间设有连接变频控制器的起辉灯管，可以针对不同环境下的不同害虫种类进行诱捕，对害虫的杀伤力大、针对范围广，并且可以根据田地的大小进行频率控制，使灭虫灯达到最佳的工作效率。

5. 光伏并网发电系统

光伏并网发电系统由光伏组件、光伏并网逆变器、计量装置及配电系统组成。逆变器的工作原理是将直流电转化为交流电，若直流电压较低，则通过交流变压器升压，即得到标准交流电压和频率。太阳能产生直流电，可以通过光伏并网逆变器直接将电能转化为与电网同频、同相的正弦波电流，馈入电网。而目前的光伏并网逆变器主要有3种主电路形式：工频变压器隔离、无变压器隔离和高频变压器隔离。当前业界最先进的技术是主电路采用高频变压器隔离，控制回路采用光耦隔离。由于具有高品质与高可靠性，它是应用范围最广的产品。

（四）发展前景预测

发展现代农业需要能源的推动，而在能源短缺的今天，太阳能的利用正好填补了能源在农业上的短缺。光伏一直被认为是众多新能源中最具前景的能源利用形式之一，而且我国农业大棚面积居世界第一，光伏与农业相结合，是我国在光伏应用领域以及农业领域的又一新突破，并成为新的投资热点。

2015年中央一号文件《关于加大改革创新力度加快农业现代化建设的若干意见》中指出：因地制宜采取电网和光伏等供电方式，以解决无电人口的用电问题。在《太阳能光伏产业"十二五"发展规划》中，也将光伏大棚作为光伏建筑一体化示范项目，享受国家财政补贴。2015年11月，中共中央、国务院《关于打赢脱贫攻坚战的决定》明确指出要"加快推进光伏脱贫工程，支持光伏发电设施接入电网运行，发展光伏农业"。在《太阳能"十三五"发展规划》中指出，重点在山东、安徽、江苏、浙江、广东等东部沿海省份及现代农业发达的地区，依托渔业繁殖、农业设施等，建设渔光互补和农光互补的光伏发电集中区。在国家政策大力支持光伏农业以及能源紧缺的宏观环境下，光伏农业将会迎来新的发展契机。

在保证农业正常生产的前提下，在农业大棚安装光伏发电设备，是促进农业、能源产业可持续发展的最好路径。未来光伏农业的发展方向，也应该首要考虑如何能够更有利于农业生产，提高种植、养殖环境，这样才能更容易被农业生产者所接受。

项目五　设施农业环境调控

项目介绍

本项目主要介绍温室大棚等农业设施中的环境调控措施，包括对光照、温度、湿度、气体、土壤等环境因子的调控方法和技术。学生学习后，能够知道根据温室大棚的功能、类型、经济等实际情况，可以采取的设施环境调控方法；能够初步完成环境调控设备的选择和简单安装。

案例导入

延安某处已建成一塑料大棚群用于春提早秋延后蔬菜生产、一日光温室群用于冬春季节反季节蔬菜花卉生产、一现代化连栋温室园区用于发展观光农业，要使不同温室大棚内的作物生长良好，还需要增设哪些设备，以保证适宜的环境条件？这些设备的类型、数量如何确定？如何安装？

项目分析

作物的生长发育需要适宜的温度、光照、水分、气体、养分等环境条件，但温室大棚等设施环境不同于露地环境，必须通过合理的调控措施，才能使作物处于适宜的条件下良好地生长发育。

环境调控是农业设施建设中的重要组成部分，环境调控的水平决定着农业设施的现代化程度。但温度、光照、水分、气体等环境因子不是孤立地对作物产生影响的，而是相互影响、综合作用于作物的生长发育。因此，在实际生产中，我们应根据具体的设施类型、功能需求和资金投入等情况，重点选择一些环境因子进行调控，设计确定较为合理的调控设备并进行安装。

条件允许时，建议采用现代化、自动化、智能化程度高的自动调控系统对设施内环境进行综合调控；但受资金等条件限制时，不可能对所有因子进行调控，就要选择最为重要的因子进行调控。其中，光照、温度和水分的调控是重点，在塑料大棚、日光温室和现代化温室等不同设施中均要考虑，采用的调控措施可根据具体情况具体选择。

任务一　调节光照环境

一、了解设施内的光照环境

（一）了解露地条件下的光照环境

大气上界的太阳辐射光谱是一个波长为零至无穷大的连续光谱，但其99％的能量集中在170～4000nm的范围内。最大能量的波长为475nm，紫外光（波长250～380nm）占7％，可见光（波长380～760nm）占47％，红外光（波长760～4000nm）占46％。

4000nm 以上的辐射被称为长波辐射。

到达地球表面的太阳辐射能，由于大气的吸收、散射以及云层的反射，光照强度和光质都与大气上界处不同，它由两部分组成：一部分是直射辐射，是以平行光形式直接到达地面的辐射能；另一部分是散射辐射，是以散射光的形式到达地面的辐射能，散射辐射来自天空的四面八方。直射辐射能和散射辐射能之和即为到达地面的太阳总辐射能。

通常，狭义的太阳光是指可见光，波长为 380～760nm。不同波长的光对植物的生长发育起不同的作用。其中，大于 1000nm 的红外光被植物吸收后转变为热能，影响有机体的温度和蒸腾情况，可促进干物质的积累，但不参加光合作用；720～1000nm 的光对植物伸长起作用，其中 700～800nm 辐射称为远红光，对光周期及种子形成有重要作用，并控制开花及果实的颜色；610～720nm 的红橙光被叶绿素强烈吸收，光合作用最强，某种情况下表现为强的光周期作用；510～610nm 的绿光被叶绿素吸收的不多，光合效率也较低；400～510nm 的蓝紫光被叶绿素吸收最多，表现为强的光合作用与成形作用；320～400nm 的光主要起成形和着色作用；小于 320nm 的紫外光对大多数植物有害，可能导致植物气孔关闭，影响光合作用，促进病菌感染。可见，主要影响作物光合作用和成形作用的是红橙光和蓝紫光，植物工厂中也正是应用这两种光生产植物的。

（二）了解设施条件下的光照环境

温室内的光照环境不同于露地，其光照条件受温室方位、骨架结构、透光屋面形状、大小和角度、覆盖材料特性及其洁净程度等多种因素的影响。与露地环境相比，设施内的光照环境表现出以下特点：

1. 光照强度减弱

自然光透过透明屋面覆盖材料玻璃、塑料薄膜或 PC 板等才能进入温室，这个过程中会由于覆盖材料吸收、反射、覆盖材料内表面结露的水珠折射、吸收等而降低透光率，因此温室内的光照强度比露地的自然光要弱。尤其在寒冷的冬、春季节或阴雪天，透光率只有自然光的 50%～70%，如果透明覆盖材料染尘而不清洁、使用时间长而老，透光率甚至会降到自然光强的 50% 以下。

2. 光照时数缩短

温室内的光照时数会受到温室类型的影响。塑料大棚和大型连栋温室，因全面透光，无外覆盖，温室内的光照时数与露地基本相同。但日光温室等单屋面温室内的光照时数一般比露地要短。在寒冷季节为了防寒保温覆盖的蒲席、草苫揭盖时间直接影响温室内受光时数。在寒冷的冬季或早春，一般在日出后才揭苫，而在日落前或刚刚日落就需盖上，1d 内作物受光时间不过 7～8h，在高纬度地区冬季甚至不足 6h。

3. 光质发生改变，紫外线水平低

自然光是由不同波长光组成的，光的不同组成叫光质。自然光透过透明覆盖材料后进入温室内，其光谱组成（光质）也会发生改变。透明覆盖材料不同，光质也不同。主要影响的是 380nm 以下紫外光的透光率，虽然有一些塑料膜可以透过 310～380nm 的紫外光，但大多数覆盖材料不能透过波长 310nm 以下的紫外光，因此设施内紫外线条件与自然光相比处于低水平状态。紫外线在提高果实着色等外在品质以及果实糖度等内在品质上具有重要作用。设施内紫外线水平低是造成设施内果实品质差的主要原因之一。此外，覆盖材

料还可以影响红光和远红光的比例。

4. 光分布不均

露地条件下的自然光下光分布是均匀的，温室内由于骨架结构材料和保温墙壁的影响，光分布是不均匀。例如，单屋面温室的后屋面及东、西、北三面有墙，都是不透光部分，在其附近或下部往往会有遮阴。朝南的透明屋面下，光照明显优于北部。据测定，温室栽培床的前、中、后排黄瓜产量有很大的差异，前排光照条件好，产量最高，中排次之，后排最低，反映了光照分布不均匀。温室内不同部位的地面，距屋面的远近不同，光照条件也不同。温室内光分布的不均匀性，使得园艺作物的生长也不一致。

（三）光照调节思路

设施光照环境的调节，主要就是通过多种措施调节设施内的光照强度、光照时间和光质等。光是温室作物进行光合作用、形成温室内温度、湿度环境条件的能源，要改变温室内的温、湿度条件时，首先要调节进入温室的光量，虽然光合作用也和光谱组成有关，但在以自然光为主要光源的温室，光量仍然是影响光合作用的第一要素。可见，对光照环境的调节，首当其冲的是光照强度，就是要尽可能多地让室外光照进入室内。因此，我们在进行温室结构设计、材料选择时，就要考虑如何提高光照的透过率。

二、增光补光

（一）增光措施

提高设施内的光照强度，可采用以下措施：

1. 选择设计合理的设施结构

（1）选择适宜的建筑场地。确定的原则是根据设施生产的季节和当地的自然环境来选择。选择场地空旷、阳光充足，在东、南、西3个方向没有遮阴物的地方，在早晨能够早见阳光，白天日照时间长，室内能够获得较充足的光照。场地应该平坦，而且坡向朝南比较有利，坡度不宜大10°。选择交通方便但尽可能远离交通要道，防止灰尘污染。

（2）设计合理的方位角和屋面角度。单屋面温室主要设计好方位角、前屋面采光角、后屋面仰角、后坡长度，既保证透光率高也兼顾保温好。温室屋面角要保证尽量多进光，还要防风、防雨（雪），使排雨（雪）水顺畅。

（3）选择合理的透明屋面形状。从生产实践证明，拱圆形屋面采光效果好。

（4）合理选用骨架材料。在保证温室结构强度的前提下尽量用细材，以减少骨架遮阴，取消立柱，也可改善光环境。

（5）选用透光率高的透明覆盖材料。应选用防雾滴且持效期长、耐候性强、耐老化性强等优质多功能薄膜。

2. 改进管理措施

（1）保持透明屋面干净。经常清扫塑料薄膜屋面的外表面减少染尘，增加透光。内表面通过放风等措施减少结露，防止光的折射，提高透光率。雪后及时清除积雪。

（2）早揭晚盖保温覆盖物。在保温前提下，尽可能早揭晚盖外保温和内保温覆盖物，增加光照时间，在阴天或雪天，也应揭开不透明的覆盖物，以增加散射光的透光率。安装机械卷帘设备，缩短揭苫所用时间。

（3）减小栽植密度。适当增加株行距，减小栽植密度可减少作物间的遮阴，作物行向以南北行向较好，没有死阴影。单屋面温室的栽培床高度要南低北高，防止前后遮阴。此外，高矮作物的间作套种也可改善设施内的光照条件。

（4）利用反光。日光温室适当缩短后坡，并在后墙上涂白以及安装镀铝反光膜，可使反光幕前光照增加 40%～44%，有效范围达 3m。在日光温室的北侧竖立反光板，或用菲涅耳棱镜覆盖东西栋温室的南侧屋顶，也可以增加冬季温室的阳光入射率。

（5）覆盖地膜。有利于地面反光，可增加植株下层光照。

（二）人工补光

为了促进光合和生长发育的人工照明一般叫人工补光。人工补光的目的有二：一是日常补光，用以满足作物光周期的需要，当黑夜过长而影响作物生育时，应进行补充光照。另外，为了抑制或促进花芽分化，调节开花期，也需要补充光照。这种补充光照要求的光照强度较低，称为低强度补光。二是栽培补光，作为光合作用的能源，补充自然光的不足。据研究，当温室内床面上光照日总量小于 100W/m² 时，或每日光照时数不足 4.5h，就应进行人工补光。因此，在北方冬季很需要这种补光，但这种补光要求光照强度大，为 1000～3000lx，所以成本较高，国内生产上很少采用，主要用于育种、引种、育苗。在北欧地区，冬季太阳辐射严重不足，人工补光应用较领先。

人工补光的光源是电光源。

1. 了解如何选择人工光源

选择人工光源时，必须满足以下条件：

（1）人工光源的光谱能量分布要符合植物的需用光谱。温室植物的光合作用和露地植物一样，有效波长为 400～500nm 的蓝紫光区和 600～700nm 的红光区，所以要求光源有丰富的红色光和蓝紫光。此外，对紫外线透过严重不足的温室，还要求光源光谱中包含有紫外线光，尤其是对于花卉、葡萄等果树，像茄子之类的有色果菜，因此要求光源光谱包括 300～400nm 的波段。日本冈山县农业试验场温室先锋葡萄二季栽培中，冬季茬口的果实膨大期和上色期需要用紫外灯照明补光，以促进膨大和上色。

单用人工照明进行栽培时，必须考虑光谱分布的影响。金属钠灯的光谱分布在橙黄色波长处出现峰值，红光和蓝光少。即使光谱效果改善型，蓝光也并没有增加，单独使用会引起徒长。

（2）人工光源应有足够的光照强度。要求人工光源有一定的强度，使床面上光强在光补偿点以上；且要求光照强度具有一定的可调性。当要求的光照强度很大时，希望其体积小功率大，以减少灯遮挡自然光面积。

（3）人工光源应有较高的发光效率和较长的使用寿命。光源的发光效率越高，单位电功率发出的光量越大，相同照度水平所消耗的电能就越少。同时，对于进行人工光照的人工气候室，发光效率高还能减少产生的热量，因而可减少其夏季的冷负荷。因此，应选择发光效率较高、使用寿命较长，价格比较合理的人工光源。

表 5-1 是补光栽培中应用的各种光源发光效率的比较表。

表 5 - 1　　　　　　补光栽培中应用的各种光源发光效率的比较（稻田，1986）

光　　源	发光效率（lm/W）	光合效率/W（相对值）	寿命/h	稳定器	光合效率/单灯价格（相对值）	垂直投影面积（m²/kW）
白炽灯：						
300W 反射型	5.2	1.0	2000	无	100	0.048
荧光灯：40W						
普通型、白色	55*（1）	5.8	10000	无	45	3.73
普通型、昼光色	48*（1）	4.9	10000	无	38	3.73
植物用、BR 型	17*（1）	4.7	10000	无	31	3.73
高压水银灯：						
400W 反射型	33	3.9	12000	有	130	0.064
金属卤化物灯：						
"阳光灯" 400W 反射型	24	3.6	6000	有	36	0.057
"BOC 灯" 400W 反射型	40	6.0	6000	有	53	0.064
高压钠灯：						
普通 400W 反射型	68	7.8	12000	有	92	0.064
色调改良型 400W 反射型**	57	8.2	12000	有	98	0.073

＊　使用反射伞罩时的推定值；

＊＊　普通型估计值。

2. 合理选择人工光源

常用的人工光源有白炽灯、荧光灯、高压水银灯、金属卤化物灯、氙灯等，新光源有微波灯和 LED 灯。不同光源的光谱不同，具有不同的用途，应根据具体需求合理选用。

（1）白炽灯已有一百多年的历史，目前在普通照明和低强度光照中仍有运用。

白炽灯的光是由电流通过灯丝的热效应而产生的。当灯丝温度不足 500℃ 时，只发出部分红外辐射，接近 500℃ 时才开始发出部分可见光，目前灯丝温度最高可达 2400～3000℃。国产普通灯泡从 15～1000W，寿命约 1000h。白炽灯灯光的能量分布中红外线比例较大，所以其发光效率较低，一般为 10～15lm/W。但白炽灯的构造简单，价格便宜，线路简单，因此目前温室草莓栽培中仍有应用，一般用作维持光周期的照明光源。另外，由于在白炽灯发出的可见光中，红色光较多，蓝紫光少，如和缺乏红色光的荧光灯合用，其合成光谱将有利于植物的生长。

（2）荧光灯属于第二代电光源，其全称为低压水银荧光灯。

荧光灯始于 20 世纪 30 年代，其灯管内壁涂有荧光粉，只要改变荧光粉的成分就可以获得不同的可见光谱。仅白色光荧光灯就有暖白色、白色、自然光色、昼光色和北向天空光色五大类，其色温分别为 3000K、3400K、4000K、4300K 和 6500K，光谱接近于日光。荧光灯在环境温度为 25℃ 时可获得最大的光输出和最高的发光效率。

20 世纪 70 年代出现了一种园艺用荧光灯，采用一种混合荧光粉，使灯的光谱能量分布与植物光合作用的光谱曲线相近。现在，在传统荧光灯的基础上，又开发出了强化红外光辐射的 4 波域发光型荧光灯，在这种灯下，红光（600～700nm）和红外光的比例（R/FR）变小，能促进植物茎和节间的伸长。

荧光灯的发光效率高（约 65lm/W），光色好，寿命长（约 3000h），价格低廉，所以使用较广。缺点是单灯功率较小，故温室不常采用，常用于人工气候室。

（3）高压水银灯，又称高压汞灯，其辐射谱线包括连续光谱和线光谱。高压水银灯的光谱大多在可见光区域蓝绿光波段，共发出 5 条谱线，分别是 405nm、436nm、546nm、557nm 和 559nm。因此，高压水银灯光呈浅蓝绿色。高压水银灯的红色光谱成分很少。除可见光外，高压水银灯还有一定的紫外线辐射（约为总量的 3.3％）。

为了改善光色或提高光效，在玻璃外壳的内壁上涂荧光材料，可使紫外辐射转变为可见光，成为高压水银荧光灯。高压水银荧光灯的红色成分增加，光色有所改善。

高压水银荧光灯的发光效率为 40～60lm/W，一般寿命为 5000h，功率较大，最大可达 1000W，灯体积小，遮光少，广泛用于温室人工补光。

（4）金属卤化物灯，它是近年来发展起来的新型光源，具有光效高、光色好、寿命长和输出功率大的特点，是目前高强度人工光照的主要光源。

金属卤化物灯是在高压水银灯的基础上发展起来的，它由一个透明玻璃外壳和一根耐高温的石英玻璃放电内管组成，放电内管除充入高压汞蒸汽外，还添加有如碘、溴、锡、钠、镝等金属卤化物。比汞灯的发光效率增加一倍，光色可以随不同的金属卤化物而改变。其中钠、铊、铟灯发光效率为 75～80lm/W，寿命达几千小时。

（5）氙灯是一种石英玻璃管内封接有钍、钨电极和高纯度氙气的弧光放电灯。氙灯功率可以由几千瓦到 100 千瓦以上，其可见光部分近于自然光，但红外部分比自然光强，寿命比一般金属卤化物灯高 4～5 倍。主要缺点是成本高，发热量大，光效不高（20～50lm/W）。

（6）微波灯是用微波炉所用的微波照射封入真空管的物质，促使其发光，可以获得很高的照度。如开启一盏微波灯，其 2m 下方的平面可以获得相当于上海夏天早晨 10 点的光照强度值，比多盏现有生物灯的光照强度值还要大。

另外，除了强度大外，微波灯的光谱能量分布与太阳辐射相近，但光合有效辐射比例高达 85％，比太阳辐射还高，而且辐射强度可以连续控制，寿命也长，是今后最具推广价值的新光源。

（7）LED，即发光二极管，是目前备受关注的一类新兴光源，现已开发出从蓝光到红外光各种光谱的 LED。LED 抗机械冲击力强，寿命长，但红光以外的 LED 价格偏高。

采用 LED 后，可以获得单峰光谱，即获得单纯的蓝光光谱或红光光谱。其中，红光光谱与光合有效光谱接近，从光合角度看是效率最好的光源，但仅有红光的栽培会引起植株形态异常。为此，需要和蓝光 LED 或荧光灯同时并用。另外，LED 本身发热少，光谱中不含光合成不需要的红外光，近距离照射植物也不会改变植物温度。

LED 的缺点是，单个 LED 发射的光强弱，使用时需要将数个 LED 灯安装在板上，近距离照射，效果好。红光 LED 和蓝光 LED，现已成为植物工厂中的主要光源。

几种人工光源的发光效率及光照强度换算见表 5-2。

表 5-2   几种人工光源的发光效率及光照强度换算

光　源		低←——光合辐射效率——→高							
		日光	白炽灯	卤钨灯	高压水银荧光灯	白色荧光灯	金属卤灯	高压钠灯	低压钠灯	红色LED
效率	光效率/(lm/W)	(100)	17	19	60	70	87	106	143	20～40
	辐射效率/(mW/W)	(420)	68			190	270	300		480～960
	光量子效率/[(μmol/s)/W]	(1.68)	0.34			0.87	1.24	1.48		2.64～5.28
光照单位转换	klx 转换为 W/m² (PAR)	4.2	4			2.7	3.1	2.8		24.0
	W/m² (PAR) 转换为 μmol/m²·s	4	5			4.6	4.6	5		5.5
	klx 转换为 μmol/m²·s	16.8	20			12.4	14.3	14		132

通常，人工光源的选用见表 5-3。

表 5-3   人 工 光 源 的 选 用

用　途	目　的	选用光源
一般园艺设施（光周期与光质调控为主）	菊花、康乃馨等开花期的控制	白炽灯
	防止草莓休眠	白炽灯
	紫苏、薄荷等延长明期	白炽灯
	蘑菇培养	荧光灯（白色、近紫外）
	果树补光（着色等）	高压钠灯、金属卤化物灯、荧光灯
日光兼用型植物工厂（光合补光为主）	秋海棠、兰花等补光	高压钠灯、金属卤化物灯
	叶菜、果菜栽培补光	高压钠灯
	育苗补光	高压钠灯
全人工光照植物工厂	叶菜栽培	高压钠灯＋金属卤化物灯、荧光灯（近距照明）
生物实验研究设施	人工气候室	金属卤化物灯、金属卤化物灯＋高压钠灯
	植物育种、培养研究	荧光灯＋白炽灯、氙灯、发光二极管
	植物组织培养	荧光灯
	需强光照的植物栽培研究（水稻等）	微波放电灯
植物观赏	办公室、门厅等	金属卤化物灯
	商店、住宅等	荧光灯
	水槽	金属卤化物灯、荧光灯

3. 确定植物补光所需照度

不同种类和品种的作物对光照的要求不同，例如，西瓜、甜瓜、茄果类等阳性植物，一般原产于热带或高原阳面，对光照强度要求高，光饱和点在 6 万～7 万 lx，必须在完全的光照下生长，不能忍受长期荫蔽环境；多数绿叶菜、葱蒜类等阴性植物，多数起源于森林的下面或阴湿地带，不能忍受强烈的直射光线，对光照要求弱，光饱和点在 2.5 万～4 万 lx，光补偿点也很低；黄瓜、甜椒、甘蓝类、白菜类、萝卜等中性植物，对光照要求不严格，一般喜欢阳光充足，但在微阴下生长也较好，光饱和点在 4 万～5 万 lx。因此，应针对具体的作物确定需要人工补光的光照度。

不同条件下，不同种类和品种的作物需要人工补光的光照度要在试验基础上确定，也可直接参考已有研究结果，见表 5-4 和表 5-5。

表 5-4　　　　　　　　　　　各种温室植物补光所需照度数据

植　物　和　生　长　期	辐射照度/（W/m²）（400～850nm）	时长/h	时　　间
黄瓜（快速生长和开花早期）	12～24	24	0：00—24：00
茄子（结果早期）	12～48	24	0：00—24：00
球形生菜（快速生长期）	12～48	24	0：00—24：00
辣椒（结果早期和果实生长期）	12～24	24	0：00—24：00
番茄（快速生长和开花早期）	12～24	16	8：00—24：00
石竹（长枝和开花前期）	12～24	16	8：00—24：00
菊花（生长期）	12～24	16	8：00—24：00
菊花（长枝和开花期）	12～24	8	8：00—16：00
天竺葵（长枝和开花期）	12～48	24	0：00—24：00
玫瑰花（开花早期和快速生长期）	12～48	24	0：00—24：00

表 5-5　　　　　　　　　　　蔬菜和花卉的人工补光参数

种　类	幼　苗		植　株	
	光照度/lx	光照时长/h	光照度/lx	光照时长/h
番茄	3000～6000	16	3000～7000	16
生菜	3000～6000	12～24	3000～7000	12～24
黄瓜	3000～6000	12～24	3000～7000	12～24
芹菜	3000～6000	12～24	3000～6000	12～24
茄子	3000～6000	12～24	3000～6000	12～24
甜椒	3000～6000	12～24	3000～7000	12～24
花椰菜	3000～6000	12～24	3000～6000	16
菊花	—	—	2000～7500	12～16
金鱼草	—	—	3000～6000	24
翠菊	—	—	3000～6000	24
紫罗兰	—	—	3000～6000	24
万寿菊	—	—	3000～6000	24
海棠	—	—	3000～6000	24

4. 计算人工光照

人工光照计算中有 3 个主要的物理量：光源功率、设计照度和灯具数。任知其中两个量，便可求得第 3 个量。其计算的方法有：逐点计算法、查表法、利用系数法、单位容量法等。由于设定平面光照强度的影响因素较多，各种参数并不十分准确，计算结果有一定的误差是容许的。对实际使用的光照强度可通过调节光源距离、电压等进行调节。

.(1) 点光源逐点计算法。根据光源尺寸及光源与采光面之间距离的大小，设计光源可分为点光源、线光源、面光源、带状光源等。当计算点与光源的距离大于光源最大边或直径的 5 倍时，该光源可按点光源计算。当光源的宽度与其长度相比小得多，且计算高度小于光源长度的 4 倍时，光源可按线光源计算。白炽灯和高能灯可以看做是点光源，而荧光灯管可看作线光源。反光板可以使作物得到来自点光源和线光源的光更均匀，光照强度更大。温室中常用光源为点光源或线光源，只有在人工气候室或小型试验温室中才可能用到面光源或带光源。

单点光源（如白炽灯、高压钠灯等）对被照平面的光照度可通过式（5-1）计算：

$$E=\frac{E_e\cos\theta}{r^2} \qquad (5-1)$$

式中　E——点光源对被照平面的光照度，lx；

　　　　E_e——该点光源的发光强度，由生产厂家提供，cd（坎德拉）；

　　　　θ——点光源在被照平面上的入射角，即光线与法线的夹角，(°)；

　　　　r——点光源到被照平面的距离，m。

由以上公式可知，一定平面上接收的照度与其离光源距离的平方成反比，并与光线在表面上的入射角的余弦成正比。也就是说，如果灯与作物之间的距离加倍，光照度将减少为原来的 1/4。因此，在设置灯的位置时，灯与作物之间的距离是影响种植区域的辐照度和光分布的一项重要因素。

例如，某高压钠灯，400W（相当于 100klx），其中心发光强度为 9000cd，在 60°方向，到被照平面的距离为 2m 时，其光照度为

$$E=\frac{9000\times\cos60°}{2^2}=1125lx$$

即光照度为 100klx（约 400W）的灯，在 60°方向、2m 处，光照度只有 1125lx（约 4.5W）。

由多点光源产生的照度等于每一点光源分别产生照度的总和，即：

$$E=\sum\frac{E_{ei}\cos\theta_i}{r_i^2} \qquad (5-2)$$

点光源逐点计算法主要用在直射光灯具照明的场所，这时反射光影响较小。当墙或顶棚的反射光对点的光照影响较大时，可用附加照度系数 μ 进行校正。另外，由于光源老化、灯具污垢、顶棚墙壁污垢等原因也会使被照平面接收的光照度有所减少，在设计中通常用维护系数 k 修正。

综合考虑上述因素，点光源逐点计算法的一般公式为

$$E=\mu k\frac{E_{ei}\cos\theta_i}{r_i^2} \qquad (5-3)$$

$$k = k_1 k_2 k_3$$

式中 μ——附加照度系数，与灯具类型、顶棚反光等有关。由于温室内表面反射率很
低，故可取 $\mu = 1$；

k——维护系数；

k_1——光源光通量衰减系数，白炽灯、荧光灯和高压水银灯等为 0.85，卤钨灯
为 0.93；

k_2——灯具污染衰减系数，当清扫周期为 1 年时 $k_2 = 0.86$，清扫周期 2 年时 $k_2 = 0.78$，3 年时 $k_2 = 0.74$；

k_3——墙壁、顶棚的污染而降低反射率的衰减系数，对于温室，$k_3 = 1$。

由于点光源是安装在一定高度分散布置的，所以照射到温室栽培面上各点的光照肯定
是不均匀的，这在很大程度上会影响温室作物生长的一致性，因此，在光照设计中除满足
光照强度的要求外，还要求必须保证一定的光照均匀度。人工光照中将最小照度（$E_{\min}$）
与最大照度（$E_{\max}$）之比（$E_{\min}/E_{\max}$）定义为光照均匀度，一般要求光照均匀度应不小于
0.7。因为光照越均匀，作物生长越均匀。

（2）查表法。在进行温室人工光照设计时，也可以采用查表法，就是利用手册上的一
些数据直接查阅确定，见表 5-6。通过查表，基本可以确定不同种类、距离植物不同远
近、布置不同数量的光源在植物生长平面上的辐射照度，即光照度。

表 5-6　　　　　　　　　　人工照明设置植物光环境的参数

光源种类	在植物生长平面上的波长 400～850nm 的辐射照度/（W/m²）						
	0.3	0.9	3	9	18	24	50
冷白荧光灯（40W 单灯）							
光照度/lx	100	300	1000	3000	—	—	—
每平方米灯数	0.12	0.36	1.2	3.6	—	—	—
离植物距离/m	2.9	1.7	0.92	0.53	—	—	—
冷白荧光灯（双灯，每灯 215W）							
光照度/lx	100	300	1000	3000	6000	8000	16700
每平方米灯数	0.01	0.04	0.13	0.39	0.77	1.0	2.2
离植物距离/m	8.8	5.11	2.8	1.6	1.1	1.0	0.7
水银灯（400W，带反射器）							
光照度/lx	100	320	1100	3200	6400	8600	18000
每平方米灯数	0.02	0.05	0.17	0.52	1.0	1.4	2.9
离植物距离/m	7.6	4.4	2.4	1.4	1.0	0.8	0.6
金属卤化物灯（400W）							
光照度/lx	90	260	880	2700	5300	7000	15000
每平方米灯数	0.01	0.02	0.08	0.24	0.47	0.63	1.3
离植物距离/m	11.3	6.5	3.6	2.1	1.5	1.3	0.87
高压钠灯（400W）							

续表

光 源 种 类	在植物生长平面上的波长 400~850nm 的辐射照度/(W/m²)						
	0.3	0.9	3	9	18	24	50
光照度/lx	89	270	890	2700	5300	7100	15000
每平方米灯数	0.005	0.015	0.05	0.15	0.30	0.39	0.82
离植物距离/m	14.2	8.2	4.5	2.6	1.8	1.6	1.1
低压钠灯（180W）							
光照度/lx	140	410	1400	4100	8300	11000	23000
每平方米灯数	0.009	0.026	0.088	0.26	0.53	0.70	1.46
离植物距离/m	10.7	6.2	3.4	2.6	1.4	1.2	0.83
白炽灯（100W）							
光照度/lx	33	100	330	1000	2000	2700	5600
每平方米灯数	0.056	0.17	0.56	1.7	3.4	4.5	9.4
离植物距离/m	4.2	2.4	1.3	0.77	0.54	0.47	0.33

（3）单位容量法。单位容量法主要用于估算照明负荷总容量。在温室透光覆盖材料相同或材料的内表面反光性能接近时，只要照度相同，则它的单位工作面积上所需要的照明设备的总容量是比较稳定的。为达到设定平面上的照度 E，必须配置的照明设备的单位功率容量为

$$W = \frac{E}{q} \tag{5-4}$$

式中　W——达到设计照度 E 所需照明设备总容量，W/m²；

　　　E——设定平面设计光照强度，lx；

　　　q——光源有效光照量，lm/W。

（4）利用系数法。利用系数法是一种简化的计算栽培床面平均照度的方法。其计算公式为

$$E = \frac{N\phi Uk}{A} \tag{5-5}$$

式中　E——栽培床面设计平均照度，lx；

　　　N——光源数量；

　　　ϕ——光源额定光通量，lm；

　　　k——维护系数；

　　　A——工作面面积，m²；

　　　U——利用系数，与灯具类型、效率、灯具与栽培面间距离、室内墙面和屋面反光、栽培面积与温室内其他表面积的比例等因素有关，温室一般可取 0.5~0.8，组培室中一般可取 0.1~0.5。一般情况下，光源至被照面的距离越大，利用系数越小；栽培面积与温室内其他表面积的比例越大，利用系数越大。

通过式（5-5），可以计算出所需的光源数量为

$$N = \frac{EA}{\phi Uk} \tag{5-6}$$

【例 5-1】 设生菜幼苗期的补光强度（即为设计平均照度）采用 4500lx（或 PAR 19W/m²，或 PPFD 76mmol/m²·s），取维护系数 $k = 0.7$，利用系数 $U = 0.5 \sim 0.8$ 时，求栽培面积为 100m×6m=600m² 时需要布置的光源数量。

解： 由 $E = \dfrac{N\phi Uk}{A}$ 可得，单位面积上的光通量为

$$\frac{N\phi}{A} = \frac{E}{kU} = \frac{4500}{0.7 \times (0.5 \sim 0.8)} = 8036 \sim 12837 (\text{lm/m}^2)$$

如采用高压钠灯，其光效率为 106lm/W，所需光源的功率为 75～120W/m²。

若采用 400W 高压钠灯，则 600m² 的栽培面积上需要布置的光源数量为

$$N = \frac{600 \times (75 \sim 120)}{400} = 112 \sim 180 (\text{盏})$$

亦可采用公式 $N = \dfrac{EA}{\phi Uk}$ 直接求出所需光源数量。

即几乎每间隔 1m 就需要布置 1 个高压钠灯，光源数量大，成本高，因此在生产中进行人工补光时，必须考虑经济效益，大多估算或依据经验配套人工光源（表 5-7）。

表 5-7   **人工补充照明所需功率及补光时间**

补光目的	适合光源	功率（W/m²）	每天补光时间
栽培补光	水银灯 水银荧光灯 荧光灯	50～100	光弱时补光不多于 8h
日常补光	荧光灯 白炽灯	5～50	卷苦前和放苦后各 4h
促进茎、开花	白炽灯 荧光灯	25～100	卷苦前和放苦后各 4h
无光室内栽培	水银荧光灯 荧光灯 白炽灯	200～1000	16h

一般在电照栽培，即进行长日处理的补光栽培中，其补光强度因照明方法、作物种类而异，换算成照度，有几十 lx 即可满足需求，光源一般用白炽灯泡。如在菊花的栽培中用于抑制花芽分化，调整开花期；在草莓的栽培中用于防止休眠和打破休眠。

电照栽培的照明方法有：①从日落到日出连续照明的彻夜照明法；②日落后连续照明 4～8h 的日长延长法；③在夜间连续照明 2～5h 的黑暗中断法；④在夜间 4～5h 内交替进行开灯和关灯的间歇照明法。间歇照明法一般在 1h 内开灯数分钟至 20min，电力消耗少，但需要反复开关电源的定时器，并会影响灯泡的寿命。

5. 布置人工光源

对于丛叶型作物（如甘蓝、萝卜等），人工光源一般配置在作物之上的一定高度。对于多层枝叶的作物（如番茄、黄瓜等），光源则最好配置在作物的行间呈垂直面。

图 5-1 所示的是灯泡种类和配置方法对温室床面光强分布的影响。图 5-1（a）～图

5-1（c）是用电照专用白炽灯泡（60W）栽培的，图5-1（d）是用家庭照明用白炽灯泡（100W）进行电照栽培时的光照分布。图5-1（a）是两列配置灯泡的状况，照度20％以下的面积是0，均一性良好，一列配置灯泡［图5-1（b）］或使用家用白炽灯泡［图5-1（d）］的均一性差。

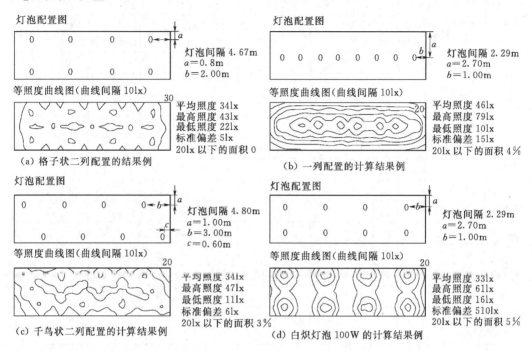

图5-1 灯泡种类和配置方法对温室床面光强分布的影响（单位：nm）

注：（a）、（b）、（c）电照栽培用灯泡60W、（d）用白炽灯100W。温室间距15.4m，行间距18m，电灯高1.5m。

三、遮光

遮光主要有两个目的：一是减弱设施内的光照强度；二是降低设施内的温度。遮光20％～40％能使室内温度下降2～4℃。初夏中午前后，光照过强，温度过高，超过作物光饱和点，对生育有影响，应进行遮光。在育苗移栽后为了促进缓苗，通常也需要遮光。另外，为了形成短日照的环境，也需要遮光，否则短日照作物会因黑夜时间过短而不能完成其光周期。遮光对夏季炎热地区的蔬菜栽培，以及花卉栽培尤为重要。遮光还可以改善设施内的作业环境。

遮光材料要求有一定的透光率、较高的反射率和较低的吸收率。遮光方法有如下几种。

（一）覆盖各种遮阴物

可覆盖黑色PVC膜，银色PVC膜、银色PE膜、遮阳网、无纺布、苇帘、竹帘等。遮阳有外遮阳和内遮阳两种方式。外遮阳又有两种方式，其一为直接覆盖遮光材料到玻璃或塑料膜上，另一种方式是离开温室表面30～40cm覆盖遮光材料。外遮阳有固定覆盖和可移动覆盖两种。与内遮阳相比，外遮阳的高温抑制效果好，但易受到台风等的损伤。内遮阳是将遮光材料覆盖在温室的内侧，不会受到台风的影响，但阻隔的热量仍然滞留在遮阴材料的上部空间内，降温效果比外遮阴差。

不同遮阴材料的遮光性能不同（表 5-8）。短日处理的遮光率必须达到 100％。

表 5-8　　　　　　　　各种遮阴材料的特性（日本设施园艺协会，1991）

种类	颜色	用途		适宜的覆盖方式						性　能						
		降温	日长处理	搭遮阴棚	外部遮阴	外覆盖	内覆盖	隧道式覆盖	贴面覆盖	遮光率/％	通气性	被覆性能	开闭性能	伸缩性能	强度	耐候性
遮阴纱	白	○①	×	○	○	×	○	○	○	18~29	○	○	○	△③	◎	◎
	黑	○	×	○	○	×	○	○	○	35~70	○	○	○	△	◎	◎
	灰	○	×	○	○	×	○	○	○	66	○	○	○	△	◎	◎
	银	○	×	○	○	×	○	○	○	40~50	○	○	△	△	◎	◎
聚乙烯网	黑	○	×	○	○	△	○	○	○	45~95	○	○	○	△	◎	◎
	银	○	×	○	○	△	○	○	○	40~80	○	○	△	△	◎	◎
PVA 撕裂纤维膜	黑	○	×	△	△	○	○	○	○	50~70	△	◎	○	△	○	○
	银	○	×	△	△	○	○	○	○	30~50	△	◎	○	△	○	○
无纺布	白	○	×	△	△	○	○	○	○	20~50	○	◎	○	△	○	○
	黑	○	×	△	△	○	○	○	○	75~90	○	◎	○	△	◎	○
PVC 软质膜	黑	×②	○	×	△	○	○	○	×	100	×	◎	◎	△	○	○
	银	△②	○	×	△	○	○	○	×	100	×	◎	◎	△	○	○
	半透光银	○	×	×	△	○	○	○	×	30~50	×	◎	◎	△	○	○
PE 软质膜	银	△②	○	×	△	△	○	○	×	100	×	◎	◎	△	△	×
	半透光银	○	×	×	△	△	○	○	×	30	×	◎	◎	△	△	×
PP 等铝箔膜		○	×	×	△	○	○	○	×	55~92	×	◎	◎	△	△	△
苇帘		○	×	×	○	×	×	△	○	70~90	○	△	△	○	◎	△

注　1. ◎优秀、○良好、△稍差、×差。

2. 日长处理密闭时。

3. △示有伸缩性。聚酯制品用○表示。

（二）屋面涂白

屋面喷白是在夏天将白色涂料喷在温室尤其是玻璃温室的外表面，阻止太阳辐射进入温室内。其遮阴率最高可达 85％，可以通过人工喷涂的疏密来调节其遮光率，到冬天再将其清洗掉。屋面喷白降温的优点是不需要制造支撑系统，因此造价低、施工方便。缺点是：不能调节控制，对作物的生长有影响。屋面喷白可遮光 50％~55％，降低室温 3.5~5℃。涂白原料一般为石灰水，在国外也有用温室涂白专用的涂白剂。

四、光质调节

调节设施内的光质，主要措施有二：一是选用合适的覆盖材料；二是采用能发出需求波长光的人工光源。

（一）选用合适的覆盖材料调节光质

利用自然光的温室栽培中，覆盖材料对不同波长的光辐射透光率不同，会影响进入温室的阳光的光谱组成。据报道，在聚丙烯树脂内添加遮断红光和远红光的色素，会使进入温室的红光和远红光的比例（F/FR）改变，会影响植物的茎和节间的伸长。因此，可以通过覆盖材料的选择，促进或抑制植物的节间伸长。

不同覆盖材料对不同波长光的透过率影响最大的是紫外线。紫外线和茄子、葡萄、花卉着色关系密切，对蜜蜂等昆虫的活动也非常重要。但滤去紫外线后，可促进一些植物的茎叶生成，抑制蚜虫等害虫的发生。

图 5-2 所示为不同覆盖材料的透光率。FRP、PC 板、PET 不能透过紫外线，但玻璃、PVC、FRA、MMA、PE 可以透过紫外线。当然，即使能够透过紫外线的 PVC、MMA、FRA 等材料在合成时添加紫外线吸收材料等辅料后，也不能透过紫外线。

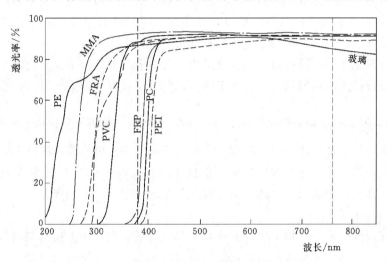

图 5-2 不同覆盖材料的透过率
（日本设施园艺学会，1991）

由于不同波长的光对植物生理效应不同，采用有色薄膜可以人为地创造某种光质，以满足某种作物或某个发育时期对该光质的需要，获得高产、优质。但有色覆盖材料其透光率偏低，只有在光照充足的前提下改变光质才能收到较好的效果。

（二）利用人工光源调节光质

用于长日处理的白炽灯泡所辐射的光含有足够的红光和红外光，但用人工照明进行栽培时，白炽灯的光谱将不适合，需配置其他光源。

任务二 调节热环境

一、了解设施中的热环境

（一）了解设施中热环境的变化情况

露地条件下，空气温度和土壤温度随着季节、昼夜的变化而变化。一年中，我国气温的变化趋势表现为，冬季低温、夏季高温、春季气温逐渐回升、秋季气温日渐降低；地温也呈现同样的变化趋势，冬冻春融。但总体来讲，低温变化较气温变化缓和，也较滞后，尤其是地表下越深的土层，土温变化越缓和，表层土温变化较为频繁且变化幅度大。

与露地条件相比，设施条件下气温和土温呈现出新的变化特点。

1. 气温的季节性变化

设施内的冬天天数明显缩短，夏天天数明显增长，保温性能好的温室几乎不存在冬季。

2. 气温的日变化

（1）白天温度内部高于外部。这主要有两方面原因，原因之一是"温室效应"，即玻璃或塑料薄膜等透明覆盖物，可让短波辐射（320～470nm）透射进设施内，又能阻止设施内长波辐射透射出去而失散于大气之中。另一个原因是保护设施为半封闭空间，内外空气交换弱，从而使蓄积热量不易损失。根据荷兰布辛格的资料，第一个原因对温室增温的贡献为28％，第二个原因为72％。所以，设施内白天温度高的原因，除了与覆盖物的保温作用有关系外，还与被加热的空气不易被风吹走有关系。

（2）日温差变化大。设施内的日温差是指一天内最高温度与最低温度之差。春季不加温温室最高与最低气温出现的时间略迟于露地，但日温差要比露地大得多，容积小的设施尤其显著。

3. 存在"逆温"现象

通常温室内温度都高于外界，但在无多重覆盖的塑料拱棚或玻璃温室中，日落后降温速度往往比露地快，常常出现室内气温反而低于室外气温1～2℃的逆温现象。此外室内气温的分布存在不均匀状况，一般室温上部高于下部，中部高于四周。

4. 气温分布严重不均

设施内气温的分布是不均匀的，不论在垂直方向还是在水平方向都存在着温差。在寒冷的早春或冬季，边行地带的气温和地温比内部低很多。温室大棚内温度空间分布比较复杂。在保温条件下，垂直方向的温差上下可达4～6℃，塑料大棚和加温温室等设施的水平方向温差较小，日光温室的南侧温度低，北侧温度高，这种温差夜间大于白天。温度分布不均匀的原因，主要有太阳光入射量分布的不均匀，加温、降温设备的种类和安装位置，通风换气的方式，外界风向，内外气温差及设施结构等多种因素。

5. 地温较气温稳定

设施内地温也存在明显的日变化和季节变化，但较气温稳定。气温升高时，土壤从空气中吸收热量引起地温升高，当气温下降时土壤则向空气中放热保持气温。低温期可通过提高地温，弥补气温偏低的不足。一般地温升高1℃对蔬菜生长的促进作用，相当于提高2～3℃气温的效果。一年中，地温最低的月份是在12月上中旬，直到2月下旬，地温上升缓慢，3月上旬地温迅速升高，到5月下旬地表温度可升高到25℃左右。

（二）了解设施内作物所需的热环境

温度是影响作物生长发育的环境条件之一。在设施生产中很多情况下，温度条件是生产成功与否的最关键因素。温度是植物生命活动最基本的要素。与其他环境因子比较，温度是设施栽培中相对容易调节控制的环境因子。

1. 作物对气温的要求

不同作物都有各自温度要求的"三基点"，即最低温度、最适温度和最高温度。植物对三基点的要求一般与其原产地关系密切，原产于温带的，生长基点温度较低，一般在10℃左右开始生长；起源于亚热带的在15～16℃时开始生长；起源于热带的要求温度更高。因此，根据对温度的要求不同，作物可分为耐寒性、半耐寒性和不耐寒性等类。例如，根据对温度要求的不同，蔬菜作物可分为如下5类。

(1) 耐寒性能很强，能在室外越冬的蔬菜。这一类多是多年生蔬菜，如金针菜、芦笋、韭菜、草石蚕、辣根、牛蒡等，这类蔬菜能耐－20～－30℃低温，冬季地上部茎叶枯死，但地下部根却冻不死，第二年春天地开化后又能重新发芽生长。在温室里栽培，早春棚内温度达到5℃，新芽就会长出来。

(2) 耐寒性蔬菜。主要有菠菜、油菜、葱、蒜、香菜等，它们能耐－1～－2℃长时期低温和－10～－12℃的短期低温，12～18℃时产量最高，叶子长得很快，品质好，但不耐高温，40℃以上高温就晒死了。因此，这类蔬菜在温室里冬春季节都能种植，只要温室保温好，基本不用加温就能种植。在大棚中早春和晚秋都能种植，是节省能源的蔬菜。

(3) 半耐寒性蔬菜。有萝卜、胡萝卜、蚕豆、芹菜、莴苣、豌豆、结球大白菜、甘蓝、蚕豆、大白菜、菜花等，能耐短时期－1～－2℃低温，在17～20℃产量最高，超过20℃产量开始下降，30℃以上高温严重减产，这类蔬菜可根据市场需要，早春和晚秋利用温室和大棚均可栽培。

(4) 喜温蔬菜。有番茄、茄子、辣椒、苦瓜、黄瓜、豆角等，这类蔬菜不耐轻霜，0℃就会冻死，20～30℃温暖条件下产量最高，10～15℃以下授粉不良造成落花落果，高温达到40℃生长就会停止，在温室大棚里栽培这类蔬菜，一定要防止低温冻害。

(5) 耐热蔬菜。有西瓜、甜瓜、冬瓜、南瓜、丝瓜、豇豆、刀豆等，在25～30℃果实发育快，产量高，40℃高温仍然能正常生长，15℃以下影响开花结果，10℃以下停止生长，0～1℃就会受到低温冷害甚至死亡，利用大棚温室种植这类蔬菜，适宜的季节是从5～9月，早春和晚秋要注意保温。

不同种类的作物、同一种类作物的不同生育阶段，其"温度三基点"都不尽相同。例如，从蔬菜种类来看（见表5-9和表5-10），韭菜、芹菜、蒜苗、菠菜等蔬菜喜冷凉气候，较耐低温，白天生育适温在20℃左右，能耐0℃左右低温，甚至忍耐短时间－3～－5℃低温；而瓜类和茄果类蔬菜喜温暖气候，不耐低温，白天生育适温在25℃左右，短时间霜冻就会造成极大的危害。从蔬菜作物的生育阶段看，种子发芽阶段的最适温较高；而幼苗阶段虽然适温范围广，但一般最适温度较发芽阶段低；开花结果阶段不仅要求温度较高，而且有些果菜类蔬菜对温度要求还很严格，温度过低或过高均会导致生育不良或落花落果。

2. 作物对地温的要求

作物正常生长发育还要求有适宜的地温。地温主要通过对作物根系的生长和活性、对土壤中微生物的活动以及对有机质的分解矿化等施加影响，进而影响根系对养分和水分的吸收。

果菜类蔬菜种类间所需的适宜地温相差较小，最适地温多在15～20℃，最高地温多在25℃，最低地温多在13℃。地温低于12℃时，多数果菜对磷的吸收明显受阻；地温低于10℃时，对钾和硝态氮的吸收也有明显影响，同时土壤中硝化细菌的活动受到抑制，铵

表 5 - 9 　　　　几种果菜类蔬菜生育的适宜气温、地温及界限温度　　　　单位:℃

蔬菜种类	昼气温		夜气温		地温		
	最高温度	最适温度	最适温度	最低温度	最高温度	最适温度	最低温度
番茄	35	25～20	13～8	5	25	18～15	13
茄子	35	28～23	18～13	10	25	20～18	13
青椒	35	30～25	20～15	12	25	20～18	13
黄瓜	35	28～23	15～10	8	25	20～18	13
西瓜	35	28～23	18～13	10	25	20～18	13
温室甜瓜	35	30～25	23～18	15	25	20～18	13
普通甜瓜	35	25～20	15～10	8	25	18～15	13
南瓜	35	25～20	15～1		25	18～15	13

表 5 - 10 　　　　　几种叶、根、花菜类蔬菜的生育适温及界限温度　　　　单位:℃

蔬菜种类	气温			蔬菜种类	气温		
	最高温度	最适温度	最低温度		最高温度	最适温度	最低温度
菠菜	25	20～15	8	莴苣	25	20～15	8
萝卜	25	20～15	8	甘蓝	20	17～7	2
白菜	23	18～13	5	花椰菜	22	20～10	2
芹菜	23	18～13	5	韭菜	30	24～12	2
茼蒿	25	20～15	8	温室韭菜	30	27～17	10

态氮不能很快转化为硝态氮,但对铵态氮、镁和钙的吸收影响较小。地温高于 25℃时,由于根系呼吸作用加强,易造成根系衰老,同样也影响根系对水分和养分的吸收。

基于上述原理,温室和大棚的采暖目的是通过一系列的技术手段和设施配置,增加人工加热量,提高屋内气温和地温,以便为作物生育提供适宜的温度。

3. 作物对温周期的要求

一天中昼夜(平均温度)的温差,即温周期。大部分作物要求一定的温周期,白天高温利于光合作用,夜间低温有利于减少物质消耗,可获得高产;育苗期间保持昼夜温差在10℃左右,才能培育出壮苗;茄果类蔬菜在果实膨大期,昼夜温差保持在 5～7℃,有利于加速果实膨大。

(三)了解设施内热环境的影响因素

调节设施中的热环境,主要目的就是通过各种技术手段和设施配置,使室内气温、地温满足作物生长发育需求,利于优质、高产。

但温室大棚等设施是一个半封闭系统,这个系统不断与外界进行着能量交换。根据能量守恒原理,蓄积于温室系统内的热量等于进入温室的热量减去传出的热量。当进入温室的热量大于传出的热量时,温室因得热而升温。但根据传热学理论,系统吸收或释放热量的多少与其本身的温度有关,温度高则吸热少而放热多。所以,当系统因吸热而增温后,系统本身得热逐渐减少,但失热逐渐增大,促使向着相反方向转化,直至热量收支平衡。

由于系统本身与外界环境的热状况不断发生变化，因此这种平衡是一种动态平衡。所有影响这种平衡的因素都会直接或间接影响设施的热环境。

1. 保温比

保温比是指设施内的土壤面积与覆盖及维护结构表面积之比，最大值为 1。保温比越小，说明覆盖物及维护结构的表面积越大，增加了同室外空气的热交换面积，降低了保温能力。一般单栋温室的保温比为 0.5～0.6，连栋温室为 0.7～0.8。保温比越小，保护设施的容积也越小，相对覆盖面积大，所以白天吸热面积大，容易升温，夜间散热面大也容易降温，所以日温差也大。

2. 覆盖材料

覆盖材料不同，对短波太阳光的透过以及长波红外线辐射能力不同，设施内的日温差也不同。如聚乙烯透过太阳辐射能力优于聚氯乙烯，白天易增温，但聚乙烯透过红外线的能力也比聚氯乙烯强，故夜间易降温。所以，聚乙烯保温性能较差，棚内日温差大。聚氯乙烯增温性能虽不如聚乙烯，但保温性能好，故日温差小。

3. 太阳辐射和人工加热

太阳辐射和人工加热是加温温室夜间的重要热量来源。

4. 贯流放热

贯流放热是透过设施覆盖材料或围护结构的热量。它是由于室内外温差引起的，由室内流到室外的全部热量。它是设施放热的主要途径，占总散热量的 60%～70%，高时可达 90% 左右。

贯流传热主要分 3 个过程：保护设施的内表面先吸收从其他方面来的辐射热和从空气中来的对流热，在覆盖物内外表面间形成温度差；然后以传导的方式将内表面热量传至外表面；最后在设施外表面，又以对流辐射方式将热量传至外界空气之中。

贯流放热的大小和设施表面积、覆盖材料的热贯流率以及设施内外温差有关。热贯流率的大小，除了与物质的导热率、对流传热率和辐射传热率有关外，还受室外风速大小的影响。风能吹散覆盖物外表面的空气层，带走热空气，使设施内的热量不断向外贯流。常见设施覆盖材料的热贯流率列于表 5-11。

表 5-11　　　　　　常见设施覆盖材料的热贯流率　　　单位：$kJ \cdot m^{-2} \cdot h^{-1} \cdot ℃^{-1}$

种类	规格/mm	热贯流率	种类	规格/cm	热贯流率
玻璃	2.5	20.92	木条	厚5	4.60
玻璃	3～3.5	20.08	木条	厚8	3.77
玻璃	4～5	18.83	砖墙（面抹灰）	厚38	5.77
聚氯乙烯	单层	23.01	钢管		47.84～53.97
聚氯乙烯	双层	12.55	土墙	厚50	4.18
聚乙烯	单层	24.29	草苫		12.55
合成树脂板	FRP，FRA，MMA	20.92	钢筋混凝土	5	18.41
同上	双层	14.64	钢筋混凝土	10	15.90

贯流放热的表达式为

$$Q_t = A_w h_t (t_r - t_0) \tag{5-7}$$

式中　Q_t——贯流传热量，$kJ \cdot h^{-1}$；

　　　A_w——温室表面积，m^2；

　　　h_t——热贯流率，$kJ \cdot m^{-2} \cdot h^{-1} \cdot ℃^{-1}$；

　　　t_r——温室内气温，℃；

　　　t_0——温室外气温，℃。

5. 通风换气放热

由于设施内外空气交换而导致的热量损失称为换气放热。它也是设施内热量支出的一种形式。与设施内自然通风、强制通风以及设施缝隙大小有关。普通园艺设施换气放热是贯流放热的1/10。包括潜热和显热两部分。潜热是由水的相变而引起的热量转换。显热是直接由温差引起的热量转换。

显热失热量的表达式如下：

$$Q_v = RVF(t_r - t_0) \tag{5-8}$$

式中　Q_v——整个设施单位时间的换气失热量，$kJ \cdot h^{-1}$；

　　　R——每小时换气次数（表5-12）；

　　　F——空气比热，$F = 1.3 kJ \cdot m^{-2} \cdot h^{-1} \cdot ℃^{-1}$；

　　　V——设施的体积，m^3。

表 5-12　　　　　　　　　　每小时换气次数（温室密闭时）

保护地类型	覆盖形式	R/（次/h）	保护地类型	覆盖形式	R/（次/h）
玻璃温室	单层	1.5	塑料大棚	单层	2.0
玻璃温室	双层	1.0	塑料大棚	双层	1.1

6. 土壤传导失热

土壤传导失热包括热量在土壤中的垂直传导和水平传导，是设施内热量支出的一种形式。

垂直方向上的传导失热，可以用土壤传热方程表示：

$$Q_s = \lambda \frac{\partial t}{\partial z} \tag{5-9}$$

式中　$\dfrac{\partial t}{\partial z}$——某一时刻土壤温度的垂直变化；

　　　t——土壤温度；

　　　z——土壤深度；

　　　∂——微分符号；

　　　λ——土壤的导热率，除与土壤质地、成分等有关外，还与土壤湿度有关，随土壤湿度增大而增大。

可见，垂直传导受土壤松紧度和含水量影响很大。

水平传热量的大小还与距外墙距离有关，距外墙越远，传热量相对减小。

综上所述，不加温的日光温室内热收支平衡，白天室内空气的热量来源主要是太阳辐射，夜间室内空气的热量来源是地中供热，热量失散主要是贯流放热、通风换气放热和土壤横向传导失热。据测定不加温温室通过贯流放热占总耗热 75%～80%；通风换气放热，北方的日光温室由于密封性好，占总耗热量的 5%～6%；土壤横向热传导约占总耗热量13%～15%。

（四）了解设施内热环境的调节思路

由前面分析可知，温室是一个半封闭系统，它不断地与外界进行能量与物质交换，根据能量守恒原理，蓄积于温室内的热量 ΔQ ＝进入温室内的热量（Q_i）－散失的热量（Q_o）。

温室内的热量来自两个方面：一是太阳辐射能；二是人工加热量。而热量的支出则包括如下几个方面：地面、覆盖物、作物表面有效辐射失热；以对流方式，温室内土壤表面与空气之间、空气与覆盖物之间热量交换，并通过覆盖物表面失热；温室内土壤覆盖表面蒸发、作物蒸腾、覆盖物表面蒸发，以潜热形式失热；通过排气将显热和潜热排出；土壤传导失热（图 5-3）。

综上所述，可写出温室的热量平衡方程式如下：

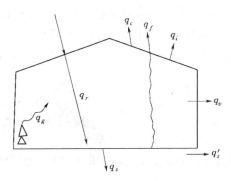

图 5-3 温室热量收支模式

$$q_r + q_g = q_f + q_i + q_c + q_v + q_s \qquad\qquad (5-10)$$

式中 q_r——太阳热能；

$\quad\ \ q_g$——人工加热量；

$\quad\ \ q_f$——地面长波辐射热量；

$\quad\ \ q_i$——潜热失热量；

$\quad\ \ q_c$——对流传导失热量（显热部分）；

$\quad\ \ q_v$——通风换气热量（包括显热和潜热两部分）；

$\quad\ \ q_s$——地中传热量。

根据上述热量平衡原理，只要增加进入的热量或减少传出的热量，就能使设施内维持较高的温度水平；反之，便会出现较低的温度水平。因此，对不同地区、不同季节以及不同用途的设施，可采取不同的措施，或保温或加温，或降温以调节控制设施内的温度。

二、保温

根据上述热收支状况分析，保温措施要考虑减少贯流放热、换气放热和地中热传导，在白天尽量加大室内土壤对太阳辐射的吸收率。

1. 减少贯流放热

最有效的办法是增加维护结构、覆盖物的厚度、多层覆盖、采用隔热性能好的保温覆盖材料，以提高设施的气密性。不加温温室多层覆盖室内外温差见表 5-13。

表 5－13　　　　　　　　　　　　不加温温室多层覆盖室内外温差（内藤）

层数温差	单层覆盖	双层覆盖	三层覆盖		四层覆盖
			无小棚	一重为小棚	
平均/℃	＋2.3	＋4.8	＋6.3	＋9.0	＋9.0
标准差	±1.1	±1.4	±1.4	±0.7	±0.7
最小/℃	－1.7	＋1.7	＋4.1		＋8.0
最大/℃	＋4.5	＋7.0	＋7.6		＋9.0
备注					大部分一层为小棚膜

多层覆盖的常见做法为在室外覆盖草苫、纸被或保温被，使用二层固定覆盖（双层充气膜）、室内活动保温幕（活动天幕）和室内扣小供棚。此外，为了减少贯流放热，还应尽量使用保温性能好的材料作墙体和后坡的材料，并尽量加厚，或用异质复合材料作墙体及后坡，使用厚度在 5cm 左右的草苫，高寒地区使用较厚的棚膜等，如图 5－4 所示。

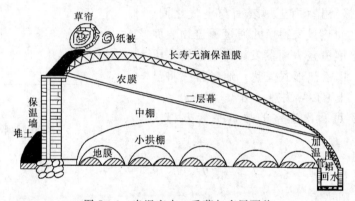

图 5－4　光温室内二重幕与多层覆盖

2. 减少换气放热

尽可能减少设施缝隙；及时修补破损的棚膜；在门外建造缓冲间，并随手关严房门。

3. 减少温室南底角土壤热量散失

设置防寒沟，防止地中热量横向流出。在设施周围挖一条宽 30cm，深度与当地冻土层相当的沟，沟中填保温隔热材料。

4. 减少土壤蒸发和作物蒸腾

全面地膜覆盖、膜下暗灌、滴灌，减少潜热消耗。

5. 增大保温比

适当降低设施的高度，缩小夜间的散热面积，有利于提高设施内昼夜的气温和地温。

6. 增加设施进光量

通过设施结构的合理采光设计和科学管理，改善设施光环境。如设计合理的前屋面角、使用透光率高的薄膜等，增加温室的蓄热量。

三、人工加温

在我国北方地区的深秋至春季，为了使设施内的气温、地温保持在作物生长发育的适宜范围内，通常需要人工加温，即进行采暖。

（一）了解采暖设计的要求和程序

1. 设施中的采暖设计要求

（1）采暖设备的容量应保持设施内的设定温度（地温及气温）。

（2）设施内空间温度分布应均匀，时间变化应平稳，因此要求采暖设备配置合理，调节能力高。

（3）遮阴少、占地少，便于栽培作业操作。

（4）设备投资少，加温费用低。

2. 设计的基本程序

采暖设计，一般按照以下程序进行。

（1）要根据设施的结构、地理位置等因素进行最大采暖负荷的计算。

（2）依据设施所在地及用途等具体条件确定采暖所用热煤。

（3）根据最大采暖负荷及采暖方式进行散热设备、管道及锅炉容量计算等。

（二）计算最大采暖负荷

采暖热负荷是在室外气温 t_0 下，为维持要求的设施内气温 t_i，采暖系统在单位时间内应向温室内提供的热量。

最大采暖负荷是采暖设计的基本数据，其大小直接影响到整个设施经济性。统计温室的所有热量收支（得热、失热），根据能量平衡的原理，由热平衡方程式计算，即热负荷 $=\sum$ 失热 $-\sum$ 得热。

但最大采暖负荷的计算是基于冬季凌晨的特定时刻，其中的许多因素都可以不考虑。在此时，没有太阳辐射，通风系统不工作，除采暖系统外，照明或其他设备也均不运行。这样，最大采暖负荷用以平衡设施通过围护结构的传热、冷风渗透、地面热损失等的能量需求。可参照《温室加热系统设计规范》（JB/T 10297—2001）计算。

温室热负荷：

$$Q = Q_1 + Q_2 + Q_3 \tag{5-11}$$

式中　Q——温室热负荷；

　　　Q_1——透过温室围护结构的传热损失；

　　　Q_2——冷风渗透热损失；

　　　Q_3——地面热损失。

1. 透过温室围护结构的传热损失 Q_1

透过温室围护结构的传热损失 Q_1 可由式（5-12）计算：

$$Q_1 = \sum_{j=1}^{n} u_j A_f (t_i - t_0) \tag{5-12}$$

式中　Q_1——温室围护结构（包括墙体、透光屋面、不透光后坡和门窗等）的传热损失，W；

　　　u_j——第 j 种围护结构的传热系数（表 5-14），W/（m² · K）；

　　　A_j——第 j 种围护结构的表面面积，m²；

　　　n——围护结构种数；

　　　t_i——室内设计温度，℃；

t_0——室外设计温度，℃。

（1）传热系数 u。

1）常用透明材料主围护覆盖层单独使用时的传热系数 u 列于表 5-14。

表 5-14　　　　　透明材料主围护覆盖层单独使用时的传热系数 u　　　单位：W/(m²·K)

覆 盖 材 料	传热系数	覆 盖 材 料	传热系数
单层玻璃	6.4	单层聚乙烯（PE）薄膜	6.8
双层玻璃	4.0	单层聚乙烯（PE）保温膜	6.6
单层聚碳酸酯（PC）板	6.3	双层聚乙烯（PE）薄膜	4.4
6mm 聚碳酸酯（PC）双层中空板	3.5	单层聚氯乙烯（PVC）薄膜	6.6
8mm 聚碳酸酯（PC）双层中空板	3.3	单层聚氯乙烯（PVC）保温膜	6.5
10mm 聚碳酸酯（PC）双层中空板	3.6	双层聚氯乙烯（PVC）薄膜	4.2
16mm 聚碳酸酯（PC）双层中空板	3.3	单层乙烯-醋酸乙烯（EVA）复合膜	6.7
10mm 聚碳酸酯（PC）三层中空板	3.0	双层乙烯-醋酸乙烯（EVA）复合膜	4.3
16mm 聚碳酸酯（PC）三层中空板	2.4	单层乙烯-醋酸乙烯（PO）复合膜	6.6
单层玻璃纤维增强聚酯（FRP）板	6.8	双层乙烯-醋酸乙烯（PO）复合膜	4.2
单层玻璃纤维增强丙烯（FRA）板	6.3	双层充气聚乙烯（PE）膜	4.3
单层丙烯树脂（有机玻璃 MMA）板	6.3	双层充气聚氯乙烯（PVC）膜	4.1
单层聚酯（PET）片材	6.3	双层充气乙烯-醋酸乙烯（EVA）复合膜	4.2
单层乙烯-四氟乙烯（ETFE）片材	6.3	双层充气乙烯-醋酸乙烯（PO）复合膜	4.1
玻璃钢瓦楞板，1.2mm	6.4	有机玻璃（PMMA）实心板，4mm	5.3

注　新产品红外线吸收膜可减少热损失，但考虑安全因素，实际计算中不作折减。

2）透明材料主围护覆盖层多层使用时的传热系数 u'。对温室、大棚等设施，由于有透光的要求，其覆盖材料的传热系数一般都很大，若不采取一定的措施，单凭一层薄膜在大多数情况下是不能够在设施内造成适宜作物生长的温度。对加温温室采用多层覆盖后，可有效地减少热量通过透明覆盖材料的散失，使采暖负荷减小，其减小的比例称为保温覆盖的"热节省率" α。保温覆盖的方式和材料不同，热节省率 α 也不同，一般约为 25%～60%，见表 5-15。

表 5-15　　　　　　　　　　保温覆盖的热节省率 α

保温覆盖材料	热节省率/%	保温覆盖材料	热节省率/%
聚乙烯（PE）薄膜	32	缀铝膜（25%铝膜，75%透明膜）	34
聚氯乙烯（PVC）薄膜	35	缀铝膜（33%铝膜，67%透明膜）	36
乙烯-醋酸乙烯（EVA）复合膜	34	缀铝膜（50%铝膜，50%透明膜）	39
乙烯-醋酸乙烯（PO）复合膜	35	缀铝膜（67%铝膜，33%透明膜）	42
无纺布	25	缀铝膜（75%铝膜，25%透明膜）	44
混铝薄膜	40	缀铝膜（100%铝膜）	47
镀铝薄膜	50	缀铝膜（50%铝膜，50%无膜）	15
草帘	70	缀铝膜（67%铝膜，33%无膜）	20
复合材料保温被	65	缀铝膜（75%铝膜，25%无膜）	22

$$u' = u(1-\alpha) \tag{5-13}$$

式中　u——主围护覆盖层单独使用时的传热系数，$W/(m^2 \cdot ℃)$；

α——采用附加保温覆盖时的热节省率，无附加保温覆盖时为0。

采用二层附加保温覆盖时，热节省率 $\alpha = 0.85(\alpha_1 + \alpha_2) - 0.7\alpha_1\alpha_2$。

3）常用墙体围护结构材料传热系数 u。常用墙体围护结构材料传热系数 u 列于表5-16。

表5-16　　　　　常用墙体围护结构材料传热系数 u　　　　　单位：$W/(m^2 \cdot K)$

墙体材料	u	墙体材料	u
砖墙，240mm	3.4	瓦楞水泥石棉板	6.5
砖墙，370mm	2.2	混凝土，100mm厚	4.4
砖墙，490mm	1.7	混凝土，200mm厚	3.3
土墙（夯实），1000mm	1.16	混凝土，100mm厚	3.6
空气间层，50～100mm	6		

传热系数 u 是热阻的倒数。对于多层复合围护结构，传热系数 u 可由式（5-14）计算。

$$u = \frac{1}{R} = \frac{1}{\sum_{i=1}^{n} \delta_i / \lambda_i} \tag{5-14}$$

式中　R——围护结构总热阻，$m^2 \cdot K/W$；

δ_i——第 i 层围护材料厚度，m；

λ_i——第 i 层围护材料导热系数（表5-17），$W/(m \cdot K)$；

n——围护结构层数。

表5-17　　　　　常见复合墙体材料导热系数 λ　　　　　单位：$W/(m \cdot K)$

墙体材料及填充材料	λ	墙体材料及填充材料	λ
土墙	1.16	沥青矿渣棉毡	0.035～0.045
实心黏土砖墙	0.81	锅炉炉渣	0.29
沥青玻璃棉毡	0.03～0.04	膨胀珍珠岩粉（干，松散）	0.03～0.04
玻璃棉板	0.03～0.04	膨胀蛭石	0.045～0.06
矿渣棉（松散）	0.027～0.038	沥青蛭石板	0.07～0.09
矿渣棉制品（板、砖、管）	0.04～0.06	水泥蛭石板	0.08～0.12

（2）室内设计温度 t_i。一般来说，温室最大加热负荷出现在冬季最寒冷的夜间。不同作物，不同品种，不同生长阶段，对环境温度有不同的要求。作物各自都有最低温度、最适温度和最高温度"三基点温度"，在最适温度条件下，当其他环境条件得到满足时，作物干物质积累速度最快，作物生长发育迅速而良好。冬季室内计算温度即由此而定。表5-18所示为温室常见瓜果植物的适温范围。

表 5-18					温室常见瓜果植物的适温范围				单位：℃
种类	白天气温		夜间气温		100mm 深土温				
	最高	适宜	适宜	最低	最高	适宜	最低		
西红柿	35	20～25	8～13	5	25	15～18	13		
茄子	35	23～28	13～18	10	25	18～20	13		
辣椒	35	25～30	15～20	12	25	18～20	13		
黄瓜	35	23～28	10～15	8	25	18～20	13		
西瓜	35	23～28	13～18	10	25	18～20	13		
甜瓜	35	25～30	18～23	15	25	18～20	13		

在正常情况下，室内设计温度可在夜间适宜温度范围内进行选择。具体数值应根据当地燃料价格、加热成本和植物产品市场情况和销售价格，经过经济效益核算确定。室内设计温度不得低于夜间最低气温。

若不知确切作物，对于几大类作物温室的室内设计温度，可按表 5-19 取值。

表 5-19		室内设计温度 t_i 推荐值		单位：℃
作 物	t_i	作 物	t_i	
热带作物	20	普通叶菜类蔬菜	5	
普通花卉	16	寒地草皮	0	
喜温瓜果类蔬菜	12			

如果根据表 5-18 和表 5-19 不能确定室内设计温度，请征询农业园艺专家的意见，依据具体作物类别、品种以及将作物在严冬控制于什么生长阶段来确定。

（3）室外设计温度 t_0。冬季室外设计温度 t_0 如何确定，对采暖系统设计有很关键性的影响。如采用过低的 t_0 值，使采暖系统造价增加；如采用值过高，则不能保证采暖效果。由于温室、大棚结构的特殊性，t_0 值亦不能简单地套用工业与民用建筑中供暖室外计算温度。

国内目前对冬季室外设计温度的选取没有统一标准，可按冬季空调室外计算温度选定 t_0 值，进行设施的围护结构耗热量计算。冬季空调室外设计温度可在暖通设计手册中查出，但对于一些局域性气候带应根据实际情况确定气象参数。周年使用的温室，建议取近 20 年最冷日温度的平均值作为室外设计温度 t_0 值。若无近期当地气象统计数据，我国北方主要城市的室外设计温度 t_0 值，可用表 5-20 所列数值。

2. 冷风渗透热损失 Q_2

严格地说，通过缝隙渗透空气，发生室内外空气交换造成的热损失包括显热和潜热两部分。但是热负荷计算的环境条件基本上发生在寒冬季节的凌晨，潜热交换有限，在工程计算上可忽略不计。因而渗透热损失可用式（5-15）计算：

$$Q_2 = 0.5k_{风速}VN(t_i - t_0) \tag{5-15}$$

式中　Q_2——冷风渗透热损失，W；

V——温室内部体积，m^3；

N——每小时换气次数（表5-21），h^{-1}；

$k_{风速}$——风力因子（见表5-22）；

t_i——室内设计温度，℃；

t_0——室外设计温度，℃。

渗透热损失随风速的增大而增大。风速因子$k_{风速}$列于表7。

表5-20　　　　　　　　　　　　　　　**室外设计温度t_0推荐值**　　　　　　　　　　　单位：℃

地　名	温　度	地　名	温　度
哈尔滨	-29	北京	-12
吉林	-29	石家庄	-12
沈阳	-21	天津	-11
锦州	-17	济南	-10
乌鲁木齐	-26	连云港	-7
克拉玛依	-24	青岛	-9
银川	-18	徐州	-8
兰州	-13	郑州	-7
西安	-8	洛阳	-8
呼和浩特	-21	太原	-14

表5-21　　　　　　　　　　　　　　　**每小时换气次数N推荐值**

温　室　形　式	换气次数	温　室　形　式	换气次数
新温室		旧温室	
单层玻璃、玻璃搭接、缝隙不密封	1.25~1.5	维护保养好	1.5
单层玻璃、玻璃搭接缝隙密封	1.1	维护保养差	1.0~4.0
双层玻璃	1.0		
单层塑料薄膜	1.0~1.5		
双层充气塑料薄膜覆盖	0.6~1.0		
单层玻璃上覆盖塑料膜	0.90		
结构塑料板覆盖	1.0		

表5-22　　　　　　　　　　　　　　　**风　速　因　子$k_{风速}$**

风速/(m/s)	风力等级	风速因子/W
≤6.71	4级风以下	1.00
8.94	5级风	1.04
11.18	6级风-	1.08
13.41	6级风+	1.12
15.65	7级风	1.16

3. 地面热损失 Q_3

温室地面散热的快慢与计算点和外围护结构间的距离有关，工程上可将温室的土地按与外围护结构的距离分成 3 个区域。不同区域按各自的传热系数和面积求出热损失，然后求和，便得到 Q_3。

$$Q_3 = \sum_{i=1}^{3} u_i A_i (t_i - t_o) \tag{5-16}$$

式中 Q_3——地面热损失，W；

   u_i——第 i 区地面传热系数（表 5 - 23），W/($m^2 \cdot$ K)；

   A_i——第 i 区面积，m^2。

表 5 - 23   地 面 传 热 系 数 u

计算点距外围护结构距离/m	u/[W/($m^2 \cdot$ k)]	计算点距外围护结构距离/m	u/[W/($m^2 \cdot$ k)]
≤10	0.24	>20	0.06
10~20	0.12		

（三）选择采暖热媒

各种加温方式所用的装置不同，其加温效果、可控制性能、维修管理以及设备费用和运行费用等都有很大差异。另外，热源在温室大棚内的部位以及配热方式不同，对气温的空间分布有很大影响，应根据使用对象和采暖、配热方式的特点慎重选择。生产上常见的采暖系统主要有以下几种。

1. 热水式采暖系统

热水式采暖系统是由热水锅炉、供热管道和散热设备 3 个基本部分组成。

对于大型的温室热水锅炉一般选用目前的工业锅炉；少量的温室、大棚则根据最大设计热负荷可选用一般的常压热水锅炉。对于机械化链条炉来讲，吨位越低其燃烧效率越低，常压热水锅炉燃烧效率更低，一般约为 60%，经济性较差。

当地若有热电厂或其他热源的情况下，可不设锅炉，而直接加以利用，经济性较好，可降低投资费用。

热水式采暖系统的工作过程为：用锅炉将锅炉内水加热，通过循环泵将锅炉加热的热水通过供热管道送到温室或大棚中，并均匀地分配给室内设置的每组散热器，通过散热器来加热室内的空气，提高温室的温度，冷却了的热水回到锅炉再重新被加热。

对于温室等设施来讲，其热水采暖的系统形式大多为单层布置散热器，同程式采暖居多。布置该种系统管路时，可根据温室、大棚的实际情况来布置管路。例如在日光温室中，拱角部分散热量较大，可将系统回水管道布置在拱角部位，以弥补热量散失，提高温室内空气温度的均匀性。

热水式采暖系统运行稳定可靠，是目前最常用的采暖方式。其优点是温室内温度稳定、均匀、系统热惰性大，节能；温室采暖系统发生紧急故障，临时停止供暖时，2h 不会对作物造成大的影响。其缺点是系统复杂、设备多、造价高、设备一次性投资较大。

热水式采暖系统的锅炉和供热管道基本采用目前通用的工业产品。

2. 热风式采暖系统

热风加温系统由热源、空气换热器、风机和送风管道组成。

其工作过程为：由热源提供的热水通入空气换热器，室内空气用风机强迫流过空气换热器，吸收热水放出热量，被加热后进入温室，如此不断循环就加热了整个温室的空气。同样在热风式采暖系统中仍然要注意系统的排气问题。为了保证室内空气温度的均匀性，通常将风机压出的热空气送入通风管，通风管由开孔的聚乙烯薄膜制成，沿温室长度布置，此种风管重量轻，布置灵活，易于安装并且不会产生太强的遮阴。

热风采暖系统的优点是：温度分布比较均匀，热惰性小，易于实现温度调节，设备投资少。

缺点是：运行费用和耗能量要高于热水采暖系统。当温室较长时，风机一侧送风压头不够，可能送不到另一端，造成温度分布不均匀。

3. 电热采暖系统

电热采暖系统和前面两种采暖系统的区别是：其热能的制备、传输及释放均在同一设备上来完成的。在电热采暖系统中通过暖风机中的电加热器加热流过的室内空气，实现采暖的目的；其内部风管布置同热风采暖。相对热水采暖系统而言，电热采暖一次性投资较低，但运行费用要高于热水采暖系统。

4. 其他形式采暖系统

（1）火道采暖。主要用于大棚中，作为一种简单的加温方式，取热源为家用取暖铸铁火炉或砖砌的炉灶，在大棚后背墙设一倾斜向上的烟筒，从大棚两端或顶部伸出棚外，依靠烟气流过烟筒时进行热量交换，进而加热室内空气。

这种采暖方式管理不便，添煤频繁，而且在靠近炉体的地方可能发生烤坏作物的现象，棚内污染情况较严重。

（2）热风炉采暖。热风炉采暖是近些年发展较快的一种采暖方式。根据所用能源不同，可分为燃煤热风炉、燃油热风炉及燃气热风炉等数种形式。都是依靠能量转换来加热室内空气的。

燃气式热风炉的设备装置最简单，造价最低。燃油热风炉的设备也比较简单，操作容易，自动化程度高，现有一些小型的燃油热风炉，完全实现电脑控制，设定好温度后，全部操作由电脑完成。燃油式设备造价也比较低、占地面积比较小，土建投资也低，但其运行费用较高，相同的热值比燃煤费用高3倍。燃煤式的设备相对燃油式和燃气式要大，管理复杂，但其运行费用最低。

（3）电热线采暖。将电热线按一定的间距埋设在地下，依靠电热放出热量来提高地温。

电热线采暖方式通常是用来育苗。电加热部分主要是由电热加温线和控温仪组成。电热线铺放完毕后，将电热线的接头连在控温仪引出的电源线上，通电检查无误后，再断电，沿电热线埋一薄层土，轻轻踏实，固定好电热线，然后覆煤灰或沙土做标志层，再敷土。

常见的采暖方式的种类与特点见表5-24。

表 5 - 24　　采暖方式的种类与特点（吴毅明等依据冈田修正，1990）

采暖方式	方式要点	采暖效果	控制性能	维修管理	设备费用	适用对象	其他
热风采暖	直接加热空气循环，或由热水变换成热气吹入室内	停机后缺少保温性，温度不稳定	预热时间短，升温快	因不用水，容易操作	比热水采暖设备投资费用低，运行成本高	各种温室	不用配管和散热器，作业性好，燃气由室内补充时，必须通风换气
热水采暖	用 60～80℃ 热水循环，或用热水变换成热空气	因水暖加热变温低，加热缓和，余热多，停机后保温性好	预热时间长，可根据负荷的变动改变热水温度	对锅炉要求比蒸汽的低，水质处理较容易	要用配管和散热器，成本较高	大型温室	在寒冷地方管道怕冻，需充分集护
蒸气采暖	用 100～110℃ 蒸汽采暖，可转换成热水和热风采暖	余热少，停机后缺少保温性	预热时间短，自动控制稍难	对锅炉要求高、水质处理不严格时，输水管易被腐蚀	比热水采暖成本高	大型温室群，在高差大的地形上建造的温室	可做土壤消毒，散热管配置适当，容易产生局部高温
电热采暖	用电热床线和电暖风加热采暖器	停机后缺少保温性最好	预热时间短，控制性最好	操作最容易	设备费用低	小型育苗温室，土壤辅助加温	耗电多，不经济
辐射采暖	用液化石油气红外燃烧取暖炉	停机后缺少保温性，可升高植物体温	预热时间短，控制容易	使用方便容易	设备费用低	临时辅助采暖	耗气多，大量用不经济，有二氧化碳施用效果
火炉采暖	用地炉或铁炉、烧煤，用烟囱散热取暖	封火后仍有一定保温性，有辐射加温效果	预热时间长、烧火费劳力，不易控制	较容易维护，但操作费工	设备费用低	土温室	必须注意通风，防止煤气中毒

（四）计算集中供暖所需的散热器数量

集中供暖是以锅炉为热源，以水或蒸汽为热媒，热媒通过输送管道，在散热器（管）向温室供暖的方式。集中供暖多为大型温室采用。

集中供暖系统按载热介质可分为蒸汽和热水两种。来自热源（例如锅炉、地热井等）的蒸汽或热水，流经标准黑管（未镀锌管）或圆翼管散热器（自然对流），或经过由各种暖气片（例如翼型和柱型）组成的散热器（强迫对流），将热量分配给温室，提高室内温度。

温室需要的散热器数量（片数或米数）可用式（5-17）计算：

$$n = \frac{Q}{q}\beta_1\beta_2\beta_3 \tag{5-17}$$

式中　n——需用散热器片数（或米数），片或 m；

　　　Q——温室热负荷，W；

　　　q——散热器单位（每片或每米）散热量，W/片或 W/m；

　　　β_1——组装片数（柱型）或长度（扁管型和板型）修正系数（表5-25）；

　　　β_2——支管连接形式修正系数（表5-26）；

　　　β_3——流量修正系数（表5-27）。

表5-25　　　　　　　　　　组装片数或长度修正系数 β_1

修正系数	柱型组装片数				板型及扁管型组装长度/mm		
	≤5	6~10	11~20	≥21	≤600	800	≥1000
β_1	0.95	1.00	1.05	1.10	0.92	0.95	1.00

表5-26　　　　　　　　　　支管连接形式修正系数 β_2

散热器类型	连接形式				
	同侧上进下出	异侧上进下出	异侧下进下出	异侧下进上出	同侧下进上出
四柱型	1.0	1.004	1.239	1.442	1.426
M-132型	1.0	1.009	1.251	1.386	1.396
翼型	1.0	1.009	1.225	1.331	1.369

表5-27　　　　　　　　　　流量修正系数 β_3

散热器类型	流量增加倍数						
	1	2	3	4	5	6	≥7
柱型、翼型	1.0	0.9	0.86	0.85	0.83	0.83	0.82
扁管型	1.0	0.94	0.93	0.92	0.91	0.90	0.90

（五）安装散热器

安装散热器时应注意以下几点：

（1）温室中最常使用的集中供暖分配热量的方式为自然对流方式，用标准黑管或圆翼管散热。也可以使用强迫对流配热方式，用柱型、翼型散热器散热。

（2）如果温室为 9m 以下跨度（或宽度）的单栋温度，可将标准黑管或圆翼管沿侧墙布置。若跨度超过 9m，可在作物间（或台架下）加设部分散热管。

（3）如果以蒸汽作为加热工质，由于温度较高，散热表面至少要距离植物本体 0.3m。

（4）连栋温室的散热管一般沿外墙及天沟下设置，根据需要，可在栽培台架下或作物行间加设部分散热管。

（5）如果自然空气循环不足以在作物高度处产生足够均匀的气温，应加设必要的水平空气循环风机。

（6）黑管涂了银粉漆以后，散热效率降低 15%。

（六）典型案例

【例 5 - 2】 北京地区某 10 连栋拱形屋面塑料温室，单跨跨度 8m，南北方向共 9 个开间，柱距为 4m，天沟高度 3.5m，屋脊高度 5.2m。屋面及四周全部采用双层充气膜覆盖，夜间室内上部覆盖缀铝膜保温幕（50% 铝膜，50% 透明膜）。室内种植喜温蔬菜，冬季夜间室外设计气温为 −12℃，要求夜间室内气温不低于 15℃，试计算温室的冬季采暖热负荷及单位面积的采暖热负荷，其中经过覆盖材料的传热、地中传热及冷风渗透损失的热量各占多少比例。采用热水采暖，计算所需圆翼型散热器配置数量。

解： 1. 温室面积及室内容积（计算公式见信息链接部分一）

温室内地面面积　$A_s = $ 长 × 宽 $= (10 \times 8) \times (9 \times 4) = 2880 (\text{m}^2)$

山墙面积　　　　$2 \times 10 \times 8 \times \left(5.2 \times \dfrac{2}{3} + \dfrac{3.5}{3}\right) = 741.3 (\text{m}^2)$

侧墙面积　　　　$2 \times 9 \times 4 \times 3.5 = 252 (\text{m}^2)$

屋面面积　　　　$\dfrac{2880 \times \left[\sqrt{8^2 + 4 \times (5.2 - 3.5)^2} + 8 + 2 \times (5.2 - 3.5)\right]}{2 \times 8} = 3616.7 (\text{m}^2)$

室内容积　　　　$2880 \times \left(2 \times \dfrac{5.2}{3} + \dfrac{3.5}{3}\right) = 13344 (\text{m}^3)$

2. 覆盖材料的传热量

双层充气膜（双层聚乙烯）　$u = 4.3 \, \text{W}/(\text{m}^2 \cdot \text{℃})$

双层充气膜＋缀铝幕

$$u' = u(1 - a) = 4.3 \times (1 - 0.39) = 2.623 [\text{W}/(\text{m}^2 \cdot \text{℃})]$$

$$Q_1 = \sum_{j=1}^{n} u_j A_f (t_i - t_0) = [4.3 \times (741.3 + 252) + 2.623 \times 3616.7] \times (15 + 12)$$
$$= 371460 (\text{W})$$

3. 冷风渗透耗热量

冷风渗透量（换气次数为 8.0 次/h）

$$Q_2 = 0.5kVN(t_i - t_0)$$

$$= 0.5 \times 0.8 \times 13344 \times (12 + 15) = 144115 (\text{W})$$

4. 地中传热量

$$Q_3 = \sum_{i=1}^{3} u_i A_i (t_i - t_o)$$

$$=[0.24\times(80\times36-60\times16)]\times(15+12)+[0.12\times(60\times16)]\times(15+12)$$
$$=15552(W)$$

5. 采暖热负荷

$$Q=Q_1+Q_2+Q_3=371460+144115+15552=531127(W)$$

单位面积的采暖负荷为

$$\frac{531127}{2880}=184.4(W/m^2)$$

6. 各种传热途径所占比例

覆盖材料的传热 $\dfrac{371460}{531127}=70.0\%$

冷风渗透损失 $\dfrac{144115}{531127}=27.1\%$

地中传热 $\dfrac{15552}{531127}=2.9\%$

7. 所需圆翼型散热器配置数量

按每 m 散热量 600W 计算，所需圆翼型散热器总长度为

$$\frac{531127}{600}=885(m)$$

由题可见，在最大采暖负荷的组成部分中，地中传热量所占比例很小，因此最大采暖负荷就可简化为用以平衡设施通过围护结构的传热和冷风渗透两项热损失的能量需求，即 $Q=Q_1+Q_2$。

四、人工降温

我国多数地区的气候属于温带大陆性气候，夏季气温常高达 $35\sim40℃$。进入温室的空气，进一步吸收太阳辐射热量，常常产生作物难以承受的高温。在这种情况下，应采取必要的降温措施。

温室降温方式依其利用的物理条件可分为以下几类：

加湿（蒸发）降温法：采用室内喷雾、喷水或设置蒸发器（湿墙、湿帘），通过水分蒸发"消除"太阳辐射热能。

遮光法：在屋顶以一定间隔设置遮光被覆物，可减少太阳净辐射约 50%，室内平均温度约降低 $2℃$。

通风换气法：利用换气扇等人工方法进行强制换气，降低温室内空气温度。

（一）确定总通风设计流量

1. 确定夏季降温通风设计流量

通风的主要功能是排除多余的太阳辐射热，通风流量需求与温室地面面积成正比，总通风设计流量的计算公式见式（5-18）。

$$Q=qA \tag{5-18}$$

式中 Q——总通风设计流量，m^3/h；

q——基本通风量，也称为通风率、换气率；是指为排除多余太阳辐射热，避免室

内环境温度过高，单位面积温室所必需的通风流量，$m^3/(m^2 \cdot h)$；

A——温室地面面积，m^2。

(1) 标准工况下 q 值的确定。标准工况是指大气压力为 1 个标准大气压（10132.5Pa），温室室内最大太阳辐射强度 50000lx，允许温升（从湿帘进风口到风机出口温差）为 4℃。

标准工况下，在设计温室通风降温系统时，推荐 q 值为 $150m^3/(m^2 \cdot h)$，即 $2.5m^3/(m^2 \cdot min)$；对于无蒸发降温措施，完全靠机械通风降温的温室，q 值视情况可在 $200 \sim 300m^3/(m^2 \cdot h)$，即 $3.3 \sim 5.0m^3/(m^2 \cdot min)$ 的范围内取值。

(2) 非标准工况下 q 值的确定。

1) 当湿帘和风机间的距离 $D \geqslant 30m$ 时，通风率 q' 值的确定。

$$q' = f_{温室} q \tag{5-19}$$

式中 $f_{温室}$——温室通风流量系数，由式（5-20）计算。

$$f_{温室} = f_{高} f_{光} f_{温升} \tag{5-20}$$

式中 $f_{高}$——温室所在地海拔高度调整系数；

$f_{光}$——温室内光照强度调整系数；

$f_{温升}$——温室湿帘与排风机之间允许温升调整系数。

a. 海拔高度调整系数 $f_{高}$。

空气的排热能力取决于其重量而非体积，单位体积空气的重量与气压成反比。气压与海拔高度直接相关。在理论上，海拔高度调整系数可按式（5-21）计算：

$$f_{高} = \frac{10132.5}{p} \tag{5-21}$$

式中 p——温室所在地气压，Pa。

在缺乏当地气压数据时，$f_{高}$ 值可从表 5-28 查取。

表 5-28 海拔高度调整系数 $f_{高}$

海拔高度/m	<300	300	600	900	1200	1500	1800	2100	2400
$f_{高}$	1.0	1.04	1.08	1.12	1.16	1.20	1.25	1.30	1.36

b. 光照强度调整系数 $f_{光}$。

进入温室内部的太阳辐射热量与温室内部光照强度成正比，$f_{光}$ 按式（5-22）计算：

$$f_{光} = \frac{E}{50000} \tag{5-22}$$

式中 E——温室内最大光照强度，lx。

E 值可从当地室外最大太阳辐射强度和覆盖物的透光率计算得出，也可用测光仪就地实测。

c. 允许温升调整系数 $f_{温升}$。

推荐的温室气流从湿帘到风机的允许温升为 4℃，总通风设计流量与温室的允许温升是成反比的，见式（5-23）。

$$f_{温升} = \frac{4.0}{\Delta T} \tag{5-23}$$

式中 ΔT——从湿帘到风机的允许温升，℃。

允许温升的取值应当适宜。ΔT 太小，则需要更大的通风流量，需用更多的风机和湿帘装置，造价高，经济性差；ΔT 太大，则室内温度分布有较大的温度梯度，各处温度不均匀，影响作物生长环境。因而推荐 $\Delta T = 4$℃。

2）当湿帘和风机间的距离 $D < 30\text{m}$ 时，通风率 q' 值用风速因子 $f_{速}$ 进行修正。

如果湿帘与风机之间的距离很短，即使总通风设计流量足以满足热平衡的需求，通过温室断面的气流速度也很低，从而使得室内气流不畅。为保证有足够的气流速度（一般温室内气流速度应不低于 $0.3 \sim 0.5\text{m/s}$），当风机与湿帘之间的距离小于 30m 时，计算温室总通风流量需考虑用风速因子 $f_{速}$ 进行修正，见式（5-24）。

$$f_{速} = \frac{5.58}{\sqrt{L}} \tag{5-24}$$

式中 L——风机与湿帘间的距离，m。

如果 $f_{速} > f_{温室}$，则用 $f_{速}$ 代替 $f_{温室}$ 计算温室总通风量。

2. 确定冬季机械通风总流量

与夏季通风不同，冬季通风的主要目的是补充由于光合作用而消耗掉的二氧化碳，排除有毒（或有害）气体，并调节温室内空气的相对湿度。但冬季室外空气温度太低，不允许直接吹向作物。这就要求进入温室的冷空气，在到达作物之前，与室内暖空气进行充分的混合。冷热空气的充分混合，需要强烈的紊流。通过小孔将室外空气高速射入温室，便可产生需要的射流。一般高速射流在孔径 20 倍的距离内，便会完全混合在周围空气中。例如，通过 3mm 射流孔的空气，在 $5 \sim 8\text{cm}$ 距离内，便会与室内空气完全混合。因此，温室冬季通风，应采用许多小孔进风，而不是用一个大的通风口。进风口的分布应力求均匀，风机的布置应综合考虑冬夏季节的通风需要。

由于冬季通风的目的与夏季通风不同，因而在设计冬季通风系统时，所用的标准温室条件也有不同。区别在于这时不用湿帘降温装置，所以不能使用允许温升作为标准条件。代替它的条件是室内外空气之间的允许温差。设计推荐的标准允许温差为 8℃。在标准温室条件下，基本通风量 q 为 $27\text{m}^3/(\text{m}^2 \cdot \text{h})$，即 $0.45\text{m}^3/(\text{m}^2 \cdot \text{min})$。

冬季通风总流量：

$$Q = f_{温室} qA = f_{高} \, f_{光} \, f_{温差} qA \tag{5-25}$$

$$f_{温差} = \frac{8}{\Delta T}$$

式中 $f_{温差}$——室内外允许温差调整系数。

其余符号意义同前。

（二）设计自然通风口

自然通风是最简单的降温途径，它是利用温室内外温差与风力作用造成室内外空气压差，而进行室内外空气交换的技术措施。它在很大程度上依赖作物的蒸腾作用，而使空气温度降低，保持在一个作物可接受的水平。自然通风基本上不消耗或很少消耗动力能源，是一种最经济的通风办法，在可能的情况下，应优先选用。在夏季气温不太高、空气湿度不大的区域，如果经常有可供利用的风，比较适合于采用自然通风系统。

采用这种方式降温，不能种植对环境温度要求苛刻的作物。为了实现最佳降温效果，常在自然通风温室，选种蒸腾速度快的作物。

自然通风要有足够的开窗面积，在侧墙开设侧窗，在屋面开设天窗。侧窗面积通常为侧墙面积的一半以上；天窗面积不应小于温室覆盖地面面积的 15％～20％，有时可用半个屋面开窗。增加天窗与侧窗的高度差，有利于改善通风条件。常用的天窗和侧窗开窗方式有卷膜式、翻转式和推拉式。

天窗的最佳位置在屋面的最高处（圆弧拱顶或屋脊），大多数沿温室全长方向延伸。设在天沟附近的翻转式天窗全开后，与屋面之间的夹角应不小于 60°。接近半个屋面的翻转式天窗全开后，窗的边沿的高度应接近但不超过屋脊高度。卷膜窗的两端，至少要与固定膜有 0.3m 以上的重叠段，并必须设有限位和压膜机构。

自动控制温室的天窗和侧窗，应使用电动开窗机构（包括电动卷膜器），以便根据温度和风雨等信息，自动控制开窗机构的动作。这样可以避免恶劣的天气给温室结构和作物带来意外的损害。

（三）设计风机湿帘

强制机械通风，是利用风机运转造成室内外空气压差的通风措施，包括向室内送气的正压通风和向室外排气的负压通风。机械通风只能用流动的空气带走多余的辐射热，室内温度不可能降到环境温度以下。因此，在通风的条件下，利用蒸发的原理，使空气的干球温度降低便成为最常用而有效的一种夏季降温设施，这就是湿帘风机降温装置。

湿帘风机降温是指空气在进入温室时，通过水的绝热蒸发，吸收空气中的大量显热，而使空气的干球温度得以降低的过程。

湿帘风机系统一般由排风机、湿帘箱、循环供水装置和控制器等部分组成。排风机将吸收了太阳辐射热而提高了温度的空气排出温室，带走辐射热，使温室内处于一定的负压状态。由于室外气压高于室内气压，室外的空气便可透过湿帘表面进入室内。过帘空气中的显热由于湿帘水分的蒸发而被吸收，从而使自身的干球温度得以降低。蒸发了的水分由供水装置不断地进行补充。多余的水汇集起来后，经过过滤，流回储水箱（池）。湿帘风机系统的运转由控制器执行控制。

1. 确定风机的规格和台数

（1）选择风机型式。湿帘风机系统一般使用大直径轴流式排风机。这种风机通风流量大，噪音小，运行平稳，消耗动力小。

（2）选择风机规格。温室通风总流量确定之后，可选择适合的风机规格。风机大小的选择要适当。为使温室内气流平稳，少产生紊流，使室内温度均匀，相邻风机的间距应不大于 8m。

（3）确定风机台数。用厂家提供的风机在 25Pa 静压（2.5mm 水柱）的流量（单台流量）去除设计通风总流量 Q，即可求得风机台数 N。

$$N = \frac{Q}{\text{单台流量}} \qquad (5-26)$$

与风机所在侧相对的端墙上，如果不设湿帘装置，必须有足够面积的进气口。为防止害虫从进气口进入温室，进气口应安装防虫网。建议风机为防虫网提供 12.5Pa 静压。风机的最大静压应留有 12.5Pa 的安全余量。如果设有湿帘，风机的工作压力应能克服湿帘的静压降（约 15～20Pa）。

2. 设计湿帘

目前普遍使用湿强瓦楞纸蒸发湿帘，常用厚度有 100mm、120mm、150mm 等几种。比表面积在 370m²/m³ 以上，静压降约 15Pa。

（1）确定湿帘面积。根据设计温室通风总流量 Q 和过帘风速，按式（5-27）可计算出需用的湿帘面积 S。

$$S = \frac{Q}{3600v} \tag{5-27}$$

式中　S——湿帘面积，m²；

　　　Q——温室设计通风总流量，m³/h；

　　　v——过帘风速，m/s；对于瓦楞纸湿帘，需用的过帘风速一般为 1.0～1.5m/s。
　　　　　设计时，若要求提高降温效果，取较小的过帘风速；厚度较大时，取较大的
　　　　　过帘风速；湿热地区取小值，干热地区取大值。

如果温室结构不能按要求安装足够的湿帘，最多可将上述计算值减至 75%。同时应考虑采取加强温室密封性等措施，减少空气渗漏。

（2）确定湿帘长度和高度。湿帘通常安装在与排风机相对的山墙或侧墙上，最好是通长设置，也可选用适当规格的成品湿帘箱装在风机对面的墙上。

对于通长安装的湿帘，根据其墙的长度和湿帘面积，可计算出高度。同样，根据成品湿帘箱的高度和湿帘面积，可计算出长度或个数。标准的成品湿帘箱的常用高度为 1.5m、1.7m、2.0m，其他尺寸一般需向生产厂订做。

3. 设计湿帘循环供水系统

（1）确定供水量定额。为使湿帘湿透，每延米湿帘长度应保证一定流量的供水量（最小值），否则不能浸透湿帘，影响蒸发降温效果。不过，供水量也不能过大。过大则在湿帘表面形成连续水膜，妨碍过帘空气的流通，也影响蒸发降温效果。对于 100mm 厚瓦楞纸湿帘，每延米长度供水量最小值为 0.25m³/h；120mm 厚，每延米供水量最小值为 0.38m³/h；150mm 厚，每延米供水量最小值为 0.56m³/h。

（2）计算供水泵流量。供水泵流量按式（5-28）计算：

$$Q = kqL \tag{5-28}$$

式中　Q——供水泵流量，m³/h；

　　　k——系数，取 1.1～1.4，一般取 1.2；

　　　q——湿帘供水量定额（最小值），m³/(m²·h)；

　　　L——湿帘长度，m。

供水管路中，可设一阀门，以便调节流量，使湿帘运行在最佳状态。

（3）计算供水池容量。对于瓦楞纸湿帘，每平方米湿帘的供水池最小设计容量为：100mm 厚，0.03m³/m²；120mm 厚，0.035m³/m²；150mm 厚，0.04m³/m²。则供水池容量按式（5-29）计算：

$$V = 最小设计容量 \times S \tag{5-29}$$

式中　V——供水池容量，m^3；

　　　S——湿帘面积，m^2。

4. 安装风机湿帘系统

（1）风机安装位置。风机应安装在温室下风向的侧墙或山墙上，如果风机必须安装在上风侧，设计通风总流量至少要增加 10%。风机排气口与邻近障碍物（例如建筑物墙壁）之间的距离应大于风机叶轮直径的 1.5 倍。

设计风机台数≤3 时，其中 1 台以上应采用双速电机驱动，以更方便灵活地调节通风流量。设计风机台数为多台时，建议将全部风机按一定的间隔分成 2 组或 3 组，以便控制同时运转的风机的台数，按实际需要，调节通风流量，并保持温室各处气流大体均匀。

风机外侧应有百叶窗，防止停机时空气倒流或害虫和污物侵入。风机内侧应用防护罩，防止人体和杂物接触运动部件。若防护罩网至运动部件的距离在 100mm 之内，护网所用钢丝直径不应小于 1.5mm，孔口不得大于 13mm；若防护罩网至运动部件的距离超过 100mm，可使用直径 2.7mm 的钢丝编网，孔口尺寸最大可达 50mm。

（2）布置湿帘。湿帘应布置在温室的上风向。如果温室上风向有其他建筑物遮挡或上风向 7.5m 范围内有相邻温室，湿帘的布置可不考虑当地主导风向。

对于装有湿帘风机系统的温室群，当温室间距小于 15m 时，设计中应注意避免从一个温室排出的废气直接排向邻近温室的湿帘进气口。如果相邻温室的风机面对面排气，温室间距小于 5m 时，两温室的风机应交错布置，以免温室排出的废气直接吹向对面的风机。如果温室装有内遮阳网，为了减少从湿帘吸入的冷空气与上部热空气的混合，改善作物生长区的降温效果，湿帘和风机的上边缘应不超过遮阳网的安装高度。

建议在湿帘的外侧，加装进风口。进风口尺寸可以与湿帘相等或稍小。进风口上，降温季节可安装适当的防虫网材料，防止飞絮或昆虫粘在湿帘纸上，堵塞空气流道；冬季则用塑料薄膜封闭，防止冷空气侵入温室。进风口外表面与湿帘表面的间距应不小于两者高差的一半。

（3）安装湿帘循环供水系统。供水池表面应加盖板，防止尘土、杂物进入循环水路，造成配水管淋水孔堵塞，加速水泵磨损，以致弄污湿帘表面。供水池的水由水泵加压，经过阀门调节流量，送到湿帘上方的配水管均匀流出，向湿帘淋下。未被蒸发的水，由集水槽，经过回水管和过滤器，返回供水池。配水管末端，应装可拆卸的堵头或泄水阀，以利清洗管道。

湿帘蒸发消耗的水，必须有专门的补水装置来补充。通常可用干净的自来水作为补充水源。为了使循环水泵能在正常工况下连续正常工作，应使用浮球阀自动控制供水池的水位。

（四）屋面喷水降温

屋面喷水降温是将水均匀地喷洒在玻璃温室的屋面上，来降低温室内空气的温度。其物理原理是：当水在玻璃温室屋面上流动时，水与温室屋面的玻璃换热，吸收屋面玻璃热量，进而将温室内的余热带走；当水在玻璃屋面流动时，会有部分水分蒸发，进一步降低了水的温度，强化了水与玻璃之间的换热。另外，水膜在玻璃屋面上流动，可减少进入温室的日光辐射量，当水膜厚度大于 0.2mm 时，太阳辐射的能量全部被水膜吸收并带走，这一点相当于遮阴。

屋顶喷水系统由水泵、输水管道、喷头组成，系统简单，价格低廉。但需要有温度较低的水源，屋面喷淋系统的降温效果与水温及水在屋面的流动情况有关，如果水在屋面上分布均匀时降温效果可达 6～8℃，否则降温效果不好。屋面喷水系统的缺点是：耗水量大；水在屋面上结垢，影响温室透光率，清洗复杂。

屋面喷水还可遮光 25％，起到一定的遮光效果。

任务三　调 节 水 环 境

水是作物体的基本组成部分，一般温室作物的含水率高达 80％～95％。温室作物的一切生命活动如光合作用、呼吸作用及蒸腾作用等均在水的参与下进行。空气湿度和土壤湿度共同构成设施作物的水分环境，影响设施作物的生长发育。

一、了解设施中的水环境

（一）设施内空气湿度的特点

1. 高湿

表示空气潮湿程度的物理量称为湿度。通常用绝对湿度和相对湿度表示。设施内空气的绝对湿度和相对湿度一般都大于露地。设施内作物由于生长势强，代谢旺盛，作物叶面积指数高，通过蒸腾作用释放出大量水蒸气，在密闭情况下会使棚室内水蒸气很快达到饱和。设施内相对湿度和绝对湿度均高于露地，平均相对湿度一般在 90％左右，尤其夜间经常出现 100％的饱和状态。

2. 空气相对湿度的季节变化和日变化明显

设施空间越小，这种变化越明显。设施内季节变化一般是低温季节相对湿度高，高温季节相对湿度低；昼夜日变化为夜晚湿度高，白天湿度低，白天的中午前后湿度最低。

3. 湿度分布不均匀

由于设施内温度分布存在差异，导致相对湿度分布也存在差异。一般情况下，温度较低的部位，相对湿度较高，而且经常导致局部低温部位产生结露现象，对设施环境及植物生长发育造成不利影响。空气湿度依设施的大小而变化。大型设施空气湿度及其日变化小，但局部温差大。

（二）设施内土壤湿度的特点

设施的空间或地面有比较严密的覆盖材料，土壤耕作层不能依靠降雨来补充水分，故土壤湿度只能由灌水量、土壤毛细管上升水量、土壤蒸发量以及作物蒸腾量的大小来决定。

设施内的土壤湿度具有以下特点：土壤湿度变化小，比露地稳定；水分蒸发和蒸腾量很少，土壤湿度较大；土壤水分多数时候是向上运动的；设施不同位置存在着一定的湿差。通常塑料大棚的四周土壤湿度大，一是因为四周温度低，水分蒸发量少；二是由于蒸发和作物蒸腾的水分在薄膜内表面结露，不断顺着薄膜流向棚的四周。温室南侧底角附近土壤湿度大，也是由于此处温度尤其是夜温低、蒸发量少，棚膜上的露滴全部流入此处。

温室后墙附近的土壤湿度最小，有加温设备的，其附近土壤湿度更低。另外，无滴膜使用一段时间后流滴效果减弱，温室大棚内容易"下雨"，可产生地表湿润的现象。

（三）设施内的水量平衡

露地条件下，旱作物的水量平衡方程为

$$W_t = W_0 + P_0 + K + M + W_T - ET \tag{5-30}$$

式中　W_0、W_t——时段初、时段末土壤计划湿润层内的储水量，m^3/hm^2；

$\quad\quad W_T$——由于计划湿润层增加而增加的水量，m^3/hm^2；若计划湿润层在时段内无变化则无此项；

$\quad\quad P_0$——时段内保存在土壤计划湿润层内的有效降雨量，m^3/hm^2；

$\quad\quad K$——时段 t（单位时间为日，以 d 为单位，下同）内的地下水补给量，即 $K = kt$，k 为 t 时段内平均每昼夜地下水补给量，$m^3/(hm^2 \cdot d)$；

$\quad\quad M$——时段 t 内的灌溉水量，m^3/hm^2；

$\quad\quad ET$——时段 t 内的作物田间需水量，即 $ET = et$，e 为 t 时段内平均每昼夜的作物田间需水量，即为蒸发蒸腾量之和。

设施内由于降水被阻截，空气交换受到抑制，又由于蒸发蒸腾的水分凝结形成的水珠、水滴等水量，因此设施内的水分收支与露地不同。设施内的水量平衡方程为

$$W_t = W_0 + C + K + M + W_T - ET \tag{5-31}$$

式中　C——由于蒸发蒸腾的水分凝结形成的水珠、水滴等水量；

$\quad\quad ET$——时段 t 内的作物田间需水量，为蒸发蒸腾量之和，但不等于露地条件下的 ET，约为露地的 70% 左右，甚至更小。

据测定，太阳辐射较强时，平均日蒸散量为 2～3mm，可见设施农业是一种节水型农业生产方式。设施内的水分收支状况决定了土壤湿度，而土壤湿度直接影响到作物根系对水分、养分的吸收，进而影响到作物的生育和产量品质。

二、了解作物对水分的需求

（一）不同设施作物对水分的要求不同

不同种类的设施作物需水量差异很大，为适应环境的湿度状况，作物在形态结构和生理机能上形成了各自的特殊要求。

（二）同一设施作物不同生长期对水分的要求不同

种子发芽期需要大量的水分以便原生质的活动和种子中储藏物质的转化与运转及胚根抽出并向种胚供给水分。如果水分不足，种子虽能萌发，但胚轴不能伸长成苗。

幼苗生长期因为根系弱小，抗旱能力较弱，因此土壤要经常保持潮湿。但过高的土壤湿度往往会造成幼苗徒长或烂根。

营养生长期作物抗旱能力增强，但由于处于营养制造积累时期，生长旺盛，因此需水量大，对土壤含水量和空气湿度要求高。不过，湿度过高又容易引起病害。

开花结果期作物对湿度要求比较严格，对土壤湿度仍有一定的要求，以维持正常的新陈代谢。缺水会引起植物体内水分从其他部位向叶面流动，导致发育不良甚至落花。开花结果期空气湿度宜低，以免影响开花、授粉和种子成熟。

（三）设施湿度环境与作物生育的关系

设施内空气湿度的大小是水分多少的反映。水分不足，影响了作物细胞分裂或伸长，因而影响了干物质增长和分配及产量和品质。当植物体内水分严重不足时，可导致气孔关闭，妨碍二氧化碳交换，使光合作用显著下降。

但湿度过大，易使作物茎叶生长过旺，造成徒长，影响了作物的开花结果。同时，高湿（90％以上）或结露，常是一些病害多发的原因。因为病原菌孢子的形成、传播、发芽、侵染等各阶段，均需要相当充足的湿度。

通常，多数蔬菜作物光合作用的适宜的空气相对湿度为60％～85％，低于40％或高于90％时，光合作用会受到阻碍，从而使生长发育受到不良影响。不同蔬菜种类或品种以及不同生育时期对湿度要求不尽相同，但其基本要求大体见表5-29。

表 5-29　　　　　　　　　　　蔬菜作物对空气湿度的基本要求

类　型	蔬菜种类	适宜相对湿度/％
较高湿型	黄瓜、白菜类、绿叶菜类、水生菜	85～90
中等湿型	马铃薯、豌豆、蚕豆、根菜类（胡萝卜除外）	70～80
较低湿型	茄果类（豌豆、蚕豆除外）	55～65
较干湿型	西瓜、甜瓜、胡萝卜、葱蒜类、南瓜	45～55

三、了解设施湿度环境的调控方法

（一）空气湿度

1. 除湿

设施内空气湿度都较高，特别是在冬季不通风时，湿度高达80％～90％或更高，夜间可达100％。实践证明，设施内空气湿度过高，不仅会造成植物生理失调，也易引起病虫害的发生。影响设施内空气温度的主要因素有设施的结构和材料、设施的密闭性和外界气候条件、灌溉技术措施等，其中灌溉技术措施是主要影响因素。温室除湿的最终目的是防止作物沾湿，抑制病害发生。

（1）被动除湿指不用人工动力（电力等），不靠水蒸气或雾等的自然流动，使设施内保持适宜湿度环境。通过减少灌水次数和潜水量、改变灌水方式可从源头上降低相对湿度。采用地膜覆盖，可抑制土壤表面水分蒸发，提高室温和空气湿度饱和差，防止空气湿度增加。自然通风是除湿降温常用的方法，通过打开通风窗、揭薄膜、扒缝等通风方式通风，达到降低设施内湿度的目的。

（2）主动除湿指用人工动力，依靠水蒸气或雾等的自然流动，使设施内保持适宜湿度环境。主动除湿的方法主要为利用风机进行强制通风。还可通过提高温度降低相对湿度或设置风扇强制空气流功，促进水蒸气扩散，防止作物沾湿。采用吸湿材料，如二层幕用无纺布，地面铺放稻草、生石灰、氧化硅胶等。采用流滴膜和冷却管，让水蒸气结露，再排出室外。用除湿机降低湿度。

2. 加湿

（1）喷雾：加湿常用方法是喷雾或地面洒水，如采用三相电动喷雾加湿器、空气洗涤器、离心式喷雾器、超声波喷雾器等。

（2）湿帘：湿帘主要是用来降温的，同时也可达到增加室内湿度的目的。

（3）灌水：通过增加灌水次数和灌水量、减少通风等措施，可增加空气湿度。

（4）降温：通过降低室温或减弱光强可在一定程度上提高相对湿度或降低蒸腾强度。

（二）土壤湿度

土壤湿度的调控应当依据作物种类及生育期的需水量、体内水分状况以及土壤湿度状况而定。随着设施农业向现代化、工厂化方向发展，要求采用机械化自动化灌溉设备，根据作物各生育期需水量和土壤水分张力进行土壤湿度调控。

1. 降低土壤湿度

减少灌水次数和灌水量是防止土壤湿度增加的有效措施，采取膜下沟灌、滴灌、渗灌等节水灌溉方式。苗床土壤湿度过大时可撒干细土或草木灰吸湿。

2. 增加土壤湿度

设施内环境处于半封闭或全封闭状态，空间较小，气流稳定，又隔断了天然降水对土壤水分的补充。因此，设施内土壤表层水分欠缺时，只能由深层土壤通过毛细管上升水补充，或进行灌水弥补。灌水是增加湿度的主要措施，另外进行地膜覆盖栽培可减少水分蒸发，长时间保持土壤湿润调节土壤湿度。

四、设计设施灌溉系统

目前，我国温室等设施已开始普及推广以管道输水灌溉为基础的各种灌溉方式，包括直接利用管道进行的管道输水灌溉，以及具有节水、省工等优点的膜下沟灌、滴灌、微喷灌、渗灌等先进的灌溉方式。

（一）了解设计温室灌溉系统的要求

《温室灌溉系统设计规范》（NY/T 2132—2012）规定，温室灌溉系统设计的一般要求如下：

（1）应符合国家有关的技术经济政策，做到技术先进、经济合理、安全适用。

（2）应收集、调查和分析项目区的水文、气象、土壤、作物种类和栽培方式等相关资料。

（3）应与供水、供电、温室、道路、绿化等工程设计相协调。

（4）应有措施防止冬季灌溉时水源、管道以及控制、测量、过滤、施肥等设施设备受冻。

（5）应有措施保证灌溉水最高温度不超过 35℃、最低温度不低于 8℃。

（6）应选择经过法定机构检测或认定合格的材料和设备。

（7）灌溉系统日工作小时数不宜超过 16h。

（8）还应符合国家现行相关标准的规定。

（二）系统选择

温室灌溉系统的选型应与温室类型、栽培作物、耕作方式等相匹配，并综合考虑投资能力、管理要求等因素。可参考表 5-30 选择。

一套完整的温室灌溉系统通常包括水源、首部枢纽、供水管网、灌水器、自动控制设备等五部分。当然，简单的温室灌溉系统也可以由其中某些部分组成。

1. 水源

江河湖泊、井渠沟塘等地表水源或地下水源，只要符合农田灌溉水质要求，并能够提供充足的灌溉用水量，均可以作为温室灌溉系统的水源。取用地表水作为灌溉水源时，取水处宜设置拦污设施；取用多泥沙水作为灌溉水源时，取水处宜设置泥沙去除设施；种植花卉类等高档园艺作物时，宜配置去除灌溉水盐分、软化水质、调节酸碱度的水处理设备。

表 5－30 温室灌溉系统的选型

设施类型	栽培作物	配置方式（Ⅰ）	配置方式（Ⅱ）
塑料大棚 日光温室	果菜、花卉、果树	滴灌	滴灌＋微喷灌
	叶菜、育苗	微喷灌	微喷灌
	盆栽植物	滴灌	滴灌＋微喷灌
连栋温室	果菜、花卉、果树	滴灌＋微喷灌	滴灌＋移动式喷灌
	育苗	微喷灌 或移动式喷灌	潮汐灌＋微喷灌 或潮汐灌＋移动式喷灌
	盆栽植物	滴灌＋微喷灌 或滴灌＋移动式喷灌	潮汐灌＋微喷灌 或潮汐灌＋移动式喷灌

温室供水可在灌溉时直接从水源提取，但更多的是在温室内、温室周围或温室操作间修建蓄水池（罐），以备随时使用，也可防止由于水源短暂的意外中断而影响温室的正常生产。

2. 首部枢纽

温室灌溉系统中的首部枢纽包括水泵与动力机、净化过滤设备、施肥（加药）设备、测量和保护设备、控制阀门等，有些温室灌溉还需要配置水软化设备或加温设备等。

应综合考虑灌溉用水特点、施肥要求等因素，选择配置灌溉施肥装置。施肥装置的下游应设置过滤装置，上游应设置止回装置。

3. 供水管网

供水管网一般由干管、支管两级管道组成，干管是与首部枢纽直接相连的总供水管，支管与干管相连，为各温室灌溉单元供水，一般干管和支管应埋入地面以下一定深度以方便田间作业。温室灌溉系统中的干管和支管通常采用硬质聚氯乙烯（UPVC）、软质聚乙烯（PE）等农用塑料管。

4. 灌水器

灌水器是直接向作物浇水的设备，如灌水管、滴头、微喷头等。根据温室田间灌溉系统中所用灌水器的不同，温室中常用的灌溉系统有管道灌溉系统、滴灌系统、微喷灌系统、喷雾灌溉系统、潮汐灌溉系统和水培灌溉系统等多种。

5. 自动控制设备

现代温室灌溉系统中已开始普及应用各种灌溉自动控制设备，如利用压力罐自动供水系统或变频恒压供水系统控制水泵的运行状态；又如采用时间控制器配合电动阀或电磁阀对温室内的各灌溉单元按照预先设定的程序自动定时定量地进行灌溉；还有利用土壤湿度计配合电动阀或电磁阀及其控制器，根据土壤含水情况进行实时灌溉。目前，先进的自动灌溉施肥机不仅能够按照预先设定的灌溉程序自动定时定量地进行灌溉，还能够按照预先设定的施肥配方自动配肥并进行施肥作业。

采用计算机综合控制技术，能够将温室环境控制和灌溉控制相结合，根据温室内的温度、湿度、CO_2浓度和光照水平等环境因素以及植物生长的不同阶段对营养的需要，即时调整营养液配方和灌溉量。自动控制设备极大地提高了温室灌溉系统的工作效率和管理水平，已逐渐成为温室灌溉系统中的基本配套设备。

（三）温室滴灌系统设计

滴灌是将水（以及肥料、农药等）通过输送管路，利用安装在末级管道（称为毛管）上的灌水器（滴头），或与毛管制成一体的滴灌带（管）将压力水以水滴状湿润土壤（或栽培基质）的一种微灌的方式。滴灌在温室土壤栽培和无土栽培等精准灌溉施肥应用中得到了广泛应用，成为温室设施农业生产不可缺少的配套技术装备之一。

滴灌灌溉制度包括灌溉定额、灌水定额、灌水周期和一次灌水所需的时间等，但目前各种作物的滴灌灌溉制度，还不能提出可靠的资料，因此应根据当地群众习惯的灌水经验合理地拟定滴灌灌溉制度。

1. 确定灌水定额

灌水定额是指一次灌水单位面积上的灌水量。滴灌的灌水量取决于湿润土层的厚度、土壤保水能力、允许消耗水分的程度以及湿润土体所占比例。滴灌设计灌水定额是指作为系统设计依据的最大一次灌水量，可用式（5-32）计算：

$$h = 1000\alpha\beta pH \tag{5-32}$$

式中 h——设计灌水定额，mm；

α——允许消耗水量占土壤有效水量的比例，%，对于需水较敏感的蔬菜等作物，$\alpha = 20\% \sim 30\%$；

β——土壤有效持水量，%；

p——土壤湿润比，%，对于蔬菜，其湿润比要高一些，一般为 $70\% \sim 90\%$；《微灌工程技术规范》给出了一些作物的推荐湿润比范围，见表5-31；

H——计划湿润层深度，m，蔬菜为 0.2~0.3m。

表 5-31 　　　　　　　　　　　微灌设计土壤湿润比　　　　　　　　　　　%

灌溉形式	滴灌	微喷灌	灌溉形式	滴灌	微喷灌
果树	25~40	40~60	蔬菜	60~90	70~100
瓜类、葡萄	30~50	30~50	粮棉油等作物	60~90	100

2. 确定灌水周期

灌水周期是指两次滴灌之间的最大间隔时间，它取决于作物、土壤种类、温室小气候和管理情况。对水分敏感的作物（如蔬菜），灌水周期应短；耐旱作物，灌水周期适当延长些。在消耗水量大的季节，灌水周期应短。对于灌水周期，可用式（5-33）计算：

$$T = \frac{m}{E} \qquad (5-33)$$

式中　T——灌水周期，d；

　　　m——灌水定额，mm；

　　　E——作物需水高峰期日平均耗水量，mm。设计耗水强度宜根据项目区温室灌溉
　　　　试验资料确定，或参考表 5-32 选取。

表 5-32　　　　　　　　温室滴灌和微喷灌系统的设计耗水强度

栽培作物	设计耗水强度/(mm/d)	栽培作物	设计耗水强度/(mm/d)
果菜、花卉、果树	3～6	盆栽植物	2～4
叶菜、育苗	3～4		

3. 确定一次滴灌时间 t

对于蔬菜等行密布植作物，用式（5-34）计算：

$$t = \frac{h S_e S_i}{\eta q} \qquad (5-34)$$

式中　t——一次灌水延续时间，h；

　　　h——设计灌水定额，mm；

　　S_e——滴头间距，m；

　　S_i——毛管间距，m；

　　　η——滴灌水利用系数，%；

　　　q——滴头流量，L/h。

4. 确定滴灌次数

滴灌是频繁的灌水方式，作物全生育期灌水次数比常规地面灌溉多得多，它取决于土壤的类型、作物种类、温室小气候等。因此，同一作物滴灌次数的多少在不同条件下要根据具体情况而定。

5. 滴头选择

滴头选择是否恰当，直接影响工程的投资和灌水质量。设计人员应熟悉各种灌水器的性能和适用条件，主要考虑以下因素选择适宜的灌水器。选用的灌水器要求制造偏差系数小于 0.07；挂式微喷头应具有防滴漏功能。

（1）作物种类和种植模式。条播作物，要求沿带状湿润土壤，湿润比高，可选用线源滴头；果树等高大的林木，株、行距大，一棵树需要绕树湿润土壤，可用点源滴头。

（2）土壤性质。沙土可选用大流量的滴头，以增大土壤水的横向扩散范围。黏性土壤应用流量小的滴头，以免造成地面径流。

（3）工作压力及范围。应尽可能选用工作压力小、范围大的滴头，以减少能耗，提高系统的适应性。

（4）流量压力关系。滴头流量对压力变化的敏感程度直接影响灌水的质量和水的利用率，应尽可能选用流态指数小的滴头。要求任意一个灌水小区内灌水器流量偏差率 q_v 不应大于 20%。

（5）成本与价格。在考虑满足使用性能的条件下，应尽可能选择价格低廉的灌水器。

（6）使用寿命：滴头的使用寿命与其结构、材料、安装使用情况密切相关。对于长年生长的作物可以考虑一次性和固定滴距的滴头产品，如滴灌带、滴箭、管上式滴头等；对于倒茬频繁的情况，就需要考虑产品的耐受性。

6. 滴头布置

毛管顺作物行向布置，一行作物布置一条毛管，滴头安装在毛管上。这种布置方式称单行毛管直线布置，适用于窄行密植作物和幼树。对于幼树，一棵树安装 2～3 个单口出水口滴头。对于窄行密植作物，可沿毛管等间距安装滴头。这种情形也可使用多孔毛管作灌水器，有时一条毛管控制若干行作物，如图 5-5 所示。

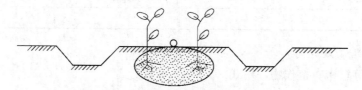

图 5-5　单行毛管直线布置

当滴灌高大作物时，可采用双行毛管平行布置的形式，沿树行两侧布置两条毛管，每株树两边各安装 2～4 个滴头。这种布置形式使用的毛管数量较多。如图 5-6 所示。

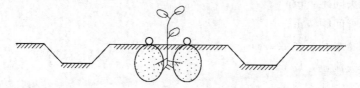

图 5-6　双行毛管平行布置

当滴灌成龄果树时，可沿一行树布置一条输水毛管，围绕每一棵树布置一条环状灌水管，其上安装 5～6 个单出水口滴头。这种布置形式称单行毛管环状布置。由于增加了环状管，使毛管总长度大大增加，因而增加了工程费用。如图 5-7 所示。

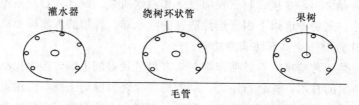

图 5-7　单行毛管环状布置

以上各种布置方式中毛管均沿作物行向布置，在山丘区一般采用等高种植，故毛管是沿等高线布置的。对于果树，滴头（或滴水点）与树干的距离通常为树冠半径的 2/3。

7. 毛管设计

毛管设计包括毛管的内径和长度两个内容，其要求满足所需的均匀度和经济合理性，常采用一种滴头，限制毛管长度，使压力变化不超出要求范围的方法设计，具体设计步骤如下。

（1）已知管道出水量，初步选定管径 D。

（2）假定管道长度，计算总水头损失和任一断面的压力水头 H_i：

$$H_i = H - \Delta H_i \pm \Delta H_i' \tag{5-35}$$

式中　H——进口压力水头，m；

　　　H_i——沿管长任一段的水头损失，m；

　　　$\Delta H_i'$——任一断面处由管坡引起的压力水头变化，m，下坡取"－"，上坡取"＋"。

（3）求沿管长压力分布曲线，得最大压力水头以及进口工作压力。

（4）校核滴头工作压力的变化是否在规定的范围内。

（5）若滴头工作压力不符合要求，应改变毛管直径和长度，重新计算，直至符合要求为止。

8. 支管设计

支管是根据过水能力和均匀性设计的。过水能力是指支管管径应能满足输水所灌田块需水量要求。均匀性是指所设计的支管应能保持适当的压力变化，从而使进入毛管的流量有一个不大的变化，田间滴灌流量的总变化为沿支管、毛管流量的变化与沿毛管滴头流量的变化之和。前者应比后者小，具体计算方法可参照毛管设计。

9. 干管设计

干管水力设计，可按经济直径选择合理直径，然后计算沿程水头损失，推求满足支管进口压力的干管工作压力。

$$H_A = H_B + \Delta H \pm \Delta Z \tag{5-36}$$

式中　H_A——管段上端压力水头，m；

　　　H_B——管段下端压力水头，m；

　　　ΔH——AB 管段水头损失，m；

　　　ΔZ——两端地形高差，m，上坡取"＋"，下坡取"－"。

10. 首部枢纽设备选择

（1）过滤设备。要求用于滴灌和微喷灌的末级过滤设备应能过滤掉大于灌水器最小流道尺寸 1/10～1/7 粒径的杂质；砂过滤器应具有反冲洗功能。可参考表 5-33 配置过滤装置。

表 5-33　　　　　　　　温室滴灌和微喷灌系统中过滤设备的选配

水源类型	水质情况	配置方式（Ⅰ）	配置方式（Ⅱ）
地下水	无机物含量＜10mg/L 无机物粒径＜80μm	筛网过滤器或叠片过滤器	砂过滤器＋筛网过滤器或叠片过滤器
	无机物含量 10～100mg/L 无机物粒径 80～500μm	旋流水砂分离器＋筛网过滤器或叠片过滤器	旋流水砂分离器＋砂过滤器＋筛网过滤器或叠片过滤器
	无机物含量＞100mg/L 无机物粒径＞500μm	沉淀池＋筛网过滤器或叠片过滤器	沉淀池＋砂过滤器＋筛网过滤器或叠片过滤器
地表水	有机物含量≤10mg/L	筛网过滤器或叠片过滤器	砂过滤器＋筛网过滤器或叠片过滤器
	有机物含量＞10mg/L	拦污栅＋沉淀池＋筛网过滤器或叠片过滤器	拦污栅＋沉淀池＋砂过滤器＋筛网过滤器或叠片过滤器

（2）施肥装置。可参考表 5 - 34 配置施肥装置。

表 5 - 34   温室滴灌和微喷灌系统中施肥装置的选配

设施类型	配置方式（Ⅰ）	配置方式（Ⅱ）
塑料大棚 日光温室	压差式施肥装置 或文丘里施肥装置	水动注肥泵
连栋温室	水动注肥泵 或电动注肥泵	自动控制灌溉施肥装置

（四）温室微喷灌系统设计

微喷灌是通过管道系统将有压水送到田间，用微喷头或微喷带（多孔管）将灌溉水喷洒在土壤、植物表面或空气中进行灌溉的一种灌水方法。微喷灌是在滴灌和喷灌的基础上逐步形成的一种新的高效节水灌水技术，集喷灌和滴灌技术之长、避两者之短。除作为灌溉设备使用外，温室中还可以利用微喷灌系统完成加湿降温、调节田间气候、冲洗温室屋面、除尘等多种作业。

1. 温室微喷灌系统

一套完整的温室微喷灌系统通常包括水源、首部枢纽、供水管网、微喷头、自动控制设备等五部分组成，如图 5 - 8 所示。其中，微喷头是微喷灌系统的专用设备，其作用主要是将管道内的连续水流喷射到空中，形成众多细小水滴，洒落到空气中或地面的一定范围内补充土壤水分。

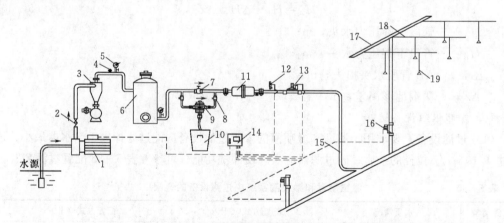

图 5 - 8 典型微喷灌系统组成

1—水泵及动力机；2—止回阀及总阀；3—水沙分离器；4—排气阀；5—压力表；6—介质过滤器；7—施肥
控制阀；8—施肥开关；9—水动施肥器；10—肥液桶；11—叠片过滤器；12—压力传感器；
13—主控电磁阀；14—控制箱；15—供水干管；16—分区阀门；
17—供水支管；18—毛管；19—微喷头

温室中应用的微喷灌系统从不同的角度出发有不同的分类方式。常用的分类方法是按照喷头的安装形式和微喷灌的应用方式分类。按喷头安装的形式分为固定式微喷灌系统、移动式微喷灌系统、地面式微喷灌系统和悬挂式微喷灌系统。

根据微喷灌系统在温室中的应用方式分类，微喷灌系统可分为灌溉用微喷灌系统、喷雾用微喷灌系统和喷淋用微喷灌系统三类。

(1) 灌溉用微喷灌系统。灌溉用微喷灌系统是温室中最常用的微喷灌系统，主要为温室的作物提供需要的灌溉用水，折射式、旋转式微喷头是这种微喷灌系统中的常用微喷头。这类系统的工作压力多为 $100\sim300kPa$，对水源的要求与滴灌近似。

(2) 喷雾用微喷灌系统。喷雾用微喷灌系统在工作时能产生细小的雾滴，这些雾滴能很快在空气中蒸发，可快速降低温室内的空气温度，实现高温季节的温室加湿降温。温室中使用喷雾用微喷灌系统的目的不是灌溉，而是用于高温干燥季节的温室降温，通常将温室喷雾系统与通风机配合使用，可实现快速降低温室内空气温度的目的。

(3) 喷淋用微喷灌系统。喷淋用微喷灌系统将水喷洒在温室外的屋顶上，达到降低温室内空气温度或冲洗屋顶灰尘以提高温室透光率之目的。喷淋用微喷灌系统多采用大流量的旋转式或缝隙式微喷头，也可选择屋顶喷淋专用微喷头，或用大田喷灌用的喷头替代。喷淋用微喷灌系统的管道和喷头多安装在温室外的天沟处，系统的工作压力 $200\sim600kPa$，与喷灌工作压力接近。

常见微喷灌系统在温室中的设置方式如图 5-9 所示。

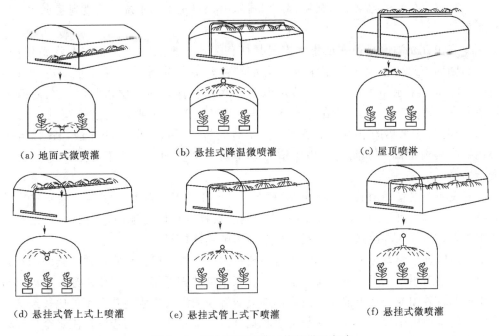

(a) 地面式微喷灌　　　　(b) 悬挂式降温微喷灌　　　　(c) 屋顶喷淋

(d) 悬挂式管上式上喷灌　　(e) 悬挂式管上式下喷灌　　　(f) 悬挂式微喷灌

图 5-9　温室中微喷灌系统的设置方式

2. 温室微喷灌系统设计

微喷灌和滴灌同属于微灌范畴，其灌溉制度的制定方法基本一致，可参考滴灌系统部分。

(五) 地膜覆盖灌溉技术

地膜覆盖灌水，是在地膜覆盖栽培技术基础上，结合传统地面灌水沟、畦灌溉而发展的新式节水型灌水技术。设施中的空气湿度高，易诱发作物多种病害，采用地膜覆盖灌水技术可以有效地降低室内湿度。膜下灌溉技术得到了广泛应用，效果很好。

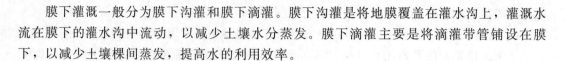

膜下灌溉一般分为膜下沟灌和膜下滴灌。膜下沟灌是将地膜覆盖在灌水沟上，灌溉水流在膜下的灌水沟中流动，以减少土壤水分蒸发。膜下滴灌主要是将滴灌带管铺设在膜下，以减少土壤棵间蒸发，提高水的利用效率。

五、应用温室集雨灌溉技术

（一）了解温室集雨灌溉系统

雨水集蓄利用系指人工收集雨水、加以储存并进行调节利用的微型水利工程。温室集雨灌溉系统包括集雨面、导流槽（管道）、蓄水设施和灌溉系统四部分。天然降水通过温室屋面、温室周边空地、道路等集雨面收集后经过导流槽汇聚，集中在蓄水设施中作为灌溉水源，其中集雨面面积及其材料特性是影响集雨效果的主要因素。

温室集雨面积包括屋面和温室之间空地。屋面集雨主要是利用温室屋面的面积和坡度收集天然降雨。现代连栋温室一般都设计为有组织排水系统，应用于集雨系统只需将排水出口汇接到蓄水池，并加上一些过滤设施保障水源的水质，即成为良好的温室集雨系统；日光温室一般为无组织排水，要收集雨水夏季必须扣膜，而且要在温室的前沿建造专门的雨水收集沟槽，在沟槽的末端（或中部）设排水口，将集聚雨水统一汇集到蓄水池中作为灌溉水源。

发展节能日光温室最适宜的集水方式是棚面集水。棚面集水是将防寒沟镇压夯实，然后紧邻棚面前沿，修建水泥集水槽，集水槽需建有一定坡度（倾斜度 1000∶150），以便顺畅输水，集水槽的出水口和蓄水池的入水口相连，便于雨水收集。在棚面上距集水槽沿高 10～15cm 处，胶粘上一条 30cm 幅宽的聚乙烯或聚氯乙烯膜（称为集水裙），集雨时将集水裙的下边铺于槽底，其余时间折叠后放在集水槽北沿，这样可经济有效地解决集雨槽的防水问题，集雨槽可以是简单平整的土槽，不必采用造价较高的混凝土槽。

研究表明，温室棚面的集流率可达到 85.4％，弃用棚膜经修补后铺设在修整后的温室间隔区集流率也可达到 45.4％，两者的集流率较稳定。硬化地面集雨面尽管也有一定的集雨效果，但要求降雨强度大，且易长草而影响集流效果。

多雨地区连栋温室集雨多采用露天集雨池蓄水，单栋或多栋温室单独收集的雨水，通过集雨坑汇集后用水泵通过管道统一汇集到场区中央的露天集水池。集水池蓄水可以是土池、水泥池或砖砌池，在土池周边或底部铺设防渗膜的露天集水池是常用的比较经济的做法。露天集水池由于池体较大，一般可以收集全年的降水量，集雨灌溉可满足全生育期作物的需水量，不需要其他的补充水源，是一种非常经济和生态的灌溉水源。做好露天土池的核心是选择利用好防渗膜，以保证收集雨水不致通过土壤渗漏而流失。

干旱或半干旱地区日光温室的集雨多采用地窖蓄水，每栋日光温室单独设置独立的集雨系统，根据集水量的大小，一栋温室可设置一个或多个集雨水窖储水。集雨窖常设置在日光温室内，采用地下式结构，还有利于稳定蓄水温度。单个集雨窖由于容积有限，要满足整个生育期作物的需水常需要补充水源，而且在雨水集中的夏季，常常在出现暴雨时水窖容量不足，还需要设溢流排水系统，排除不能容纳的多余集水，因此，这种集水系统设计时一定要充分考虑温室面积、当地降雨强度和降水量等因素，综合确定窖（池）体容积。

（二）确定蓄水体容积

若要收集利用全年全部雨水，蓄水体的容积应能拦蓄集水面一年内所产生的最大径流。对露天集水池，在计算水池容量时要扣除水池全年的蒸发量（按照水池的上口面积计算）和池体的渗漏损失，还要考虑温室灌溉同时还在不断利用和消耗水源；对室内水窖蓄水池，则仅需要考虑作物灌溉消耗即可。由于全年的蒸发量和温室的灌溉用水都是一个动态的变化过程，与降雨的随机性之间难以获得时间上的对应关系，所以在计算蓄水体容积时，多采用经验的办法，即：

$$V = \alpha W_{xp} \tag{5-37}$$

式中　V——蓄水设施总容积，m^3；

　　　α——容积系数，依照当地降雨及作物需水量过程的特征，可在 $0.6 \sim 0.8$ 之间取值。

任务四　调节气体环境

设施是一个密闭或半密闭系统，空气流动性小，室内的气体均匀性较差，与外界交换很少，往往造成作物生长需要的气体严重缺乏，而对作物生长不利的或有害的气体又排不出去，使设施内的作物受害。因此，设施内进行合理的气体调控是非常必要的。

一、了解设施内的气体环境

（一）了解作物对气体的需求

1. 二氧化碳（CO_2）是光合作用的原料

作物通过吸收空气中的二氧化碳，并利用光能将其和水合成有机物质并放出氧气来进行光合作用。所合成的有机物质主要是碳水化合物。可用下式表示：

$$6CO_2 + 12H_2O \xrightarrow[\text{叶绿素}]{\text{光}} C_6H_{12}O_6 + 6O_2 \uparrow + 6H_2O \tag{5-38}$$

二氧化碳是光合作用的原料，在一定范围内，植物的光合产物随二氧化碳浓度的增加而提高。光合作用合成的有机物，不仅供植物本身生长发育的需要，又是几乎所有其他生物用以建造其自身躯体的物质原料，即可直接或间接作为人类和动物界的食物。光合作用还提供了大气中氧的来源，并维持空气中氧气的正常含量，以及地球上碳素的循环，使地球上的生物得以存在、繁荣和发展。

适当增加二氧化碳的含量对作物的光合作用有促进作用。空气中二氧化碳的含量一般是 $330mg/L$，这与农作物进行光合作用时最适的二氧化碳含量（$1000mg/L$）相差甚远，特别是在密植栽种、肥多水多的情况下，农作物需要的二氧化碳就更多。显然，只靠空气中二氧化碳的含量差所形成的扩散作用来补充二氧化碳，远远不能满足作物进行光合作用时对二氧化碳的需要。

2. 氧气是维持生存和生长发育的必需气体

地球上一切生物生存的前提和基础。不仅作物本身需要氧气来维持生存和生长发育，土壤中也必须含有足够的氧气。这是因为地上部分的作物地面上的生长，必须有地下部分的生长相配合，而地下部分的生长，供给土壤氧气则极为重要。为此，通常采取的方法，例如翻耕土地、改变土壤粒子结构、施用土壤改良剂等，其实质都是在供给土壤氧气，或提高对土壤的氧气供给量。

（二）了解设施内的气体环境特点

与露地条件相比，设施内的气体环境呈现出以下特点：

1. 夜间氧气（O_2）不足

对作物生长发育最重要的是氧气，尤其在夜间，光合作用因为黑暗的环境而不再进行，呼吸作用则需要充足的氧气。地上部分的生长需氧来自空气，而地下部分根系的形成，特别是侧根及根毛的形成，需要土壤中有足够的氧气，否则根系会因为缺氧而窒息死亡。但由于设施的密闭性，使得室内氧气浓度低于室外。

2. 二氧化碳（CO_2）缺乏

由于设施内与外界交换很少，二氧化碳难以及时补充，造成严重亏缺。

一般来说，大棚中二氧化碳浓度夜间比白天高，阴天比晴天高，夜间作物通过呼吸作用，排出二氧化碳，使室内空气中二氧化碳含量相对增加；早晨太阳出来后，作物进行光合作用而吸收消耗二氧化碳，消耗逐渐大于补充，使室内二氧化碳浓度降低，一般到揭开不透明覆盖物 2h 就降至二氧化碳补偿点以下（蔬菜作物大多数为三碳作物，一般二氧化碳的补偿点在 50mg/L 左右），尤其在晴天 9 点至 11 点半，棚内绿色作物光合作用最强，二氧化碳浓度急剧下降，由于得不到大气中二氧化碳的及时补充，一般在 11 点左右降至 100mg/L，甚至降至 50mg/L，光合作用减弱，光合物质积累减少，影响作物产量。因此在中午前进行二氧化碳施肥十分必要。

作物不同生育期，二氧化碳浓度也不同。作物在出苗前或定植前，因呼吸强度大，排出二氧化碳量也较大，设施内二氧化碳浓度较高；在出苗后或定植后，因呼吸强度比出苗前或定植前弱，排出的二氧化碳量小，设施内二氧化碳浓度相对较低。

另外，二氧化碳浓度与设施容积有关。一般设施容积越大，二氧化碳出现最低浓度的时间越迟。

3. 有害气体容易产生

在密闭的设施内，由于施肥、采暖、塑料薄膜等技术的应用，往往会产生一些有害气体，如氨气（NH_3）、二氧化氮（NO_2）、一氧化碳（CO）、二氧化硫（SO_2）、乙烯（C_2H_4）、氯气（Cl_2）、氟化氢（HF）等，若不及时将这些气体排出，就会对作物造成较大的危害。

二、增施二氧化碳

（一）了解二氧化碳增施思路

在一定范围内，增施二氧化碳，可以促进作物的生长、产量的增加和质量的提高，但也不能无限制地提高空气中二氧化碳的含量，否则容易促成"温室效应"的出现。因此，温室中增施二氧化碳也要适量。

为充分发挥功能叶片的光合能力，尽量获得最大净光合速率，二氧化碳施用的适宜浓度应以作物的二氧化碳饱和点为参照点，掌握合适的施放时间，同时应配套相关的栽培措施。

（二）选择二氧化碳增施方式

温室内二氧化碳的增施主要采用以下几种方式：

1. 施用固体二氧化碳

固态二氧化碳又称干冰，是气态二氧化碳在低温（-85℃）下变成的固态粉末。在常温常压下，干冰可气化成二氧化碳气体。1kg干冰可生成1kg二氧化碳气体。

固体二氧化碳施用法较简单，买来配好的固体二氧化碳气肥或二氧化碳颗粒剂，按说明使用即可。一般将固体二氧化碳气肥按每$1m^2$ 2穴，每穴10g施入土壤表层，并与土混匀，保持土层疏松。有效期可达40～45d。施用时勿靠近根部，也可将固体气肥在水淹不到的地方，使用后不要用大水漫灌，以免影响二氧化碳气体的释放。此法的缺点是成本高、需冷冻设备、储运不方便。

2. 采用二氧化碳发生器

采用二氧化碳发生器于室内施用二氧化碳气肥，放气量和放气时间可根据面积、天气、作物叶面系数等调节，所用的反应物主要有碳酸氢铵加硫酸、小苏打加硫酸、石灰石加盐酸等。

一般使用硫酸和碳酸氢铵发生化学反应产生二氧化碳气体，取材容易，成本低，操作简单，易于农村推广，特别是在产生二氧化碳的同时还生成硫酸铵化肥，可用于田间追肥。

通常$667m^2$用量标准为：每天称取3.6kg碳酸氢铵＋2.25kg浓硫酸（1：3稀释），均匀放入30个容器内进行反应（常用塑料桶，挂高1.5m），晴天日出后0.5～1h使用，通风前半小时停用，使棚室内二氧化碳浓度达到1000mg/kg左右（黄瓜需二氧化碳适宜浓度为800～1000mg/kg，番茄为1000～1500mg/kg），一般连施30d以上，阴雨天不施。在实际操作过程中，可一次配2～3d的硫酸量，每天上午只需向挂桶内定量撒碳酸氢铵即可。施用一般从植株的初花期开始到盛果期结束，施用时关闭温室，反应后废液［主要成分为$(NH_4)_2SO_4$和水］加10倍水稀释作土壤追肥。

3. 采用燃烧沼气增供二氧化碳

配合生态型日光温室建设，利用沼气来进行二氧化碳施肥，这是目前大棚蔬菜最值得推广的二氧化碳施肥技术。具体方法是：选用燃烧比较完全的沼气灯或沼气炉作为施气器具，大棚内按每$50m^2$设置一盏沼气灯，每$100m^2$设置一台沼气灶。每天日出后燃放，燃烧每$1m^3$沼气可获得大约$0.9m^3$二氧化碳。一般棚内沼气池寒冷季节产沼气量为0.5～$1.0m^3/d$，它可使0.5亩地大棚（容积为$600m^3$）内的二氧化碳浓度达到0.1％～0.16％。在棚内二氧化碳浓度到0.1％～0.12％时停燃，并关闭大棚1.5～2h，棚温升至30℃时，开棚降温。施放二氧化碳后，水肥管理必须及时跟上。

4. 施用液态二氧化碳

为酒精工业的副产品，也是制氧工业，化肥工业的副产品，经压缩装在钢瓶内，可直接在室内释放。一般应用简单，常在大型温室内应用：具体方法是：根据气瓶的压力不同确定释放时间长短，最好配合 CO_2 测定仪及时了解室内 CO_2 浓度状态，达测定量浓度就可以停止施用。根据经验一般 0.5 亩的日光温室需要释放 0.5h 左右就可以。

5. 增施有机肥

目前生产中比较常见的二氧化碳施肥就是在土壤中增施有机肥和在地面上覆盖稻草、麦糠等，通过微生物降解作用，缓慢释放出二氧化碳持续不断地往大棚内补充，供给蔬菜生长发育的需要。

除上述方法以外，还可以在保证棚内温度的前提下，打开通风口通风换气，使温室大棚内的二氧化碳得以补充。通风换气的时间一般在 10—14 点，根据天气及室内温度而定。

（三）科学增施二氧化碳

1. 确定二氧化碳施用浓度

二氧化碳施用的适宜浓度应以作物的二氧化碳饱和点为参照点。但是，实际生产状态中，作物的二氧化碳饱和点，受品种、光照度、温度等因素的影响较大，不易准确把握。如：群体上、中、下层的光照状况以及叶片的受光姿态差异较大，则二氧化碳饱和点差异较大。因此，生产中常进行经验型施放二氧化碳。其二氧化碳施放浓度一般掌握在 700～1400mg/L 之间。一般，晴天比阴天高些；而雨雪天气光照过弱不宜施放二氧化碳；二氧化碳施用浓度不宜过高，以防抑制作物生长发育或造成植株伤害。

2. 确定二氧化碳施用量

二氧化碳气肥通常在设施作物群体光合作用旺盛的时期内施放。每日二氧化碳施用量，应与设施作物群体光合作用日进程中的旺盛时期内的二氧化碳同化需求量相接近，其计算公式如下：

$$每日 CO_2 施用量(g) = 群体平均净光合速率 \times 叶面积指数 \times 棚室面积$$
$$\times \frac{每日光合盛期时间 \times 100}{1000}$$

以大棚早熟辣椒结果初期为例。设大棚辣椒面积为 667m²，其结果初期叶面积指数（LAI）为 3.5m²/m²，在二氧化碳施用浓度 700mg/L 下，群体平均净光合速率取 20mg/(dm² · h)，一天内二氧化碳同化旺盛时间取 8：30～10：30，即 2h，则每日二氧化碳施用量为 20mg/(dm² · h) × 3.5m²/m² × 667m² × 2h × 100 ÷ 1000 = 9338g 二氧化碳。因此，大棚辣椒结果初期，应保持适宜二氧化碳浓度的前提下，在上午 8：30～10：30 施放 9338g 二氧化碳。

3. 把握最佳施用时间

施用二氧化碳气肥还应该注意掌握最佳的施用时间。二氧化碳施放应在光合作用旺盛期和棚室密闭不放风的时间内进行。要求晴天施，雨天不施。一般于晴天日出之后开始施用，时间为晴天揭帘后半小时，在密闭薄膜下施放，室温在 23～28℃ 时最佳。大棚需在开窗通风前 0.5h 左右停止使用。

施用期要得当。一般蔬菜在定植后 3～5d 根系开始活动时即可施用二氧化碳气肥；但多数果菜类蔬菜如茄果类、瓜菜、豆类在坐果初期开始施用，而在定植后至坐果前不宜施用，以免造成植株稠长和落花落果问题；根菜类蔬菜在肉质根膨大期施用。

4. 配套管理

为尽量发挥二氧化碳施肥效果，减少二氧化碳释放后的损失，提高产投比，棚室内的小气候调控管理应与之相配合。

首先，二氧化碳施肥应以天气日照状况为基础，并配合温度及放风管理。据研究，只有在光照强度达到 $2600\sim2800\mathrm{lx}$ 以上，才能明显看出施用二氧化碳气肥增加光合成的效果。一般晴天都可以达到这样的光照强度。当光照不足，即使施用二氧化碳气肥，效果也不好。因此，在冬春季里，要注意增强温室的透光率，提高室内的光照强度。

其次，应适当增加水分供应，以满足二氧化碳施肥时，作物光合作用和其他生理代谢活性增强的需求，从而充分发挥二氧化碳施肥的效应。所以应保持土壤湿润，但不可大量灌水，施肥方面不再增加施肥量，除非土壤太薄，底肥不足可以增加氮肥。

在停止施用二氧化碳的方法上，应逐渐降低使用浓度，逐渐停止施用，避免突然停止施用。另外，二氧化碳施肥期间，有些气源如煤炭、燃油等会产生有害气体，或偶有硫酸飞溅事故发生，应加以重视。

三、自然通风增加二氧化碳

自然通风可以降温除湿，提高风速，还可以增加室内的二氧化碳气体，促进作物的光合作用。

用于增加室内二氧化碳浓度的自然通风流量的计算方法同前，即

$$Q=qA$$

式中　A——温室地面面积，m^2；

　　　q——通风率，即单位面积所必需的通风流量，$\mathrm{m}^3/(\mathrm{m}^2\cdot\mathrm{h})$。

所不同的是温室内空气的二氧化碳浓度，随日出作物光合作用的进行而不断降低。为了维持室内必要的二氧化碳浓度，保持光合作用正常进行，需要提供必要的通风率即换气率 q_c，以补充室内二氧化碳的亏缺。q_c $[\mathrm{m}^3/(\mathrm{m}^2\cdot\mathrm{min})]$ 由下式确定：

$$q_c=\frac{PF-r_t}{C_w-C_n} \tag{5-39}$$

式中　P——作物平均光合强度，$\mathrm{g/m}^2\cdot\mathrm{min}$；

　　　F——作物叶面积指数，$F=2\sim5$；

　　　r_t——温室土壤床面在温度 t 时的呼吸强度，即：$r_t=\dfrac{r_0\times31}{10}$，$\mathrm{g/m}^2\cdot\mathrm{min}$；

　　　r_0——土壤 $0℃$ 时土壤呼吸强度，一般肥沃土壤为 6×10^{-4}，$\mathrm{g/m}^2\cdot\mathrm{min}$；

　　　C_w——室外空气二氧化碳浓度，一般为 $0.6\mathrm{g/m}^3$；

　　　C_n——室内设定的二氧化碳浓度，$\mathrm{g/m}^3$。

利用通风换气来提高室内的二氧化碳浓度是有一定限度的，其效率也随换气率的增大而显著降低。在设计时，应取维持一定室温的必要换气率 q_t 与维持一定二氧化碳浓度的必要换气率 q_c 中的大者，作为温室通风换气的设计换气率。

任务五　调　节　土　壤　环　境

土壤是作物赖以生存的基础，作物生长发育所需要的养分与水分，都需从土壤中获

得。所以设施内的土壤营养状况直接关系作物的产量和品质，是十分重要的环境条件。

设施内温度高、空气湿度大，气体流动性差，光照较弱，而作物种植茬次多，生长期长，施肥量大，根系残留也较多，因而使得设施内土壤环境与露地土壤很不同。

一、了解设施内土壤环境的调节

（一）了解设施内的土壤环境

1. 土壤养分转化、分解速度快

设施土壤温度一般高于露地，土壤中微生物的繁殖和分解活动全年都很旺盛，施入土中的有机肥和土壤中固定的养分分解速度快，利于作物吸收利用。

2. 土壤表层盐分浓度大

由于设施内大量施肥、造成作物不能吸收的盐类积累，同时受土壤水分蒸发的影响，盐类随着水分向上移动积累在土壤表层。土壤中盐类浓度过大，对作物生长发育不利。

土壤类型影响盐分的积累，一般砂质、瘠薄土壤缓冲力低，盐分容易升高，对作物产生危害时的盐分浓度较低；黏质、肥沃土壤缓冲力强，盐分升高慢，对作物产生危害时的盐分浓度较高。盐分浓度大影响作物吸水，诱发生理干旱，盐分浓度大的土壤孔隙度小，水分不容易下渗，可加重作物的吸水障碍，因此在干旱土壤中作物更容易发生盐害。

一般作物的盐害表现为植株矮小，生育不良，叶色浓而有时表面覆盖一层蜡质，严重时从叶缘开始枯干或变褐色向内卷，根变褐以至枯死。盐类聚集时容易诱发植物缺钙。

3. 土壤酸化

施肥不当是引起土壤酸化的主要原因。氮肥用量过多，如基肥中大量施用含氮量高的鸡粪、饼肥和油渣，追肥中施用大量氮素化肥等，土壤中硝酸根离子多，温室内灌水少，又缺少雨淋，更加剧了硝酸根的过度积累，引起土壤 pH 值下降。此外，过多施用氯化钾、硫酸铵、过磷酸钙等生理酸性肥也会导致土壤酸性增强。

土壤酸化可引发缺素症（磷、钙、钾、镁、钼等），在酸性土壤中，作物容易吸收过多的锰和铝，抑制酶活性，影响矿质吸收；pH 值过低不利于微生物活动，影响肥料（尤其是氮）的分解和转化；严重时直接破坏根系的生理功能，导致植株死亡。

4. 土壤营养失衡

在平衡施肥条件下，土壤溶液为平衡溶液，各离子间通过拮抗作用保持一种平衡关系，使根系能够均衡吸收各种营养元素。如果长期偏施一种肥料会破坏各离子间的平衡关系，影响土壤中某些离子的吸收，人为引发缺素症，而过量施肥又会引起营养元素过剩。

由于设施内作物栽培种类单一，为了获得较高的经济效益，往往会连续种植产值较高的作物，而忽视了轮作换茬。设施作物连作栽培时，作物吸收的养分离子相对固定，也容易引起某些离子缺乏，而另一些离子过剩。因此，即使在正常管理下，也会产生产量降低、品质变劣、病害严重、生育状况变差的现象，这一现象叫连作障碍。连作障碍的原因很多，但土传病害、土壤次生盐渍化和自毒作用是主要原因。

5. 土壤中病原菌聚集

由于设施内经常进行连作栽培，种植茬次多，土地休闲期短，使得土壤中硝化细菌、氨化细菌等有益微生物受到抑制，微生物的生长受到抑制，土壤病原菌增殖迅速，土壤微

生物平衡遭到破坏，这不仅影响了土壤肥料的分解和转化，还使土传病害及其他病害日益严重，造成连作障碍。

（二）了解设施作物对土壤环境的需求

土壤养分即土壤肥力，是指土壤及时满足植物对水、肥、气、热要求的能力，它是土壤物理、化学和生物学特性的综合反映。

蔬菜、花卉、果树等不同园艺作物对土壤养分条件的要求不同。

1. 蔬菜作物对土壤环境的要求

（1）蔬菜作物喜肥。

1）大多数蔬菜作物为喜肥作物。其产品器官多鲜嫩多汁、个体硕大，因此要求土壤水肥充足。

2）不同的蔬菜种类吸收养分的数量和比例不同。吸收能力大的有甜椒、花椰菜、牛蒡、芋头和小芜菁等；中等的有茄子、番茄、甘蓝、大白菜等；吸收能力较小的有芹菜、黄瓜、西瓜等。从不同蔬菜的耐肥力来分类，可分为强、中和弱三类。其中强的有甘蓝、大白菜、芹菜和茄子等；中等耐肥的有番茄、辣椒、洋葱、黄瓜等；耐肥力较弱的有三叶芹、莴苣、甜瓜和菜豆等。

3）蔬菜作物喜硝态氮肥。蔬菜作物体内铵态氮肥过多时，会抑制对 Ca 和 K 的吸收，影响其正常生长发育，甚至因打破植株内的营养平衡而引起生理病害或缺素症，在低温条件下尤其明显。在蔬菜施肥中应使两种形态的氮肥配合施用，其配合比例以硝态氮70%、铵态氮30%为宜。

（2）蔬菜作物根系需氧量大。土壤通气适中是蔬菜作物正常生长发育的重要条件，当土壤透气性差时，易发生烂根、沤根现象，进而导致死亡。不同蔬菜种类对土壤含氧量的敏感程度不同。萝卜、甘蓝、豌豆、番茄、黄瓜、菜豆和甜椒等对土壤含氧量敏感，氧不足时其生长发育将受到很大影响；而蚕豆、豇豆和洋葱等，在土壤氧气不足时，相对影响较小；茄子介于两者之间。

（3）蔬菜作物对土壤 pH 值的要求。不同的蔬菜作物对土壤酸碱度的适应性不同，大多数蔬菜作物喜中性土壤。表 5-35 是不同蔬菜作物适宜的土壤 pH 值。

表 5-35　　　　　　　　　不同蔬菜作物适宜的土壤 pH 值

蔬菜作物	莴苣	菜豆	黄瓜	茄子	冬瓜	番茄	萝卜	芹菜
pH 值	6.0~7.0	6.5~7.0	6.3~7.0	6.5~7.3	6.0~7.5	6.0~7.5	6.5~7.0	6.0~7.5

2. 花卉作物对土壤环境的要求

根据花卉作物对土壤养分条件的要求，可将花卉作物分为：

（1）肥土植物。绝大多数观赏植物均喜欢生长在深厚、肥沃而适当湿润的土壤上，即生长在肥力高的土壤上，称之为肥土植物。如梧桐、胡桃等。种植这类花卉作物一般需要通透性好、保水保肥力强、有机质含量多、土温比较稳定、对花卉生长比较有利的黏质栽培壤土。

（2）瘠土植物。又称为耐瘠薄植物，是指在一定程度上能在较瘠薄的土壤上生长，即具有耐瘠薄能力的植物。如马尾松、油松、木麻黄、牡荆、构树、桑锦鸡儿等。这类花卉作物对栽培土壤养分条件要求不太严格。

依花卉植物对土壤 pH 值的要求，可分为 3 类：

（1）酸性土植物。pH 值在 6.5 以下的酸性土上生长良好。如藿香蓟、八仙花、大岩桐、兰科植物、杜鹃、乌饭树、山茶、油茶、马尾松、石楠、油桐、吊钟花、马醉木、栀子花、大多数棕榈植物、红松、印度橡皮树等，种类极多。

（2）中性土植物。pH 值在 6.5～7.5 的中性土壤上生长良好，大多数的花草树木均属此类。

（3）碱性土植物。pH 值在 7.5 以上的碱性土壤上生长良好。例如柽柳、紫穗槐、沙棘、沙枣、杠柳等。

3. 果树作物对土壤环境的要求

果树同绝大多数植物一样，在有机质和矿质营养元素含量丰富的土壤中生长良好。土壤有机质含量高，氮、磷、钾、钙、镁、铁、锰、硼、锌、铜、钼等大量和微量元素种类齐全、互相间平衡且有效性高，是果树正常生长发育、高产稳产、优质所应具备的养分条件。果园土壤有机质含量在 2% 以上时可以基本保证果树的丰产优质。但目前我国多数果园的土壤一般都是比较黏重的土壤，根系主要分布层的土壤有机质含量多在 1% 以下，有些瘠薄山地的土壤有机质含量更低。改善土壤养分的主要途径是进行土壤的有机培肥，以此改善土壤条件，增加土壤有机质含量，提高矿质元素有效性及维持元素间平衡，这样才能提高果实的产量和品质。

各种果树对土壤酸碱度要求不同。杨梅、荔枝、越橘等起源于酸性土壤的森林中，因此在近中性和碱性的土壤上生长不良，在酸性土壤中有利于菌根生长，根系发达，植株生长健旺。北方果树多数适应于中性土壤，在碱性或强酸性土壤中生长不良或不能生长。但树种不同，其适应性也各异。如桃、苹果、梨喜中性或微酸性；葡萄、枣、沙棘耐碱性强。具体的几种果树多酸碱度的适应范围见表 5 - 36。

表 5 - 36　　　　　　　　　　　　几种果树多酸碱度的适应范围

果树树种	适应范围	最适范围	果树树种	适应范围	最适范围
苹果	5.3～8.2	5.4～6.8	梨	5.4～8.5	5.6～7.2
桃	5.0～8.2	5.2～6.8	葡萄	5.5～8.3	5.8～7.5
枣	5.0～8.5	5.2～8.0	草莓	5.0～7.5	5.5～6.8
栗	4.6～7.5	5.5～6.8	柑橘	5.5～8.5	6.0～6.5
樱桃		6.0～7.5	柿		5.0～6.8
猕猴桃		4.9～6.7	香蕉	4.5～7.5	6.0 以上
荔枝		5.0～5.5	龙眼		5.4～6.5

二、调节设施土壤环境

（一）合理施肥，配方施肥，多施有机肥

首先要充分认识到化肥是把双刃剑，不是越多越好，过多会造成土壤和地下水污染，大量施化肥造成土壤盐类积聚，产生次生盐渍化。土壤的盐类积聚大部分是硝酸盐积聚，

而硝酸盐的还原态—亚硝酸盐与胺反应生成亚硝酸铵，是致癌性很强的一类化合物，诱癌时间随日摄入量增多而缩短。人体摄入的硝酸盐80％来自蔬菜，因而蔬菜中的硝酸盐含量高低与人类健康关系密切，因此根据作物需要合理施用化肥应引起高度重视。要按计划产量和土壤供肥能力科学计算施肥量，合理科学地采用配方施肥势在必行。

过量施肥是设施土壤盐分的主要来源，目前我国在设施栽培尤其是蔬菜上盲目施肥现象非常严重，化肥的施用量一般都超过蔬菜需要量的1倍以上，剩余养分和副成分积累在土壤中，使土壤溶液的盐分浓度逐年升高，土壤次生盐渍化，引起生理病害加重。要解决此问题，必须根据土壤的供肥能力和作物的需肥规律，进行平衡施肥。

配方施肥是在施用有机肥的基础上，根据作物的需肥规律、土壤供肥特征和肥料的有效性，提出N、P、K和微量元素肥料的适宜用量以及相应的施肥技术。有关配方施肥的技术方案较多。

有机肥能使土壤疏松透气，改善土壤理化性状，提高含氧量，营养全面，提高地温，还能向棚室内放出大量的二氧化碳气体，减轻或防止土壤盐类浓度过高。

（二）合理灌溉

设施栽培中合理灌溉也是提高作物产量和改进品质的主要措施之一，灌溉时期及灌水量要根据作物种类、品种、栽培季节及不同生长发育时期对水分的不同要求等来决定，目前适合设施内的灌溉方法主要有膜下沟灌法、膜下滴灌法、微喷灌等。

（三）换土

这种方法只适用小面积的保护地设施。表层土壤每年7月、8月高温季节，一层秸秆一层土，堆成圆锥，在锥顶上刨一坑，隔2～3d往坑里倒粪尿水、淘米水等，秋天倒1～2次。这种土经过高温发酵没病菌、没有杂草，营养全，撒到棚室里最为理想。

（四）合理的栽培制度

不同作物间进行轮作、间作和套作，是克服连作障碍的最佳防范措施。连作同一作物或同源作物会使特定的病原菌繁殖。轮作、间作和套作后可以断绝病原菌的营养源，减少此病原菌繁殖，减轻病害的发生。如将葱、蒜、洋葱等与果菜套作，或在休闲期用一些作物填闲，对调节土壤生态环境效果很好。但在很多情况下，为了提高经济效益，又不得不进行某些蔬菜的连作。所以，还必须采取其他措施。

（五）土壤消毒

土壤消毒可以有效地消灭土壤中的有害生物。

（1）太阳能消毒。在炎热的夏季，利用设施的休闲期进行太阳能消毒，消毒效果较好。先把土壤翻松，然后灌水，用塑料薄膜覆盖，使设施封闭15～20d，达到高温消毒的作用。

（2）生物学方法。土壤与新全年厩肥分层堆积，进行高温发酵，虫卵、害虫、杂草种子能在高温下杀死，又能使土壤微生物趋于细菌型。

（3）热学方法。在大型设施中，可用蒸汽或70℃以上热水消毒，较安全，但其除了对有害微生物有杀伤作用外，对有益微生物也有杀伤作用。

（六）微生物菌肥

施微生物菌肥对改良设施土壤、增加土壤肥力的持效性效果明显。施微生物菌肥能改善土壤微生物区系，能提高植株抗病能力，尤其土传病害如菌核病、枯萎病，比单纯施化肥明显降低；降低土壤浓度盐分的浓度，对调节设施内土壤生态系统具有重要作用。

（七）无土栽培

无土栽培是集近代农业技术、节能、节水的新型的作物栽培方式。它是指不用天然土壤栽培作物，而将作物栽培在营养液中，或栽培在砂砾、蛭石、草炭等非土壤介质中，靠人为供给营养液来生长发育，并完成整个生命周期的栽培方式。无土栽培由于不用土壤，是解决设施连作障碍有效途径。需要指出的是，如果连续应用岩棉等基质进行作物栽培时，也会引起连作障碍。

无土栽培有各种栽培方式，其分类有多种。从植物根系生长环境的不同，将无土栽培分为无基质栽培和有基质栽培两大类型。

1. 无固体基质无土栽培类型

无固体基质无土栽培类型是指根系生长的环境中没有使用固体基质来固定根系，根系生长在营养被或含有营养的潮湿空气之中。它又可以分为水培和喷雾培两种类型。

（1）水培。植物根系直接生长在营养液液层中的无土栽培方法。它又可根据营养液液层的深浅不同分为多种类型：以 1～2cm 的浅层流动营养液来种植植物的营养液膜技术（NFT）；营养液液层深度少者有 4～5cm，最深为 8～10cm（有时可以更为深厚）的深液流水培技术（DFT）；在较深的营养液液层（5～6cm）中放置一块上铺无纺布的泡沫塑料，根系生长在湿润的无纺布上的浮扳毛管水培技术（FCH）。

（2）喷雾培。喷雾培又可称为露培或气培。它是将植物根系悬空在一个容器中，容器内部装有喷头，每隔一段时间通过水泵的压力将营养液从喷头中以雾状的形式喷洒到植物根系表面，从而解决根系对养分、水分和氧气的需求。喷雾培是目前所有的各种无土栽培技术中解决根系氧气供应最好的方法，但由于喷雾培对设备的要求较高，管理不甚方便。而且根系温度受到气温的影响较大，易随气温的升降而升降，变幅较大，需要较好的控制设备，而且设备的投资也较大，因此在实际生产中的应用并不多。

喷雾培中还有一种类型不是将所有的根系均裸露在雾状营养液空间，而是有部分根系生长在容器（种植槽）中的一层营养液层中，另一部分根系生长在雾状营养液空间的无土栽培技术，称为半喷雾培。有时也可把半喷雾培看作是水培的一种。

2. 有固体基质无土栽培类型

有固体基质无土栽培类型是指植物根系生长在以各种各样天然的或人工合成的材料作为基质的环境中，利用这些基质来固定植株并保持和供应营养液和空气的方法。由于有固体基质无土栽培类型的植物根系生长的环境较为接近植物长期已适应的土壤环境，因此在进行有固体基质的无土栽培中可更方便地协调水、气的矛盾，而且在许多情况下它的投资较少，便于就地取材进行生产。但在生产过程中基质的清洗、消毒、再利用的工序烦琐且费工费时，后续生产资料消耗较多，成本较高。

有固体基质的无土栽培可根据所用的基质的不同而分为不同类型的无土栽培，例如选用的为沙、岩棉、石砾、泥炭、锯木屑、蛭石等作为基质，则分别称这种无土栽培为岩棉培、泥炭培、（石）砾培、锯木屑培或蛭石培等。

也可以根据在生产实际中基质放置的不同情况而分为槽式基质培和袋式基质培两大类型。所谓的槽式基质培是指把盛装基质的容器做成一个种植槽，然后把种植所需的基质以一定的深度堆填在种植槽中进行种植的方法。例如沙培、砾培等。槽式基质培适宜于种植大株型和小株型的各种植物。所谓的袋式基质培，是指把种植植物的生长基质在未种植植物之前用塑料薄膜袋包装，在种植时把这些袋装的基质放置在大棚或温室中，然后根据株距的大小在种植袋上切开一个孔，然后在这个孔中种植植物。由于袋式基质培涉及搬运问题，一般不用容重较大的基质，而是用容重较小的轻质基质，例如岩棉袋培、锯木屑袋培等。袋式基质培较为适用于种植大株型的作物，如番茄、黄瓜、甜瓜等。袋式基质培的株行距较大，不适宜种植小株型的植物。

任务六 自 动 调 控 系 统

自动控制是指在没有人直接参与的情况下，利用外加的设备或装置（称控制装置或控制器），使机器、设备或生产过程（统称被控对象）的某个工作状态或参数自动地按照预定的规律运行。例如，数控车床按照预定程序自动地切削工件；化学反应炉的温度或压力自动地维持恒定；雷达和计算机组成的导弹发射和制导系统自动地将导弹引导到敌方目标；设施温室内浇灌系统自动适时地给作物灌溉补水等，这一切都是以自动控制技术为前提的。

自动控制系统有不同的类型，对每个系统也都有不同特殊的要求，但对于各类系统来说，在已知系统的结构和参数时，我们感兴趣的都是系统在某种典型信号输入下，其被控量变化的全过程。自动控制系统应具有稳定性、快速性和准确性，即稳、准、快的要求。

一、设施环境自动控制系统组成

设施环境自动控制（调节）系统中应包括传感器（敏感元件）、执行器件和调节器三大部分，它们按一定的方式相互联结组合成一体，完成某一项或综合的自动调节功能。

（一）传感器

传感器是信息采集系统的前端单元，是自动化系统中的关键部件，它把采集到的物理量或化学量转变成便于利用的电信号。传感器的种类很多，在温室等设施中的传感器主要有以下几种：

1. 光照和光辐射传感器

光照是植物生命活动的能量源泉，又是完成其生命周期的重要信息源，所以说，没有光就没有农作物。检测光照和光辐射强度的传感器有多种，包括光敏电阻、光电池、热电堆辐射测量仪（传感器）等。

2. 温度传感器

在农业生物人工环境因子调控中用以检测和传递温度信息的传感器都可称作温度传感器。常用的有触点式温度传感器、热电阻传感器、热电偶传感器等。

3. 空气湿度和土壤湿度传感器

在农业生物环境调控中，反映空气湿度的被调参数通常是指空气的相对湿度（即当时空气中水气压与当时温度下的饱和气压之比），用百分数表示。温室中适宜于检测空气湿度的传感器有干、湿球热敏电阻湿度传感器和湿敏元件传感器两种。

研究指出，植物的根系从土壤中吸收水分的必要条件是根细胞的水势一定要小于周围土壤的水势。所谓土壤水势是一种位能，定义为在一定的条件下对水分移动具有做功本领的自由能，简称水势。当土壤含水量逐渐减小时，土壤水溶液与植物根系细胞的水势差也在减小，植物根系吸收的水分也随之减少，从而出现使植物生长受阻、暂时萎蔫和永久萎蔫。另外，土壤颗粒之间形成的可以储水大小孔隙的毛细管构成了土壤基质势，土壤对水分的吸持力与土壤的基质势两者大小相等，方向相反。因此，从研究土壤水分与植物根系的力能关系着手是检测土壤湿度的关键，基于此，研究人员研制了不同的土壤湿度传感器。最常见的是石膏块电阻湿度传感器，它依靠测定石膏块水势与土壤颗粒结构的水势，两者达到平衡时的电阻值换算出土壤水分。

4. CO_2 气体浓度检测传感器

植物光合作用测定技术中有关 CO_2 浓度的测定有不少方法，如酸碱滴定法、气相色谱法、放射性同位素法等。其中红外线 CO_2 气体分析法因反应快，灵敏度高，精度好，加之体积小便于携带等，被农业科研、生产单位广泛使用。可用作研究作物绿色器官光合作用强度、植物群体的光合作用强度和植物各种光指标的测定，田间、温室和各种环境内 CO_2 浓度的测定等。

综上所述，光照、温度、空气和土壤湿度以及 CO_2 气体浓度检测传感器是农业生物环境中最主要的物理因子检测器件，此外，还有土壤的碱度，水肥浓度，风速以及其他因子检测传感器，以及一些生物体自身参数检测传感器。传感器是自动化监控系统的关键器件，随着新技术的不断推进，传感器将在研制机理上，在反应速度上，在精度上会出现更多更新的品种，会大大满足生产的需要。

（二）执行器

执行器是一些动力部件，它处于被调对象之前，接受调节器来的特定信号，改变调节机构的状态或位移，使送入温室的物质和能量流发生变化，从而实现对温室环境因子的调节和控制。

执行器在自动控制系统中的作用相当于人的四肢，它接受调节器的控制信号，改变操纵变量，使生产过程按预定要求正常执行。执行器由执行机构和调节机构组成。执行机构是指根据调节器控制信号产生推力或位移的装置，而调节机构是根据执行机构输出信号去改变能量或物料输送量的装置，而调节机构是根据执行机构输出信号支改变能量或物料输送量的装置，最常见的是调节阀。

在温室自动监控系统中，执行器主要用来控制冷（热）水流量，蒸汽流量，制冷工质流量、送风量，电加热器的功率，天窗开度，工作时间等。执行器按其能源形式分为气动、电动和液动三大类，它们各有特点，适用于不同的场合。

（1）液动执行器：液动执行器推力最大，现在一般都是机电一体化的，但比较笨重，所以现在很少使用，比如三峡的船阀用的就是液动执行器。

（2）电动执行器：电动执行器安全防爆性能差，电机动作不够迅速，且在行程受阻或阀杆被卡住时电机容易受损。尽管近年来电动执行器在不断改进并有扩大应用的趋势，但从总体上看不及气动执行机构应用得普遍。

（3）气动执行器：气动执行器的执行机构和调节机构是统一的整体，其执行机构有薄膜式和活塞式两类。活塞式行程长，适用于要求有较大推力的场合；而薄膜式行程较小，只能直接带动阀杆。由于气动执行机构有结构简单，输出推力大，动作平稳可靠，并且安全防爆等优点，在化工，炼油等对安全要求较高的生产过程中有广泛的应用。

旋转式和直线式执行器是广泛应用在化工和供水中的两种执行器。它们主要通过接收控制器传送来的标准电压或电流信号，来控制内部电机驱动阀门的开度来决定所要传送液体或气体的流量。两者的主要不同就是阀门活动的方式不同，旋转式的阀门采用旋转的方式来决定阀门开度的大小，而直线式采用直线运动来完成该任务。

随着自动化、电子和计算机技术的发展，现在很多执行机构已经带有通信和智能控制的功能，比如很多厂家的产品都带现场总线接口。今后执行器和其他自动化仪表一样会越来越智能化，这是大势所趋。

（二）调节器

调节器是自动调节系统的核心部件，它根据被调对象的工作状况，适时地改变着调节规律，保证对象的工作参数在一定的范围内变化。

调节器按控制能源的形式有直接作用式（不需要外加能源，也称作自力式调节器）、电动式（也称作电气式）、电子式、气动式以及计算机型。由于气动式需要配置气源，使结构复杂和成本高，故在温室环境自动调节系统中很少采用，主要采用其他四种。

随着微型计算机的广泛应用，在农业生物环境自动调控系统中已逐步越来越多的采用微型计算机做成智能调节器，构成微机调控系统。在这种系统中，传感检测环节相当于人的"耳目"，执行机构则为行动的"手脚"，计算机则好比人的"头脑"，由"耳目"和"头脑"组成一个智能调节器。

二、温室气候自动控制系统

温室气候自动控制系统是专门为农业温室、农业环境控制、气象观测开发生产的环境自动控制系统，可测量风向、风速、温度、湿度、光照、气压、雨量、太阳辐射量、太阳紫外线、土壤温湿度等农业环境要素，根据温室植物生长要求，自动控制开窗、卷膜、风机湿帘、生物补光、灌溉施肥等环境控制设备，自动调控温室内环境，达到适宜植物生长的范围，为植物生长提供最佳环境。温室气候控制系统是现代化大型温室必须具有的设备。

常见的温室自动控制系统有：温室温度自动调控系统、通风换气自动调控系统、灌溉自动调控系统、液态肥施用自动控制系统、气肥施肥自动调控系统和设施环境综合调控系统。

目前，温室气候控制有4种形式，分别适用于不同的温室环境控制要求。

（1）自动调温器。自动调温器有两种基本类型：一种是开关式自动调温器；另一种是渐变式自动调温器。开关式自动调温器一般控制风扇、加热器等只有"运行"和"停止运行"两种状态的设备，渐变式自动调温器一般用作电子控制器的传感器。自动调温器一般用于只需简单温度控制的温室。

（2）模拟控制系统。模拟控制系统的成本低于计算机控制系统。可将较多的环境控制设备协调起来，全方位控制温室各环境因子。模拟控制系统的扩展性差，不适于用于有多个种植分区的温室，一般用于小规模单分区温室。

（3）计算机控制系统。大多数计算机控制系统的综合控制能力优于模拟控制系统，它们操作相对简单。但该系统增容性差，只适用于简单的反馈控制，不适用于多区控制。该种控制系统适用于中等规模的温室生产。

（4）计算机环境管理系统。计算机环境管理系统可协调控制各种环境控制设备，以达到环境综合管理的目的，并可控制温室的肥水管理系统。

三、物联网技术

所谓的物联网，就是利用条码、射频识别（RFID）、传感器、全球定位系统、激光扫描器等信息传感设备，按约定的协议，实现人与人、人与物、物与物的在任何时间、任何地点的连接，从而进行信息交换和通信，以实现智能化识别、定位、跟踪、监控和管理的庞大网络系统。

物联网的概念是在 1999 年提出的。它的定义很简单：把所有物品通过射频识别等信息传感设备与互联网连接起来，实现智能化的管理。这是物联网的最早的提出的一种说法之一。经过十多年的发展，很多新技术新设备的突破性成果，尤其是传感器的重大突破对物联网的发展起到了推动作用，可以说现在已经进入物联网发展的黄金时期。

（一）物联网的核心技术

从技术架构上来看，物联网可分为三层：感知层、网络层和应用层

（1）感知层实现对物理世界的智能感知识别、信息采集处理和自动控制，并通过通信模块将物理实体连接到网络层和应用层。感知层由各种传感器以及传感器网关构成，包括二氧化碳浓度传感器、温度传感器、湿度传感器、二维码标签、RFID 标签和读写器、摄像头、GPS 等感知终端。感知层的作用相当于人的眼耳鼻喉和皮肤等神经末梢，它是物联网获识别物体，采集信息的来源，其主要功能是识别物体，采集信息。与人体结构中皮肤和五官的作用相似。

（2）网络层是物联网的神经中枢和大脑信息传递和处理。网络层包括通信与互联网的融合网络、网络管理中心、信息中心和智能处理中心等。网络层将感知层获取的信息进行传递和处理，类似于人体结构中的神经中枢和大脑。

（3）应用层是物联网的"社会分工"与行业需求结合，实现广泛智能化。应用层是物联网与行业专业技术的深度融合，与行业需求结合，实现行业智能化，这类似于人的社会分工，最终构成人类社会。

常见的传感器类型：液位传感器、速度传感器、加速度传感器、湿度传感器、气敏传感器、压力传感器、激光传感器、MEMS 传感器、红外线传感器、超声波传感器、遥感传感器、视觉传感器。

（二）物联网在农业中的应用

智能农业产品通过实时采集温室内温度、湿度信号以及光照、土壤温度、CO_2 浓度、叶面湿度、露点温度等环境参数，自动开启或者关闭指定设备。可以根据用户需求，随时进行处理，为设施农业综合生态信息自动监测、对环境进行自动控制和智能化管理提供科学依据。通过模块采集温度传感器等信号，经由无线信号收发模块传输数据，实现对大棚温湿度的远程控制。智能农业产品还包括智能粮库系统，该系统通过将粮库内温湿度变化的感知与计算机或手机的连接进行实时观察，记录现场情况以保证量粮库内的温湿度平衡。

课 后 实 训

一、参观实训

安排学生到附近的温室参观，了解常用的环境调控措施和常见设备。

二、计算设计

1. 北京地区某连栋玻璃温室，东西方向共 10 连栋，跨度 9.6m，温室东西长 96m，南北宽 40m。根据夏季室内种植的植物需要将温室内气温控制在 30℃ 以下的要求，确定采用室内遮阳幕和湿帘-风机降温系统。请选择和配置合适的湿帘 风机降湿系统。

2. 一座日光温室跨度 9m，长度 50m，当地冬季光照弱，现欲在其中种植黄瓜，在植株快速生长和开花早期进行人工补光。请问如何选择光源？需要多少盏？

信 息 链 接

温室山墙和屋面面积的计算公式

设脊高为 H_j，檐高为 H_y，温室地面面积为 A_s，跨数为 n，跨度为 L_1（对于文洛型温室，L_1 为一个屋顶的跨度）。

1. 对称双坡屋面

一面山墙的面积为

$$nL_1\left(\frac{H_j}{2}+\frac{H_y}{2}\right)$$

屋面的面积为

$$\frac{A_s\sqrt{L_1^2+4(H_j-H_y)^2}}{L_1}$$

温室的容积为

$$A_s\left(\frac{H_j}{2}+\frac{H_y}{2}\right)$$

2. 拱形屋面

一面山墙的面积为

$$nL_1\left(\frac{2H_j}{3}+\frac{H_y}{3}\right)$$

屋面的面积为

$$A_s \frac{\sqrt{L_1^2 + 4(H_j - H_y)^2} + L_1 + 2(H_j - H_y)}{2L_1}$$

温室的容积为

$$A_s \left(\frac{2H_j}{3} + \frac{H_y}{3} \right)$$

参 考 文 献

［1］ 邹志荣，周长吉. 温室建筑与结构［M］. 北京：中国农业出版社，2012.

［2］ 陈杏禹，李立申. 园艺设施［M］. 北京：化学工业出版社，2011.

［3］ 邹志荣. 现代园艺设施［M］. 北京：中央广播电视大学出版社，2002.

［4］ 邹志荣，邵孝侯. 设施农业环境工程学［M］. 北京：中国农业出版社，2008.

［5］ 周长吉. 温室工程设计手册［M］. 北京：中国农业出版社，2007.

［6］ 张天柱. 温室工程规划、设计与建设［M］. 北京：中国轻工业出版社，2013.

［7］ 李保明，施正香. 设施农业工程工艺及建筑设计［M］. 北京：中国农业出版社，2005.

［8］ 李建明. 设施农业概论［M］. 北京：化学工业出版社，2010.

［9］ 陆帼一. 北方日光温室建造及配套设施［M］. 北京：金盾出版社，2002.

［10］ 郭世荣，王健. 园艺设施建造技术［M］. 北京：化学工业出版社，2013.

［11］ 吴凤芝. 园艺设施工程学［M］. 北京：科学出版社，2012.

［12］ 王宇欣，王宏丽. 现代农业建筑学［M］. 北京：化学工业出版社，2006.

［13］ 王宇欣，段红平. 设施园艺工程与栽培技术「M］. 北京：化学工业出版社，2008.

［14］ 张庆霞，金伊洙. 设施园艺［M］. 北京：化学工业出版社，2009.

［15］ 张真和. 中国日光温室发展历史现状与前景：2015 年中国科协课题研究项目《西北日光温室优化升级超高效技术创新与传播》项目论文集［C］. 2015（12）：1 - 21.

［16］ 李天来. 我国日光温室产业发展现状与前景［J］. 沈阳农业大学学报，2005，36（2）：131 - 138.

［17］ 孔云. 家庭温室的规划设计［J］. 中国花卉园艺，2009（2）：44 - 47.

［18］ 房裕东，黄绍华，秦树香，等. 光伏农业发展现状与前景分析［J］. 长江蔬菜，2015（18）：35 - 40.

［19］ 张明洁，赵艳霞. 北方地区日光温室气候适宜性区划方法［J］. 应用气象学报，2013，24（3）：278 - 286.